高等学校应用型特色规划教材

普通高等教育“十三五”规划教材

Office 2010 高级应用

唐永华　陈　奋　编著

電子工業出版社
Publishing House of Electronics Industry
北京 · BEIJING

内 容 简 介

本书是根据教育部考试中心制定的《全国计算机等级考试二级 MS Office 高级应用考试大纲》（2018年版）中对 MS Office 高级应用的要求编写的，主要内容包括计算机应用基础、利用 Word 2010 编排文档、利用 Excel 2010 创建与处理电子表格、利用 PowerPoint 2010 制作演示文稿，涵盖了 Office 等级考试（Windows）的核心内容。本书注重 Office 基础知识的系统性，更强调实用性和应用性。本书既有丰富的理论知识，又有大量难易适中、涉及广泛的实例，突出应用、强化技能。全书内容丰富、层次清晰、案例翔实、实用性强。

本书可以作为各类高等院校非计算机专业计算机基础课程的教学用书，也可以作为计算机一级、二级等级考试的复习用书，以及计算机培训机构 Office 高级应用的教学用书和计算机爱好者的自学用书。

图书在版编目（CIP）数据

Office 2010 高级应用 / 唐永华，陈奋编著. —北京：电子工业出版社，2020.2

ISBN 978-7-121-38362-5

Ⅰ. ①O… Ⅱ. ①唐… ②陈… Ⅲ. ①办公自动化－应用软件－高等学校－教材 Ⅳ. ①TP317.1

中国版本图书馆 CIP 数据核字（2020）第 012116 号

责任编辑：刘　瑀　　　　特约编辑：田学清
印　　刷：涿州市京南印刷厂
装　　订：涿州市京南印刷厂
出版发行：电子工业出版社
　　　　　北京市海淀区万寿路 173 信箱　　　邮编：100036
开　　本：787×1092　1/16　印张：17.75　　字数：477 千字
版　　次：2020 年 2 月第 1 版
印　　次：2020 年 2 月第 1 次印刷
定　　价：55.00 元

凡所购买电子工业出版社图书有缺损问题，请向购买书店调换。若书店售缺，请与本社发行部联系，联系及邮购电话：（010）88254888，88258888。

质量投诉请发邮件至 zlts@phei.com.cn，盗版侵权举报请发邮件至 dbqq@phei.com.cn。

本书咨询联系方式：liuy01@phei.com.cn。

前 言

随着信息技术的迅速发展，各行各业的信息化进程不断加速前进，Office 办公软件得到了迅速普及和广泛应用，各行各业几乎都离不开 Office 办公软件的使用，因此 Office 办公软件的学习变得越来越重要。为读者提供一本既有理论基础，又注重操作技能的 Office 实用教程显得尤为必要。

本书是根据教育部考试中心制定的《全国计算机等级考试二级 MS Office 高级应用考试大纲》（2018 年版）中对 MS Office 高级应用的要求编写的，本书不仅注重 Office 办公软件基础知识的系统性，而且更强调实用性和应用性。在掌握 Office 办公软件基本应用的基础上，对 Word、Excel、PowerPoint 3 个组件的高级功能，以及各组件之间的共享进行了详细的解析，旨在提高读者办公综合应用的能力和处理复杂事务的能力，真正达到学以致用。

本书包括四大部分：计算机应用基础、利用 Word 2010 编排文档、利用 Excel 2010 创建与处理电子表格、利用 PowerPoint 2010 制作演示文稿。每章包括多个实例，Word、Excel、PowerPoint 3 个组件的知识点分布在各个实例中，每个实例均以“操作步骤+知识讲解+图形演示+效果图展示”的方式进行浅显易懂的讲解。同时，本书还配有上机操作的习题、上机操作最终效果图，方便读者对知识点的掌握和使用，切实提高读者的上机操作能力。

本书主要有以下 4 个特色。

（1）内容重点突出。按照全国计算机等级考试的要求由浅入深地安排章节次序，注重理论知识和实践操作的紧密结合，书中知识点涵盖了 Office 等级考试（Windows）的核心内容。

（2）实例新颖独特。本书突出应用、强化技能，既有丰富的理论知识，又有大量难易适中、涉及广泛的实例，分布在 Office 的各知识点中，达到理论和实践融会贯通的目的。

（3）图文并茂。操作部分配有文字讲解和操作实例图，形象生动，清晰明了，使读者一学就会，即学即用。

（4）配套微课视频讲解。本书提供 111 个同步微课视频，讲解重要知识点，手机扫码即可观看，方便、快捷、学习更高效。

本书由唐永华、陈奋编写。第 1 篇、第 3 篇、附录 A、附录 B 由唐永华编写，第 2 篇、第 4 篇由陈奋编写。由于编著者水平有限，书中难免存在疏漏与不足之处，恳请读者批评指正。

编著者

目　录

第1篇　计算机应用基础

第1章　计算机基础知识……2
1.1　计算机的发展……2
1.1.1　计算机的诞生……2
1.1.2　计算机的发展历程及未来发展趋势……3
1.1.3　计算机发展的新热点……6
1.2　计算机系统的组成与工作原理……12
1.2.1　计算机系统的组成……12
1.2.2　微型计算机的硬件系统……12
1.2.3　微型计算机的软件系统……23
1.2.4　计算机的工作原理……24
1.3　计算机中信息的表示与存储……26
1.3.1　信息表示的形式……26
1.3.2　数值型数据编码……29
1.3.3　非数值型数据编码……33
1.4　计算机病毒与防治……36
1.4.1　计算机病毒……36
1.4.2　计算机病毒的预防与清除……38
1.5　计算机网络基础与应用……39
1.5.1　计算机网络基础……39
1.5.2　Internet 基础……43
1.5.3　Internet 应用……46
习题一……51

第 2 篇　利用 Word 2010 编排文档

第 2 章　创建和编辑文档 …… 54
2.1　创建文档 …… 54
2.1.1　Word 2010 的窗口组成 …… 54
2.1.2　创建空白文档 …… 56
2.1.3　利用模板创建文档 …… 57
2.2　Word 2010 的基本操作 …… 58
2.2.1　输入文本 …… 58
2.2.2　编辑文本 …… 60
2.2.3　查找和替换 …… 62
2.2.4　保存和打印文档 …… 65
第 3 章　Word 文档排版 …… 71
3.1　设置文档的格式 …… 71
3.1.1　设置字符格式 …… 71
3.1.2　设置段落格式 …… 74
3.1.3　设置边框和底纹 …… 76
3.1.4　分栏和首字下沉 …… 79
3.1.5　页面设置 …… 80
3.1.6　设置文档背景 …… 81
3.1.7　实例练习 …… 84
3.2　文档的图文混排 …… 86
3.2.1　插入图片 …… 86
3.2.2　插入图形 …… 90
3.2.3　插入 SmartArt 图形 …… 93
3.2.4　插入文本框 …… 94
3.2.5　插入艺术字 …… 95
3.2.6　插入公式 …… 96
3.2.7　实例练习 …… 97
3.3　在文档中编辑表格 …… 107
3.3.1　创建表格 …… 107
3.3.2　编辑表格 …… 109
3.3.3　表格格式化 …… 112
3.3.4　表格与文本的相互转换 …… 113
3.3.5　表格数据转化成图表 …… 115
3.3.6　表格的排序和计算 …… 116
3.3.7　实例练习 …… 119

第4章 长文档的编辑……121
4.1 创建和使用样式……121
4.1.1 在文档中应用样式……121
4.1.2 创建新样式……122
4.1.3 修改样式……123
4.2 插入项目符号和编号……124
4.2.1 插入项目符号……124
4.2.2 插入编号……124
4.3 设置页眉和页脚……125
4.3.1 插入分页和分节……125
4.3.2 插入页码……127
4.3.3 插入页眉和页脚……127
4.3.4 删除页眉和页脚……129
4.4 在文档中添加引用的内容……129
4.4.1 插入脚注和尾注……129
4.4.2 插入题注……130
4.4.3 插入交叉引用……131
4.5 创建文档目录……132
4.5.1 自动生成目录……132
4.5.2 更新目录……136
4.6 审阅和修订文档……137
4.6.1 拼写和语法检查……137
4.6.2 使用批注……138
4.6.3 修订内容……138
4.7 邮件合并……140
习题二……145

第3篇 利用 Excel 2010 创建与处理电子表格

第5章 Excel 2010 创建电子表格……148
5.1 输入和编辑数据……148
5.1.1 Excel 2010 窗口……148
5.1.2 Excel 2010 的基本概念……149
5.1.3 输入数据……150
5.1.4 编辑数据……154
5.2 表格的格式化……155
5.2.1 行列操作……155
5.2.2 设置单元格格式……156

5.2.3 自动套用格式……160
5.2.4 条件格式设置……161
5.2.5 实例练习……163
5.3 工作表的打印输出……165
5.3.1 页面设置……165
5.3.2 设置打印区域……166
5.3.3 打印预览和打印文档……168
5.4 编辑工作簿和工作表……169
5.4.1 工作簿的基本操作……169
5.4.2 工作表的基本操作……171
5.4.3 对多个工作表同时进行操作……174
5.4.4 工作表窗口的操作……176
第 6 章 公式和函数……180
6.1 公式的使用……180
6.1.1 公式的组成……180
6.1.2 公式中的运算符……180
6.1.3 公式的输入与编辑……181
6.1.4 单元格引用……182
6.1.5 更正公式中的错误……183
6.1.6 实例练习……184
6.2 函数的使用……185
6.2.1 函数的组成……186
6.2.2 函数的输入……186
6.2.3 常用函数的应用……188
6.2.4 实例练习……190
第 7 章 图表在数据分析中的应用……193
7.1 迷你图……193
7.2 图表……194
7.2.1 创建图表……194
7.2.2 编辑图表……195
7.2.3 格式化图表……198
7.2.4 实例练习……199
第 8 章 Excel 2010 数据处理与分析……202
8.1 数据排序……202
8.1.1 单列数据排序……202
8.1.2 多列数据同时排序……203

8.1.3 自定义序列排序……204
8.2 数据筛选……206
8.2.1 自动筛选……206
8.2.2 多列筛选……208
8.2.3 高级筛选……210
8.3 数据分类汇总……211
8.3.1 创建分类汇总……211
8.3.2 分级显示……213
8.3.3 删除分类汇总……216
8.4 数据透视表和数据透视图……216
8.4.1 创建数据透视表……216
8.4.2 编辑数据透视表……219
8.4.3 格式化数据透视表……221
8.4.4 创建数据透视图……222
8.4.5 删除数据透视表或数据透视图……223
8.4.6 实例练习……223
习题三……226

第 4 篇 利用 PowerPoint 2010 制作演示文稿

第 9 章 创建和编辑演示文稿……230
9.1 创建演示文稿的方法……230
9.1.1 新建空白演示文稿……230
9.1.2 利用模板创建演示文稿……231
9.1.3 利用主题创建演示文稿……232
9.1.4 PowerPoint 2010 的视图分类……232
9.2 幻灯片的基本操作……233
9.2.1 插入和删除幻灯片……233
9.2.2 复制或移动幻灯片……234
9.2.3 重用幻灯片……235
9.2.4 幻灯片节的设置……236
9.2.5 幻灯片编号的添加……237
9.2.6 幻灯片日期和时间的添加……237
9.3 在幻灯片中添加内容……238
9.3.1 添加文本……238
9.3.2 添加艺术字……239
9.3.3 添加图形对象……239
9.3.4 添加音频和视频……243

9.4 修饰演示文稿……244
9.4.1 利用主题修饰演示文稿……244
9.4.2 利用配色方案修饰演示文稿……245
9.4.3 利用背景修饰演示文稿……246
9.4.4 利用母版修饰演示文稿……247
9.5 设置演示文稿的播放效果……249
9.5.1 幻灯片对象的动画效果……249
9.5.2 幻灯片切换效果……252
9.5.3 超链接……253
9.5.4 放映方式的设置……254

第 10 章 演示文稿的打印和发布……259

10.1 演示文稿的打印……259
10.1.1 打印幻灯片……259
10.1.2 将演示文稿发送至 Word 进行打印……260
10.2 演示文稿的发布……261
10.2.1 发布为视频文件……261
10.2.2 发布为 PDF 文件……262
10.2.3 打包为 CD 数据包……263
习题四……264

附录 A 全国计算机等级考试二级 MS Office 试题……265

附录 B 全国计算机等级考试二级 MS Office 试题答案……268

参考文献……274

第1篇

计算机应用基础

目前，计算机与网络技术已经广泛地应用到社会的各个领域，逐步改变着人们传统的学习、工作和日常生活方式，极大地推动了整个社会的信息化发展。作为现代社会中的一员，掌握计算机、计算思维知识和应用是必须具备的基本技能之一。第1篇包含以下基本知识。

- 计算机的发展历程、未来发展趋势及新热点。
- 计算机的软硬件基础与工作原理。
- 计算机中信息的表示与存储。
- 计算机病毒与防治。
- 计算机网络基础与应用。

第 1 章

计算机基础知识

1.1 计算机的发展

1.1.1 计算机的诞生

计算机是一种以高速进行计算、具有内部存储能力、由程序控制操作过程的自动电子装置，其主要功能是进行数字计算和信息处理。数字计算是指对数字进行加工处理的过程（如科学与工程计算）；信息处理是指对字符、文字、图形、图像、声音等信息进行采集组织、存储、加工和检索的过程。

计算机是一种能够存储程序，并能够按照程序自动、高速、精确地进行大量计算和信息处理的电子机器。科技的进步促使了计算机的产生和迅速发展，而计算机的产生和发展又反过来促使了科学技术和生产水平的提高。计算机的发展和应用水平已经成为衡量一个国家科学技术水平和经济实力的重要标志。

目前，人们公认的第一台计算机是在 1946 年 2 月由美国宾夕法尼亚大学莫尔学院研制成功的 ENIAC（Electronic Numerical Integrator And Calculator，电子数字积分计算机），如图 1-1 所示。承担 ENIAC 研制任务的莫尔小组由埃克特、莫克利、戈尔斯坦、博克斯 4 位科学家和工程师组成。ENIAC 最初被专门用于火炮弹道计算，后经多次改进而成为能够进行各种科学计算的通用计算机。它采用电子管作为计算机的基本元件，由 18 000 多个电子管，1500 多个继电器，10 000 多个电容器和 7000 多个电阻构成，占地 170m^2，重量 30t，功率为 140kW～150kW，每秒能够进行大约 5000 次加减运算。这台计算机完全采用了电子线路执行算术运算、逻辑运算和信息存储的技术，运算速度得到了显著提高。

图 1-1　第一台电子管元件计算机 ENIAC

尽管 ENIAC 的功能不能和现在的任何一台计算机相比，但在计算机发展的历史长河中，ENIAC 具有划时代的意义。

在计算机的发展过程中，有两位杰出的科学家是计算机重要的奠基人，他们分别是英国科学家阿兰·图灵（Alan Mathison Turing）和美籍匈牙利科学家冯·诺依曼（John Von Neumann）。阿兰·图灵的贡献是建立了对数字计算机有深远影响的图灵机理论模型，该模型奠定了人工智能的基础，而冯·诺依曼则提出了计算机的存储体系结构，并沿用至今。

1. 阿兰·图灵

1912 年 6 月 23 日，阿兰·图灵出生于英国伦敦，1954 年 6 月 7 日去世，享年 42 岁。图灵在数理逻辑和计算机科学方面，取得了举世瞩目的成就，是 20 世纪杰出的数学家、逻辑学家。他的一些科学成果，构成了现代计算机技术的基础，被称为“计算机之父”“人工智能之父”。

1936 年，图灵发表了著名的论文——《论数字计算在决断难题中的应用》。文中提出了“算法”（Algorithms）和“计算机”（Computing Machines）两个核心概念，被誉为现代计算机原理的开山之作。

1950 年，图灵发表了关于机器思维问题的论文——《计算机器与智能》，为后来的人工智能科学提供了开创性的构思，并提出了著名的“图灵测试”：如果第三者无法辨别人类与人工智能机器反应的差别，则可以论断该机器具备人工智能。这一划时代的观点，使图灵赢得了“人工智能之父”的桂冠。

1966 年，为了纪念图灵对计算机科学的巨大贡献，美国计算机协会（Association for Computing Machinery，简称 ACM）设立了“图灵奖”，该奖项被公认为“计算机界的诺贝尔奖”，用以表彰在计算机科学中做出突出贡献的人。

2. 冯·诺依曼

1903 年 12 月 28 日，冯·诺依曼出生于匈牙利布达佩斯的一个犹太人家庭，1957 年 2 月 8 日在华盛顿去世，享年 54 岁。

冯·诺伊曼从小就显示出了惊人的数学天分，年仅 22 岁便以优异的成绩获得了布达佩斯大学的数学博士学位，并相继在柏林大学和汉堡大学担任数学讲师，27 岁便成为普林斯顿大学的终身教授，是 20 世纪著名的数学家之一。冯·诺伊曼在数学领域、经济学领域、物理领域及计算机领域都有杰出的贡献。在计算机方面，冯·诺伊曼参与了世界上第一台电子管元件的计算机 ENIAC（电子数字积分计算机）的研制，提出了计算机存储程序原理，并确定了存储程序计算机的五大组成部分和基本的工作方法。经过数十年的发展，尽管计算机的制造技术发生了巨大变化，但冯·诺依曼体系结构仍然被沿用至今，他也被誉为“计算机之父”。

1.1.2　计算机的发展历程及未来发展趋势

从 ENIAC 问世至今，计算机从最初的使用电子管作为元器件，发展到今天的使用超大规模集成电路作为元器件，已经走过了数十年的历程。在这段时间里，计算机的应用领域不断拓展，系统结构也发生了巨大的变化。根据计算机所采用的电子元件的不同，计算机的发展历程可以划分为电子管、晶体管、集成电路、大规模和超大规模集成电路 4 个阶段。

1．第一代——电子管计算机

第一代计算机是电子管计算机，其基本元件是电子管，内存储器采用水银延迟线，外存储器有纸带、卡片、磁带和磁鼓等。其运算速度为每秒几千次到几万次，内存容量只有几千字节。此时，计算机程序设计还处于最低阶段，用 0 和 1 表示机器语言进行编程，直到 20 世纪 50 年代才出现汇编语言。由于尚无操作系统出现，所以计算机操作困难，仅能在科学、军事和财务等少数领域得到应用。尽管这个时期计算机的运用有很大的局限性，但作为世界上第一台计算机，ENIAC 的出现奠定了计算机发展的基础。

与 ENIAC 不同的是，EDVAC（Electronic Discrete Variable Automatic Computer，离散变量自动电子计算机）首次使用二进制，可以说，EDVAC 是第一台现代意义的通用计算机。EDVAC 由 5 个基本部分组成：运算器、控制器、存储器、输入装置及输出装置，使用了大约 6000 个真空管、12 000 个二极管，功率为 56kW，重达 7850kg，占地面积缩小到了 45.5m^2，工作时需要 30 个技术人员同时操作。冯·诺依曼参与了 EDVAC 的研制，起草并发表了长达 101 页的《关于 EDVAC 报告草案》，该草案中提出的计算机存储体系结构一直沿用至今。这份报告在计算机发展史上具有划时代的意义，因为它向世界宣告了电子计算机的时代开始了。

第一代计算机体积庞大、造价昂贵、运行速度低、存储容量小、可靠性差、不易掌握，主要应用于军事和科学研究领域，其代表机型有 IBM650、IBM709 等。

2．第二代——晶体管计算机

1954 年，美国贝尔实验室成功研制了第一台使用晶体管的第二代计算机，取名为 TRADIC（Transistorized Airborne Digital Computer）。相较于第一代计算机均采用的电子管元件在运行时产生的热量太多、可靠性较差、运算速度低、价格昂贵、体积庞大等诸多缺点，尺寸小、重量轻、寿命长、效率高、发热少、功耗低的晶体管开始被用来作为计算机的基本元件。使用晶体管后，电子线路的结构大大改观，更容易实现制造高速电子计算机。

第二代计算机以晶体管为主要元件，其体积明显缩小，功耗降低，可靠性也有所提高。与电子管计算机相比，晶体管计算机的平均寿命提高了 100～1000 倍，耗电量降到了电子管计算机的 1/10。晶体管计算机的内存储器采用磁性材料制成磁芯，外存储器有磁盘、磁带，增加了浮点运算，运算速度达到每秒几十万次，内存容量也扩大到几十万字节。同时计算机软件也有了较大的发展，出现了监控程序并发展成为后来的操作系统，高级语言 Basic、Fortran 被推出，使编写程序的工作变得更为方便，并实现了程序的兼容性。

第二代计算机的使用范围也从单一的科学计算扩展到商务领域的数据处理和事务管理等，其代表机型有 IBM7094、CDC7600。

3．第三代——集成电路计算机

第三代计算机的主要元件是小规模集成电路和中规模集成电路。1958 年，美国物理学家基尔比和诺伊斯共同发明了集成电路。这种集成电路是用特殊的工艺将几十个甚至是几百个分离的电子元件组成的电子线路集成在一个仅仅几平方毫米的硅片上，其大小只有邮票的四分之一。

与晶体管计算机相比，集成电路计算机的体积更小，寿命更长，功耗、价格进一步降低，在存储器容量、速度和可靠性等方面都有了较大提高。同时，计算机软件技术有了进一步发展，尤其是操作系统的逐步成熟是第三代计算机的显著特点。软件出现了结构化、模块化程序设计方法，如 Pascal 语言。第三代计算机主要应用于科学计算、企业管理、自动控制、辅助设计和辅助制造等领域，有影响力的机型是 IBM 公司研制的 IBM360 计算机系列。

4．第四代——大规模、超大规模集成电路计算机

第四代计算机的主要元件是大规模集成电路和超大规模集成电路。随着集成电路技术的不断发展，20 世纪 70 年代出现了可容纳数千至几十万个晶体管的大规模和超大规模集成电路。采用大规模集成电路可以在一个 $4mm^2$ 的硅片上至少容纳相当于 2000 个晶体管的电子元件。这种技术使得计算机的制造者可以把计算机的核心部件集成在一个硅片上，从而使计算机的体积、重量都进一步减小。内存储器也采用集成度很高的半导体存储器代替了磁芯存储器。磁盘的存取速度和存储容量大幅度提升，开始引进光盘，计算速度可达到每秒几百万次至上亿次。操作系统向虚拟操作系统发展，数据管理系统不断完善和提高，程序语言进一步发展和改进，软件行业发展成为新兴的高科技产业。这个时期，计算机的类型除小型机、中型机、大型机外，开始向巨型机和微型机（微型计算机）两个方面发展。其中，巨型机的研发和运用，反映了一个国家的经济实力和科学研究水平；微型计算机的研发和运用，反映了一个国家科学技术的普及程度。世界上最早的微型计算机是由美国 Intel 公司的工程师马西安・霍夫（M.E.Hoff）于 1971 年研制成功的，它的突出特点就是将集成了运算器和控制器的微处理器放在了不同的芯片上，然后通过总线连接，组成了世界上第一台微型计算机——MCS-4。它的计算性能远远超过了第一代计算机 ENIAC，而且具有体积小、重量轻、功耗小、可靠性强、价格低廉、对使用环境要求低的特点。所以微型计算机一经出现，就表现出了强大的生命力。我国在 1992 年研制出了每秒能够进行 10 亿次运算的巨型计算机——银河 II，从而使我国成为世界上为数不多的具有研制巨型机能力的国家。

计算机技术的迅速发展使得计算机的应用领域不断向社会各方面渗透，如办公自动化、数据库管理、图形识别和专家系统、人工智能等。

计算机发展阶段示意表如表 1-1 所示。

表 1-1　计算机发展阶段示意表

年代 器件	第　一　代	第　二　代	第　三　代	第　四　代
电子器件	电子管	晶体管	中、小规模集成电路	大规模和超大规模集成电路
主存储器	阴极射线管或汞延迟	磁芯、磁鼓	磁芯、磁鼓、半导体存储器	半导体存储器
外部辅助存储器	纸带、卡片	磁带、磁鼓	磁带、磁鼓、磁盘	磁带、磁盘、光盘
处理方式	机器语言、汇编语言	监控程序、连续处理作业的高级语言程序	多道程序、实时处理	实时处理、分时处理、网络操作系统
运算速度	5 千次/秒～3 万次/秒	几十万次/秒～百万次/秒	百万次/秒～几百万次/秒	几百万次/秒～千亿次/秒

随着硅芯片技术的高速发展，硅技术越来越接近其自身的物理发展极限。因此，迫切要求计算机从结构到器件与技术这一系列都要产生一次质的飞跃才行。预测未来新型计算机的类型如下。

- 量子计算机：量子计算机是基于量子效应基础开发的，它利用一种链状分子聚合物的特性来表示开与关的状态，利用激光脉冲来改变分子的状态，使信息沿着聚合物移动，从而进行运算。一个量子位可以存储两个数据，0 和 1 可以同时被存储，同样数量的存储位，量子计算机的存储量比普通计算机要大得多，而且能够实行量子并行计算，其运算速度可能比现有的个人计算机的芯片快了将近 10 亿倍。

- 光子计算机：光子计算机又被为全光数字计算机，以光子代替电子，光互连代替导线互连，光硬件代替电子硬件，光运算代替电运算。光的高速决定了光子计算机具有超高的运算速度。
- 分子计算机：其运算过程是指蛋白质分子与化学介质的相互作用，计算机的转换开关是酶，而程序在酶合成和蛋白质中表现出来并完成一次运算，所需的时间仅为 10^{-6}μs，是人类思维的 100 万倍的速度；DNA 分子计算机可以达到 $1m^3$ 的 DNA 溶液存储 10^{12} 亿个二进制数据的存储容量；DNA 分子计算机消耗的能量只有电子计算机的十亿分之一；其芯片原材料是蛋白质，所以它既可以自我修复，又可以直接与生物体相连接。
- 纳米计算机：纳米技术的终极目标是人类按照自己的意志直接分离单个原子，制造出具有特定功能的产品。现在，纳米技术能把传感器、电动机和各种处理器集成在一个硅芯片中；纳米计算机内存芯片的体积相当于几百个原子的大小。
- 生物计算机：自 20 世纪 80 年代以来，生物工程学家对人脑、神经元和感受器的研究倾注了大量精力，以期望研制出可以模拟人脑思维、低耗、高效的第六代计算机——生物计算机。采用蛋白质制造的芯片，其存储容量可以达到普通计算机的 10 亿倍。
- 神经计算机：其特点是可以实现分布式联想记忆，并能够在一定程度上模拟人和动物的学习功能。它是一种有知识、会学习、能推理的计算机，具有能够理解自然语言、声音、文字和图像的能力，并且具有说话的能力，使人机能够用自然语言直接对话，它可以利用已有的和不断学习到的知识，进行思维、联想、推理，并得出结论，能够解决复杂问题，具有汇集、记忆、检索有关知识的能力。

1.1.3 计算机发展的新热点

比尔·盖茨在《未来之路》一书中用“预言”的方式描述了人们未来的生活方式。在互联网兴起之初，信息技术对人们生活方式的影响还微乎其微，然而在今天，这些“预言”在新思想、新技术、新应用的驱动下已经实现或正在被实现。云计算、移动互联网、物联网、大数据等产业呈现出蓬勃发展的趋势，全球的信息技术产业正在经历着深刻的变革。

1. 云计算

2006 年，Google 首席执行官埃里克·施密特（Eric Schmidt）在搜索引擎大会上首次提出了“云计算”（Cloud Computing）的概念。云计算将计算任务分布在大量分布式计算机构成的资源池上（并非本机计算机），使用各种应用系统能够根据需要获取计算能力、存储空间和服务信息。云计算之所以称之为“云”，主要原因是它在某些方面具有云的特征。例如，云可大可小、可动态伸缩、可边界模糊。而且云在空中的位置飘忽不定，虽然无法确定它的具体位置，但是它确实存在。所以可以借用云的这些特点来形容云计算中的服务能力和信息资源的伸缩性，以及后台服务设施位置的透明性。

2007 年，Google 与 IBM 合作搭建计算机存储、运算中心，用户通过互联网借助浏览器就可以进行访问，把“云”作为资料存储及应用服务的中心。Google 与 IBM 开始在美国大学校园（如卡耐基梅隆大学、麻省理工学院、加州大学伯克利分校等）推广云计算的计划，希望通过云计算降低分布式计算技术在学术研究方面的成本，随后，云计算逐渐延伸到商业应用及社会服务等多个领域。

目前，云计算正在以一个新的思维角度变革着信息技术产业。随着信息技术的发展，在特殊行业中使用的、昂贵的大型计算机变成了人人都易得易用的个人计算机，极大地提高了企业和个人的工作效率。互联网将每个信息节点汇聚成了庞大的信息网络，极大地提高了人类的信息沟通、共享及协作的效率。而云计算带来的深刻变革会将信息产业变成绿色环保和资源节约型的产业。例如，将信息技术基础设施变成如水电一样按需使用和付费的社会公用基础设施，有效地降低了企业信息技术基础设施的成本。云计算的本质就是要通过整合、共享和动态提供资源来实现信息技术投资利用率的最大化，云计算不需要舍弃原有的信息技术基础设施资源，它包括新投资的资源和已有的资源。

云计算有很多优点，云计算提供了可靠、安全的数据存储中心，使得用户不用再担心数据丢失、病毒入侵等问题带来的麻烦；云计算对用户端的设备要求较低，使用起来也比较方便，可以轻松实现不同设备之间的数据与应用的共享。云计算为互联网的使用提供了无限多的可能性，为数据的存储和管理提供了无限多的空间，也为各类应用提供了无限大的计算能力。

目前，云计算已经发展出了云安全和云存储两大领域，Microsoft、Google 等公司涉足的是云存储领域。

2．移动互联网

十年前的你能想象到吗？你在家里发一条微博或微信就可以做成一单生意，下载一个移动应用就可以集合一个兴趣群体，利用打车软件可以按需按时叫车，利用智能手机可以随时随地通过在线教育学习需要的知识。实际上，这就是移动互联网对我们生活的影响。

移动互联网（Mobile Internet，简称 MI）是指将智能移动终端和互联网相互结合起来成为一体。移动互联网是互联网技术、平台、商业模式和应用与移动通信技术结合并实践的活动的总称。随着宽带无线接入技术和移动终端技术的飞速发展，人们迫切希望能够随时随地，甚至在移动的过程中都能够高速地接入互联网，便捷地获取信息和服务。可见，移动与互联网相结合的趋势是历史的必然。

据统计，截至 2019 年 6 月，我国移动互联网用户总数约达 9 亿，其中，在移动电话用户中的渗透率约达 80%；手机网民规模约达 8 亿，占总网民人数的 90%，手机保持第一名的上网终端地位。我国移动互联网发展已经进入了全民时代。

移动互联网是一个全国性的、以宽带 IP 地址为技术核心，并可以同时提供语音、传真、图像、数据、多媒体等高品质电信服务的新一代开放的电信基础网络。移动互联网正以应用轻便、通信便捷的特点逐渐地渗透到人们的学习、工作和生活中。无论是个人还是企业，无论是我们的工作还是生活，都受到了移动互联网的极大影响。

3．物联网

在信息时代，科技的发展日新月异。互联网改变着人们的生活方式和习惯。从计算机到互联网，从互联网再到物物相连的物联网，网络从人与人之间的沟通，进一步拓展到人与物、物与物之间的沟通。

1999 年，美国 MIT Auto-ID 中心提出了物联网（Internet of Things）的概念，即通过射

频识别（RFID）、红外感应器、全球定位系统、激光扫描器、气体感应器等信息传感设备，按规定的协议，把任何物品与互联网连接起来，进行信息交换和通信，以实现智能化识别、定位、跟踪、监控和管理的一种网络。

物联网的概念包含了两层含义：第一，物联网的核心和基础仍然是互联网，它是在互联网基础上延伸和扩展的网络；第二，其用户端延伸和扩展到了任何物品与物品之间，进行信息交换和通信。因此，物联网就是利用互联网连接所有能够被独立寻址的普通物理对象，实现对物品的智能化识别、定位、跟踪、监控和管理。它具有普通对象设备化、自治终端互联化、普通服务智能化的重要特征。物联网的应用目的在于建立一个更加智能的社会。现在的物联网应用范围扩展到了国防安全、智能交通管理、智能医疗管理、环境保护、智能家居等多个领域。物联网被称为继计算机和互联网之后，世界信息产业的第三次浪潮，代表着信息网络的发展方向。

4．大数据

现在，信息科技高速发展，人们的交流变得更加密切，生活变得更加方便，大数据就是这个高科技时代的产物。阿里巴巴创始人马云在一次演讲中提出：未来的时代将不是IT时代，而是DT（Data Technology，数据科技）的时代。显示出未来的社会大数据将发挥出举足轻重的作用。

最早提出“大数据”时代到来的是全球知名咨询公司麦肯锡全球研究所，该公司指出：大数据是一种规模大到在获取、存储、管理、分析方面大大超出了传统数据库软件工具能力范围的数据集合。

大数据研究机构Gartner认为：大数据是具有较强的决策力、洞察发现力和流程优化能力的、多样化的信息资产。

大数据已经被应用于物理学、生物学、环境生态学等领域，大数据已经渗透到当今每一个行业和业务职能领域，成为重要的生产因素。

目前，人们对大数据还没有一个准确的定义，大数据是一个正在形成的、发展中的阶段性概念，一般从4个方面的特征来理解其内容：Volume（大量）、Variety（多样）、Velocity（速度）和Veracity（真实），简称4V特征。

- Volume：数据量大。数据量的大小决定着人们所考虑的数据价值的和潜在的信息，大数据的起始计量单位一般是PB（1000TB）、EB（100万TB）或ZB（10亿TB）。
- Variety：数据类型繁多。包括网络日志、音频、视频、图片、地理位置信息等，多类型的数据对数据的处理能力提出了更高的要求。
- Velocity：获得数据的速度快、时效高。这是大数据区分于传统数据挖掘最显著的特征。
- Veracity：数据真实性高。随着社交数据、企业内容、交易与应用数据等新数据源的兴起，传统数据源的局限被打破，企业需要有效的信息以确保其真实性及安全性。

随着云时代的来临，大数据也受到了人们越来越多的关注。大数据通常用来形容一个公司创造的大量非结构化和半结构化数据，这些数据在下载到关系型数据库中用于分析时会花费大量的时间和金钱。大数据分析常和云计算联系到一起，因为实时的大型数据集分析需要向数十、数百甚至数千台计算机分配工作。

大数据技术的重要性并不在于掌握庞大的数据信息，而在于对这些具有意义的数据进行专业化处理。如今，海量的信息数据的价值密度相对较低。如何对这些具有意义的数据进行专业化处理，提高对数据的加工能力，迅速地完成数据的价值“提纯”，是大数据时代需要解决的难题。

目前，大数据已经在各个领域展开了应用。如大数据帮助电商企业向客户推荐心仪的商品和服务，大数据帮助社交网站向客户提供更准确的好友推荐，大数据帮助娱乐行业预测歌曲、电影、电视剧的受欢迎程度，并为企业分析评估娱乐节目的受众率，以帮助企业更加精准地投放广告。

大数据的收集有很多种方法，如根据人们浏览的网页、搜索的关键字等推测出人们感兴趣的东西，也可以根据 QQ、微信类的社交软件聊天记录来收集有用的信息，还可以通过网页中的调查问卷来了解人们对于某种事物的看法和态度。这些收集起来的数据就会被存储起来，在需要的时候运用软件进行分析处理。国家有国家的数据，企业有企业的数据，数据量越大代表实力越强，未来发展也就越好。

在未来，大数据的身影将无处不在，因大数据而产生的变革浪潮将会改变人们的生活、工作、学习方式。大数据将被用来解决社会问题、商业问题、科学技术问题，以及解决人们的衣、食、住、行等问题。

5. 可穿戴计算机

可穿戴计算机的前身并不光彩。20世纪60年代，美国赌场里的赌客将小型的摄像头、对讲机等机器挂在身上或放在口袋里，以此得到同伴的信息进而在赌局中获胜。尽管如此，它仍向人们透露了一个信息：人们已经不满足于将计算机置于桌面上的人机分离状态，开始思考如何使人机结合得更加紧密。

在一些发达国家，可穿戴计算机已经被广泛应用在危险事件的处理中。例如，一栋大楼起火，烟雾弥漫，漆黑一片。消防员随身佩戴的可穿戴计算机将信息整合后可以迅速提示在整栋楼房中的起火位置、楼内哪里还有幸存的生命，从而救出被困人员；灾情突然发生，受伤人员急需现场手术，救护人员通过可穿戴计算机进行远程诊断，成功实施手术；进行飞机紧急维修的维修工人通过可穿戴计算机边阅读存储器中的维修手册，边与总部沟通，自如地进行维修。

1989年，日本著名漫画家鸟山明在其推出的《龙珠Z》漫画中创造了一种“战斗力侦测器”，这是一种像眼镜一样戴在头上的东西，佩戴者可以通过目测，看出每一个人的战斗力数值。2012年，Google推出了一款眼镜，虽然这款眼镜看不出个人的战斗力，但拥有主流智能手机的所有功能，通信、数据业务一应俱全。一百多年来，全球科技发展日新月异，科技产品从想象变为现实的案例比比皆是，而其中能够进行大规模商用的案例并不多。

在可穿戴计算机可预见的未来里，孩子背着书包出门，父母通过孩子随身佩戴的可穿戴计算机看见他所处的环境，随时与他面对面通话；在商店里，面对琳琅满目的商品不知所措的丈夫经由妻子的“远程”参考后买回了满意的商品；年迈的父母无法外出游玩，通过在旅游胜地的儿女的可穿戴计算机“看旅游”。

许多人认为，可穿戴计算机“无非是一个微小型的PC挂在身上”，一些计算机基础研究者对其也不以为然。虽然可穿戴计算机看起来是穿戴在人体上工作的，但是并不能仅仅理解为将计算机穿在身上，在可穿戴计算工程中有 11 项关键技术，如无线自组网、System-on-Chip（一个芯片一台计算机）、无线通信、嵌入式操作系统等都是当前计算机科学的难关。业内专家认为：任何有利于缩小人机隔阂的研究都是具有生命力价值的。正是基于这一点，我国的“青年计算机科技论坛”曾专门以此为论题召开了可穿戴计算机新技术报告会。

6. 虚拟仿真技术

虚拟仿真技术又称为虚拟现实技术或模拟技术，就是用一个虚拟的系统模拟另一个真实系统的技术。从狭义上来说，虚拟仿真是指 20 世纪 40 年代，随着计算机技术的发展而逐步形成的一种试验研究的新技术；从广义上来说，虚拟仿真则是在人类认识自然界客观规律的历程中一直被有效地使用着。由于计算机技术的发展，虚拟仿真技术逐步自成体系，成为继数学推理、科学实验之后，人类认识自然界客观规律的第三种基本方法，而且正在发展成为人类认识、改造和创造客观世界的一项通用性、战略性技术。

人们对虚拟仿真技术的期望越来越高，过去，人们只用仿真技术来模拟某个物理现象、设备或简单系统；今天，人们要求能用虚拟仿真技术来模拟复杂系统，甚至由众多不同系统组成的系统体系。这就要求虚拟仿真技术需要进一步发展，并融合其他相关技术。

虚拟现实技术（Virtual Reality，简称 VR）是 20 世纪 80 年代出现的一种综合集成技术，涉及计算机图形学、人机交互技术、传感技术、人工智能等。它由计算机硬件、软件及各种传感器构成了三维信息的人工环境——虚拟环境，可以逼真地模拟现实世界的事物和环境。当人投入到这种环境中时，立即会有“身临其境”的感觉，并可亲自操作，自然地与虚拟环境进行交互。

虚拟现实技术主要有 3 个方面的含义：第一，借助于计算机生成的环境是虚幻的；第二，人对这种环境的感觉（视、听等）是逼真的；第三，人可以通过自然的方法（手动、眼动、口说、其他肢体动作等）与这个环境进行交互，虚拟环境还能够实时地进行相应的反应。

虚拟仿真技术则是在多媒体技术、虚拟现实技术与网络通信技术等信息科技迅猛发展的基础上，将仿真技术与虚拟现实技术相结合的产物，是一种更高级的仿真技术。虚拟仿真技术以构建全系统统一的、完整的虚拟环境为典型特征，并通过虚拟环境集成与控制较多的实体。实体可以是模拟器，也可以是其他的虚拟仿真系统。实体与虚拟环境相互作用，以表现客观世界的真实特征。虚拟仿真技术的集成化、虚拟化与网络化的特征，充分满足了现代虚拟仿真技术的发展需求。

虚拟仿真技术具有以下 4 个基本特性。

- 沉浸性（Immersion）：在虚拟仿真系统中，使用者可以获得视觉、听觉、运动感觉等多种感知，从而获得身临其境的感受。理想的虚拟仿真系统应该具有能够给人所有感知信息的功能。
- 交互性（Interaction）：在虚拟仿真系统中，不仅环境能够作用于人，人也可以对环境进行控制，而且人是以近乎自然的行为（自身的语言、肢体的动作等）进行控制的，虚拟环境还能够对人的操作予以实时反应。例如，当飞行员按下导弹发射按钮时，会看见虚拟的导弹发射出去并跟踪虚拟的目标；当导弹碰到目标时会发生爆炸，飞行员能够看到导弹爆炸的碎片和火光。
- 虚幻性（Imagination）：即虚拟仿真系统中的环境是虚幻的，它是由人利用计算机等工具模拟出来的。虚拟仿真系统既可以模拟客观世界中以前存在过的或现在真实存在的环境，也可模拟客观世界中当前并不存在的但将来可能会出现的环境，还可以模拟客观世界中并不会存在的而仅仅属于人们幻想中的环境。
- 逼真性（Reality）：虚拟仿真系统的逼真性表现在两个方面，即一方面，虚拟环境给人的各种感觉与所模拟的客观世界非常相像，一切感觉都是那么逼真，如同在真实世界一样；另一方面，当人以自然的行为作用于虚拟环境时，环境做出的反应也符合客观世界的有关规律。例如，当给虚幻物体一个作用力时，该物体的运动就会符合力学定律，会沿着力的方向产生相应的加速度；当它遇到障碍物时，会被阻挡。

7．人工智能

人工智能（Artificial Intelligence，简称 AI）是研究人工智能理论、方法、技术及应用系统的一门新的技术学科。

人工智能是计算机学科的一个分支，它用来了解智能的实质，并生产出一种新的能以人类智能相似的方式做出反应的智能机器，该研究领域包括机器人、语言识别、图像识别、自然语言处理和专家系统等。人工智能从诞生以来，理论与技术日益成熟，应用领域也不断扩大，可以设想，未来人工智能带来的科技产品，将会是人类智慧的“容器”。人工智能可以对人的意识、思维的信息过程进行模拟。人工智能不是人的智能，但能像人那样思考。

人工智能是一门极具挑战性的学科，从事这项工作的人必须懂得计算机知识、心理学和哲学。人工智能是一门涉及十分广泛的学科，它由不同的领域组成，如机器学习、计算机视觉等。总的说来，人工智能研究的一个主要目标是使机器能够胜任一些通常需要人类智能才能完成的复杂工作。但不同的时代、不同的人对这种“复杂工作”的理解是不同的。

人工智能的传说可以追溯到古埃及，但随着电子计算机的发展，人工智能技术受到了越来越多的关注与研究。“人工智能”一词最初是在 1956 年 DARTMOUTH 学会上提出的，从此以后，研究者总结出了许多理论和原理，人工智能的概念也随之扩展。人工智能的发展比预想的要慢，但一直在前进，从被提出至今，已经出现了许多 AI 程序，并且它们也影响着其他技术的发展。

1）人工智能竞赛

以人类的智慧创造出堪与人类大脑相平行的机器大脑（人工智能），对人类来说是一个巨大的挑战，人类为了实现这一梦想也已经奋斗了很多年。而从一个语言研究者的角度来看，要让机器与人之间进行自由交流是相当困难的，甚至可以说可能会是一个没有答案的问题。人类的语言、人类的智能是如此复杂，以至于目前的研究还并未触及其导向本质的外延部分的边缘。

在日常生活中，人们开始感受到计算机技术和人工智能技术的影响，计算机技术不再只属于实验室中的一小群研究者。越来越多关于计算机技术类的书籍展现在人们面前，一些企业开始组建 AI 开发团队，研发 AI 项目。就目前来说，一些 AI 技术已经进入了人们的家庭，智能电脑的增加吸引了公众兴趣。一些面向苹果机和 IBM 兼容机的应用软件相继出现。使用模糊逻辑，AI 技术简化了摄像设备，对人工智能相关技术更大的需求会促使 AI 技术不断提高，人工智能技术将会不断地改变人们的生活。

2）强弱对比

目前，人工智能没有标准的定义。其中一个定义是指，人工智能就是要让机器的行为看起来就像是人所表现出的智能行为一样，但是这个定义似乎忽略了强人工智能的可能性。另一个定义是指，人工智能是人造机器所表现出来的智能性。总体来讲，对人工智能的定义可以划分为 4 类，即机器“像人一样思考”、“像人一样行动”、“理性地思考”和“理性地行动”。这里“行动”应广义地理解为采取行动，或者定制行动的决策，而不是肢体动作。

3）强人工智能（BOTTOM-UP AI）

强人工智能观点认为有可能制造出真正能推理和解决问题的智能机器，并且，这样的智能机器能将被认为是有知觉的、有自我意识的。强人工智能可以分为两类：一类是类人的人工智能，即机器的思考和推理就像人的思维一样。另一类是非类人的人工智能，即机器产生了和人完全不一样的知觉和意识，使用和人完全不一样的推理方式。

4）弱人工智能（TOP-DOWN AI）

弱人工智能观点认为不可能制造出真正能推理和解决问题的智能机器，这些智能机器只不过看起来像是智能的，但是并不真正拥有智能，也不会有自主意识。

1.2 计算机系统的组成与工作原理

随着计算机技术的快速发展，计算机应用已渗透到社会的各个领域。为了更好地使用计算机，我们必须对计算机系统进行全面的了解。下面介绍计算机系统的组成与工作原理。

1.2.1 计算机系统的组成

一个完整的计算机系统是由硬件系统和软件系统两大部分组成的，如图 1-2 所示。

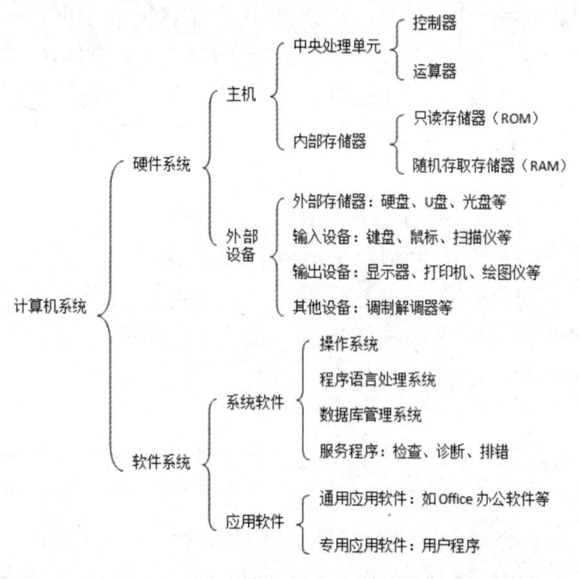

图 1-2 计算机系统组成

硬件系统是组成计算机系统的各种物理设备的总称，是计算机系统的物质基础，如中央处理器（CPU）、存储器、输入设备、输出设备等。计算机的硬件系统又称为裸机，裸机只能识别由 0、1 组成的机器代码，没有软件系统的计算机几乎是没有用的。

计算机的软件系统是指为使计算机运行和工作而编制的程序与全部文档的总和。硬件系统的发展给软件系统提供了良好的开发环境，而软件系统的发展又给硬件系统提出了新的要求。

1.2.2 微型计算机的硬件系统

微型计算机是发展最快的一种计算机，被广泛地应用在各个领域。一台微型计算机的硬件系统，宏观上可以分为主机箱、显示器、键盘、鼠标、打印机等几个部分，主机箱内部有电源、主板、光盘驱动器、硬盘等，主板上插有 CPU、内存和各种适配器等。

1．主板

主板（Main Board）是微型计算机的主体。主板上布满了各种电子元件、插槽、接口等，如图 1-3 所示。主板为 CPU、内存和各种功能卡（声、图、通信、网络、TV、SCSI 等）提供了安装插槽（插座）；也为各种存储设备、I/O 设备、多媒体设备和通信设备提供了接口。计算机在正常运行时对系统内存、存储设备和其他 I/O 设备的控制都必须通过主板来完成，因此计算机正常运行的速度和稳定性取决于主板的性能。不同的主板型号通常要求不同的主机箱与之匹配。目前，常见的主板结构规范主要有 AT、ATX、LPX 等，它们之间的差别主要有尺寸大小、形状、元器件的放置位置和电源供应器等方面。

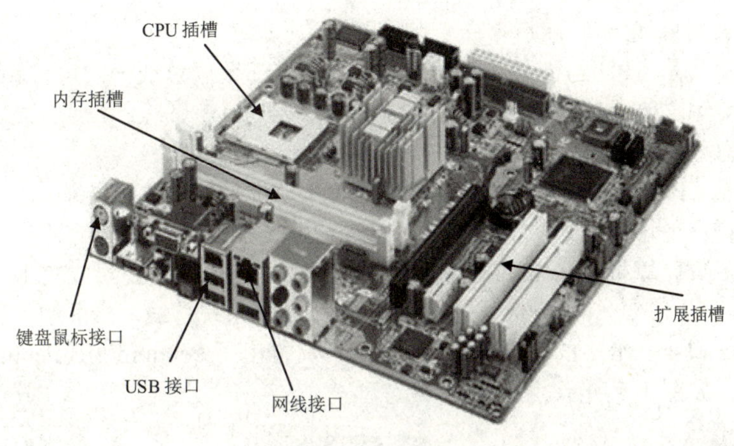

图 1-3　主板

芯片组（Chipset）是主板的灵魂，决定了主板的性能和价格。正如人的大脑分为左脑和右脑一样，主板上的芯片组由北桥芯片和南桥芯片组成，如图 1-4 所示。北桥芯片提供了对 CPU 的类别和主频、内存的类型和最大容量、ISA/PCI/AGP 插槽、ECC 纠错等支持。南桥芯片则提供了对 KBC（键盘控制器）、RTC（实时时钟控制器）、USB（通用串行总线）、ACPI（高级能源管理）等支持。其中北桥芯片起着主导性的作用，也称为主桥（Host Bridge）。

（a）南桥芯片

（b）北桥芯片

图 1-4　芯片组

2．中央处理器

中央处理器（Central Processing Unit，简称 CPU）又称为微处理器。它包括运算器和控制器两个部件，是计算机系统的核心。CPU 的主要功能是按照程序给出的指令序列分析指令、执行指令，完成对数据的加工处理。计算机所发生的全部动作都受 CPU 的控制。

控制器用来协调和指挥整个计算机系统的操作，本身不具有运算功能，而是通过读取各种指令，并对其进行翻译、分析，然后对各部件进行相应的控制。它主要由指令寄存器、译码器、程序计算器、时序电路等组成。运算器主要完成算术运算和逻辑运算，是信息加工和处理的部件，它主要由算术逻辑部件和寄存器组成。

衡量 CPU 的性能主要有以下几个指标。

（1）主频。

主频是指 CPU 时钟的频率。主频越高，CPU 单位时间内完成的操作越多。主频的单位是 MHz 或 GHz。

（2）内部数据总线。

内部数据总线是 CPU 内部数据传输的通道。内部数据总线一次可传输二进制数据的位数越大，CPU 传输和处理数据的能力越强。

（3）外部数据总线。

外部数据总线是 CPU 与外部数据传输的通道。外部数据总线一次可传输二进制数据的位数越大，CPU 和外部交换数据的能力越强。

（4）地址总线。

地址总线是 CPU 访问内存时的数据传输通道。地址总线一次可传输二进制数据的位数越大，CPU 的物理地址空间越大。通常地址总线是 n 位，CPU 的物理地址空间就是 2^nKB。

目前，大多数计算机使用 Intel 公司生产的 CPU。美国 Intel 公司成立于 1968 年，1971 年 Intel 推出了 4 位 CPU（即 4004），首次采用 100MHz 系统总线，相继推出了 32 位的时钟频率为 400MHz 和 450MHz 的 C-Pentium Ⅱ，随后又推出了 Pentium Ⅲ、Pentium 4、Core 1、Core 2 Duo 等，如图 1-5 所示。

（a）第 1 代 Intel CPU 4004

（b）Intel 486 是 Intel 最后一代以数字编号的 CPU

（c）Core 2 Duo

图 1-5　CPU

3．存储器

存储器是计算机的记忆和存储部件，用来存储信息。对于存储器来说，其存储容量越大，存取速度越快。计算机的操作主要是与存储器之间交换信息，存储器的工作速度相对 CPU 的运算速度要低得多，因此存储器的工作速度是制约计算机运算速度的主要因素之一。目前，计算机的存储系统由各种不同的存储器组成。通常至少有两个存储器：一个是包含在计算机中的内存储器，它直接和运算器、控制器联系，容量小，但存取速度快，用于存储那些急需处理的数据或正在运行的程序；另一个是外存储器，它间接和运算器、控制器联系，存取速度慢，但存取容量大，价格低廉，用来存储暂时不用的数据。

1）内存储器

内存储器又称为主存储器，实质上是一组或多组具有数据输入输出和存储功能的集成电路。内存储器的主要作用是用来存储计算机系统运行时所需要的数据，存储各种输入输出数据和中间计算结果，以及与外存储器交换信息时作为缓冲。虽然内存储器的存取速度较快，但是一般容量较小。

（1）内存储器的主要技术指标。

- 内存储器容量。

在内存储器中含有大量存储单元，每个存储单元可以存储 8 位（bit，简称 b）二进制信息，这样的存储单元称为 1 字节（Byte，简称 B）。存储器容量是指存储器中包含的字节数，通常以 KB、MB、GB、TB 作为存储器容量单位，1B=8b，1KB=1024B，1MB=1024KB，1GB=1024MB，1TB=1024GB。

- 读写时间。

从内存储器读一个字或向内存储器写入一个字所需的时间为读写时间。两次独立的读写操作之间所需的最短时间称为存储周期。本指标反映内存储器的存取速度，早期的存取周期有 60ns、70ns、80ns 等几种，目前的存取周期有 7ns、8ns、10ns 等几种。

（2）内存储器的分类。

- 只读存储器（ROM）。

存储在只读存储器中的数据是永久的，即使在计算机关机后保存在只读存储器中的数据也不会丢失。因此，只读存储器常用于存储重要信息，如主板中的 BIOS 等。

- 随机存取存储器（RAM）。

随机存取存储器主要用来存储系统中正在运行的程序、数据和中间结果，以及用于与外部设备的信息交换。它的存储单元根据需要可以读出，也可以写入，但它只能用于暂时存储信息，一旦关闭电源或发生断电，其中的数据就会丢失。随机存取存储器就是通常所说的内存条。随机存取存储器又分为动态随机存储器（DRAM）和静态随机存储器（SRAM）。目前，比较常用的内存条有 SDRAM、DDR SDRAM 和 RDRAM 等，如图 1-6 所示。

（a）SDRAM 内存条

（b）DDR SDRAM 内存条

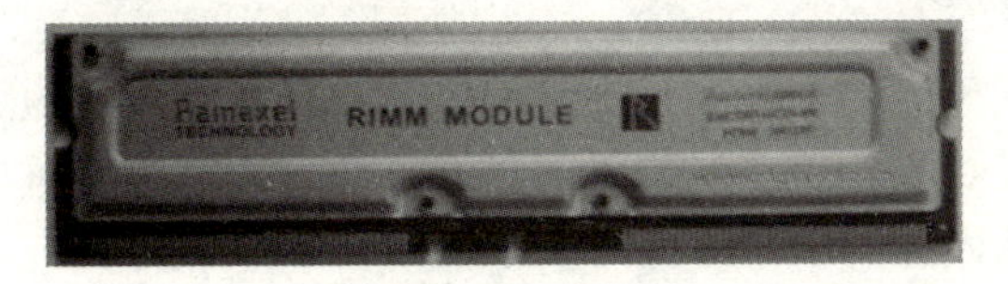

（c）RDRAM 内存条

图 1-6　内存条

2）外存储器

内存储器由于技术及价格等原因，其存储容量有限，不可能容纳所有的系统软件及各种用户程序，因此，计算机系统都要配置外存储器。外存储器又称为辅助存储器，它的存储容量一般都比较大，而且大部分可以移动，便于不同计算机之间进行信息交流。目前，常见的外存储器有硬盘、光盘及移动硬盘等。

（1）硬盘。

硬盘（Hard Disk）是计算机不可缺少的存储设备。由一组大小相同、涂有磁性材料的铝合金或玻璃片环绕一个共同的轴心组成。通常，硬盘盘片和驱动装置合为一体，盘片完全密封在驱动器内，不可更换。每个磁盘的表面都装有一个读写磁头，在控制器的统一控制下沿着磁盘表面径向同步移动。硬盘的外形及内部结构如图 1-7 所示。

（a）硬盘外形

（b）硬盘的内部结构

图 1-7　硬盘的外形及内部结构

硬盘是由磁道（Tracks）、扇区（Sectors）、柱面（Cylinders）和磁头（Heads）组成的。一个硬盘可以有 1 到 10 个甚至更多的盘片，所有的盘片串在一根轴上，两个盘片之间仅留出安置磁头的距离。柱面是指使磁盘的所有盘片具有相同编号的磁道。硬盘的容量取决于硬盘的磁头数、柱面数及每个磁道扇区数，由于硬盘一般包括多个盘片，所以用柱面这个参数来代替磁道。每一扇区的容量为 512B，硬盘容量=512B×磁头数×柱面数×每道扇区数。

硬盘的性能指标如下所述。

- 硬盘容量。

硬盘容量是指在一块硬盘中可以容纳的数据量。硬盘作为计算机主要的外部存储器，其容量是第一性能指标。硬盘容量通常以 GB 或 TB 为单位。

- 硬盘转速。

硬盘转速是指硬盘的电动机旋转的速度，它的单位是 RPM（Revolutions Per Minute），即每分钟多少转。它是决定硬盘内部传输率的因素之一，它的快慢决定了硬盘的读写速度，同时也是区别硬盘档次的重要标志。目前，硬盘的转速主要有 5400 RPM 和 7200 RPM 两种。转速越快，硬盘的性能越好，较高的转速可以缩短硬盘的平均寻道时间和实际读写时间。

- 平均寻道时间。

平均寻道时间是指硬盘的读写磁头在盘面上移动到数据所在磁道需要的时间，它是衡量硬盘机械能力的重要指标。平均寻道时间越短，数据读写速度越快，表示硬盘的性能越好。目前，大多数主流硬盘的平均寻道时间都在 4.5ms～12.6ms。

- 高速缓存。

高速缓存是计算机缓解数据交换速度差异的必备设备，高速缓存的大小对硬盘速度有较大影响。目前，主流硬盘的高速缓存主要有 8MB～64MB，其类型一般是 EDODRAM 或 SDRAM，一般以 SDRAM 为主。

- 硬盘接口类型。

硬盘接口是指连接硬盘驱动器和计算机的专用部件，它对计算机的性能，以及扩展系统时计算机连接其他设备的能力有着很大影响。不同类型的接口往往制约着硬盘的容量，更影响硬盘的读写速度。一般按接口来分，硬盘接口主要有 IDE 接口、SCSI 接口和 SATA 接口。

使用硬盘的注意事项有：保持使用环境的清洁；使用环境的温度为 10℃～40℃，湿度为 20%～80%；避免撞击；不要随意拆卸硬盘；避免频繁地开关机器电源；计算机在运行时，不要随意移动。

目前，市面上主流的硬盘是固态硬盘（Solid State Drives，简称 SSD），固态硬盘是用固态电子存储芯片阵列制成的硬盘，由控制单元和存储单元（FLASH 芯片、DRAM 芯片）组成。固态硬盘在接口的规范和定义、功能及使用方法上与普通硬盘相同，在产品外形和尺寸上也与普通硬盘一致。由于固态硬盘技术与传统硬盘技术不同，所以出现了不少新兴的存储器厂商。厂商只需购买 NAND 存储器，再配合适当的控制芯片，就可以制造固态硬盘了。固态硬盘普遍采用 SATA-2 接口、SATA-3 接口、SAS 接口、MSATA 接口、PCI-E 接口、NGFF 接口、CFast 接口和 SFF-8639 接口。

固态硬盘的存储介质分为两种：第一种是采用闪存（FLASH 芯片）作为存储介质，第二种是采用 DRAM 作为存储介质。

- 基于闪存。基于闪存的固态硬盘采用 FLASH 芯片作为存储介质，这也是通常所说的固态硬盘。它的外观可以被制作成多种样式，如笔记本硬盘、移动硬盘、存储卡、U 盘等样式。这种固态硬盘最大的优点就是可以移动，而且数据保护不受电源控制，能适应各种环境，适合个人用户使用。
- 基于 DRAM。基于 DRAM 的固态硬盘采用 DRAM 作为存储介质，应用范围较窄。它仿效传统硬盘的设计，可以被大部分操作系统的文件系统工具设置和管理，并提供标准的 PCI 接口和 FC 接口用于连接主机或服务器。它是一种高性能的存储器，而且使用寿命很长，其缺点是需要独立电源来保护数据安全。DRAM 固态硬盘属于非主流的设备。

影响固态硬盘性能的主要因素有主控芯片、NAND 闪存介质和固件。在相同的情况下，无论采用何种接口也可能会影响固态硬盘的性能。

固态硬盘的优点如下所述。

- 读写速度快。采用闪存作为存储介质，读取速度相对机械硬盘更快。固态硬盘不用磁头，平均寻道时间很低。持续写入的速度非常快，与之相关的还有较快的存取时间，最常见的 7200 转机械硬盘的平均寻道时间一般为 12ms～14ms，而固态硬盘的平均寻道时间可以达到 0.1ms 甚至更低。
- 防震抗摔性强。传统硬盘都是磁碟型的，数据存储在磁碟扇区中。而固态硬盘是使用闪存颗粒（即 MP3、U 盘等存储介质）制作而成的，所以固态硬盘内部不存在任何机械部件，这样即使在高速移动，甚至伴随翻转倾斜的情况下也不会影响其正常使用，而且在发生碰撞和震荡时能够将数据丢失的可能性降到最低。相较机械硬盘，固态硬盘占有绝对优势。
- 低功耗。固态硬盘的功耗要低于传统硬盘的功耗。
- 无噪音。固态硬盘没有机械马达和风扇，在工作时噪音值为 0 分贝。基于闪存的固态硬盘在工作状态下能耗和发热量较低（但高端或大容量产品的能耗较高）。内部不存在任何机械活动部件，不会发生机械故障，也不怕碰撞、冲击、震动。由于固态硬盘采用无机械部件的闪存芯片，所以具有了发热量小、散热快等特点。
- 工作温度范围大。典型的硬盘驱动器只能在温度为 5℃～55℃的环境中工作。而大多数固态硬盘可以在温度为-10℃～70℃的环境中工作。

（2）光盘。

近年来，光盘是逐渐淡出主流存储设备的一种辅助存储器，它可以存储各种文字、图形、图像、声音、动画等信息。光盘曾是多媒体技术迅速获得推广的重要推动力之一。光盘系统包括光盘盘片和光盘驱动器，其中光盘盘片由聚碳酸酯注塑而成，用来存储数据信息；光盘驱动器通过激光束照射到带凹坑的光盘上反射光的强弱不同来读取光盘数据。光盘和光盘驱动器如图 1-8 和图 1-9 所示。

图 1-8　光盘

图 1-9　光盘驱动器

光盘包括 CD（Compact Disk）和 DVD（Digital Versatile Disk）两大类。其中，CD 的容量约为 650MB，而 DVD 又分为单面单层、单面双层、双面单层和双面双层 4 类，容量从 4.7GB 到 17GB 不等。根据光盘读写功能不同，CD 和 DVD 又分为只读型（CD-ROM，DVD-ROM）、一次写入型（CD-R，DVD±R）和重复写入型（CD-RW，DVD±RW）等类型。

光盘驱动器读写数据的速度通常用倍速描述。目前，CD-ROM 读写速度一般为 48 倍速或 52 倍速（单倍速的读写速度为 150KB/s），CD-R 和 CD-RW 的读写速度分别为 48 倍速和 24 倍速；DVD-ROM 的读写速度一般为 16 倍速（DVD 单倍速的读写速度为 1.385MB/s），而 DVD±R 和 DVD±RW 的读写速度为 16 倍速和 8 倍速。

光盘具有容量大、读写速度快、数据存储时间长、便于携带、价格低廉等优点，曾是多媒体计算机的重要组成部分。

蓝光光盘（Blu-ray Disc，简称 BD）是 DVD 的下一代光盘格式之一，用于存储高品质的影音及大容量的数据。蓝光光盘的命名是由于其采用波长为 405nm 的蓝色激光光束来进行读写操作的（DVD 采用 650nm 波长，CD 则采用 780nm 波长）。一个单层的蓝光光盘的容量为 25GB 或 27GB，可以存储一个长达 4 小时的高品质影片。

尽管蓝光光盘有较大的存储空间，但随着网络带宽的不断增加，以及其他存储设备成本的不断降低，未来高清电影的移动方案将主要由移动硬盘来承担，蓝光光盘不大可能成为主流存储载体。

（3）U 盘和移动硬盘。

目前，一种用半导体集成电路制成的电子盘正在逐渐成为移动外存储器的主流。这种电子盘又分为 U 盘和移动硬盘两种，其中，U 盘采用闪存（Flash Memory）作为存储介质，可以反复存取数据，使用时只要插入计算机中的 USB 接口即可。由于，USB 2.0 接口传输速率可达 480MB/s，因此，使用 U 盘传输文档资料的速度非常快。另外，移动硬盘通过一个转接电路把 2.5 英寸或 3.5 英寸的硬盘连接到 USB 接口上，具有容量大、便于携带的优点，适合大量数据的移动存储或备份。

U 盘的容量有几百兆到几十千兆，而移动硬盘的容量可以高达上百千兆。近年来，移动磁盘的发展速度非常快，它已经成为主要的数据存储设备。U 盘和移动硬盘如图 1-10 所示。

（a）U 盘

（b）移动硬盘

图 1-10　U 盘和移动磁盘

4．输入/输出设备

1）输入设备

输入设备用于将系统文件、用户程序与文档、计算机运行程序所需的数据等信息输入到计算机的存储设备中以备使用。常见的输入设备有键盘、鼠标、光笔、扫描仪、数码相机等。

（1）键盘。

键盘是最常用的输入设备，通过连线和主机的键盘口相连接，计算机中大部分的输入工作主要由键盘来完成。

（2）鼠标。

鼠标也是主要的输入设备，其主要功能用于移动显示器中的光标，并通过菜单或按钮向主机发出各种命令，但不能输入字符和数据。按照工作原理，鼠标可以分为机械式鼠标和光电式鼠标两种。

机械式鼠标下面有一个可以滚动的小球，当鼠标在桌面上移动时，小球和桌面产生摩擦，发生转动，显示器中的光标随着鼠标的移动而移动。这种鼠标价格便宜，但易沾灰尘，影响移动速度，且故障率高，应该经常清洗。

光电式鼠标下面是两个平行放置的小光源，光源发出的光经反射后，再由鼠标接收，并转换为移动信号送入计算机，使显示器中的光标随着移动。由于光电式鼠标分辨率高，故障率低，所以应用范围越来越广泛。

（3）扫描仪。

图像扫描仪（Image Scanner）又称为扫描仪，是用于将照片、书籍中的文字和图片获取下来，以图片文件的形式保存在计算机中的一种输入设备，如图 1-11 所示。

随着扫描仪技术的进步和价格的下降，以前只有专业人士才能使用的扫描仪已经走进了千家万户，扫描仪可以说是除键盘和鼠标外，应用十分广泛的计算机输入设备。扫描仪的工作原理是通过光源照射到被扫描的材料上，材料将光线反射到 CCD（Charge Coupled Device，电荷耦合器件）的光敏元件上，CCD 将这些强弱不同的光线转换成数字信号，并传送到计算机中，从而获得了材料的图像。

扫描仪主要的性能指标是光学分辨率，它是采用两个数字相乘来表示的，如 6400px×9600px，其中前面一个数字表示扫描仪的横向分辨率，后面一个数字表示扫描仪的纵向分辨率。扫描仪的另一个指标是色彩深度（色彩位数），它是指扫描仪对图像进行采样的数据位数，也就是扫描仪所能辨别的色彩范围。目前，扫描仪的扫描位数有 18 位、24 位、30 位、36 位、42 位、48 位等，位数越高，扫描效果越好。其他还应考虑的性能参数包括扫描幅面、接口类型等。

（4）数码相机。

数码相机（Digital Camera，简称 DC）又称为数码单反相机。数码相机是集光学、机械、电子一体化的产品，它集成了影像信息的转换、存储和传输等部件，具有即时拍摄、图片数字化存储、简便浏览、与计算机交互处理等特点，如图 1-12 所示。

图 1-11　扫描仪

图 1-12　数码相机

数码相机的核心是成像感光元件，它代替了传统相机的胶卷。当感光元件表面受到光线照射时，能把光线转换成电荷，通过模数转换芯片转换成数字信号，所有感光元件产生的信号集合在一起，就构成了一幅完整的画面，数字信号经过压缩后由数码相机内部的闪存和内置硬盘卡保存。

数码相机的种类繁多，性能各不一样，它的主要性能参数包括：①像素数目，如 800 万、1000 万、1500 万、2000 万等，像素数目越多，所获得的图片分辨率越高，质量也越好，但需要更大的存储空间，价格也就越贵。②感光元件，感光元件是数码相机的关键，成像部件主要有 CCD 和 CMOS，目前主流感光元件采用 CCD。

除以上提到的常用输入设备外，还有光笔、游戏手柄、游戏摇杆、摄像头和话筒等输入设置，如图 1-13 所示。

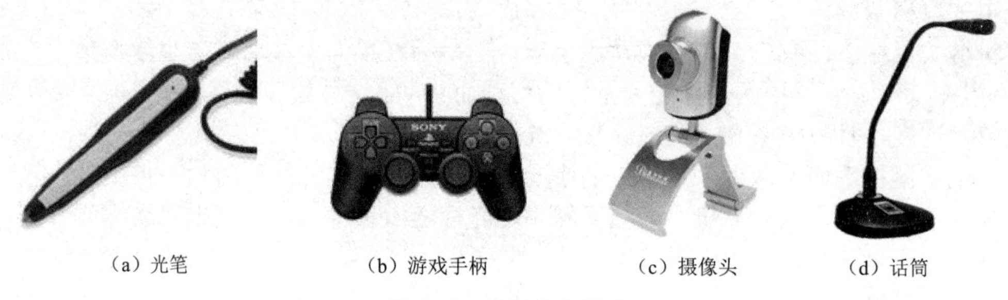

（a）光笔　（b）游戏手柄　（c）摄像头　（d）话筒

图 1-13　常用输入设备

2）输出设备

输出设备是将计算机内部以二进制代码形式表示的信息转换为用户所需要并能识别的形式（如十进制数字、文字、符号、图形、图像、声音），或者其他系统所能接受的信息形式输出。在微型计算机系统中，主要的输出设备有显示器、打印机和绘图仪等。

（1）显示器。

显示器系统是由显示器和图形适配器（Graphics Adapter，也称为图形卡或显卡）组成的，它们共同决定了图像输出的质量。

显示器有很多类型，按显示的内容可以分为只能显示 ASCII 码字符的字符显示器和能显示字符与图形的图形显示器；按显示的颜色可以分为单色显示器和彩色显示器；按显示原理可以分为阴极射线管显示器（CRT）和液晶显示器（LCD、LED）。目前，主流的显示器为 LED 显示器，如图 1-14 所示。

目前，显示器的显示模式主要有 MDA（Monochrome Graphics Adapter，单色显示器）、CGA（Color Graphics Adapter，彩色图形显示器）、EGA（Enhanced Graphics Adapter，增强图形显示器）、VGA（Video Graphics Array，影像图形阵列显示器）和扩展 VGA（SVGA、TVGA）等。在彩色显示模式中，EGA、VGA 和扩展 VGA 是目前使用的主流显示模式。

显卡（Video Card）全称为显示接口卡，又称为显示适配器，它是计算机的基本配件之一。显卡作为主机的一个重要组成部分，是计算机进行数模信号转换的设备，承担输出显示图形的任务。显卡接在主板上，它将计算机的数字信号转换成模拟信号并在显示器上显示出来，同时显卡还有图像处理能力，可以协助 CPU 工作，提高整体的运行速度。对于从事专业图形设计的人来说显卡显得非常重要。显卡如图 1-15 所示。

（a）CRT 显示器

（b）LCD 显示器

（c）LED 显示器

图 1-14　显示器

图 1-15　显卡

显卡的分类如下所述。

- 核芯显卡。核芯显卡是 Intel 新一代图形处理产品，与以往的显卡设计不同，Intel 凭借其在处理器制作上的先进工艺及新的架构设计，将图形核心与处理核心整合在同一块基板上，构成一个完整的处理器，这种整合设计大大缩减了处理核心、图形核心、内存与内存控制器之间的数据周转时间，大幅度降低了芯片组的整体功耗，有助于缩小核心组件的尺寸，为笔记本、一体机等产品的设计提供了更大选择空间。

核芯显卡的优点：低功耗是核芯显卡的主要优点，由于新的精简架构与整合设计，核芯显卡对整体能耗的控制更加优异，高效的处理性能大幅度缩短了运算时间，进一步缩减了系统平台的能耗。高性能也是它的主要优点，核芯显卡可以带来较强的图形处理能力。核芯显卡可以支持 DX10/DX11、SM4.0、OpenGL2.0、全高清 Full HD MPEG2/H.264/VC-1 格式解码等技术，即将加入的性能动态调节功能更可以大幅度提高核芯显卡的处理能力，使其满足用户的更多需求。

核芯显卡的缺点：配置核芯显卡的 CPU 通常比较低端，同时低端核芯显卡难以胜任大型游戏。

- 集成显卡。集成显卡将显示芯片、显存及其相关电路都集成在主板上；集成显卡有单独的显示芯片，但大部分都集成在主板的北桥芯片中；一些集成显卡的主板也单独安装了显存，但其容量较小，集成显卡的显示效果与处理性能相对较弱，不能对显卡进行硬件升级，但可以通过 CMOS 调节频率或刷写 BIOS 文件对其实现软件升级来挖掘显示芯片的潜能。

集成显卡的优点：功耗低、发热量小、部分集成显卡的性能已经可以媲美入门级的独立显卡，所以不用花费额外的资金购买独立显卡。

集成显卡的缺点：性能相对略低，且固定在主板上，无法更换集成显卡，如果必须更换，则只能更换主板。

- 独立显卡。独立显卡是指将显示芯片、显存及其相关电路单独集成在一块电路板上，自成一体而作为一块独立的显卡存在，它需要占用主板的扩展插槽（ISA、PCI、AGP 或 PCI-E）。

独立显卡的优点：单独安装了显存，一般不占用系统内存，在技术上也比集成显卡先进得多，容易进行独立显卡的硬件升级。

独立显卡的缺点：功耗高、发热量大，需要花费额外资金购买独立显卡。独立显卡可以分为两类，一类是专门为游戏设计的独立显卡；另一类是用于绘图和 3D 渲染的独立显卡。

（2）打印机。

打印机（Printer）是计算机的重要输出设备之一，可以用来打印字符、数字、图形和表格等。打印机有很多种类，按照打印原理，可以分为击打式打印机和非击打式打印机。

击打式打印机是采用机械方法，使打印针或字符锤击打色带，在打印纸上输出字符，其产品主要是针式打印机。非击打式打印机是通过激光、喷墨、热升华或热敏等方法将字符印在打印纸上，其产品主要有喷墨打印机和激光打印机。打印机如图 1-16 所示。

（3）绘图仪。

绘图仪（Plotter）是一种输出图形的设备。打印机虽然也能输出图形，但对复杂、精确的图形无能为力。绘图仪可以在绘图软件的帮助下，绘制出各种复杂、精确的图形，成为计算机辅助设计必不可少的设备。绘图仪如图 1-17 所示。

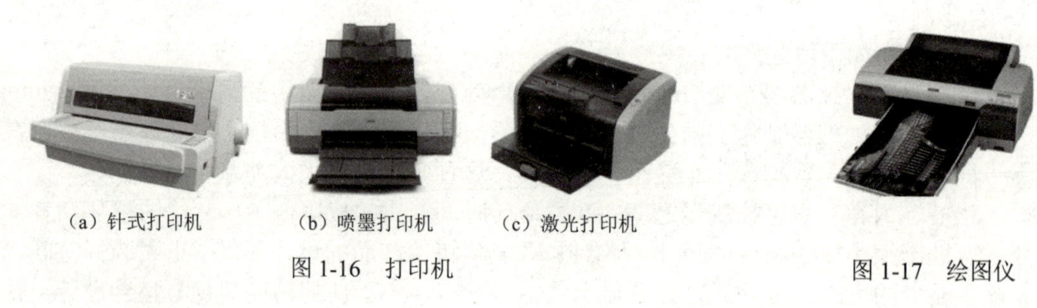

（a）针式打印机　（b）喷墨打印机　（c）激光打印机

图 1-16　打印机

图 1-17　绘图仪

5．总线和接口

1）总线

总线（Bus）是计算机内部传输指令、数据和各种控制信息的高速通道，也是计算机各组成部分在传输信息时共同使用的“公路”。计算机中的总线分为内部总线、系统总线和外部总线。内部总线位于 CPU 芯片内部，用于连接 CPU 的各个组成部件；系统总线是指主板上连接计算机各大部件的总线；外部总线则是指计算机和外部设备之间的总线，通过该总线和其他设备进行信息与数据交换。

如果按照总线传输的信息种类，可以将总线分为以下 3 类。

- 数据总线（Data Bus，简称 DB）。用于 CPU 与内存或 I/O 接口之间的数据传递，它的条数取决于 CPU 的字长，信息传送是双向的（可以送入到 CPU，也可以由 CPU 送出）。
- 地址总线（Address Bus，简称 AB）。用于传送存储单元或 I/O 接口的地址信息，信息传送是单向的，它的条数决定了计算机内存的容量，即 CPU 能管辖的内存数量。
- 控制总线（Control Bus，简称 CB）。传送控制器的各种控制信息，它的条数由 CPU 的字长决定。

计算机采用开放体系结构，由多个模块构成一个系统，一个模块往往就是一块电路板。为了方便总线与电路板的连接，总线在主板上提供了多个扩展槽与插座，任何插入扩展槽的电路板（如显示卡、声卡）都可以通过总线与 CPU 连接，这为用户组合可选设备提供了方便。CPU、总线、存储器、接口电路与外部设备的逻辑关系如图 1-18 所示。

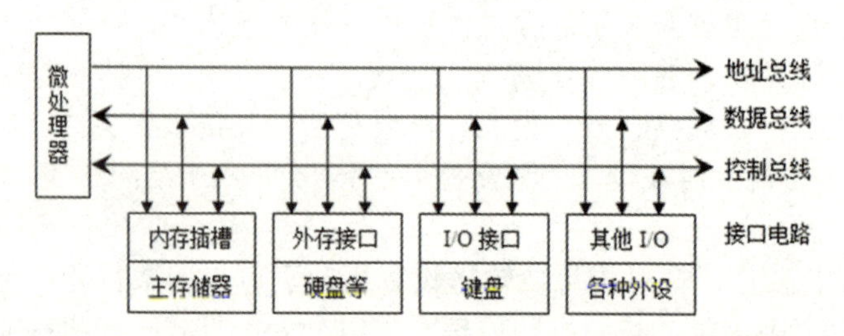

图 1-18　CPU、总线、存储器、接口电路与外部设备的逻辑关系

目前，计算机常用的系统总线标准可以分为以下两类。

- PCI（Peripheral Component Interconnect，外部设备互连）总线。

PCI 总线于 1991 年由 Intel 公司推出，它为 CPU 与外部设备之间提供了一条独立的数据通道，让每种设备都能与 CPU 直接联系，使图形、通信、视频、音频设备都能同时工作。PCI 总线的数据传送宽度为 32 位，可以扩展到 64 位，时钟频率为 33MHz，数据传输速率可达 133MB/s。

- AGP（Advanced Graphics Port，加速图形接口）总线。

AGP 总线是 Intel 公司配合 Pentium 处理器开发的总线标准，它是一种可自由扩展的图形总线结构，能够增加图形控制器的可用带宽，并为图形控制器提供必要的性能，有效地解决了 3D 图形处理的瓶颈问题。AGP 总线带宽为 32 位，时钟频率有 66MHz 和 133MHz 两种。

2）接口

接口就是设备与计算机或其他设备连接的端口。它主要用来传送两部分信号：一部分是数据信号，另一部分是控制信号，它们都是为传输数据服务的。

数据传输方式可以分为串行、并行两种。用于串行传输的接口叫作串行接口（Serial Port)。被传送的数据排成一串，一次发送，其特点是传输稳定可靠、传输距离长，但数据传输速率较低。用于并行传输的接口叫作并行接口（Parallel Port)，其特点是数据传输速率较高、协议简单、易于操作。由于并行传输在数据传输时容易受到干扰、传输距离短、有时会发生数据丢失等问题，所以并行设备的连接线一般比较短，否则不能保证正常使用。

在计算机行业中，最早出现的串行接口标准是 RS-232 标准，这个标准直到现在还在计算机中使用，这就是用来外接鼠标或调制解调器（Modem）的 COM1 接口、COM2 接口。随着计算机技术的发展，现在又出现了许多新的接口标准，如 SCSI、USB 和 IEEE1394 等。USB 是一种通用串行总线接口，其优势在于能够支持多达 127 个外设，并且可以独立供电(可以从主板上获得 500mA 的电流)和支持热插拔(开机状态下插拔)，真正做到即插即用。目前，可以通过 USB 接口连接的设备有扫描仪、打印机、鼠标、键盘、移动硬盘、数码相机、音箱，甚至还有显示器等，具有很好的通用性。USB 2.0 标准的传输速率可高达 480MB/s，非常适用于一些视频输入/输出产品。

1.2.3　微型计算机的软件系统

IEEE（Institute of Electrical and Electronics Engineers，国际电气与电子工程协会）提出的软件定义是计算机程序、方法、规则与相关的文档资料，以及在计算机中运行时所必需的数据。可见，计算机软件是相对于硬件而言的，它包括程序、相关数据及其说明文档。硬件是软件运行的基础，软件则是发挥计算机功能的关键。在计算机中，软件与硬件相互依存，没有软件，计算机仅是一台没有任何功能的机器。有了软件，人们可以不用分析计算机本身的硬件结构和运行原理来使用计算机。

1．软件分类

按照软件功能分为系统软件和应用软件。

（1）系统软件。一般将靠近硬件部分的软件称为系统软件。系统软件包括操作系统、语言处理程序、数据库管理系统和辅助程序。系统软件的主要功能是调度、监控和维护计算机系统，负责管理计算机系统中各种独立的硬件，使它们可以协调工作。系统软件使用户在使用计算机和其他软件时不需要考虑底层每个硬件是如何工作的。

- 操作系统。操作系统是计算机的基本软件，它控制和管理整个计算机的资源，是计算机裸机与用户之间的纽带。通过操作系统，用户可以更加方便地使用计算机、某种软件或程序。常见的操作系统有 DOS、Windows、UNIX 和 Linux 等。
- 语言处理程序。语言处理程序是指将高级语言编写的源程序转换成机器语言的形式，以便计算机能够识别和执行，这种转换是由翻译软件来完成的，完成这种翻译的软件称为高级语言编译软件。目前，常用的高级语言有 Python、C++、Java 等，它们各有特点，分别用于编写某一类程序，它们都有各自的编译软件。
- 数据库管理系统。数据库管理系统是一种管理数据库的软件，主要用于创建、使用和维护数据库。常见的数据库管理系统有 Access、Oracle、Sybase 等。
- 辅助程序。辅助程序也称为支撑软件，主要是指支持应用软件开发的软件，如编辑程序、调试程序、装备和连接程序等。

（2）应用软件。它是为了满足用户的各种需求，解决计算机各类应用问题，使用计算机语言编制的应用程序的集合，具有很强的实用性。一般是在系统软件支持下开发的，分为应用软件包和用户程序两类。应用软件包是为实现某种特殊功能而开发的独立软件，如办公自动化软件 Office 系列、图形图像处理软件 Photoshop 等。用户程序是用户为解决特定的具体问题而二次开发的软件，如财务管理系统、信息管理系统等。

2．软件与硬件的关系

计算机系统是由计算机软件系统和硬件系统组成的，其层次结构如表 1-2 所示，底层是计算机硬件系统，顶层是用户层。计算机硬件系统是计算机进行数据处理的物理装置。只有硬件的计算机称为裸机，裸机不具备任何功能，并不能用来处理数据信息。在裸机的基础上配上各种软件（操作系统和应用软件）之后，才能称为计算机系统，才具有信息处理的功能。用户可以通过软件系统使用这些物理装置。例如，用户可以通过操作系统访问计算机，还可以通过操作系统提供的文件管理功能，创建、复制或删除文件，另外，用户还可以使用计算机语言平台设计程序。

表 1-2　计算机系统的层次结构

<table>
<tr><td colspan="3">用户</td></tr>
<tr><td rowspan="2">计算机软件系统</td><td>应用软件</td><td>办公软件、信息管理软件、图形图像处理软件等</td></tr>
<tr><td>系统软件</td><td>驱动程序、操作程序、编译程序等</td></tr>
<tr><td colspan="3">计算机硬件系统</td></tr>
</table>

1.2.4　计算机的工作原理

在介绍计算机的基本工作原理之前，先介绍几个相关的概念。

所谓指令，是指挥计算机进行基本操作的命令，是计算机能够识别的一组二进制编码。通常一条指令由两部分组成：第一部分指出应该进行什么样的操作称为操作码；第二部分指出参与操作的数据本身或该数据在内存中的地址。在计算机中，有很多可以完成各种操作的指令，计算机所能执行的全部指令的集合称为计算机的指令系统。把能够完成某一任务的所有指令（或语句）有序地排列起来就组成了程序，即程序是能够完成某一任务的指令的有序集合。

现代计算机的基本工作原理是存储程序和程序控制，这一原理是由冯·诺依曼提出的，因此，又称为冯·诺依曼原理。

（1）计算机硬件由 5 个基本部分组成：运算器、控制器、存储器、输入设备和输出设备。

（2）在计算机中采用二进制的编码方式。

（3）程序和数据一样，都存储在存储器中（存储程序）。

（4）计算机按照程序逐条取出指令加以分析，并执行指令规定的操作（程序控制）。

计算机的基本工作方式如图 1-19 所示。

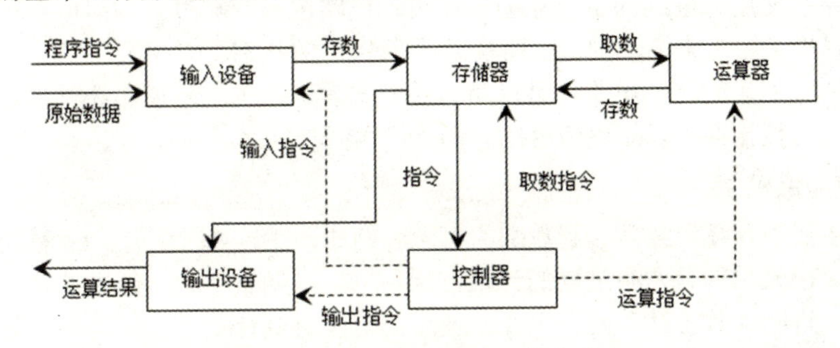

图 1-19 计算机的基本工作方式

在图 1-19 中，实线为数据和程序，虚线为控制命令。首先，在控制器的作用下，计算所需的原始数据和计算步骤的程序指令通过输入设备送入计算机的存储器中。然后，控制器向存储器发送取指命令，存储器中的程序指令被送入控制器中。控制器对取出的指令进行译码，接着向存储器发送取数指令，存储器中的相关的运算数据被送到运算器中。控制器向运算器发送运算指令，运算器执行运算，得到结果，并把运算结果存入存储器中。控制器向存储器发出取数指令，数据被送往输出设备。最后，控制器向输出设备发送输出指令，输出设备将运算结果输出。在一系列的操作完成以后，控制器再从存储器中取出下一条指令，进行分析，执行该指令，周而复始地重复“取指令、分析指令、执行指令”的过程，直到程序中的全部指令执行完毕为止。

按照冯·诺依曼原理构造的计算机称为冯·诺依曼计算机，其体系结构称为冯·诺依曼体系结构。冯·诺依曼计算机的基本特点如下所述。

（1）程序和数据在同一个存储器中存储，两者没有区别，指令与数据一样可以被送到运算器中进行运算，即由指令组成的程序是可以被修改的。

（2）存储器采用按照地址访问的线性结构，每个单元的大小是相同的。

（3）通过执行指令直接发出控制信号控制计算机操作。指令在存储器中按顺序存储，由指令计算器指明将要执行的指令在存储器中的地址。指令计算器一般按顺序递增，但执行顺序也可以随外界条件的变化而改变。

（4）计算过程以运算器为中心，输入设备和输出设备与存储器之间的数据传送都要经过运算器。

目前，计算机正在快速向前发展，但其基本原理和基本构架仍然没有脱离冯·诺依曼体系结构。

1.3 计算机中信息的表示与存储

1.3.1 信息表示的形式

在计算机中，所有的信息都是以二进制的形式表示与存储的，二进制是用 0 和 1 来表示的，这是计算机技术采用的一种数制。它的基数为 2，进位规则是“逢二进一”，借位规则是“借一当二”。

计算机系统使用二进制的主要原因是在设计电路进行运算时更加简便、可靠、逻辑性强。因为计算机是由电来驱动的，电路实现“开/关”的状态可以用数字“0/1”表示，这样在计算机中所有信息的转换电路都可以用这种方式表示，也就是说在计算机系统中，数据的加工、存储与传输都可以用电信号的“高/低”电平表示。

1．基数和位权

在日常生活中，我们经常遇到数制的概念。例如，在计算时间时，60 秒是 1 分钟，60 分钟是 1 小时，采用的是六十进制的计数方法。每个星期有 7 天，超过了 7 天就是下一个星期，这是七进制计数方法。习惯上经常使用的是十进制计数方法。但是在计算机中常用的计数制除十进制外，还有二进制、八进制和十六进制。

虽然数制的类型不同，但是具有共同的计算和运算规律。在数制中有基数和位权两个概念。基数是进位制的基本特征数，即所用到的数码的个数。例如，十进制使用 0～9 表示，基数为 10。

对于多位数来说，处在不同位置上的数字代表的值不同，每一位数的大小由该位置上的数乘以基数的若干次幂，这个基数的若干次幂称为位权。基数的幂次由每个数所在的位置决定。排列方式是以小数点为界，整数部分自右向左分别为 0 次幂、1 次幂、2 次幂……，小数部分自左向右分别为负 1 次幂、负 2 次幂、负 3 次幂……。例如，十进制整数部分第 3 位的位权为 $10^2=100$；而二进制整数部分第 3 位的位权为 $2^2=4$，对于 N 进制数来说，整数部分第 i 位的位权为 $N^{(i-1)}$，而小数部分第 j 位的位权为 N^{-j}。

2．常用的进位记数制

1）十进制

所使用的数码有 10 个，即 0、1、2、…、9，基数为 10，其位权是 10^i，进位规则是“逢十进一”。例如，十进制数 $(124.56)_{10}$ 可以表示为

$$(124.56)_{10}=1\times10^2+2\times10^1+4\times10^0+5\times10^{-1}+6\times10^{-2}$$

2）二进制

所使用的数码有 2 个，即 0、1，基数为 2，其位权是 2^i，进位规则是“逢二进一”。例如，二进制数 $(1101.01)_2$ 可以表示为

$$(1101.01)_2=1\times2^3+1\times2^2+0\times2^1+1\times2^0+0\times2^{-1}+1\times2^{-2}$$

3）八进制

所使用的数码有 8 个，即 0、1、2、…、7，基数为 8，其位权是 8^i，进位规则是“逢八进一”。例如，八进制数 $(35.21)_8$ 可以表示为

$$(35.21)_8=3\times8^1+5\times8^0+2\times8^{-1}+1\times8^{-2}$$

4）十六进制

所使用的数码有 15 个，即 0、1、2、…、9、A、B、C、D、E、F（A、B、C、D、E、

F 分别表示 10、11、12、13、14、15），基数为 16，其位权是 16^i，进位规则是“逢十六进一”。例如，十六进制数$(2C7.1F)_{16}$可以表示为

$$(2C7.1F)_{16}=2\times16^2+12\times16^1+7\times16^0+1\times16^{-1}+15\times16^{-2}$$

数制通常使用括号及下标的方法表示，也可以采用在数值的后面添加不同字母表示不同的数制。如 D（十进制）、B（二进制）、O 或 Q（八进制）、H（十六进制），什么都不添加默认为十进制数。

常用数制的特点如表 1-3 所示。

表 1-3　常用数制的特点

数　制	基　数	数　码	进位规则
十进制	10	0、1、2、3、4、5、6、7、8、9	逢十进一
二进制	2	0、1	逢二进一
八进制	8	0、1、2、3、4、5、6、7	逢八进一
十六进制	16	0、1、2、3、4、5、6、7、8、9、A、B、C、D、E、F	逢十六进一

3．不同数制之间的转换

计算机采用二进制数，日常生活中人们习惯使用十进制数，所以计算机在处理数据时先将人们输入的十进制数转化为二进制数，在数据处理之后，再将二进制数转换为十进制数输出。

1）十进制数转换为非十进制数

十进制数转换为非十进制数，需要将整数部分与小数部分分别进行转换。整数部分采用“除基取余法”，小数部分采用“乘基取整法”。

（1）十进制整数转换为非十进制整数。

采用“除基取余法”，即把给定的数除以基数，取余数作为转换后进制数的最低位数码，然后继续将所得到的商反复除以基数，直至商为 0 为止，将所得到的余数从下到上进行排列即可。

例如，将十进制整数 327 转换为二进制整数。

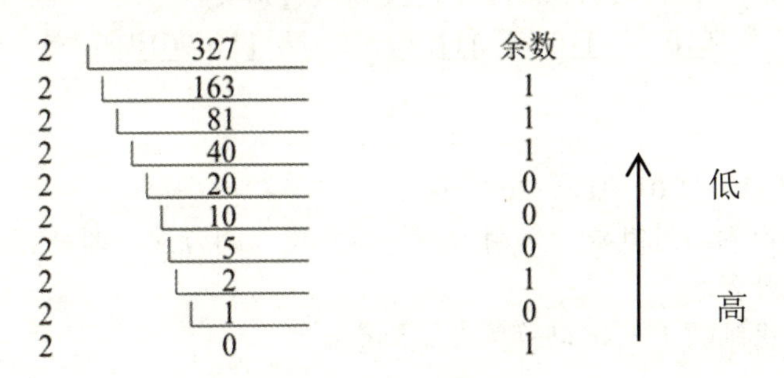

即$(327)_{10}=(101000111)_2$

（2）十进制小数转换为非十进制小数。

采用“乘基取整法”，即把给定的十进制小数乘以基数，取其整数作为二进制小数的第一位，然后取小数部分继续乘以基数，将所得的整数部分作为第二位小数，重复操作直至乘积的小数部分为 0 或达到精度要求为止，得到所需要的二进制小数。

例如，将十进制小数 0.625 转换为二进制小数。

整数部分

$2\times0.625=1.25$　　1　高

$2\times0.25=0.5$　　0　↓

$2\times0.5=1.0$　　1　低

即$(0.625)_{10}=(0.101)_2$

2）非十进制数转换为十进制数

非十进制数转换为十进制数采用“按权展开法”，即先把各个非十进制数按权展开，写成多项式，然后计算十进制结果。

例如，写出$(1101.01)_2$，$(237)_8$，$(10D)_{16}$的十进制数。

$$(1101.01)_2=1\times2^3+1\times2^2+0\times2^1+1\times2^0+0\times2^{-1}+1\times2^{-2}$$
$$=8+4+0+1+0+0.25$$
$$=(13.25)_{10}$$

$$(237)_8=2\times8^2+3\times8^1+7\times8^0$$
$$=128+24+7$$
$$=(159)_{10}$$

$$(10D)_{16}=1\times16^2+0\times16^1+13\times16^0$$
$$=256+0+13$$
$$=(269)_{10}$$

3）二进制数与八进制数、十六进制数之间的转换

二进制数与八进制数、十六进制数存在着倍数的关系，例如，$2^3=8$，$2^4=16$，所以它们之间的转换非常方便。

在二进制数与八进制数之间进行转换时，可以采用“三位并一位”的方法，以小数点为界，将整数部分从右向左，每三位一组，当最后一组不足三位时，在该组的最左侧添加“0”补足三位；小数部分从左向右，每三位一组，当最后一组不足三位时，在该组的最右侧添加“0”补足三位。然后各组的三位二进制数，按照各自的位权2^2、2^1、2^0展开后相加，就得到了一位八进制数。

例如，将二进制数 10110111.01101 转换为八进制数。

二进制数：	010	110	111	.	011	010
	↓	↓	↓		↓	↓
八进制数：	2	6	7	.	3	2

结果为：$(10110111.01101)_2=(267.32)_8$

八进制数转换为二进制数，采用“一位拆三位”的方法，即将每位八进制数用对应的三位二进制数展开表示。

例如，将八进制数 123.46 转换为二进制数。

八进制数：	1	2	3	.	4	6
	↓	↓	↓		↓	↓
二进制数：	001	010	011	.	100	110

结果为：$(123.46)_8=(1010011.10011)_2$

同理，当把二进制数转换为十六进制数时，采用“四位并一位”的方法；当把十六进制数转换为二进制数时，采用“一位拆四位”的方法。

例如，采用“四位并一位”的方法将二进制数 110110111 .01101 转换为十六进制数。

二进制数：　　0001　　1011　　0111　.　0110　　1000

　　　　　　　↓　　　↓　　　↓　　　↓　　　↓

十六进制数：　1　　　B　　　7　　.　6　　　8

结果为：$(110110111.01101)_2=(1B7.68)_{16}$

用“一位拆四位”的方法将十六进制数 7AC.DE 转换为二进制数。

十六进制数：　7　　　A　　　C　　.　D　　　E

　　　　　　　↓　　　↓　　　↓　　　↓　　　↓

二进制数：　　0111　　1010　　1100　.　1101　　1110

结果为：$(7AC.DE)_{16}=(11110101100.1101111)_2$

4）八进制数、十进制数、十六进制数之间的转换

八进制数、十进制数、十六进制数之间的转换可以借助二进制数来实现。例如，八进制数转换为十六进制数，先将八进制数转换为二进制数，然后再将二进制数转换为十六进制数。同理，十六进制数转换为八进制数，先将十六进制数转换为二进制数，再将二进制数转换为八进制数。常用的数制对应关系如表 1-4 所示。

表 1-4　常用的数制对应关系

十　进　制	二　进　制	八　进　制	十 六 进 制
0	0000	0	0
1	0001	1	1
2	0010	2	2
3	0011	3	3
4	0100	4	4
5	0101	5	5
6	0110	6	6
7	0111	7	7
8	1000	10	8
9	1001	11	9
10	1010	12	A
11	1011	13	B
12	1100	14	C
13	1101	15	D
14	1110	16	E
15	1111	17	F

1.3.2　数值型数据编码

当前，计算机处理的数据已经涵盖了生活的各个方面，音乐家可以利用计算机作曲，画家可以利用计算机画画，特效人员可以利用计算机处理影视特效，漫画家可以利用计算机加快动漫的制作速度。但是不论哪一种类型的数据，在进行数据处理时，数据都是以二进制的方式存储的。一个二进制的字符串，可以表示字符、文字、图形、图像、声音。每个二进制数表示不同的数据，其含义也是不同的。本节主要介绍数据是如何在计算机的存储设备中存储的。

1．信息的存储单位

1）位（bit）

“位”读作“比特”，简写为“b”，表示二进制中的 1 位。计算机中的数据都是以“0”和“1”来表示的。一个二进制位只有能有一种状态，即只能存储二进制数“0”或“1”。

2）字节（Byte）

“字节”读作“拜特”，简写为“B”，它是计算机信息中用于描述存储容量和传输容量的一种计量单位，在一些计算机编程语言中也表示数据类型和语言字符。计算机是以字节为单位解释信息的。一个字节由 8 个二进制位组成，即“1B=8b”。例如，一台笔记本电脑采用闪存作为存储设备，通常所说的 512GByte，表示该闪存的存储容量为 512×1024 兆字节，简写为 512GB，即该闪存有 512×1024 兆个存储单元，每个存储单元包含 8 位二进制数。在计算机中，数据的传输是以字节的倍数为基准的。

3）字长

“字”是指计算机的 CPU 在同一时间内处理的一组二进制数，而这组二进制数的位数就是“字长”。字长直接反映了计算机的计算精度，字长越大，计算机一次性处理的数字位数越多，处理数据的速度就越快。早期的计算机 CPU 的字长一般是 8 位和 16 位。目前，市面上的计算机的 CPU 字长基本上是 32 位和 64 位。字长受软件系统的制约，如果某台计算机的 CPU 的字长是 64 位的，但是安装的是 32 位的操作系统，也只当作 32 位的 CPU 使用。所以 64 位 CPU 必须和 64 位的系统软件配套使用，否则无法发挥其字长的优势。

通常，字节的每一位自右向左依次编号。例如，对于 32 位的计算机来说，位之间依次编号为 b0～b31，位、字节和字长的关系如图 1-20 所示。

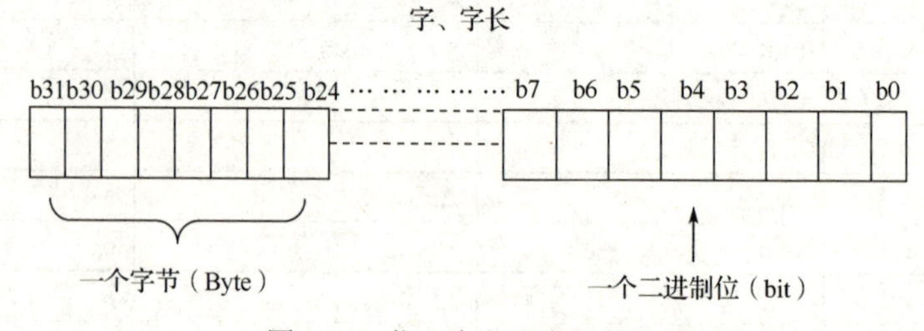

图 1-20　位、字节和字长的关系

4）扩展存储单位

计算机的基本存储单位是字节，用 B 表示，常用的存储单位还有 KB、MB、GB、TB，它们之间的换算关系如下。

KB：千字节　　1KB=1024B=2^{10}B

MB：兆字节　　1MB=1024KB=2^{20}B

GB：吉字节　　1GB=1024MB=2^{30}B

TB：太字节　　1TB=1024GB=2^{40}B

2．原码、反码和补码

在计算机中处理的数据分为数值和非数值两种类型。数值型数据具有量的含义，如正数、负数、分数、小数等；非数值型数据是指没有量的含义的所有其他信息，如输入到计算机中的汉字、英文符号、运算符等。这些数据信息，在计算机中都是以二进制数表示的。一个数在计算机中的表示形式称为机器数，而把原来的数值称为机器数的真值。由于采用二进制数表示，所以在计算机中数的正、负只能用“0”和“1”表示，“0”表示正数，“1”表示负数，即把符号数字化。原码、反码和补码是把符号位和数值位一起编码的表示方式。

1）原码

正数的符号位用“0”表示，负数的符号位用“1”表示，数值部分用二进制数的绝对值表示，这种表示称为原码表示。

例如，求“$(+69)_{10}$”和“$(-69)_{10}$”的原码。

因为　　$(69)_{10} = (1000101)_2$

$(+69)_{原}$ = 0　　1000101

$(-69)_{原}$ = 1　　1000101

↑　　　↑

符号位　　数值

所以“$(+69)_{10}$”的原码为 01000101，“$(-69)_{10}$”的原码为 11000101。

“0”也有“正零”和“负零”之分，“+0”的原码=00…00，“-0”的原码=10…00。

用原码表示一个数显得简单、直观。如果用原码直接对两个同号数相减或两个异号数相加，则会产生错误的计算结果。例如，将十进制数“+1”与“-1”的原码直接相加，会产生错误。从数学上看，两者相加，结果应该为“0”，然而如果用原码直接相加，则结果为“-2”，计算过程如下。

+1 的原码为 00000001

-1 的原码为 10000001

两者相加为

$$\begin{array}{r} 00000001 \\ +\ 10000001 \\ \hline 10000010 \end{array}$$

可见，结果的符号位为“1”，表示负数，真值为“0000010”。这个结果等于十进制数“-2”，所以，将原码直接相加这种做法是错误的。为解决此问题，在计算机中引入了反码和补码的概念。

2）反码

在计算机中规定，反码的最高位为符号位。正数的反码与原码相同，负数的反码是对原码除符号位外，逐一按位取反，即“1”取反变为“0”，“0”取反变为“1”。

例如，求十进制数“+5”与“-5”的反码。

如果用一个字节表示，将十进制数“+5”转换为二进制数为 00000101。

因为“+5”是正数，转换为二进制数的原码为 00000101，所以反码与原码相同，$(+5)_{反}$=00000101。

而“-5”是负数，转换为二进制数的原码为 10000101，所以原码符号位不变，其余按位取反，$(-5)_{反}$=11111010。

3）补码

正数的补码就是其原码，负数的补码是先求其反码，然后在最低位+1。

例如，求十进制数“+5”与“-5”的补码。

$(+5)_{10}=(00000101)_{原}=(00000101)_{反}=(00000101)_{补}$

$(-5)_{10}=(10000101)_{原}$

$(-5)_{10}=(11111010)_{反}$

$(-5)_{10}=(11111011)_{补}$

补码没有“+0”和“-0”的区别，即 0 补码只有一种形式。

4）BCD 码

在计算机中表示十进制数时，通常先把十进制数转换为二进制数，然后再用原码、反码或补码表示，除此之外，十进制数在计算机中的编码还有多种方式，常用的有 BCD 码，即 8421 码，它是指用 4 位二进制编码表示 1 位十进制数。4 位二进制数权值分别为 2^3、2^2、2^1、2^0，即 8、4、2、1。

BCD 码与十进制数的转换直观、简单，对于一个多位十进制数来说，只需要将它的每一位数字按照如表 1-5 所示的对应关系用 BCD 码直接列出即可。

表 1-5　十进制数与 BCD 码转换对照表

十 进 制 数	BCD 码	十 进 制 数	BCD 码
0	0000	5	0101
1	0001	6	0110
2	0010	7	0111
3	0011	8	1000
4	0100	9	1001

例如，用 BCD 码表示十进制数 523，5 用 0101 表示，2 用 0010 表示，3 用 0011 表示，即$(523)_{10}=(010100100011)_{BCD}$

BCD 码与二进制数之间的转换不是直接进行的，先将 BCD 码表示的数转换为十进制数，然后再把十进制数转换成二进制数；反之一样。

5）定点数与浮点数

数值除有正负之分外，还有整数和小数之分。计算机不仅能处理带符号的数值问题，还能解决数值中存在的小数点问题。计算机系统规定，小数点是用隐含规定位置的方法来表示的，并不占用二进制位。同时，根据小数点位置是否固定，数值的表示方法可分为定点数和浮点数。

（1）定点数。

定点数指小数点在数值中的位置是固定不变的，通常有定点整数和定点小数之分。定点整数是将小数点位置固定在数值的最右端，定点小数是将小数点位置固定在数值的最左端，符号位之后，如图 1-21 所示。

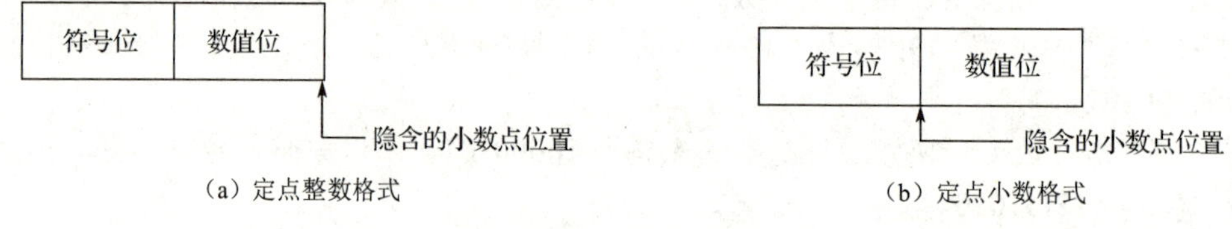

图 1-21　定点数格式

（2）浮点数。

小数点位置浮动变化的数称为浮点数。对于十进制数来说，浮点数是以 10 的 n 次方表示的数。例如，十进制数 245.78，采用浮点表示法为 0.24578×10^3。其中 0.24578 为一个定点数，3 表示小数点向右移动 3 位。当浮点数采用指数形式表示时，指数部分称为阶码，小数部分称为尾数。尾数和阶码有正负之分，例如，二进制数“-0.00111”，浮点表示为“-0.111×2^{-2}”，这里尾数（-0.111）和阶码（-2）都是负数。尾数的符号表示数的正负，阶码的符号则表示小数点的实际位置。

浮点数的格式多样化，假设一个浮点数有 32 位二进制的长度，其最左端第 1 位为该数指数的符号位，也就是 10 的 *n* 次方的 *n* 的符号位；从第 2～8 位为该数的指数位，也就是 *n* 的二进制值；第 9 位是该数的符号位，其余的第 10～32 位为底数位。

例如，二进制数“+111100011”，使用浮点表示为“$+0.111100011\times2^{9}$”，则阶码为 9（二进制定点整数为 1001），尾数为“+0.111100011”，存储在计算机中的浮点数表示形式如图 1-22 所示。

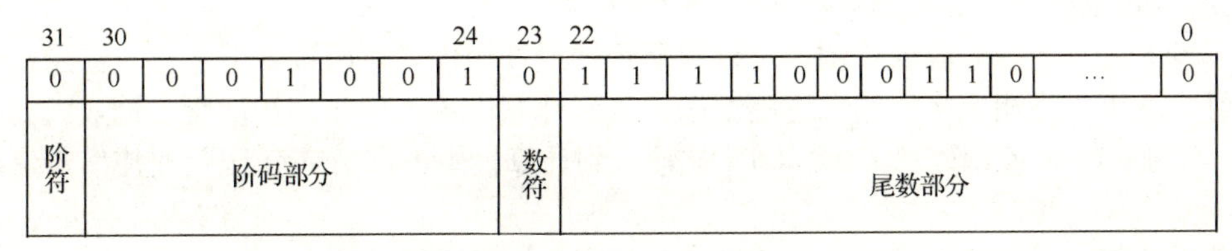

图 1-22　浮点数示例

1.3.3　非数值型数据编码

1．字符编码

字符编码即用规定的二进制数表示输入到计算机中字符的方法。字符编码是人与计算机进行通信、交互的重要方式。国际上采用的是美国信息交换标准码（American Standard Code For Information Interchange，简称 ASCII 码）。

在计算机中，每个字符的 ASCII 码用 1 个字节（8 位）来存储，字节的最高位（b_7）为校验位，通常用“0”来填充，后 7 位（$b_6\ b_5\ b_4\ b_3\ b_2\ b_1\ b_0$）为编码值，7 位二进制数共有 128 种状态（$2^7$=128），可以表示 128 个字符，即 26 个小写字母、26 个大写字母、10 个数字、32 个符号、33 个控制符号和 1 个空格，如表 1-6 所示。7 位编码的 ASCII 码是目前使用最为广泛的字符编码，称为标准的 ASCII 码字符集。

表 1-6　字符与 ASCII 码对照表

$b_7b_6b_5b_4$ / $b_3b_2b_1b_0$	0000	0001	0010	0011	0100	0101	0110	0111
0000	NUL	DLE	SP	0	@	P	`	p
0001	SOH	DC1	!	1	A	Q	a	q
0010	STX	DC2	“	2	B	R	b	r
0011	ETX	DC3	#	3	C	S	c	s
0100	EOT	DC4	$	4	D	T	d	t
0101	ENQ	ANK	%	5	E	U	e	u
0110	ACK	SYN	&	6	F	V	f	v
0111	BEL	ETB	‘	7	G	W	g	w
1000	BS	CAN	(	8	H	X	h	x
1001	HT	EM	)	9	I	Y	i	y
1010	LF	SUB	*	:	J	Z	j	z

续表

$b_7b_6b_5b_4$ / $b_3b_2b_1b_0$	0000	0001	0010	0011	0100	0101	0110	0111
1011	VT	ESC	+	;	K	[	k	{
1100	FF	FS	,	<	L	\	l	|
1101	CR	GS	−	=	M	]	m	}
1110	SO	RS	.	>	N	^	n	~
1111	SI	US	/	?	O	_	o	DEL

其中，可以打印或显示的字符共有95个，称为图形字符，这些字符有确定的结构形状，在计算机的键盘上有对应的按键，可以在显示器或打印机等输出设备上输出，在通过键盘输入时，就可以将相应字符的二进制编码输入到计算机中。例如，在键盘上输入大写字母“X”，其对应的ASCII码“01011000”被输入到计算机中，该ASCII码值对应着十进制数“88”。

其他字符属于控制字符，不能够显示或打印，这类字符一共有33个，总共分为5类：用于数据传输控制的传输类控制字符有10个；用于控制数据位置的格式类控制字符有6个；用于控制辅助设备的设备类控制字符有4个；用于分隔或限定数据信息的分隔类控制字符有4个；其他的控制字符、空格字符和删除字符有9个。

这些字符大致满足了用户对各种编程语言及常见控制命令的需要。

2. 汉字编码

当计算机在处理英文、汉字、数字等文字信息时，会将它们看成由一些基本字符和符号组成的字符串，例如，中文词组“计算机”是由“计”“算”“机”3个汉字组成的。英文单词“Hello”是由“H”“e”“l”“l”“o”5个字符组成的。这些基本的字符都对应着一组二进制代码，计算机对文字信息的处理实际上就是对这些二进制代码进行处理的。

对于英文这类拼音文字来说，基本的符号少，编码容易，所以在计算机中对这类拼音文字的处理，如输入、输出、存储等都采用统一的代码，即ASCII码。而汉字数量众多、编码相对困难，当对汉字进行编码时，使用同一代码很难解决汉字输入、输出、存储与交换的问题。在计算机中，对汉字的处理采取了不同的编码，分别是汉字输入码、汉字交换码、汉字内码、汉字字形编码。

1）汉字输入码

汉字输入码也称为外码，它是为了将汉字输入计算机而编制的代码，它又是代表某一汉字的一串键盘符号。同一个汉字，输入法不同，输入码也会不同。例如，输入“国”字，当用拼音输入法输入时，先输入拼音“guo”，然后再选择字；而当用五笔输入法输入时，输入码是“l”。无论使用哪种输入法，输入的汉字都会转换成相应的汉字输入码并进行存储。

2）汉字交换码

汉字交换码是指不同的具有汉字处理功能的计算机系统之间在交换汉字信息时所使用的代码标准。目前，我国的计算机系统所采用的标准信息处理交换码，是基于1980年制定的国家标准《中华人民共和国国家标准信息交换汉字编码》（GB 2312—80）修订的国标码。国标码是一个简化字的编码标准。

国标码表一共收录了6763个汉字和682个图形符号，共7445个。其中，6763个汉字按照使用的频率和用途，又分为一级汉字有3755个，二级汉字有3008个。其中一级汉字按照拼音字母顺序进行排列，二级汉字按照偏旁部首进行排列。

每个汉字采用两个字节对其进行编码，每个字节各取 7 位，这样可以对 128×128=16384 个字符进行编码。为了与 ASCII 码兼容和统一，需要预留出 0～32 号、127 号，共 34 个控制字符，也就是说每个字节的有效取值为第 33 号、第 126 号（对应的十六进制数分别为 21H、7EH），这个取值范围可以“独立”地表示 8836 个汉字字符。另外，在组成汉字的两个字节中，第一个称为“区”，第二个称为“位”。也就是说，该字符集有 94 个区，每个区分 94 位。例如，“中”字的国标码为 5650H（十六进制数）。

3）汉字内码

汉字内码又称为机内码，它是指在计算机内部用于存储、交换、检索汉字信息的编码，又是汉字系统使用的二进制字符编码，一般采用两个字节表示。用户可以通过不同的输入法向计算机输入汉字，但是汉字的内码在计算机中是唯一的，这些通过键盘等输入设备输入的输入码被计算机接收后，由汉字操作系统的“输入码转换模块”转换为汉字内码，通过汉字内码可以达到通用和高效率传输文本信息的目的。

4）汉字字形编码

汉字字形编码是文字信息的输出编码，它是将汉字字形经过点阵数字化后形成的一串二进制数，用于汉字的显示和打印。计算机对各种文字信息进行二进制编码后，必须将其转换为能够理解的各种字形、字体的文字格式，然后通过输出设备输出。通常汉字字形编码采用点阵、矢量函数表示，分别称为点阵字库和矢量字库。

（1）点阵字库。

当用点阵表示字形时，汉字字形编码就是这个汉字字形点阵的代码。不论一个字的笔画有多少，都可以用一组点阵进行表示，每个点用“0”和“1”的不同状态来表示文字的明暗、文字的不同颜色或文字的笔画是否存在等特征。根据输出的文字要求不同，文字点的多少也不同。一般来说，点阵越大，点数越多，文字的分辨率就越高，输出的字形清晰、美观、细腻。但是这类文字不能放大，否则文字的边缘就会出现锯齿。

常见的点阵有简易型 16×16、普及型 24×24、提高型 32×32、精密型 48×48、128×128 等。以 16×16 点阵字为例，把汉字“你”划分为 16×16 的网格。对每一个小网格，用一位二进制位来表示，用“0”表示无笔画，用“1”表示有笔画，那么用一组二进制数就可以将这个字形表示出来，即 00000000 00000000 …，然后用这组二进制数就可以在显示器上显示或在打印机上打印该字形了，这组二进制数就称为该字的字形编码。存储这样一个汉字需要 16×16 个“二进制位”，转换为字节，则是 16×16÷8=32 字节，即 32B 存储空间。汉字“你”的存储格式示意图如图 1-23 所示。

（2）矢量字库。

矢量字形码是指通过数学曲线来对汉字进行描述的汉字字形编码。它的基本原理是根据一定的数学模型，将每个字符的笔画特征，如笔画的起始坐标、终止坐标、半径、弧度等，分解成在数学模型中定义好的各种直线和曲线，然后记下这些直线和曲线的参数。在显示、打印矢量字形码时根据其具体的尺寸大小，再根据记录下来的参数画出这些线条，就还原了原来的字符。用矢量字形码描述的汉字，理论上可以被无限地放大，笔画轮廓仍然能够保持圆滑。一般，用户在打印时都使用矢量字库。

Windows 操作系统使用的字库也分为点阵字库和矢量字库两大类，在 FONTS 目录下，如果字体扩展名为“.fon”，则表示该文件为点阵字库；如果字体扩展名为“.ttf”，则表示该文件为矢量字库。

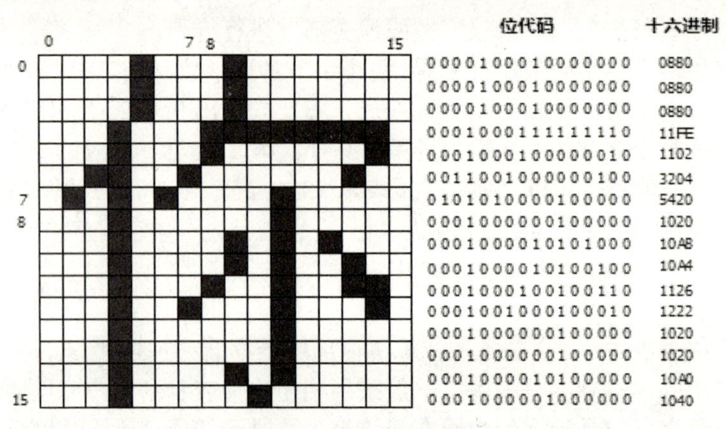

图 1-23 汉字“你”的存储格式示意图

在汉字的输入、输出过程中，汉字输入码、汉字交换码、汉字内码，以及汉字字形编码的信息变换过程如图 1-24 所示。

汉字输入 ➡ 汉字输入码 ➡ 汉字交换码 ➡ 汉字内码 ➡ 汉字字形编码 ➡ 汉字输出

图 1-24 代码间的转换示意图

以输入汉字“学生”为例，利用键盘输入“xue sheng”，在计算机内部转换成的十六进制交换码为“D1A7 C9FA”，十六进制交换码进一步转化的二进制汉字内码为“1101 0001 1010 0111 1100 1001 1111 1010”，最后再将其转化为“0～1”的点阵格式字形编码进行显示输出。

1.4 计算机病毒与防治

1.4.1 计算机病毒

在计算机网络日益普及的今天，计算机用户受到了计算机病毒的侵害。有时，计算机病毒会对人们的日常工作造成很大的影响，因此，了解计算机病毒的特征，学会如何预防、消灭计算机病毒是非常重要的。

什么是计算机病毒？与微生物学中的“病毒”的概念不同，计算机病毒不是天然存在的，而是病毒制造者根据计算机软件、硬件所固有的某种脆弱性蓄意编制出来的具有特殊功能的一段程序；而与微生物学中的病毒相同的是，计算机病毒也具有传染和破坏的性质，并可能随着时间的推移进化出新的变种。

我国在 1994 年正式颁布的《中华人民共和国计算机信息系统安全保护条例》中对计算机病毒的定义为：计算机病毒是指编制或在计算机程序中插入的破坏计算机功能及损坏数据，影响计算机使用，并能自我复制的一组计算机指令或程序代码。

计算机病毒可以对计算机系统造成很大的危害。在网络系统中，恶性计算机病毒可以中断一个大型计算机中心的正常工作，并可将计算机病毒的副本在短时间内传递给数千台计算机，使一个计算机网络陷于瘫痪。对于单机系统来说，恶性计算机病毒往往是删除文件、修改数据和格式化硬盘等。鉴于计算机病毒给信息化社会带来的危害，世界各国纷纷将制作和散布计算机病毒的行为定为犯罪行为。

1．计算机病毒的特点与分类

1）计算机病毒的特点

计算机病毒具有生物病毒的某些特点，如破坏性、传染性、潜伏性、寄生性；同时还具有其自身独有的性质，如可触发性和不可预见性等。

（1）破坏性。

计算机病毒的破坏性因计算机病毒的种类不同而差别很大。有的计算机病毒仅干扰软件的运行而不破坏该软件；有的计算机病毒无限制地侵占计算机操作系统资源，使计算机操作系统无法正常运行；有的计算机病毒可以毁掉部分数据或程序，使之无法恢复；有的恶性计算机病毒甚至可以毁坏整个计算机操作系统，导致计算机操作系统崩溃。据统计，全世界因计算机病毒所造成的损失每年高达数百亿美元。

（2）传染性。

传染性即自我复制能力，它是计算机病毒最根本的特征，也是计算机病毒和正常程序的本质区别。计算机病毒具有很强的繁殖能力，能够通过自我复制到内存、硬盘和 U 盘，甚至传染到所有文件中。互联网日益普及，数据共享使得不同地域的用户可以共享软件资源和硬件资源，但与此同时，计算机病毒也可以通过网络迅速蔓延到连网的计算机操作系统。

（3）潜伏性。

有些计算机病毒并不立即发作，它可以隐藏在计算机操作系统中，等到满足一定条件时才发作。在潜伏期内，它并不影响计算机操作系统的正常运行，只是悄悄地复制、传播自身，一旦满足某种条件（如某个特定的日期），就会对计算机操作系统产生很大的破坏作用。

（4）寄生性。

一般，计算机病毒程序并不是独立存在的，而是寄生在某种载体中，当载体被激活时，计算机病毒也随之发作。计算机病毒寄生的载体通常有磁盘系统区和文件。寄生在磁盘系统区的计算机病毒称为系统型病毒，其中引导区计算机病毒最常见；寄生于文件中的计算机病毒称为文件型病毒。还有一部分计算机病毒既寄生于系统区又寄生于文件区，称为混合型病毒。

（5）可触发性。

当计算机病毒没有被激活时，它可以像其他普通程序一样，安静地保存在计算机操作系统中，既没有传染力又不具有杀伤性；一旦满足某种触发条件或遇到某种特定文件，计算机病毒就会被激活，危害计算机操作系统的安全。计算机病毒的触发条件通常是某个日期、时间，以及某种文件类型或某种数据等。

（6）不可预见性。

计算机病毒种类繁多，破坏性各异，某些计算机病毒随着时间的推移，还可以自我进化出未知的变种。我们可以查杀已知的计算机病毒，对未知的计算机病毒或已知的计算机病毒的变种却无能为力。这也是现代杀毒软件所面临的一大难题。

2）计算机病毒的分类

计算机病毒种类繁多，根据其特点不同，可以按不同的准则进行分类。

（1）按计算机病毒的破坏能力，可以分为良性计算机病毒和恶性计算机病毒。

良性计算机病毒是指不破坏计算机操作系统数据的病毒，通常只显示一段信息、发出声响或占用少量磁盘空间，而不会使计算机操作系统彻底瘫痪。

恶性计算机病毒是指病毒制造者蓄意破坏被感染计算机的系统数据，其破坏力和危害程度很大，常见的手段有删除文件、修改数据、格式化硬盘等。

（2）按计算机病毒的传染方式，可以分为磁盘引导区传染的病毒、计算机操作系统文件传染的病毒和一般应用程序传染的病毒。

磁盘引导区传染的病毒是指用病毒自身的信息取代正常的引导记录的病毒。

计算机操作系统文件传染的病毒是指寄生在计算机操作系统提供的文件中的病毒。

一般应用程序传染的病毒是指寄生在一般应用程序中的病毒，这些病毒随着被寄生的应用程序的运行而发作，寻找可以感染的对象进行传染。

（3）按计算机病毒程序特有的算法，可以分为伴随型病毒、蠕虫病毒、特洛伊木马、寄生型病毒等。

伴随型病毒主要存储在 DOS 中，这一类计算机病毒并不会改变可执行文件本身，而是产生可执行文件的伴随体，这些伴随体与可执行文件具有相同的名字和不同的扩展名（.com）。计算机病毒把自身写入.com 文件，当 DOS 加载文件时，伴随体被优先执行，从而引发计算机病毒发作。

蠕虫病毒并不会改变文件和资料信息，而是利用网络从一台计算机传播到其他计算机中，除了内存，蠕虫病毒一般不占用其他资源。蠕虫病毒更倾向于在网络上感染尽可能多的计算机，而不是像普通计算机病毒那样在一台计算机上尽可能多地复制自身。

特洛伊木马表面上伪装成一般的应用程序，但实际上会对计算机操作系统进行恶意操作。与一般计算机病毒不同，特洛伊木马不会进行自我复制。

2．计算机病毒的症状

通常，感染病毒的计算机具有如下症状。

- 计算机中的某些文件或文件夹无故消失。
- 运行的应用程序无反应。
- 计算机运行速度突然变慢。
- 计算机含有可疑的启动项。
- 杀毒软件无法正常运行进行杀毒操作。
- 计算机出现无故蓝屏、运行程序异常等现象。
- 计算机经常出现死机现象或不能正常启动。
- 显示器上经常出现一些莫名其妙的信息或异常现象。

随着制造计算机病毒和反计算机病毒双方较量的不断深入，计算机病毒制造者的技术越来越高，计算机病毒的欺骗性、隐蔽性也越来越好。因此，只有在实践中细心观察才能发现计算机的异常现象。

1.4.2　计算机病毒的预防与清除

计算机病毒的防治包括两个方面：一是预防计算机病毒，二是清除计算机病毒。预防胜于治疗，预防计算机病毒对保护个人计算机操作系统免受病毒破坏是非常重要的。如果个人计算机被病毒攻击，亡羊补牢为时未晚，因此查杀和预防计算机病毒都是不可忽视的。

1．计算机病毒的预防

预防计算机病毒首先要在思想上重视，加强管理，防止计算机病毒的入侵。计算机病毒的预防主要是通过病毒的特征判定技术防止计算机病毒对操作系统进行传染和破坏。这种判定技术根据计算机病毒程序的特征对其进行分类、对比，凡是在运行的程序中出现类似的特征则可以被认定为计算机病毒。通过阻断计算机病毒进入操作系统内存或阻止计算机病毒对硬盘进行读写操作，以达到保护操作系统的目的。一般来说，可采取下列措施。

- 及时下载、安装最新操作系统安全漏洞补丁。
- 安装防火墙软件和杀毒软件，并定期对其进行升级，定期使用杀毒软件对计算机进行全面查杀病毒。
- 及时取消不必要的共享目录。
- 不运行来路不明的软件。
- 不使用来路不明的光盘和移动存储器。如果必须使用，则先使用杀毒软件查杀计算机病毒。
- 慎重对待垃圾邮件。
- 用户在上网时，开启杀毒软件的实时监控功能，不随意进入不安全的陌生网站，避免访问非法网站。
- 定期对计算机硬盘数据进行备份，一旦操作系统被病毒破坏，可以在短时间内恢复操作系统和数据。

2. 计算机病毒的清除

计算机病毒的清除是指运用计算机病毒检测技术检测计算机病毒程序，然后根据具体计算机病毒的清除方法从被传染的程序中去除计算机病毒代码部分，并恢复文件的原有结构信息。

一般来说，如果计算机被病毒感染了，则应该立即清除计算机病毒。通常采用人工处理和反病毒软件清除两种方法。

人工处理的方法主要有格式化硬盘、删除被感染的文件或覆盖被计算机病毒感染的文件。运用反病毒软件清除计算机病毒是较经济、省时省力的方法。目前，市面上的杀毒软件种类繁多，主要有瑞星、金山毒霸、360 杀毒等，这些杀毒软件功能强大、界面简洁、易操作，并且厂商的技术支持完善，可以及时下载升级包，更新计算机病毒信息库，以检测和清除层出不穷的计算机病毒。

1.5　计算机网络基础与应用

1.5.1　计算机网络基础

1. 计算机网络的发展

计算机网络经历了由简单到复杂、由低级到高级的发展过程。纵观计算机网络的发展历史，大致可以划分为以下 4 个阶段。

第一阶段是远程终端连机阶段，时间可以追溯到 20 世纪 50 年代末。人们将地理位置分散的多个终端连接到一台中心计算机上，用户可以在办公室的终端上输入程序和数据，通过通信线路传送到中心计算机，通过分时访问技术使用资源进行信息处理，处理结果再通过通信线路回送到用户终端显示或打印。

第二阶段是以通信子网为中心的计算机网络，时间可以追溯到 20 世纪 60 年代。1968 年 12 月，美国国防部高级研究计划局（Defense Advanced Research Projects Agency，简称 DARPA）的计算机分组交换网 ARPANET 投入运行。ARPANET 也使得计算机网络的概念发生了变化，它将计算机网络分为通信子网和资源子网两部分。ARPANET 是以通信子网为中心，主机和终端都处在网络的边缘，主机和终端构成了用户资源子网。用户不但可以共享通信子网资源，而且还可以共享资源子网丰富的硬件资源和软件资源。

第三阶段是网络体系结构和网络协议的开放式标准化阶段。国际标准化组织 International Standard Organization，简称 ISO）与信息处理标准化技术委员会成立了一个专门研究网络体系结构和网络协议国际标准化问题的分委员会。经过多年的工作，ISO 在 1981 年正式制定并颁布了开放系统互连参考模型（Open System Interconnection Reference Model，简称 OSI-RM）标准。随之，各计算机厂商相继宣布支持 OSI 标准，并积极研制开发符合 OSI 模型的产品，OSI 模型被国际接受，成为计算机网络体系结构的基础。

目前，计算机网络的发展正处于第四阶段。这一阶段的重要标志是 20 世纪 80 年代的因特网（Internet）的诞生。当前，各国正在研究发展更加快速可靠的因特网及下一代互联网。可以说，高速、智能计算机网络正成为最新一代的计算机网络的发展方向。

2. 计算机网络的定义

计算机网络是通信技术与计算机技术相结合的产物，是以资源共享为主要目的、通过通信媒体互连的计算机集合。它具有如下特征。

（1）计算机网络是一个互连的计算机系统的群体。系统中的每台计算机在地理上并不是均匀分布的。可能在一个房间里，在一个单位的楼群里，在一个或几个城市里，甚至在全国或全球范围内。

（2）系统中的每台计算机是独立工作的，它们在网络协议的控制下协同工作。

（3）系统互连要通过通信设施来实现。通信设施一般由通信线路、相关的传输及交换设备等组成。通过通信设施实现信息交换、资源共享和协作处理等各种应用需求。

3. 计算机网络的分类

计算机网络有多种分类方法。按照网络中所使用的传输技术可分为广播式网络和点到点网络；按照网络的覆盖范围可分为局域网、城域网和广域网；按照网络拓扑结构可分为环型、星型、总线型、混合型等。通常，计算机是按照网络的覆盖范围进行分类的。

1）局域网（Local Area Network，简称 LAN）

局域网是指将地理范围在几百米到几千米内的计算机及外围设备通过高速通信线路进行相连的网络，适用于机关、校园、工厂等有限范围内的计算机连网。局域网传输速率较高、传输可靠、误码率低（误码率是指每传送 *n* 个位，可能会发生一位的传输差错）、结构简单而且容易实现。通常，局域网的传输速率为 100Mb/s～10Gb/s，如计算机实验室中的网络、校园网等就属于局域网。

2）城域网（Metropolitan Area Network，简称 MAN）

城域网是指在一个城市范围内建立的计算机通信网络，其设计目标是为了满足几十公里范围内的企业、机关的多个局域网的互连需求。城域网采用的传输介质主要是光纤，传输速率在 100Mb/s 以上。

3）广域网（Wide Area Network，简称 WAN）

广域网又称为远程网，它可以覆盖一个国家、地区，或者横跨几个洲，并形成国际性的远程网络。世界上最大的广域网就是因特网，它覆盖全球，构成了一个虚拟的网络世界，使人们的交流突破了地域或时空的限制。

4．计算机局域网

局域网是在小型计算机和微型计算机普及与推广之后发展起来的。由于局域网具有组网灵活、成本低、应用广泛、使用方便等特点，因此，局域网已经成为当前计算机网络技术领域中较为活跃的一个分支。

局域网通常分为网络硬件系统和网络软件系统两大部分。网络硬件系统用于实现局域网的物理连接，为连接在局域网上的计算机之间的通信提供一条物理通道。网络软件系统用来控制并具体实现通信双方的信息传递和网络资源的分配与共享。在局域网中，网络硬件系统和网络软件系统相互依赖、缺一不可，它们共同完成局域网的通信功能。

1）网络硬件系统

网络硬件系统主要由计算机系统和通信系统组成。计算机系统是网络的基本单元，具有访问网络、数据处理和提供共享资源的能力。计算机系统有网络服务器和网络工作站之分。

通信系统是连接网络基本单元的硬件系统，其主要作用是通过传输介质（传输媒体）、网络设备等硬件将计算机连接在一起，为网络提供通信功能。通信系统包括网络设备、网络接口卡、传输介质及其介质连接设备。总体来说，局域网硬件包括网络服务器、网络工作站、网络连接部件。

（1）网络服务器。网络服务器是网络的中心，包括一台或数台规模较大的计算机，具有高速处理能力和快速存取的大容量硬盘。网络服务主要是指文件服务、通信服务、域名服务等各种对网络用户的服务。

（2）网络工作站。每一台连到网络上的用户终端计算机都被称为网络工作站或客户机。工作站从服务器中取出程序和数据后，使用 CPU 和 RAM 进行运算处理，然后将结果再存储到服务器中。在某些高度保密的应用系统中，往往要求所有的数据都存储在文件服务器中，工作站是不带硬盘驱动器的，这样的工作站被称为无盘工作站。

（3）网络连接部件。网络连接部件包括网络传输介质（各种电缆、光纤和双绞线，以及这些介质两端所用的接头、插座等）、网络适配器、网络收发器、中继器、集线器、交换机、网桥、路由器、网关等，不同的网络有不同的配置。

2）网络软件系统

网络软件系统通常包括以下 3 类。

（1）网络操作系统。网络操作系统是整个网络的核心，也是最重要的网络软件，它对网络服务器进行安全的、高效的管理，并对网络工作站进行协调、控制和管理，向网络用户提供各种网络服务和网络资源。

目前，流行的网络操作系统主要有三大系列：UNIX、Linux、Windows。

网络软件系统包括客户机和服务器两部分。客户机和服务器的操作系统可以相同，也可以不同。客户机的操作系统可以是 Windows，服务器的操作系统可以是 Windows、UNIX、Linux。

（2）网络管理软件。网络管理软件用于监视和控制网络的运行，如监控网络设备、网络流量、网络性能，还可以进行网络配置等管理工作。对于大型的网络来说，网络管理软件是必不可少的，否则当网络出现故障或性能不佳时，管理者可能会无从下手解决问题。

（3）网络应用软件。网络应用软件有多种类型，使用网络应用软件的目的在于实现网络用户的各种业务。常用的网络应用软件的开发平台通常是基于客户机服务器或浏览器服务器工作模式的各种应用系统。

- 各种数据库管理系统，如 Oracle、SyBase、SQL Server 等。
- 办公自动化管理系统，如 Notes/Domain 等。
- 支持 B/S 方式的浏览器软件有 Internet Explorer、Navigator 及 Web 网页制作软件等。

5. 无线局域网

无线局域网（Wireless Local Area Network，简称 WLAN）是目前较为热门的一种局域网。无线局域网与传统局域网的主要区别就是传输介质不同，传统局域网是通过有形的传输介质进行连接的，如同轴电缆、双绞线和光纤等。而无线局域网则摆脱了有形传输介质的束缚，所以无线局域网的最大特点就是自由。在网络的覆盖范围内，用户可以在任何一个地方随时随地连接上无线局域网。

6. 局域网拓扑结构

网络是由两台以上计算机连接而成的，计算机连接的物理方式决定了网络的拓扑结构。目前，常见的办公局域网拓扑结构有 4 种类型：总线型、星型、环型和混合型。

1）总线型结构

总线型结构是将所有的计算机和打印机等网络设备都连接到一条主干线（总线）上，如图 1-25 所示，它是局域网中最简单的一种拓扑结构，具有结构简单、扩展容易和投资少等优点，但是网络数据传送速度比较慢，而且一旦总线受到损坏，整个网络都将不可用。

2）星型结构

在星型结构中，所有的主机和其他设备均通过一个中央连接单元或交换机连接在一起，如图 1-26 所示。如果交换机受到损坏，则整个网络将不能正常运行。如果某台计算机受到损坏，则不会影响整个网络的正常运行。

3）环型结构

在环型结构中，全部的计算机连接成一个逻辑环，数据沿着环传输，并通过每一台计算机，如图 1-27 所示。环型结构的优点在于网络数据传输不会出现冲突和堵塞的情况，但同时也会有物理链路资源浪费的情况，而且环路架构脆弱，环路中的任何一台主机出现故障就会造成整个环路崩溃。

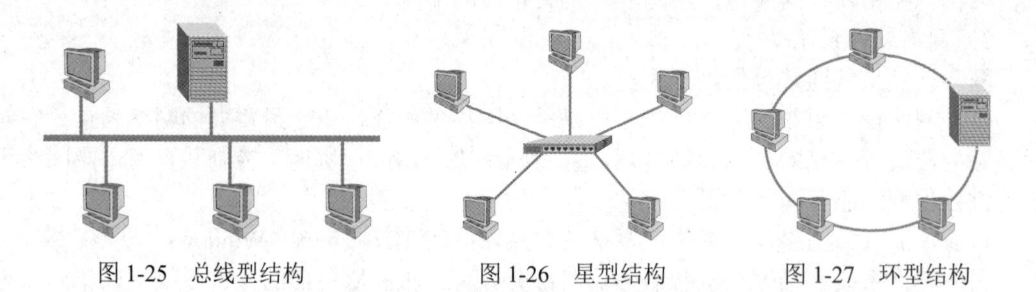

图 1-25　总线型结构　　图 1-26　星型结构　　图 1-27　环型结构

4）混合型结构

随着网络技术的发展，上述网络拓扑结构经常交织在一起使用，即在一个局域网中包含多种网络拓扑结构形式。例如，星—总结构就是结合星型结构和总线型结构的产物，它同时具有这两种结构的优点。它采用总线结构将交换机连接起来，而在交换机下面，使用星型结构将多台计算机连接到交换机上。

1.5.2 Internet 基础

Internet 是多个网络互连而成的网络的集合。从网络技术的观点来看，Internet 是一个以 TCP/IP 协议连接各个国家、各个部门、各个机构计算机网络的数据通信网。从信息资源的观点来看，Internet 集合了各种信息资源，并为上网用户提供了共享数据资源。

1. Internet 的起源与发展

Internet 起源于美国国防部高级计划研究局的 ARPANET。在 20 世纪 60 年代末，出于军事需要，美国计划建立一个计算机网络，当网络中的部分系统被摧毁时，其余部分会很快建立新的联系，当时在美国的 4 个地区进行了互连实验，采用 TCP/IP 作为基础协议。从 1969 年—1983 年是 Internet 形成的第一阶段，主要进行网络技术的研究和试验，并在一部分美国大学和研究部门中运行和使用。

从 1984 年开始逐步进入到 Internet 的实用阶段，在美国和一部分发达国家的大学和研究部门中得到了广泛使用，主要用于教学、科研和通信。与此同时，很多国家也相继建立本国的主干网，并接入 Internet，成为 Internet 的组成部分。

1986 年，美国国家科学基金会（National Science Foundation，简称 NSF）利用 TCP/IP 协议，在 5 个科研教育服务超级计算机中心的基础上建立了 NSFnet 广域网，美国全面实现了资源共享。由于美国国家科学基金会的鼓励和资助，很多大学、政府资助的研究机构，甚至私营的研究机构纷纷将自己的局域网接入 NSFnet 中。如今，NSFnet 已成为 Internet 的重要骨干网之一。

1989 年，由 CERN 开发成功的万维网（World Wide Web，简称 WWW）为 Internet 实现广域网超媒体信息获取/检索奠定了基础。从此，Internet 进入了迅速发展时期。

20 世纪 90 年代，Internet 已经成为一个“网间网”，各个子网分别负责自己的建设和运行费用，而这些子网又通过 NSFnet 互连起来。

1993 年，美国国家超级计算机应用中心（National Center for Supercomputer Applications，简称 NCSA）发表的 Mosaic 以其独特的图形用户界面（Graphical User Interface，简称 GUI）赢得了人们的喜爱，其后的网络浏览工具 Netscape 的发布和 IE 浏览器的出现，以及 WWW 服务器的增加，掀起了 Internet 应用的新浪潮。

Internet 最初的宗旨是用来支持教育和科研活动的，但是随着规模的扩大和应用服务的发展，以及全球化市场需求的增长，Internet 开始了商业化服务。在引入商业机制后，允许以商业为目的的网络接入 Internet，使其得到迅速发展。

2. IP 地址

在 Internet 中为每台计算机指定的地址称为 IP 地址，它为 IP 协议提供了统一格式的地址。物理地址对应实际的信号传输过程，而 IP 地址是一个逻辑意义上的地址，其目的就是屏蔽物理网络细节，使得 Internet 从逻辑上看起来是一个整体的网络。每一个 IP 地址在 Internet 上是唯一的，是运行 TCP/IP 协议的唯一标识。

1）IP 地址的格式

在 Internet 中，IP 地址采用分层结构，由网络地址和主机地址组成，用以标识特定主机的位置信息。IP 地址的结构可以在 Internet 中方便地寻址，先按照 IP 地址中的网络地址找到 Internet 中的一个物理网络，再按照主机地址定位到这个网络中的一台主机。

TCP/IP 协议规定 Internet 中的 IP 地址长 32 位，分为 4 字节，每字节可对应一个 0～255

的十进制整数，数字之间利用点号（.）分隔，即×××.×××.×××.×××。例如，202.118.116.6，这种格式的地址被称为点分十进制地址，采用这种编址方法可以使 Internet 容纳 40 亿台计算机。

2）IP 地址的类型

IP 地址根据网络规模的大小可以分成 5 种类型，其中 A 类、B 类和 C 类地址为基本地址，D 类地址为组播（multicast）地址，E 类地址保留待用，它们的格式如图 1-28 所示。地址数据中的全 0 或全 1 有特殊含义，不能作为普通地址使用。例如，网络地址 127 专门用于进行测试，如果某台计算机发送信息给 IP 地址为 127.0.0.1 的主机，则此信息将传送给该计算机自身。

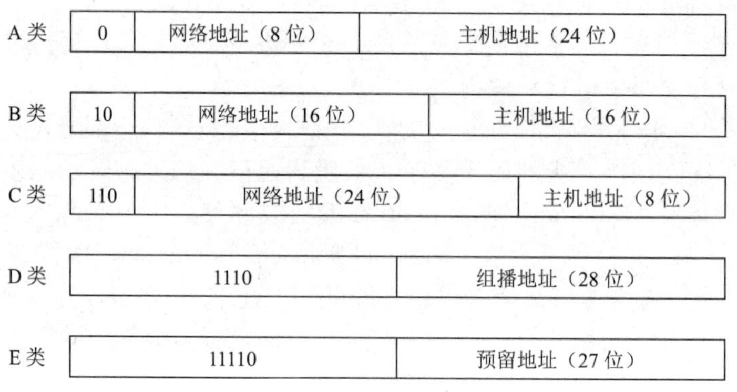

图 1-28 Internet 中的 IP 地址类型格式

在 A 类地址中表示网络的地址有 8 位，其最左边的 1 位是 0，主机地址有 24 位。第一字节地址范围是 0～127。由于地址 0 或 127 有特殊用途，因此，有效的地址范围是 1～126，即有 126 个 A 类网络。A 类地址适用于主机多的网络，它可以提供一个大型网络，每个这样的网络可以有 $2^{24}-2$=16 777 214 台主机（全 0 或全 1 不能用于普通地址）。

在 B 类地址中表示网络的地址有 16 位，最左边的 2 位是 10，第一字节地址范围是 128～191，主机地址也是 16 位。这是一个可含有 $2^{16}-2$=65 534 台主机的中型网络，这样的网络可以有 2^{14}=16 384 个。

在 C 类地址中表示网络的地址有 24 位，最左边的 3 位是 110，第一字节地址范围是 192～223，主机地址有 8 位。C 类地址代表的是一个小型网络。每个网络可以含有 $2^{8}-2$=254 台主机，一共可以有 2^{21}=2 097 152 个 C 类小型网络。

采用点分十进制编址方式可以很容易地通过第一字节值识别 IP 地址属于哪一类。例如，202.118.116.6 是 C 类地址。

随着 Internet 的发展，用户对 IP 地址的需求也迅速增加，采用 32 位地址方案出现了地址紧张的状况，下一代 IP 协议 IPv6 采用 128 位 IP 编码方案，将有效地解决 IP 地址空间有限的问题。由于 IPv6 兼容 IPv4，当 IPv6 取代 IPv4 时，用户也不必担心自己的利益会受到损害。

3. 子网掩码

在实际应用中，有时一个网络需要由几个子网络组成，这时可以将主机地址再划分出一些二进制位，作为本网络的子网络，剩余的部分作为相应子网络中的主机地址的标识，这样 IP 地址就变形为“网络地址+子网地址+主机地址”。为了识别子网，需要使用子网掩码。

子网掩码也是一个 32 位的模式，它的作用是识别子网和判断主机属于哪一个网络。当主机之间进行通信时，通过子网掩码与 IP 地址的逻辑与运算，可以分离出网络地址。设置子网掩码的规则是：凡在 IP 地址中表示网络地址部分的位，在子网掩码对应位上置 1，表示主机地址部分的位设置为 0。

4. 域名系统

由于数字形式的 IP 地址难以记忆和理解，为此，Internet 引入了一种字符型的主机命名机制——域名系统（Domain Name System，简称 DNS），用来表示主机的地址。

1）什么是域名系统

域名系统主要由域名空间的划分、域名管理和地址转换 3 部分组成。

域名的写法类似于点分十进制 IP 地址的写法，利用点号（.）将各级子域名分隔，域名的层次顺序从右到左（由高到低或由大到小），分别称为顶级域名（一级域名）、二级域名、三级域名等。典型的域名结构为“主机名.单位名.机构名.国家名”。例如，slk.sie.edu.cn 域名表示中国（cn）教育机构（edu）作者单位（sie）校园网中的一台主机（slk）。

Internet 中的每一个子域都设有域名服务器，域名服务器包含该子域的全体域名和地址信息。Internet 的每台主机都有地址转换请求程序，负责域名与 IP 地址转换。域名和地址之间的转换工作称为域名解析，整个过程是自动进行的。有了域名系统，在域名空间中有定义的域名都可以有效地转换成 IP 地址；反之，IP 地址也可以转换成域名。因此，用户可以等价地使用域名或 IP 地址。

2）顶级域名

为了保证域名系统的通用性，Internet 规定了一些正式的通用标准，分为区域名和类型名两类。区域名用两个字母表示世界各国，如表 1-7 所示。

表 1-7　域名表示

国家域名		通用域名		新增域名	
域名	含义	域名	含义	域名	含义
cn	中国	com	商业组织	firm	公司或企业
uk	英国	edu	教育机构	store	销售公司或企业
us	美国	gov	政府部门	web	从事与 WWW 相关业务的单位
ch	瑞士	mil	军事机构	art	从事文化娱乐的单位
fr	法国	net	网络服务商	rec	从事休闲娱乐的单位
au	澳大利亚	org	非营利组织	info	从事信息服务业务的单位
ca	加拿大			nom	个人

按区域名登记产生的域名称为地理型域名，按类型名登记产生的域名称为组织机构型域名。在地理型域名中，除了美国的域名 us 可默认，其他国家的主机若要按地理模式申请登记域名，则顶级域名必须先采用该国家的域名后再申请二级域名。按类型名登记域名的主机，其地址通常源自美国。例如，cernet.edu.cn 表示一个在中国登记的域名，而 163.com 表示该网络的域名是在美国登记注册的，但网络的物理位置却在中国。

3）中国互联网的域名体系

在中国互联网的域名体系中，顶级域名为 cn。二级域名共有 40 个，分为类别域名和行政区域名两类。其中，类别域名有 6 个，行政区域名有 34 个，对应中国的各省、自治区和直辖市，采用两个字符的汉语拼音表示。例如，bj（北京市）、sh（上海市）、gd（广东省）、ln（辽宁省）等。

5．接入 Internet

Internet 服务提供商 ISP 是众多企业和个人用户接入 Internet 的驿站和桥梁。当计算机连接 Internet 时，它并不直接连接到 Internet，而是采用某种方式与 ISP 提供的某种服务器连接起来，通过它再连接到 Internet。

从通信介质角度来划分，Internet 的连接方式可以分为专线连接和电话拨号连接；从组网架构角度来划分，连接方式可以分为单机连接和局域网连接。

1）单机连接方式

单机连接方式可以通过电话拨号连接 Internet，也可以通过局域网连接 Internet。

电话拨号连接方式（SLIP/PPP 方式）适合业务量不太大，但又希望以主机方式连接 Internet 的用户使用，它是个人用户经常采用的一种连接方式。为此，用户需要配备调制解调器、电话线。

单机连接 Internet，在使用前需要向所连接的 ISP 申请一个账号。用户向 ISP 申请账号成功后，该 ISP 会告诉用户合法的账号与密码。

如果想通过校园网连接 Internet，则需要向校园网网络管理中心申请注册账号。

2）局域网连接方式

将局域网连接 Internet 有专线连接和使用代理服务器连接两种方式，下面分别介绍这两种连接方式。

（1）专线连接方式。所谓专线连接是指通过相对固定不变的通信线路（DDN、ADSL、帧中继）连接 Internet，以保证局域网的每一个用户都能正常使用 Internet 中的资源。这种连接方式是通过路由器将局域网连接 Internet 的。路由器的一端连接在局域网中，另一端则与 Internet 中的连接设备进行连接，此时的局域网就变成 Internet 的一个子网。当路由器设置完成之后，子网中的每台计算机都可以自动获得 IP 地址，也可以单独设置静态的 IP 地址。

（2）使用代理服务器连接方式。通过局域网的服务器，利用一条电话线或专线将服务器与 Internet 连接，局域网中的每台主机通过服务器的代理，共享服务器的 IP 地址并访问 Internet，这种连接方式需要有代理服务器（Proxy Server）。

3）光纤入户

光纤入户（FTTP）指的是宽带电信系统，它是基于光纤电缆，采用光电子将宽带互联网和电视等多种高档的服务传送给家庭或企业。

光纤通信以其独特的抗干扰性、重量轻、容量大等优点作为信息传输的介质被广泛应用。目前，家庭宽带的数据传输速率已达到 100MB/s 以上，如果带宽的数据传输速率是 100MB/s，相关的硬件设备都要更新到千兆级别才能达到 100MB/s 的带宽。

1.5.3 Internet 应用

目前，Internet 已经完全渗透到我们的生活，无论是工作、学习，还是娱乐、生活的各方面，几乎都离不开 Internet。那么 Internet 有哪些应用呢？下面以 360 极速浏览器为例，介绍 Internet 常见的应用。

1. 信息检索

信息检索必须使用浏览器，360 极速浏览器是奇虎 360 推出的一款极速双核浏览器，融合了高速的 Chromium 浏览器内核引擎和兼容性较好的 IE 内核引擎，并实现了双核引擎的无缝切换。在 Internet 中进行信息检索，用户只需在地址栏中输入网址或在搜索栏中输入关键词，就可以检索到用户需要的信息，如图 1-29 所示。

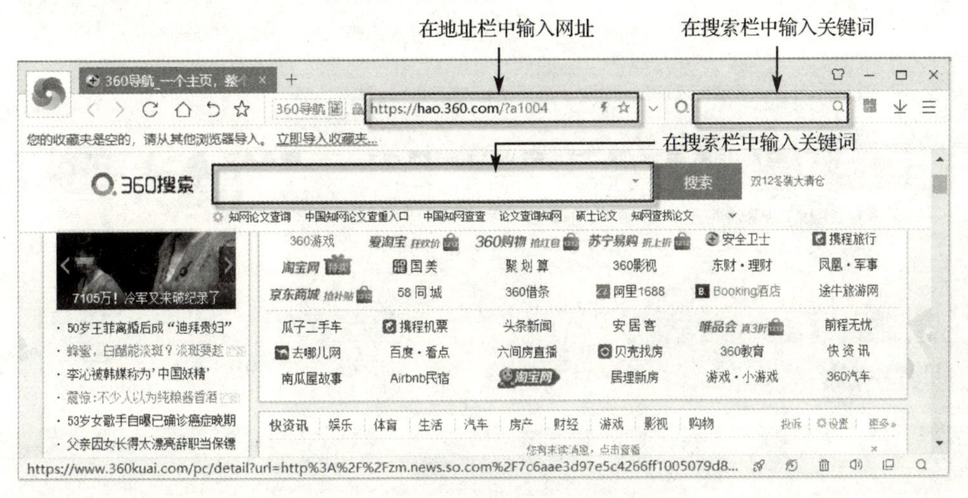

图 1-29　用户信息检索的地址栏和搜索栏

2. 电子商务

顾名思义，电子商务是指在 Internet 中进行商务活动。其一般性定义为：在供应商、客户及各参与方之间利用计算机通信网络和信息技术（EDI、Web 技术、电子邮件）进行的一种电子化交互式的商务活动。

网民利用 Internet 进行网上交易，在网络支付、在线交易等安全环境中，卖家与买家之间可以省去面对面的交流，实现产品交易，这一切都是在较短时间内通过 Internet 完成的，并为商务网站创造利润。

1）阿里巴巴

阿里巴巴是著名的电子商务企业。1997 年 7 月，阿里巴巴中国控股有限公司在香港成立；同年 9 月 9 日，阿里巴巴（中国）网络技术有限公司在杭州成立。1998 年底，阿里巴巴网站被正式推出，如图 1-30 所示。2003 年 5 月，阿里巴巴推出了个人网上交易平台淘宝网（taobao.com），其目的是打造全球大型的个人交易网站。

2）亚马逊

亚马逊成立于 1995 年 7 月，1997 年成为全球大型的网上书店商城。从 1998 年开始，亚马逊的业务也开始拓展，完成了从网上书店向一个网上零售商的转变。目前，亚马逊已经是一个典型的 B2C 电子商务网站，如图 1-31 所示。

3）当当网

当当网上书店成立于 1999 年 11 月，它是全球大型的中文书店网站。经过多年的发展，当当网的管理团队拥有多年的图书零售、信息技术及市场营销经验。面向消费者提供几十万种图书及音像商品，每天为成千上万的消费者提供方便快捷的服务，也给消费者带来了经济和实惠。当当网是我国典型的 B2C 电子商务网站，如图 1-32 所示。

图 1-30　阿里巴巴网站

图 1-31　亚马逊网站

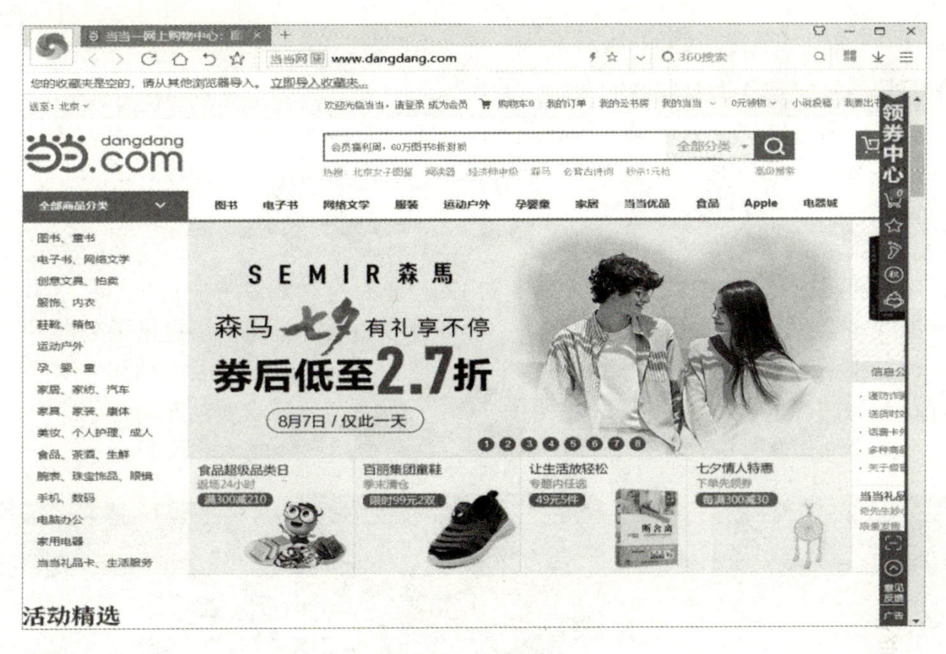

图 1-32　当当网站

4）易趣网

易趣网成立于 1999 年 8 月，2002 年 3 月，美国 eBay 向易趣网投资约 3000 万美元，开始合作经营易趣网。易趣网是我国典型的 C2C 电子商务网站，如图 1-33 所示。

图 1-33　易趣网的网站

3. 即时通信（微信、QQ）

即时通信是一种基于互联网的即时交流消息的业务，这是它与 E-mail 不同的地方。一般来说，即时通信的软件会提供一份联系人的名单，可以与名单上显示的在线联系人即时地展开信息交流。这种即时交流从最初的文本交流功能逐渐扩展到图形、图像、语音和数据资料传送等方面的功能。

1）微信

微信是腾讯公司于 2011 年 1 月 21 日推出的一款具有时效性跨平台的即时通信软件，它支持在线语音短信、视频、图片和文字、群聊等多种功能。微信还提供了公众平台、朋友圈、消息推送等功能，用户可以通过摇一摇、搜索号码、附近的人、扫描二维码等方式添加好友和关注公众平台，如图 1-34 至图 1-36 所示。微信强大的功能满足了大众的通信需求，在众多通信软件中，微信占据重要位置，使用微信已经成为一种潮流。

图 1-34　多人实时语音聊天

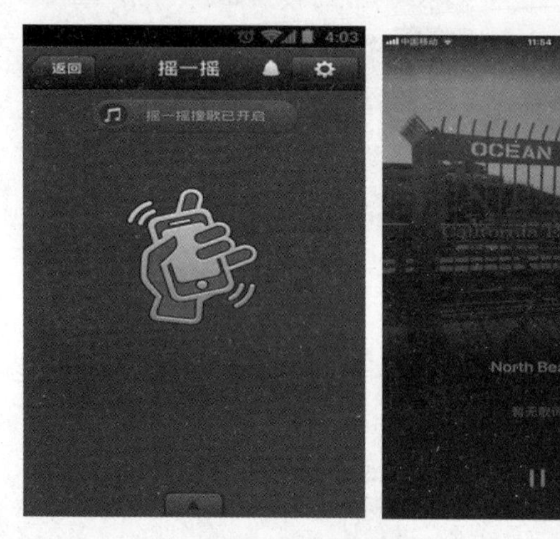

图 1-35　将正在聆听的歌曲摇到手机里

图 1-36　扫描二维码加入群聊

2）QQ

QQ 也是腾讯公司开发的一款基于互联网的即时通信软件。它支持网友的在线聊天、视频通话、点对点的文件传送、文件共享、网络硬盘及 QQ 邮箱等多种功能，并可以与移动通信终端等多种通信方式相连。

2019 年，QQ 已经更新到了 9.1 版本，其功能越来越强大，新版本的用户界面如图 1-37 和 1-38 所示。

图 1-37　QQ 的软件界面

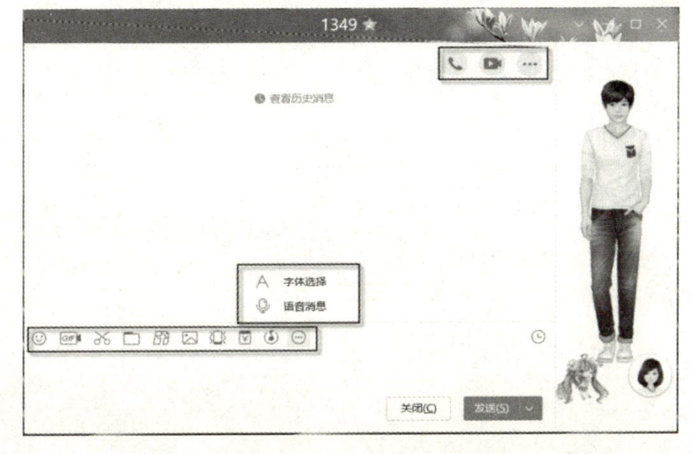

图 1-38　QQ 的聊天界面

除此之外，Internet 也被广泛应用于网络通信、网络媒体、网络教学、网络娱乐等方面。Internet 是信息时代的产物，代表了一种新的社会形态，是继报纸、广播、电视之后的第四类媒体，它已经融入人们的日常生活和工作中。

习题一

（1）简述 CPU 的发展历史。

（2）简述计算机系统的组成。

（3）简述计算机病毒的预防与清除方法。

（4）简述计算机网络的发展历程。

第2篇

利用 Word 2010 编排文档

Word 2010 是 Microsoft 公司开发的 Office 2010 办公软件之一，主要用于文字处理工作。Word 2010 提供了强大的功能，使得用户可以快速地创建文档。第 2 篇包含以下基本知识。

- 创建和编辑文档。
- 设置文档的格式。
- 文档的图文混排。
- 在文档中编辑表格。
- 创建和使用样式。
- 设置页眉和页脚。
- 在文档中添加引用的内容。
- 创建文档目录。
- 邮件合并。

第 2 章

创建和编辑文档

Word 2010 是用户常用的文档处理软件之一，与 Word 2003 相比，Word 2010 利用选项卡和功能区代替了传统的菜单栏和工具栏，窗口更加简洁、明快。Word 2010 增加了许多新功能，利用它用户可以更轻松地创建文档，办公过程更加方便快捷，更具吸引力。

2.1 创建文档

2.1.1 Word 2010 的窗口组成

微课视频

启动 Word 2010 后，进入 Word 2010 的窗口，如图 2-1 所示。它主要由快速访问工具栏、标题栏、窗口控制按钮、功能区、导航窗格、编辑区、状态栏、视图栏、缩放比例工具等部分组成。

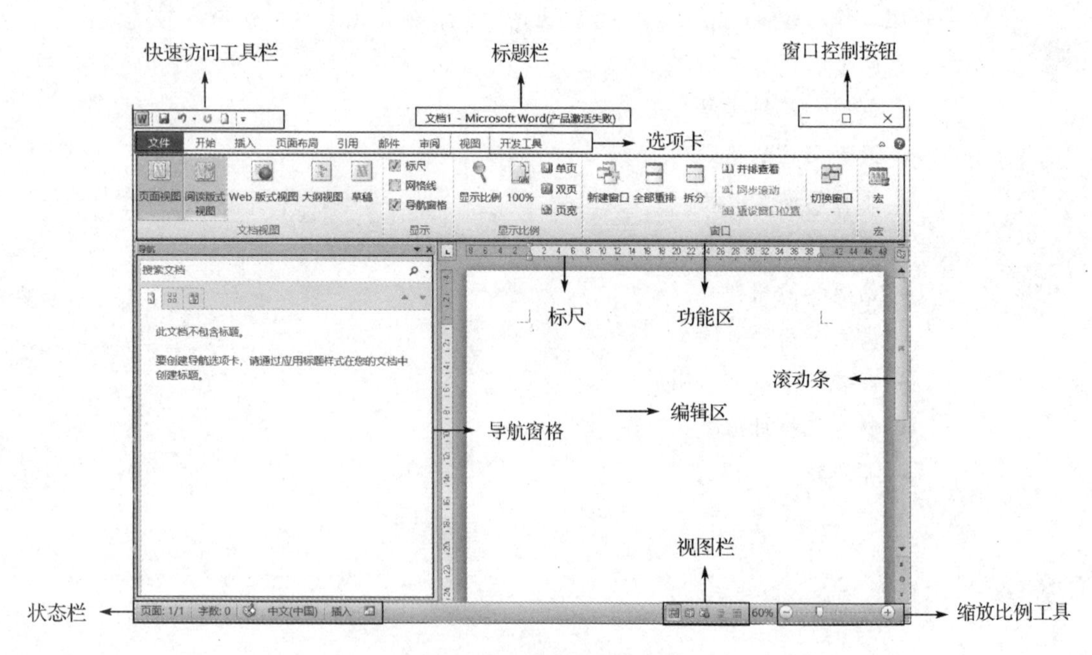

图 2-1 Word 2010 的窗口

快速访问工具栏：位于 Word 2010 窗口顶端左侧，快速访问工具栏包含了常用命令的快捷按钮，如保存、撤销等命令，方便用户使用。单击快速访问工具栏右侧的▼按钮，在打开的下拉菜单中选择某个命令可以将该命令添加到快速访问工具栏中，如图 2-2 所示。如果单击选中项，如“✓ 保存”，则取消其在快速访问工具栏中的显示。

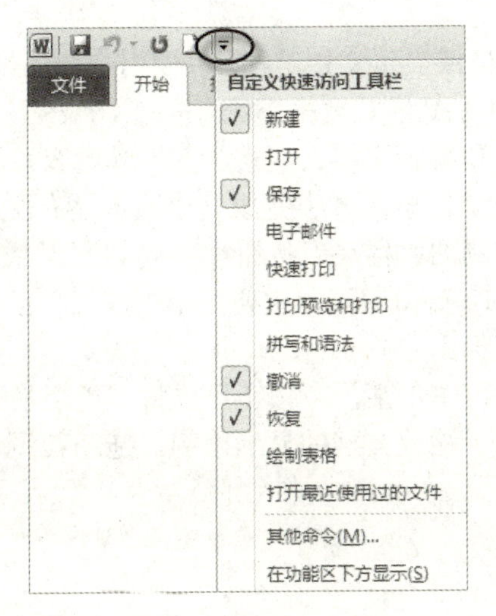

图 2-2　“自定义快速访问工具栏”下拉菜单

如果要添加的命令不在如图 2-2 所示的下拉菜单中，那么选择下拉菜单中的“其他命令”，弹出“Word 选项”对话框，可以将下拉菜单之外的命令添加到快速访问工具栏中，添加过程如图 2-3 所示。

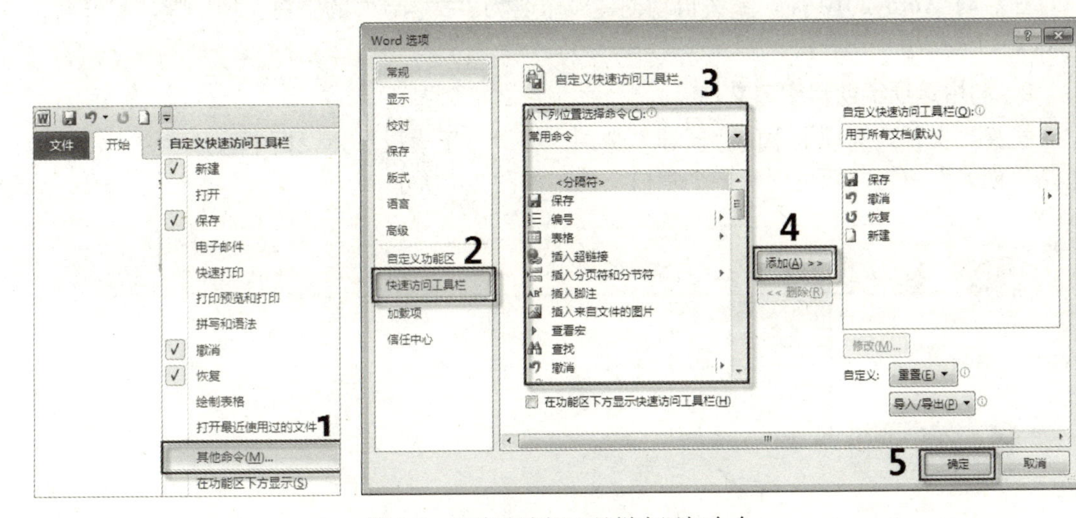

图 2-3　在快速访问工具栏中添加命令

标题栏：位于 Word 2010 窗口顶端中部，用于显示当前正在运行的文档名称。

窗口控制按钮：位于标题栏的右侧，主要用来控制窗口的最小化、最大化/还原、关闭，单击相应的按钮即可执行对应的操作。

功能区：在 Word 2010 窗口中，功能区取代了 Word 2003 的菜单栏和工具栏。单击某个选项卡即可打开相应的功能区，功能区包含了若干个按钮或列表框。按照相关用途将功能区分成若干个组，如在“开始”选项卡的功能区中，分成“剪贴板”、“字体”、“段落”、

“样式”和“编辑”5 个选项组。单击选项组右下角的“功能扩展”按钮，将弹出对应的对话框或窗格。单击功能区右侧的“折叠功能区”按钮，将隐藏或显示功能区。

为了减小占有屏幕区域，有些选项卡只有在用户使用时才出现，如插入图片后，自动会出现“图片工具—格式”选项卡。

导航窗格：用于搜索文档或显示文档结构，以便用户快速地定位到某一内容。勾选“视图”选项卡“显示”选项组中的“导航窗格”复选框 导航窗格，可以显示或取消导航窗格。

编辑区：主要用于显示和编辑文档、表格、图标等内容，它是 Word 2010 的主要工作区域，有关文本的所有操作都在该区域中完成。该区域还有文档编辑的辅助工具——标尺和滚动条。单击水平标尺右侧的“标尺”按钮，可以显示或隐藏标尺。

状态栏：位于 Word 2010 窗口底端，主要显示当前文档的相关信息，如页数、字数、使用的语言等。

视图栏：转换文档版式，单击某一个按钮可以将文档切换到对应的版式。

缩放比例工具：主要用于缩放文档的显示比例，拖动其滑块或单击按钮和按钮，将当前文档按比例进行缩放。

2.1.2 创建空白文档

微课视频

文档是文本、表格、图片等各种对象的载体。用户在编辑或处理文本之前，先要创建文档。创建空白文档有多种方式，常用方式有以下 4 种。

1. 利用启动程序创建空白文档

在启动 Word 2010 后，系统自动创建一个名为“文档 1”的空白文档，默认扩展名为“.docx”。

2. 利用选项卡创建空白文档

选择“文件”选项卡中的“新建”选项，在“可用模板”列表框中选择“空白文档”，单击“创建”按钮，即可创建一个空白文档，如图 2-4 所示。

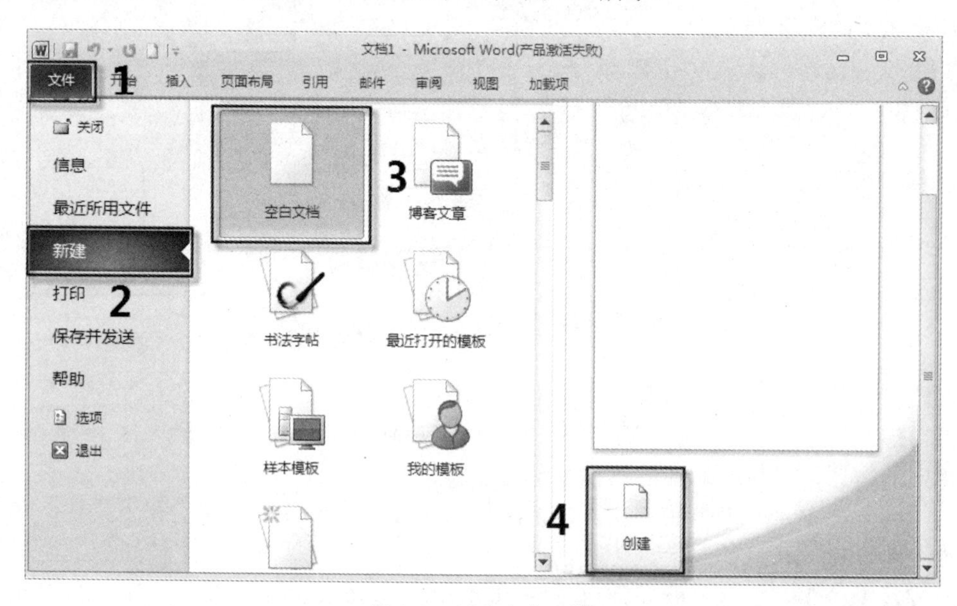

图 2-4　创建空白文档

3．利用组合键创建空白文档

按“Ctrl+N”组合键，即可创建一个空白文档。

4．利用快速访问工具栏创建空白文档

单击快速访问工具栏中的“新建”按钮，即可创建一个空白文档。

微课视频

2.1.3 利用模板创建文档

模板是 Word 2010 预先定义好内容格式的文档，它决定了文档的基本结构和设置，包括字体格式、段落格式、页面格式、样式等。Word 2010 提供了多种模板，用户可以根据需要选择相应的模板创建文档。

1．利用现有的模板创建文档

选择“文件”选项卡中的“新建”选项，在“可用模板”列表框中的“样本模板”子列表框中选择需要的模板类型，如“黑领结新闻稿”，选中右侧预览窗格中的“文档”单选按钮，单击“创建”按钮，如图 2-5 所示，即可创建所选模板的文档。

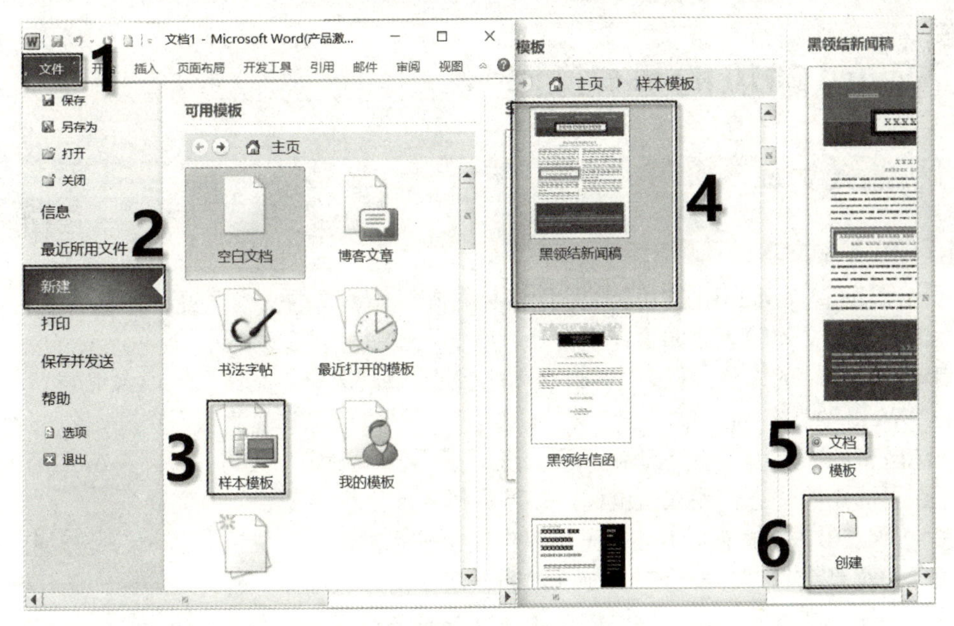

图 2-5 利用现有的模板创建文档

在“可用模板”列表框中，用户也可以从“我的模板”和“根据现有内容新建”库中选择需要的模板创建文档。

2．利用网络模板创建文档

从网络下载模板创建文档是 Word 2010 的新增功能之一。

【例 2-1】利用网络模板创建一个“旅费报表”文档，操作步骤如下。

（1）选择“文件”选项卡中的“新建”选项，在“Office.com 模板”文本框中输入“旅费报表”，单击“开始搜索”按钮，系统自动在“Office.com 模板”中搜索该模板。

（2）选择“旅费报表”，单击“下载”按钮，如图 2-6 所示，下载结束后，利用该模板创建了一个新文档。

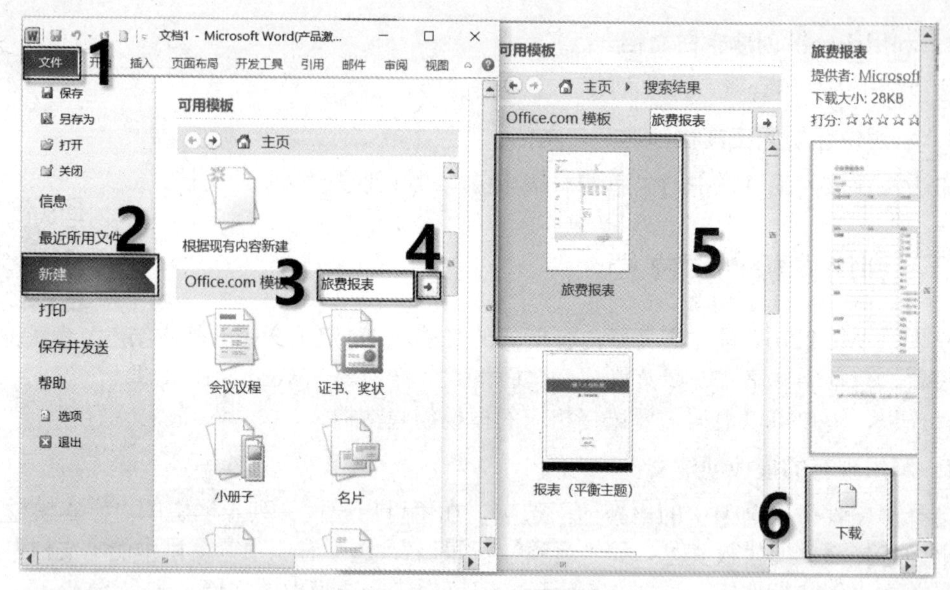

图 2-6　利用网络模板创建文档

2.2　Word 2010 的基本操作

2.2.1　输入文本

微课视频

1．即点即输文本

即点即输是 Word 2010 的功能，是指鼠标指向需要编辑的文本位置，单击鼠标即可进行文本输入（如果在空白处，则要双击鼠标才有效）。

启动即点即输的方法：打开 Word 2010 文档窗口，选择“文件”选项卡中的“选项”，弹出的“Word 选项”对话框，在“Word 选项”对话框中选择“高级”选项，勾选“编辑选项”选区中的“启用‘即点即输’”复选框，并单击“确定”按钮。返回 Word 2010 文档窗口，在页面中的任意位置双击鼠标，即可将插入点光标移动到当前位置。

在 Word 2010 中输入文本，首先在编辑区中确定插入点的位置。插入点是在编辑区中光标闪烁的垂直线“|”，表示在当前位置插入文本；其次选择一种合适的输入法，输入文本即可。在输入文本的过程中，要注意判断状态栏中的文本是处于“插入”还是“改写”状态，Word 2010 在默认情况下处于“插入”状态，在此状态中输入的文本内容将按顺序后延；在“改写”状态中输入文本，其后的文本将按顺序被替代。按“Insert”键会使“插入”状态变成“改写”状态。

2．输入特殊符号

在输入文本时，有些常用的基本符号通过键盘可以直接输入，还有一些符号，如☾、◊、✦等通过键盘无法输入，可以利用 Word 2010 的插入符号功能输入，操作步骤如下。

（1）将光标定位在插入符号的位置。

（2）单击“插入”选项卡“符号”组中的“符号”下拉按钮 Ω 符号 ▾，如图 2-7 所示，在下拉列表中选择需要的符号。

（3）如果不能满足用户的需要，则选择下拉列表中的“其他符号”选项，或者在文档插入点右击，在弹出的快捷菜单中选择“插入符号”命令，弹出“符号”对话框，如图 2-8 所示。

（4）单击“符号”选项卡，选择不同的“字体”“子集”，在中间的列表框中选择需要插入的符号，单击“插入”按钮，即可在文档插入点的位置插入所选符号。单击“特殊字符”选项卡，可以输入版权所有、注册、商标等符号。

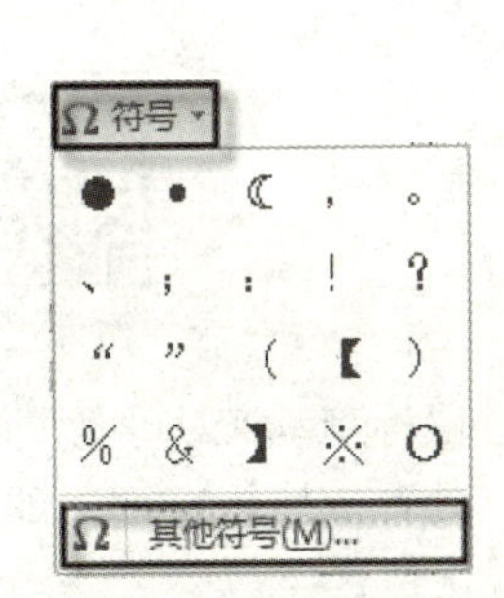

图 2-7　“符号”下拉列表

图 2-8　“符号”对话框

用户利用软键盘也可以输入特殊符号，如希腊字母、俄文字母等。首先切换到中文输入法微软拼音，单击语言工具栏中的“软键盘”按钮，打开特殊符号列表，如图 2-9 所示，然后选择其中的某项，软键盘中的按键就转换成相应的特殊符号，单击软键盘的“关闭”按钮✕，关闭软键盘。

3. 输入日期和时间

在 Word 2010 中输入日期和时间，除用键盘直接输入外，也可以使用插入功能来完成，操作步骤如下。

（1）打开“插入”选项卡，单击“文本”组中的“日期和时间”按钮日期和时间，弹出“日期和时间”对话框，如图 2-10 所示。

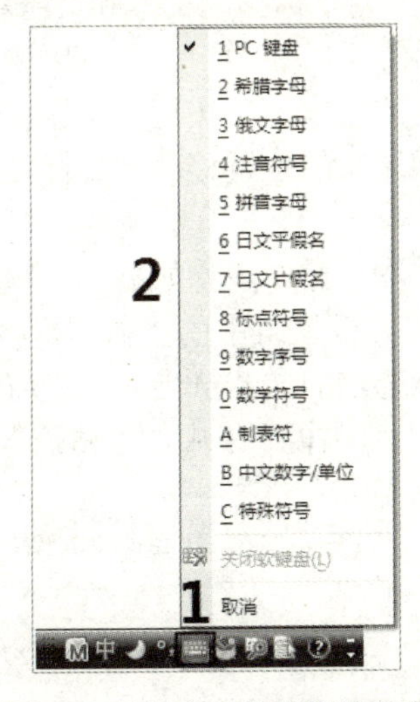

图 2-9　软键盘及特殊符号列表

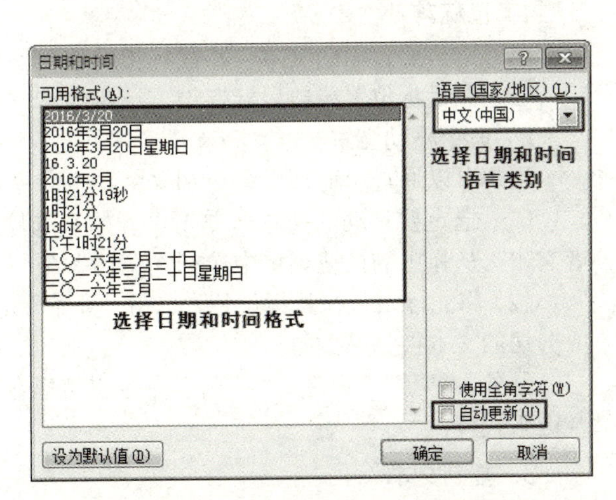

图 2-10　“日期和时间”对话框

（2）选择一种日期和时间格式，单击“确定”按钮即可。

（3）如果勾选“自动更新”复选框，则插入的日期和时间会随着系统的日期和时间变化而变化。

按“Shift+Alt+D”组合键可以快速输入系统的当前日期；按“Shift+Alt+T”组合键可以快速输入系统的当前时间。

4．将输入的简体字转换为繁体字

在文档中输入简体字，按“Ctrl+A”组合键选定需要转换的文本，单击“审阅”选项卡中的“简转繁”按钮，此时选定的文本将以繁体字显示。单击“繁转简”按钮，繁体字将转换为简体字。

微课视频

2.2.2 编辑文本

1．选定文本

在对文本进行编辑前，需要先选定文本。选定文本一般通过鼠标拖动来实现，即将光标定位在文本的开始处，按住鼠标左键进行拖动，在文本的结尾处释放鼠标左键，即可选定文本。此外，还可以使用一些操作技巧对某些特定的文本实现快速选定。

（1）选定一行文本。将鼠标指针移动到该行文本左侧空白处，当鼠标指针变为形状时，单击鼠标左键选定该行文本，按住鼠标左键向上或向下拖动可以选定连续的多行文本。

（2）选定一段文本。将鼠标指针移动到该段文本左侧空白处，当鼠标指针变为形状时，双击鼠标左键选定该段文本。

（3）选定整篇文本。将鼠标指针移动到页面左侧空白处，当鼠标指针变为“”形状时，连续三次单击鼠标左键；或者按住“Ctrl”键，单击鼠标左键；又或者按“Ctrl+A”组合键，即可选定整篇文本。

（4）选定不连续的文本。选定第 1 个文本后，按住“Ctrl”键，再分别选定其他需要选定的文本，最后释放“Ctrl”键。

2．移动文本

移动文本是指将文本从文档的一处移动到另一处，分为鼠标移动文本和命令移动文本。

1）鼠标移动文本

（1）选定要移动的文本，将鼠标指针移动到被选定的文本上，按住鼠标左键拖动。

（2）在目标位置释放鼠标左键，选定的文本就会从原来的位置移动到目标位置。

2）命令移动文本

用户可以通过“剪切”命令和“粘贴”命令移动文本，操作步骤如下。

（1）选定要移动的文本，单击“开始”选项卡“剪贴板”组中的“剪切”按钮；或者右击，从弹出的快捷菜单中选择“剪切”命令，将所选定的文本从当前位置剪切。

（2）将光标定位在目标位置，单击“开始”选项卡“剪贴板”组中的“粘贴”按钮，所剪切的文本被粘贴到指定的位置。

另外，“剪切”命令、“粘贴”命令也可以分别利用“Ctrl+X”组合键和“Ctrl+V”组合键来代替。

3．复制文本

在文档中，如果要重复地使用某些相同的内容，则可以使用复制操作，以简化文本的

重复输入。和移动文本操作步骤相同，复制文本也分为鼠标复制文本和命令复制文本。

1）鼠标复制文本

（1）选定要复制的文本。

（2）将鼠标指针移动到被选定的文本上，按住“Ctrl”键，同时按住鼠标左键进行拖动，在目标位置释放鼠标左键，选定的文本被复制到目标位置。

2）命令复制文本

用户可以通过“复制”命令和“粘贴”命令复制文本，操作步骤如下。

（1）选定要复制的文本，单击“开始”选项卡“剪贴板”组中的“复制”按钮；或者按“Ctrl+C”组合键。

（2）将光标定位在目标位置，单击“开始”选项卡“剪贴板”组中的“粘贴”按钮；或者右击，从弹出的快捷菜单中选择“粘贴”命令；又或者按“Ctrl+V”组合键，所选定的文本被复制到目标位置。

3）粘贴选项

粘贴选项主要是对粘贴文本的格式进行设置。当执行“粘贴”操作时，单击“开始”选项卡“剪贴板”组中的“粘贴”下拉按钮，打开如图 2-11 所示的下拉列表，可以对粘贴文本进行“保留源格式”“合并格式”“只保留文本”等格式设置。

- “保留源格式”：粘贴文本的格式不变，将保留原有格式。
- “合并格式”：粘贴文本的格式将与目标格式一致。
- “只保留文本”：如果原始文本中有图片或表格，则当粘贴文本时，图片会被忽略，表格转化为一系列段落，只保留文本。
- “选择性粘贴”：选择此选项，弹出如图 2-12 所示的“选择性粘贴”对话框，在“形式”列表框中选择需要粘贴对象的格式，此列表框中的内容随复制对象、剪切对象的变化而变化。例如，当复制网页中的内容时，通常情况下要取消网页中的格式，此时需要用到“选择性粘贴”选项。
- “设置默认粘贴”：将经常使用的粘贴选项设置为默认粘贴，避免每次粘贴时都使用粘贴选项的麻烦。选择此选项，弹出“Word 选项”对话框，在此对话框中可以修改默认设置。

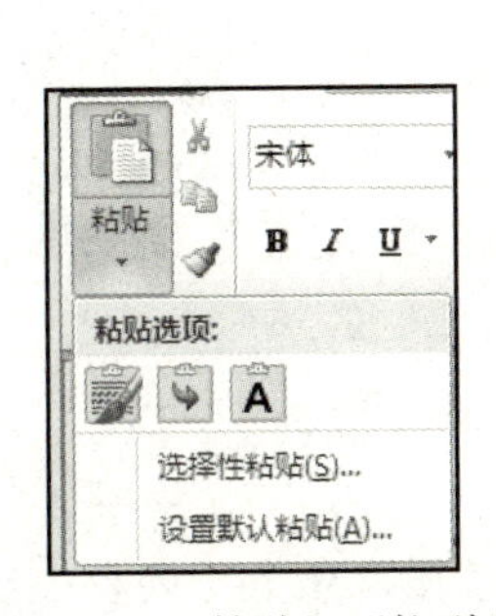

图 2-11　“粘贴”下拉列表

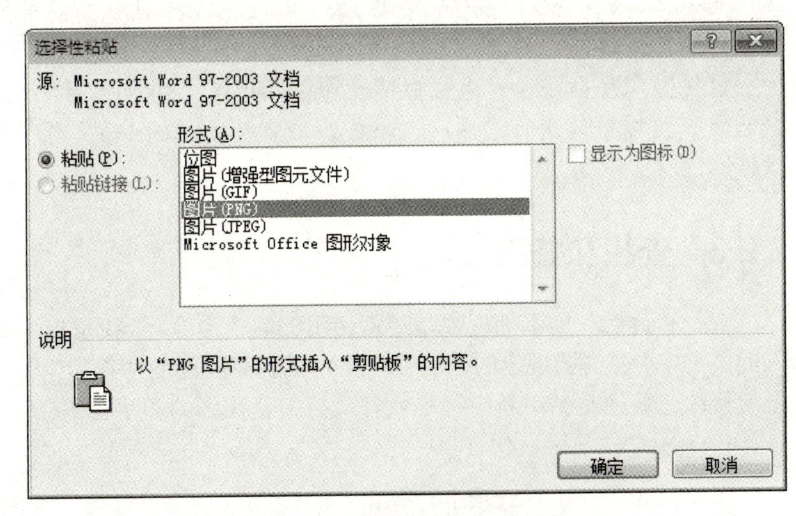

图 2-12　“选择性粘贴”对话框

4）复制格式

复制格式就是将某一文本的字体、段落等格式复制到其他文本中，使不同的文本具有相同的格式，使用“格式刷”按钮可以快速地复制格式，操作步骤如下。

（1）选定已经设置好格式的文本。

（2）单击“开始”选项卡“剪贴板”组中的“格式刷”按钮。

（3）选定要应用该格式的文本，即可完成格式的复制。

单击“格式刷”按钮可以进行一次格式的复制，双击“格式刷”按钮可以进行多次格式的复制。

4．修改和删除文本

1）修改文本

对已有的文本进行修改可以使用下列方法之一。

- 选定要修改的文本，直接输入新文本。
- 按“Insert”键，将“插入”状态切换到“改写”状态，将光标定位在需要修改的文本前，输入修改后的文本，即可覆盖其后同样字数的文本。

2）删除文本

可以使用“Delete”键和“BackSpace”键删除文本。

如果删除一个字，则两者的区别是：按“Delete”键删除光标后的文本，按“BackSpace”键删除光标前的文本。

如果删除大段文本，则两者没有区别。先选定要删除的文本，按“Delete”键或“BackSpace”键即可。

5．撤销和恢复

在文档的编辑过程中，当操作失误需要进行撤销时，单击“快速访问工具栏”中的下拉按钮，弹出最近执行的可撤销操作，单击或拖动鼠标选定要撤销的操作即可。也可以利用“Ctrl+Z”组合键，对失误操作进行撤销。两者的区别是：下拉按钮可以同时撤销多步操作，而“Ctrl+Z”组合键，每按一次只能撤销最近一次的失误操作，如果撤销的不是一步失误操作，而是多步失误操作，则需要重复使用“Ctrl+Z”组合键。

如果对被“撤销”的操作进行恢复，则可以单击“快速访问工具栏”中的“重复键入”按钮进行恢复。

重复操作是指在没有进行撤销操作前，单击“快速访问工具栏”中的“重复键入”按钮，可以重复进行最后一次操作，或者使用“Ctrl+Y”组合键进行重复操作与恢复操作。

2.2.3 查找和替换

微课视频

查找和替换在文本处理中是经常使用的编辑命令。查找是指系统根据输入的关键字，在文档规定的范围或全文内找到相匹配的字符串，以便进行查看或修改。替换是指用新字符串代替文档中查找到的旧字符串。

1．查找

（1）打开“开始”选项卡，单击“编辑”组中的“查找”下拉按钮，在下拉列表中选择“高级查找”选项，如图 2-13 所示，弹出“查找和替换”对话框，如图 2-14 所示。

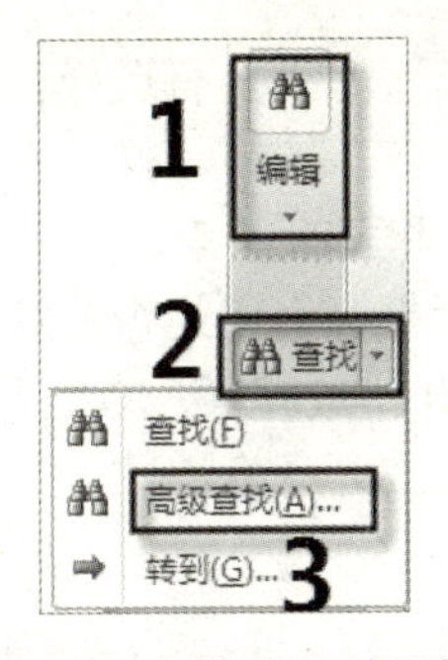

图 2-13　“查找”下拉列表

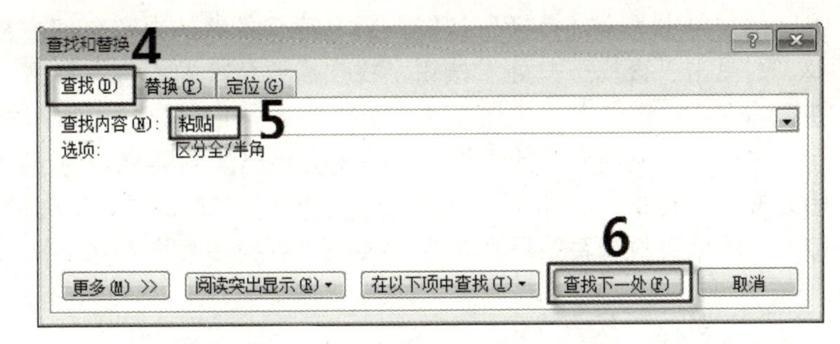

图 2-14　“查找和替换”对话框

（2）单击“查找”选项卡，在“查找内容”文本框中输入要查找的文本，如“粘贴”，单击“查找下一处”按钮，系统将自动从插入点往后查找，找到第一个“粘贴”暂停并反显，如图 2-15 所示。

（3）如果要继续查找，则再次单击“查找下一处”按钮，系统继续查找下一处“粘贴”。

（4）重复执行步骤 3，直至查找结束。

单击“查找和替换”对话框中的“更多”按钮，展开高级设置选项，可以进行更精确的设置，如查找特殊格式的文本及字符等，如图 2-16 所示。

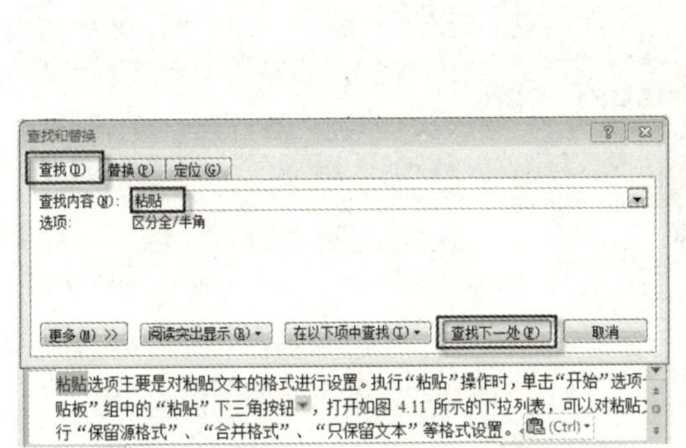

图 2-15　查找文本

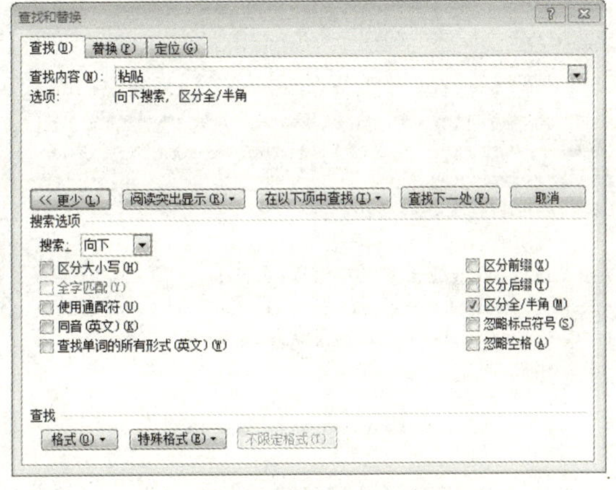

图 2-16　查找的高级设置选项

单击“查找和替换”对话框中“阅读突出显示(R)”下拉按钮，在下拉列表中选择“全部突出显示”选项，文档中所要查找的文本以黄色高亮显示。在下拉列表中选择“清除突出显示”选项，清除突出显示效果。

2．替换

利用替换功能，可以将文档中查找到的内容进行替换或删除。

【例 2-2】打开“手机支付类病毒正走向高危化”文档，将“病毒”替换为“木马”，操作步骤如下。

（1）打开“手机支付类病毒正走向高危化”文档，单击“开始”选项卡“编辑”组中的“查找”下拉按钮，选择“高级查找”选项，弹出“查找和替换”对话框。

（2）打开“替换”选项卡，在“查找内容”文本框中输入“病毒”；在“替换为”文本框中输入“木马”，如图 2-17 所示。

（3）单击“全部替换”按钮，所有符合条件的内容全部被替换。如果要有选择性地替换，则单击“查找下一处”按钮，找到需要替换的内容，单击“替换”按钮，找到不需要替换的内容，继续单击“查找下一处”按钮，重复执行，直至查找和替换结束。

（4）当替换到文档的末尾时，系统会弹出如图 2-18 所示的提示框，询问是否继续从开始处搜索。单击“是”按钮，返回“查找和替换”对话框，并从文档开始处搜索；单击“否”按钮，结束查找和替换操作，同时关闭“查找和替换”对话框，返回文档窗口。

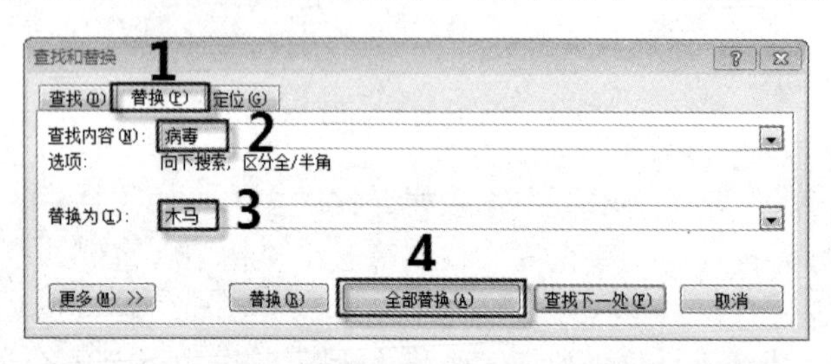

图 2-17　“替换”选项卡

图 2-18　替换结束提示框

（5）在替换结束后，关闭“查找和替换”对话框，完成文档的搜索和替换，替换前后效果如图 2-19 和图 2-20 所示。

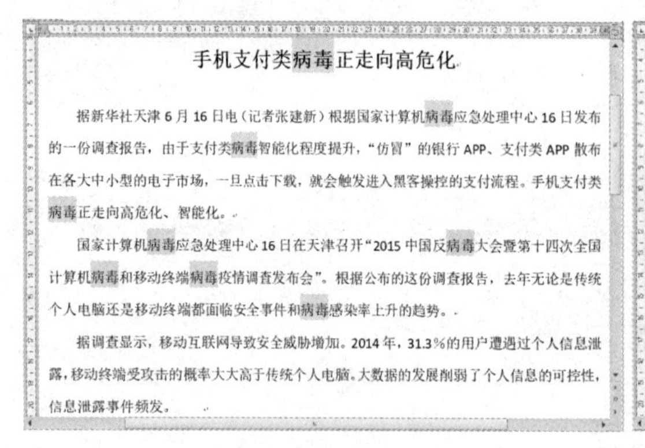

手机支付类病毒正走向高危化

据新华社天津 6 月 16 日电（记者张建新）根据国家计算机病毒应急处理中心 16 日发布的一份调查报告，由于支付类病毒智能化程度提升，“仿冒”的银行 APP、支付类 APP 散布在各大中小型的电子市场，一旦点击下载，就会触发进入黑客操控的支付流程。手机支付类病毒正走向高危化、智能化。

国家计算机病毒应急处理中心 16 日在天津召开“2015 中国反病毒大会暨第十四次全国计算机病毒和移动终端病毒疫情调查发布会”。根据公布的这份调查报告，去年无论是传统个人电脑还是移动终端都面临安全事件和病毒感染率上升的趋势。

据调查显示，移动互联网导致安全威胁增加。2014 年，31.3%的用户遭遇过个人信息泄露，移动终端受攻击的概率大大高于传统个人电脑。大数据的发展削弱了个人信息的可控性，信息泄露事件频发。

图 2-19　替换前的效果

手机支付类木马正走向高危化

据新华社天津 6 月 16 日电（记者张建新）根据国家计算机木马应急处理中心 16 日发布的一份调查报告，由于支付类木马智能化程度提升，“仿冒”的银行 APP、支付类 APP 散布在各大中小型的电子市场，一旦点击下载，就会触发进入黑客操控的支付流程。手机支付类木马正走向高危化、智能化。

国家计算机木马应急处理中心 16 日在天津召开“2015 中国反木马大会暨第十四次全国计算机木马和移动终端木马疫情调查发布会”。根据公布的这份调查报告，去年无论是传统个人电脑还是移动终端都面临安全事件和木马感染率上升的趋势。

据调查显示，移动互联网导致安全威胁增加。2014 年，31.3%的用户遭遇过个人信息泄露，移动终端受攻击的概率大大高于传统个人电脑。大数据的发展削弱了个人信息的可控性，信息泄露事件频发。

图 2-20　替换后的效果

除将查找到的内容替换为新内容外，也可以将其删除。操作步骤为：在如图 2-17 所示的“查找内容”文本框中输入要查找的内容，在“替换为”文本框中不输入内容，单击“全部替换”按钮，将查找到的内容全部删除了。

3. 查找和替换格式

对查找到的内容，除替换为新内容或删除外，还可以替换其格式。

【例 2-3】在“手机支付类病毒正走向高危化”文档中查找“病毒”一词，并将其格式替换为加粗、倾斜，字体颜色为红色，操作步骤如下。

（1）在“查找和替换”对话框中，打开“替换”选项卡，在“查找内容”文本框和“替换为”文本框中分别输入“病毒”，单击 更多(M) >> 按钮，展开高级设置选项，单击“格式”下拉按钮，在下拉列表中选择“字体”选项。

（2）在“查找字体”对话框中设置要替换内容的格式为加粗、倾斜，字体颜色为红色，如图 2-21 所示，单击“确定”按钮，返回“查找和替换”对话框。

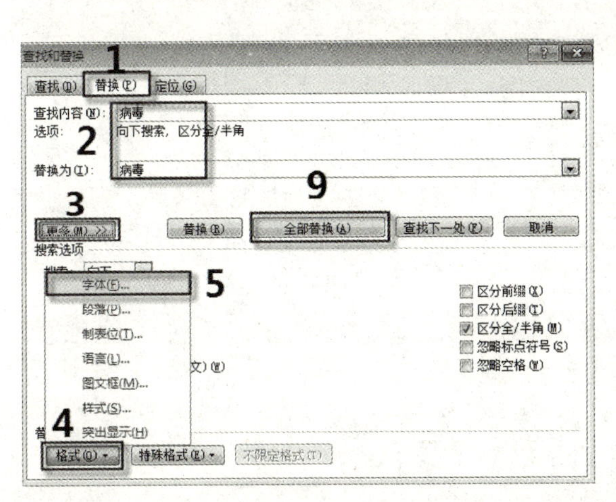

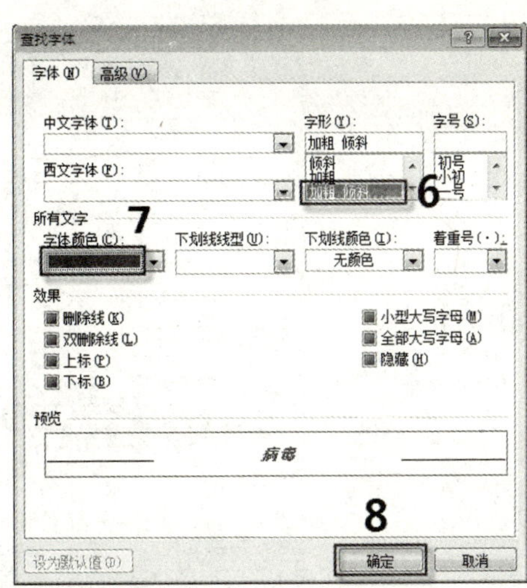

图 2-21　查找和替换内容的格式设置

（3）单击“全部替换”按钮，所有的“病毒”一词被替换为设置的格式，其效果如图 2-22 所示。

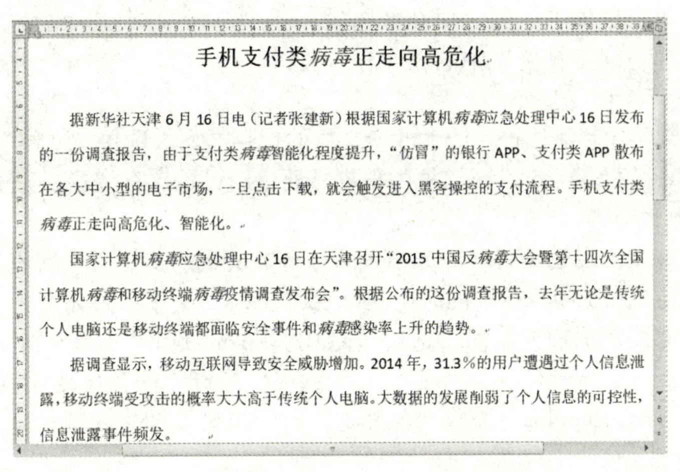
手机支付类*病毒*正走向高危化

据新华社天津 6 月 16 日电（记者张建新）根据国家计算机*病毒*应急处理中心 16 日发布的一份调查报告，由于支付类*病毒*智能化程度提升，“仿冒”的银行 APP、支付类 APP 散布在各大中小型的电子市场，一旦点击下载，就会触发进入黑客操控的支付流程。手机支付类*病毒*正走向高危化、智能化。

国家计算机*病毒*应急处理中心 16 日在天津召开“2015 中国反*病毒*大会暨第十四次全国计算机*病毒*和移动终端*病毒*疫情调查发布会”。根据公布的这份调查报告，去年无论是传统个人电脑还是移动终端都面临安全事件和*病毒*感染率上升的趋势。

据调查显示，移动互联网导致安全威胁增加。2014 年，31.3%的用户遭遇过个人信息泄露，移动终端受攻击的概率大大高于传统个人电脑。大数据的发展削弱了个人信息的可控性，信息泄露事件频发。

图 2-22　替换格式后效果图

（4）如果要取消设置的格式，则在步骤 1 中，单击 不限定格式(T) 按钮。

微课视频

2.2.4　保存和打印文档

1．保存文档

1）保存新文档

单击“快速访问工具栏”中的“保存”按钮，或者按“Ctrl+S”组合键，弹出“另存为”对话框，如图 2-23 所示。选择文档的保存位置，在“文件名”文本框和“保存类型”下拉列表中设置文件名称和保存类型。默认保存类型是“Word 文档（*.docx）”，如果将 Word 2010 文档在较低版本的 Word 中使用，则选择兼容性较高的“Word 97-2003 文档（*.doc）”类型。

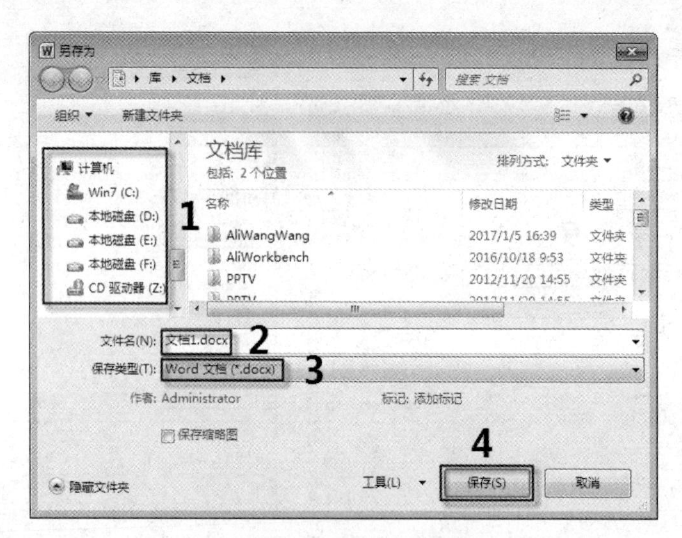

图 2-23 “另存为”对话框

2）保存已有文档

将已有文档保存在原始位置，可以采用以下 3 种方法进行保存。

- 选择“文件”选项卡中的“保存”选项。
- 单击“快速访问工具栏”中的“保存”按钮。
- 按“Ctrl+S”组合键。

将已有文档保存到其他位置，或者改变文档的保存类型，选择“文件”选项卡中的“另存为”选项，在弹出的“另存为”对话框中根据需要重新设置保存位置、文件名和保存类型。

3）自动保存文档

为了尽可能地减少突发事件（如死机、断电等）造成的文档丢失现象，可以设置 Word 自动保存功能，使 Word 按照指定的时间自动保存文档，操作步骤如下。

（1）选择“文件”选项卡中的“选项”，弹出“Word 选项”对话框。

（2）选择“保存”选项，在“保存文档”选区中勾选“保存自动恢复信息时间间隔”复选框，并设置一个时间间隔（默认 10 分钟，时间也可以缩短或延长），一般设置为 5～15 分钟较为合适。

（3）单击“确定”按钮，Word 按照设置的时间定时保存文档，如图 2-24 所示。

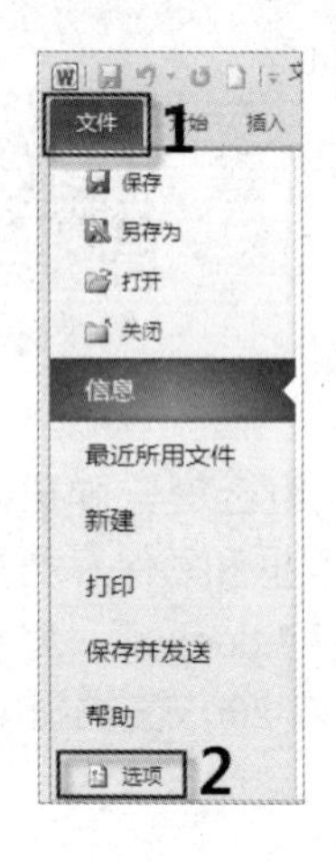

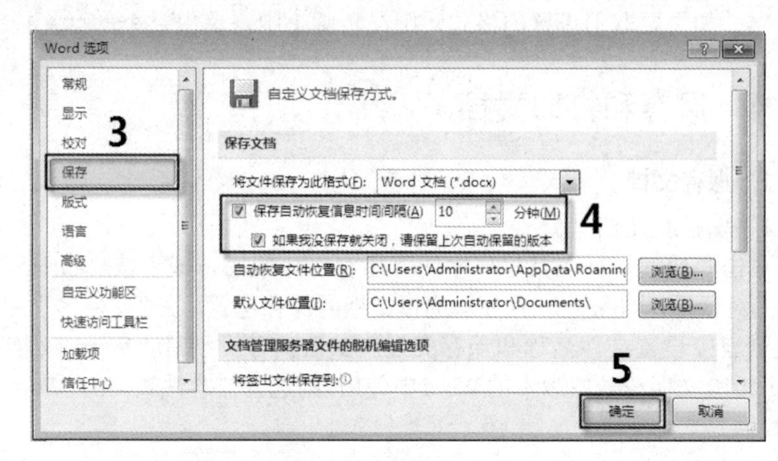

图 2-24 自动保存文档设置

2. 保护文档

在文档的编辑过程中，如果不希望文档被其他用户查看或随意修改，则需要对文档进行保护设置。选择“文件”选项卡中的“信息”选项，然后再单击“保护文档”下拉按钮，打开如图 2-25 所示的下拉列表，可以按“标记为最终状态”“用密码进行加密”“限制编辑”等方式对文档进行保护。

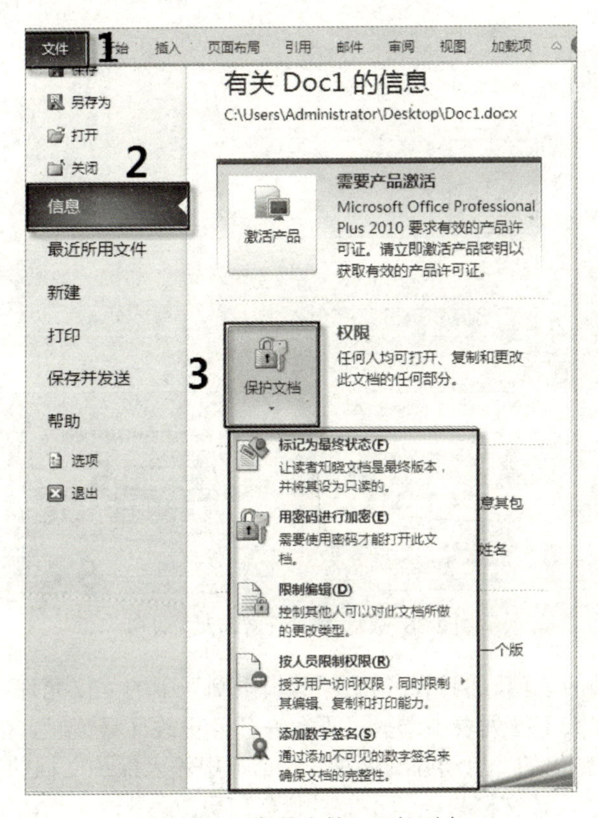

图 2-25　“保护文档”下拉列表

1）“标记为最终状态”选项

选择此选项，该文档被标记为最终版本，文档被设置为只读文件防止编辑。用户可以随时解除“标记为最终状态”，继续编辑，这种保护安全性不高。

2）“用密码进行加密”选项

在对文档进行加密后，需要使用密码才能打开文档，用户要记住密码，否则无法打开文档。使用“用密码进行加密”方式对文档进行保护，操作步骤如下。

（1）打开需要“用密码进行加密”的文档，选择“文件”选项卡中的“信息”选项。

（2）单击“保护文档”下拉按钮，在下拉列表中选择“用密码进行加密”选项，弹出“加密文档”对话框。

（3）在“密码”文本框中输入密码，单击“确定”按钮，弹出“确认密码”对话框，再次输入密码，单击“确定”按钮，如图 2-26 所示。

3）“限制编辑”选项

限制其他用户对文档进行编辑，操作步骤如下。

（1）在如图 2-26 所示的“保护文档”下拉列表中，选择“限制编辑”选项，打开“限制格式和编辑”窗格。

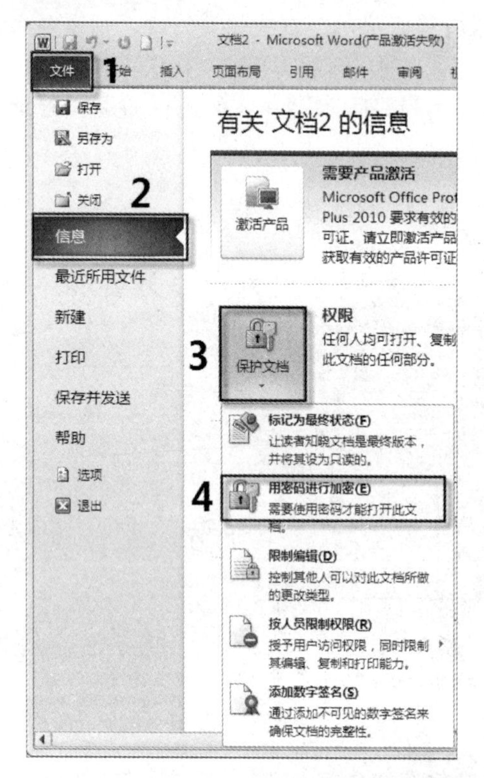

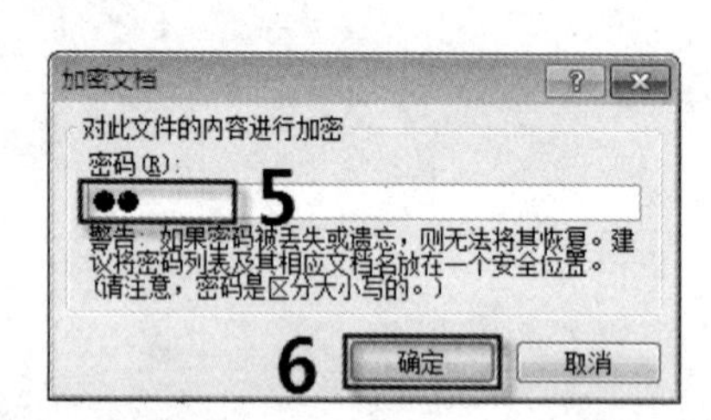

图 2-26　对文档进行密码保护设置

（2）选择要限制的选项，例如，勾选“编辑限制”中的“仅允许在文档中进行此类型的编辑”复选框，在其下拉列表中选择“不允许任何更改（只读）”，然后单击“是，启动强制保护”按钮，在弹出的“启动强制保护”对话框中输入保护文档的密码，单击“确定”按钮，如图 2-27 所示，该文档只能读不能进行任何更改。

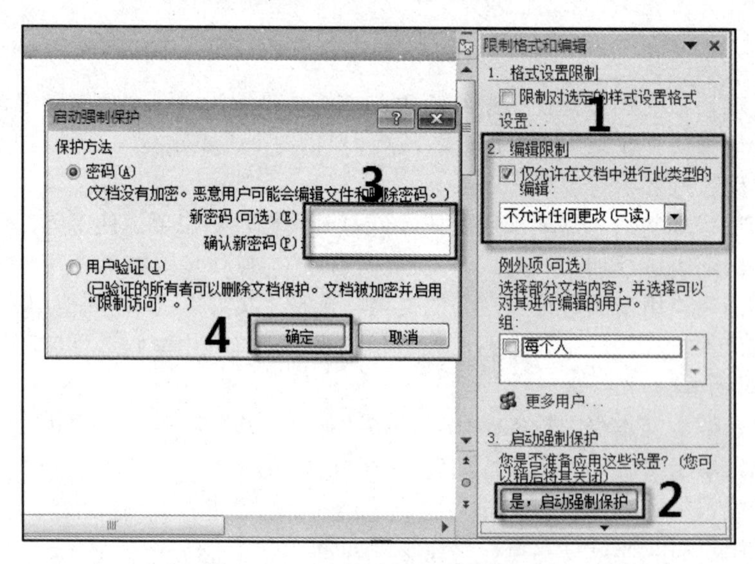

图 2-27　对文档进行限制编辑设置

3. 打印文档

1）打印预览

在打印之前，用户先使用“打印预览”功能，观察整个文档打印的实际效果。如果对效果不满意，则可以返回页面视图进行编辑，满意后再打印。

单击“快速访问工具栏”中的“打印预览和打印”按钮，或者选择“文件”选项卡中的“打印”选项，打开“打印”窗格，预览打印真实效果，如图 2-28 所示，其各项含义如下。

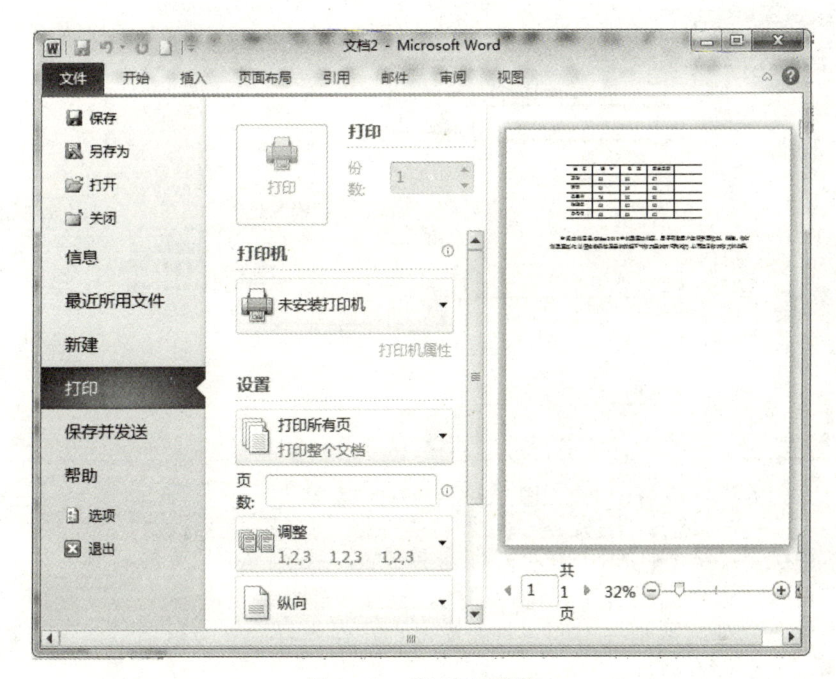

图 2-28　“打印”窗格

- “打印”选区设置打印文档的份数。
- “设置”选区设置打印文档的页数、方向等。
- 显示比例设置位于窗格的右下角，拖动滑块或单击⊖按钮和⊕按钮可以改变预览页面的大小。

2）打印文档

单击“快速访问工具栏”中的“打印预览和打印”按钮，或者选择“文件”选项卡中的“打印”选项，直接进行打印。也可以设置打印参数，进行个性化的打印。

例如，打印“基站领跑通信节能”文档的“2、4、6、7”页，纸张设置为“32 开（13 厘米×18.4 厘米）”，打印 2 份，每版打印 2 页，操作步骤如下。

（1）打开“基站领跑通信节能”文档，选择“文件”选项卡中的“打印”选项，在“打印”选区中的“份数”文本框中输入“2”。

（2）在“设置”选区中的“页数”文本框中输入“2，4，6，7”，选择“32 开（13 厘米×18.4 厘米）”，选择“每版打印 2 页”。

（3）单击“打印”按钮，按照设置参数打印文档。设置打印参数如图 2-29 所示。

如果要双面打印，则需要在“设置”选区中选择“手动双面打印”，打印一面后，将纸背面向上放进送纸器，执行打印命令进行双面打印。

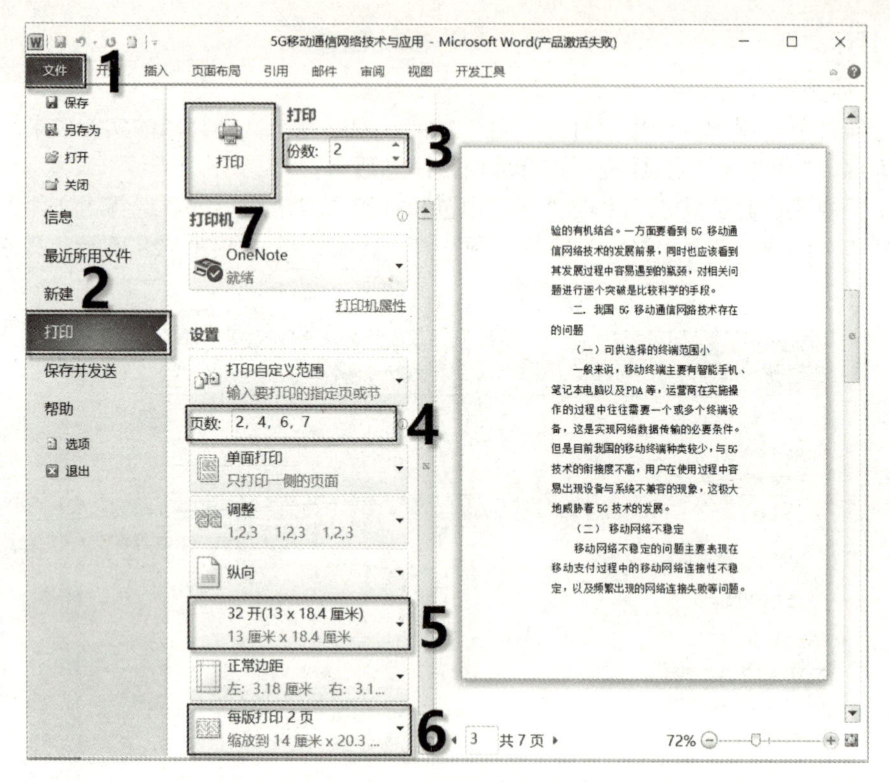

图 2-29 设置打印参数

在默认情况下，Word 2010 并不打印页面颜色，在预览中也无法看到。如果要打印页面颜色，则可以通过页面设置对其进行调整，操作步骤如下。

（1）选择“文件”选项卡中的“打印”选项，在“打印”窗格中单击“页面设置”按钮，弹出“页面设置”对话框。

（2）打开“纸张”选项卡，单击“打印选项”按钮。

（3）弹出“Word 选项”对话框，勾选“打印背景色和图像”复选框，如图 2-30 所示。

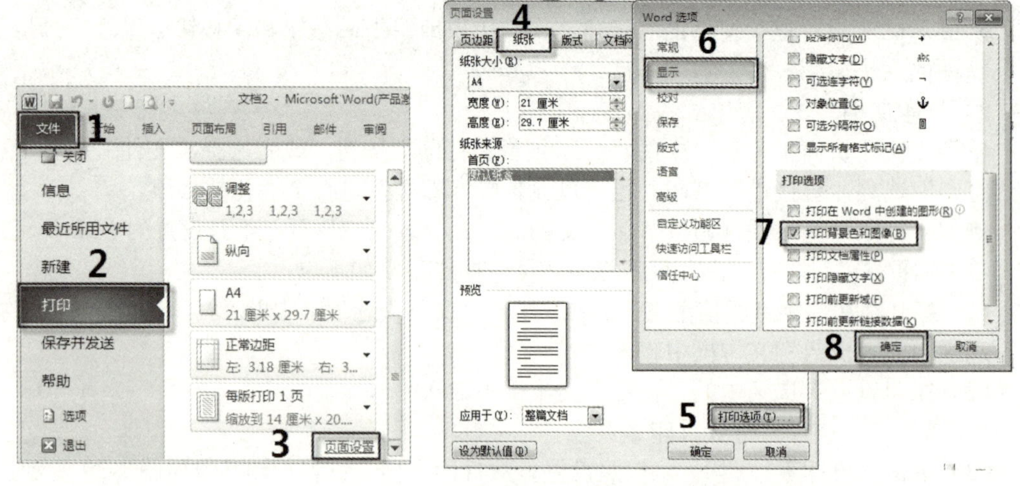

图 2-30 设置打印文档的页面颜色

第3章

Word 文档排版

3.1 设置文档的格式

3.1.1 设置字符格式

微课视频

字符格式又称为字符格式化，它主要设置字符的字体、字号、颜色、间距、文字效果等，以达到美观的效果。

字符格式的设置既可以在创建文档时采用先设置后输入的方式，也可以引用系统的默认格式（字体为宋体，字号为五号），即采用先输入后设置的方式。通常采用后者对字符格式进行设置。Word 2010 字符格式设置主要有 3 种途径：浮动工具栏、功能区和“字体”对话框。

1. 利用浮动工具栏设置字符格式

当选定文本时，在选定文本的右侧将会出现一个半透明状态的浮动工具栏，如图 3-1 所示。该工具栏包含了设置文本格式常用的按钮，如字体、字号、颜色、居中对齐等按钮。将鼠标指针移动到浮动工具栏上将使这些按钮完全显示，单击所需按钮可以快速地设置文本格式。

如果不需要在文档窗口中显示浮动工具栏，则可以将其关闭，操作步骤如下。

（1）打开 Word 2010 文档窗口，选择“文件”选项卡中的“选项”，弹出“Word 选项”对话框。

（2）在“Word 选项”对话框中，取消“常用”选项卡中的“选择时显示浮动工具栏”复选框，单击“确定”按钮即可。

2. 利用功能区设置字符格式

打开“开始”选项卡，使用“字体”组中的各个按钮可以设置字符格式，如图 3-2 所示。下面介绍几个常用按钮。

1）“清除格式”按钮

单击“清除格式”按钮将清除选定文本的所有格式，只保留纯文本。

2）“文本效果”按钮

该按钮用于设置选定文本的外观效果。单击“文本效果”按钮打开如图 3-3 所示的下拉列表，将鼠标指向列表中的某一样式可以即时预览选定文本的外观效果，也可以选择“轮廓”“阴影”“映像”“发光”选项中的样式，或者弹出相应选项的对话框（如“阴影”

中的“阴影选项”)，设置具体参数，选择所需的样式即可。

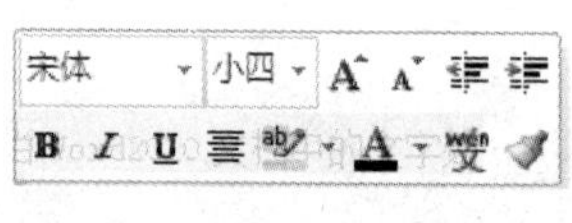

图 3-1　浮动工具栏

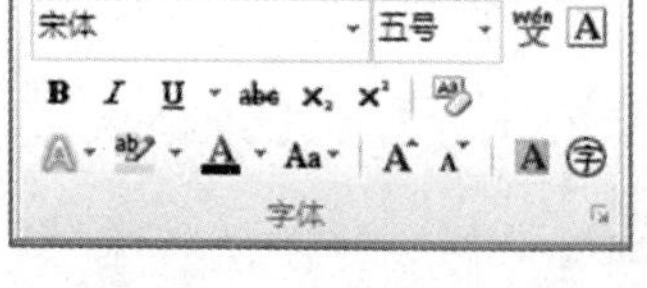

图 3-2　“字体”组

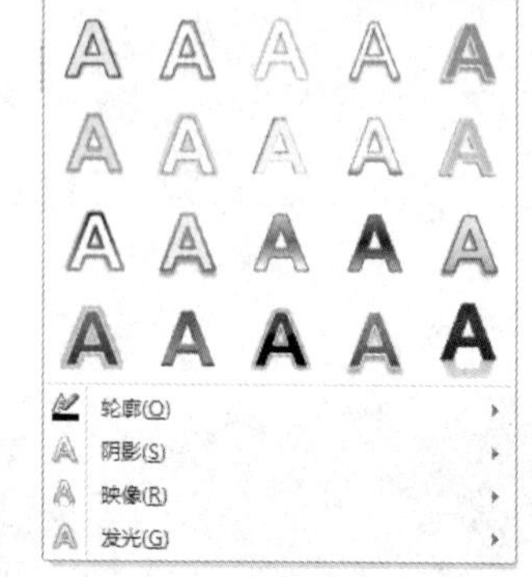

图 3-3　“文本效果”下拉列表

3）“带圈字符”按钮

为所选文字添加圈号，或取消所选字符的圈号。选定要添加圈号的文字，如“学”，单击“带圈字符”按钮，弹出如图 3-4 所示的对话框。在“样式”选区中选择一种样式，如“增大圈号”；在“圈号”列表中选择一种圈号，如“○”，单击“确定”按钮，效果为“学”。如果要删除圈号，则选定带圈文字，在“带圈字符”对话框中的“样式”选区中选择“无”，单击“确定”按钮。

4）“拼音指南”按钮

“拼音指南”按钮是 Word 2010 为汉字加注拼音的功能。在默认情况下，拼音会被添加到汉字的上方，且汉字和拼音将被合并成一行。选定要添加拼音的汉字，如“页面排版”，单击“拼音指南”按钮，弹出“拼音指南”对话框，如图 3-5 所示。在该对话框中，可以设置对齐方式、偏移量、字体、字号相关参数，再分别单击“组合”按钮和“确定”按钮即可。

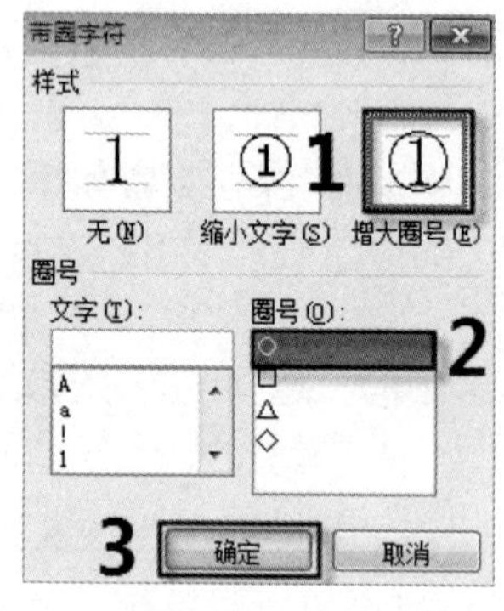

图 3-4　“带圈字符”对话框

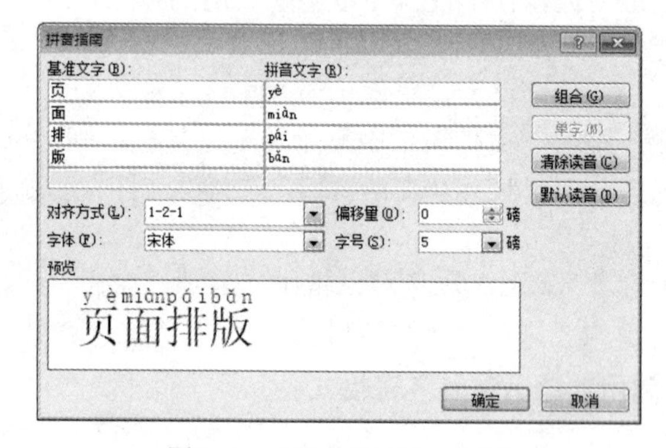

图 3-5　“拼音指南”对话框

3. 利用“字体”对话框设置字符格式

单击“开始”选项卡“字体”组右下角的对话框启动按钮，或者在选定的文本上右击，在弹出的快捷菜单中选择“字体”命令，弹出“字体”对话框，如图 3-6 所示。

1）“字体”选项卡

- 在“中文字体”和“西文字体”下拉列表框中设置文本的字体。
- 在“字形”列表框中设置文本的字形。

- 在“字号”列表框中设置文本的字号，或者在“字号”文本框中直接输入所需的字号，如输入“30”，选定文本的字号变为“30”。
- 在“所有文字”选区中，可以设置“字体颜色”、“下画线线型①”、“下画线颜色”及“着重号”。
- 在“效果”选区中，可以设置文本效果，如为文本添加“删除线”、“上标”、“下标”及“隐藏”等。
- “设为默认值”按钮，在“字体”选项卡中，完成字体格式的设置后，单击此按钮，所进行的设置作为 Word 默认字符格式。
- “文字效果”按钮，单击此按钮，弹出如图 3-7 所示的“设置文本效果格式”对话框，在此对话框中可以设置文本的填充颜色、边框、阴影和三维格式等。

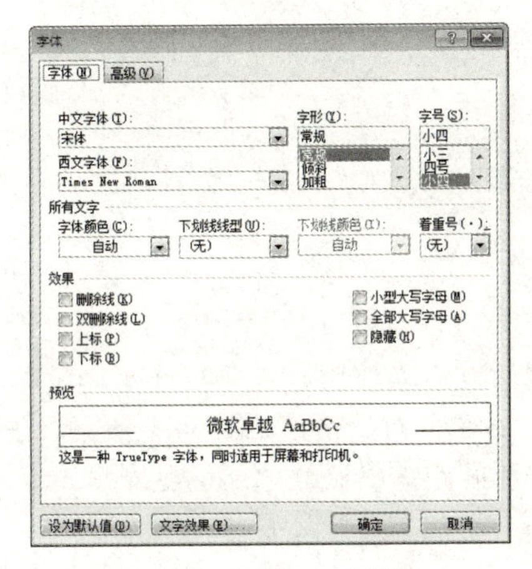

图 3-6　“字体”对话框

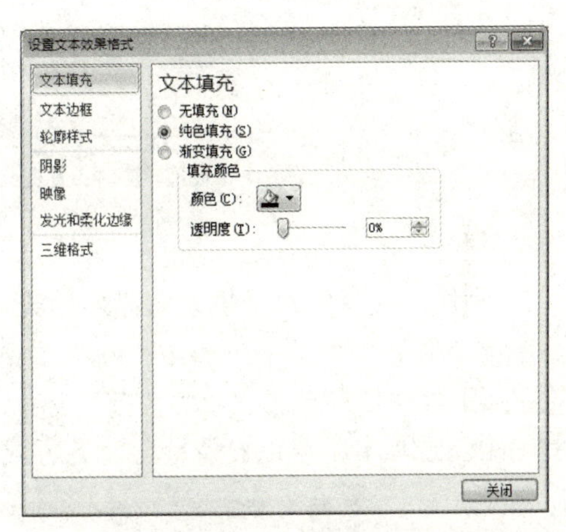

图 3-7　“设置文本效果格式”对话框

2）“高级”选项卡

“高级”选项卡主要设置字符的缩放、间距和位置，如将“缩放”设置为“90%”，“间距”设置为“加宽”，“磅值”设置为“3 磅”，“位置”设置为“提升”，“磅值”设置为“2 磅”，如图 3-8 所示。

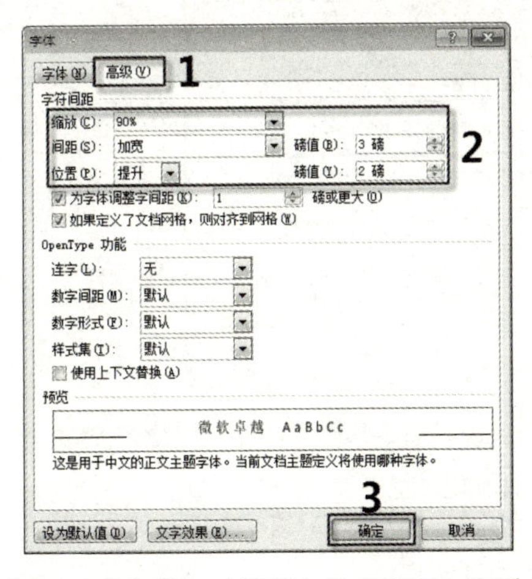

图 3-8　“字体”对话框中的“高级”选项卡

① 软件图中“下划线”的正确写法应为“下画线”。

3.1.2 设置段落格式

段落格式又称为段落格式化，它主要设置段落的对齐、缩进、段落间距和行间距等，设置方法主要有以下 3 种。

1. 利用功能区设置段落格式

单击“开始”选项卡“段落”组中各个按钮可以实现对段落格式的设置，如图 3-9 所示。

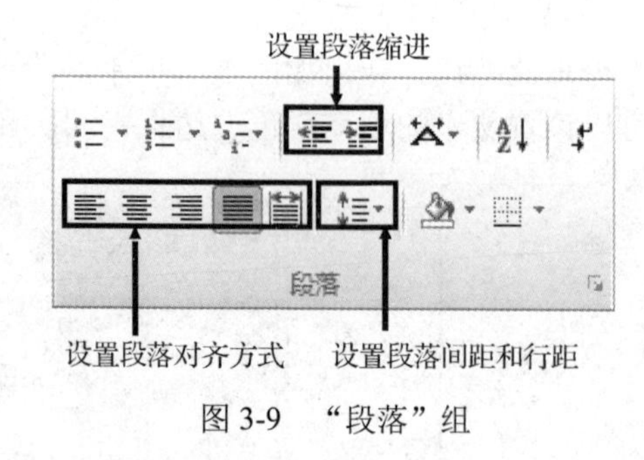

图 3-9 “段落”组

2. 利用“段落”对话框设置段落格式

单击“开始”选项卡“段落”组右下角的对话框启动按钮，或者在选定的段落上右击，在弹出的快捷菜单中选择“段落”命令，弹出“段落”对话框，如图 3-10 所示。在“缩进和间距”选项卡中可以设置段落对齐方式、缩进和间距等格式。

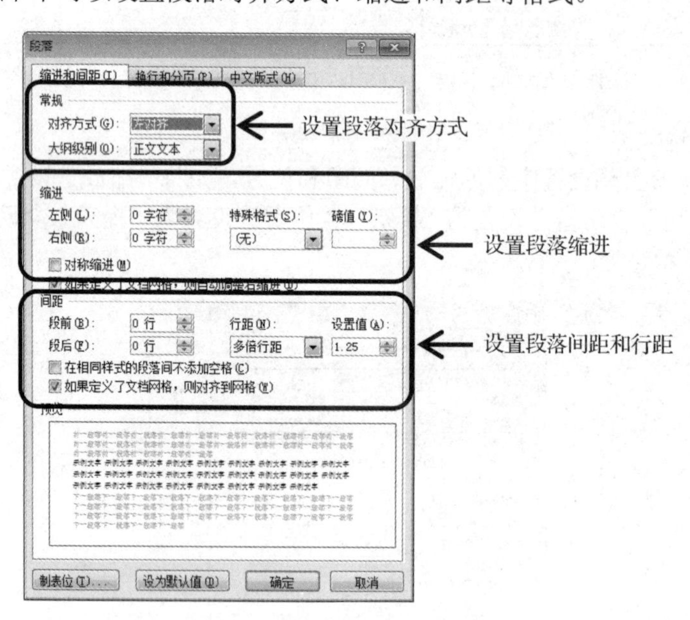

图 3-10 “段落”对话框

- “常规”选区用于设置段落的对齐方式。单击“对齐方式”右侧的按钮，在下拉列表中选择所需要的对齐方式。
- “缩进”选区用于设置段落的左缩进、右缩进、首行缩进和悬挂缩进。
  - ➢ 段落缩进，选定想要缩进的段落，在“左侧”文本框或“右侧”文本框中输入数值，默认单位为字符。例如，分别输入“5”，选定段落将向左和向右各缩进 5 个字符的位置。

   - 首行缩进是指段落的第 1 行缩进。选定需要首行缩进的段落，在“特殊格式”下拉列表中选择“首行缩进”，在“磅值”文本框中自动显示默认值是“2 字符”，单击“确定”按钮，所选段落的首行缩进“2 字符”。也可以直接在“磅值”文本框中输入所需要的数值，或者单击“磅值”文本框右侧的数值调节按钮，设置其他的数值，选定的段落首行将按设置的数值进行缩进。
   - 悬挂缩进是指首行不缩进，其他行缩进。选定需要缩进的段落，在“特殊格式”下拉列表中选择“悬挂缩进”，然后在“磅值”文本框中输入缩进的数值，默认值是“2 字符”，选定除首行外的其他段落，将按设置的数值进行缩进。段落各种缩进及间距的设置效果如图 3-11 所示。

- “间距”选区用于设置段落间距（段和段之间的距离）和行间距（行和行之间的距离）。
   - 段落间距：“段前”文本框和“段后”文本框用于设置段落的前、后间距，可以在文本框中输入所需的段落间距值，单位是行。
   - 行间距：“行距”下拉列表用于设置段落中行和行之间的距离。如果在“行距”下拉列表中选择“最小值”或“固定值”，则需要在“设置值”文本框中输入或选择间距值，单位是磅。如在“行距”下拉列表中选择“最小值”，在“设置值”文本框中输入“20 磅”，如图 3-12 所示。

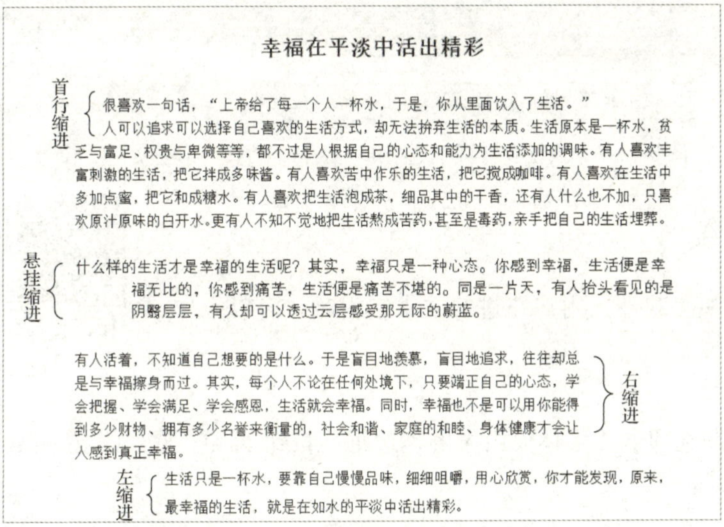
幸福在平淡中活出精彩

首行缩进
很喜欢一句话，“上帝给了每一个人一杯水，于是，你从里面饮入了生活。”
人可以追求可以选择自己喜欢的生活方式，却无法摒弃生活的本质。生活原本是一杯水，贫乏与富足、权贵与卑微等等，都不过是人根据自己的心态和能力为生活添加的调味。有人喜欢丰富刺激的生活，把它拌成多味酱。有人喜欢苦中作乐的生活，把它搅成咖啡。有人喜欢在生活中多加点蜜，把它和成糖水。有人喜欢把生活泡成茶，细品其中的干香，还有人什么也不加，只喜欢原汁原味的白开水。更有人不知不觉地把生活熬成苦药，甚至是毒药，亲手把自己的生活埋葬。

悬挂缩进
什么样的生活才是幸福的生活呢？其实，幸福只是一种心态。你感到幸福，生活便是幸福无比的，你感到痛苦，生活便是痛苦不堪的。同是一片天，有人抬头看见的是阴翳层层，有人却可以透过云层感受那无际的蔚蓝。

有人活着，不知道自己想要的是什么。于是盲目地羡慕，盲目地追求，往往却总是与幸福擦身而过。其实，每个人不论在任何处境下，只要端正自己的心态，学会把握、学会满足、学会感恩，生活就会幸福。同时，幸福也不是可以用你能得到多少财物、拥有多少名誉来衡量的，社会和谐、家庭的和睦、身体健康才会让人感到真正幸福。
右缩进

左缩进
生活只是一杯水，要靠自己慢慢品味，细细咀嚼，用心欣赏，你才能发现，原来，最幸福的生活，就是在如水的平淡中活出精彩。

图 3-11　段落各种缩进及间距的设置效果

图 3-12　行间距设置参数

3. 利用换行和分页设置段落格式

打开“段落”对话框中的“换行和分页”选项卡，如图 3-13 所示，可以对段落进行特殊格式设置。

- 孤行控制：孤行是指在页面顶端只显示段落的最后一行，或者在页面的底部只显示段落的第 1 行。选中该复选框，可以避免在文档中出现孤行。在文档排版中，这一功能非常有用。

- 与下段同页：上下两段保持在同一页中。如果希望表注和表格、图片和图注在同一页，选中该复选框，可以实现这一效果。
- 段中不分页：一个段落的内容保持在同一页中，不会被分开显示在两页中。
- 段前分页：从当前段落开始自动显示在下一页，相当于在当前段落的前面插入了一个分页符。

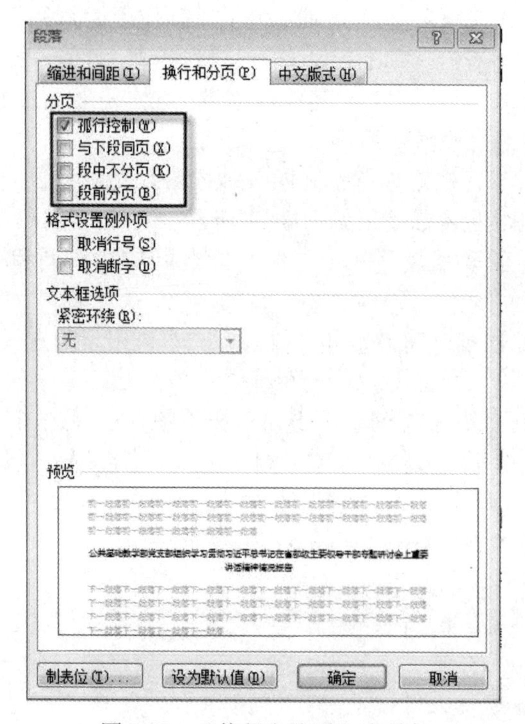

图 3-13 “换行和分页”选项卡

3.1.3 设置边框和底纹

微课视频

为了增加文本的生动性和美观性，用户在进行文本编辑时，可以为文本添加边框和底纹。

1. 设置文本边框和底纹

选定文本，单击“开始”选项卡“字体”组中的“边框”按钮A和“底纹”按钮A，为选定的文本添加边框和底纹。

2. 设置段落边框和底纹

选定需要设置边框的段落，单击“开始”选项卡“段落”组中的“下框线”下拉按钮(此名称随选取的框线而变化)，在打开的下拉列表中选择需要添加的边框即可。

选择“下框线”下拉列表中的“边框和底纹”选项，弹出“边框和底纹”对话框。利用该对话框中的“边框”、“底纹”和“页面边框”3 个选项卡，可以为选定的段落添加边框、底纹或为整个页面添加边框，添加的效果在“预览”选区中显示以供用户浏览。

【例 3-1】将如图 3-14 所示的文本添加页面边框、段落边框和底纹，设置效果如图 3-15 所示，操作步骤如下。

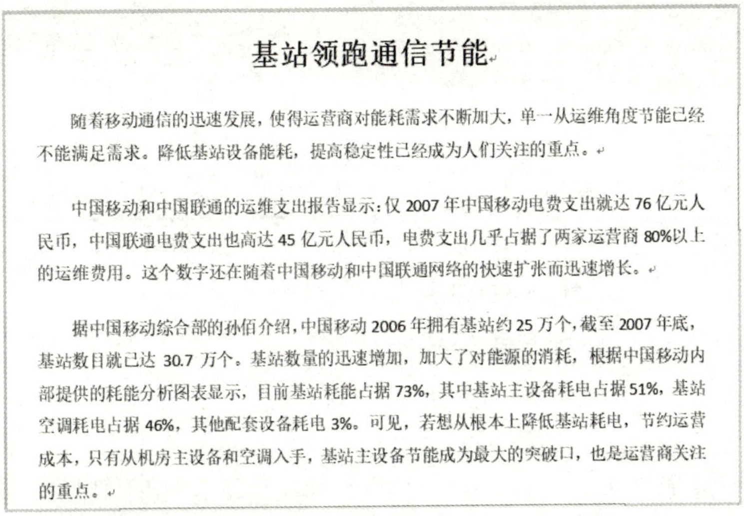

基站领跑通信节能

随着移动通信的迅速发展，使得运营商对能耗需求不断加大，单一从运维角度节能已经不能满足需求。降低基站设备能耗，提高稳定性已经成为人们关注的重点。

中国移动和中国联通的运维支出报告显示：仅 2007 年中国移动电费支出就达 76 亿元人民币，中国联通电费支出也高达 45 亿元人民币，电费支出几乎占据了两家运营商 80%以上的运维费用。这个数字还在随着中国移动和中国联通网络的快速扩张而迅速增长。

据中国移动综合部的孙佰介绍，中国移动 2006 年拥有基站约 25 万个，截至 2007 年底，基站数目就已达 30.7 万个。基站数量的迅速增加，加大了对能源的消耗，根据中国移动内部提供的耗能分析图表显示，目前基站耗能占据 73%，其中基站主设备耗电占据 51%，基站空调耗电占据 46%，其他配套设备耗电 3%。可见，若想从根本上降低基站耗电，节约运营成本，只有从机房主设备和空调入手，基站主设备节能成为最大的突破口，也是运营商关注的重点。

图 3-14　设置前的文本效果

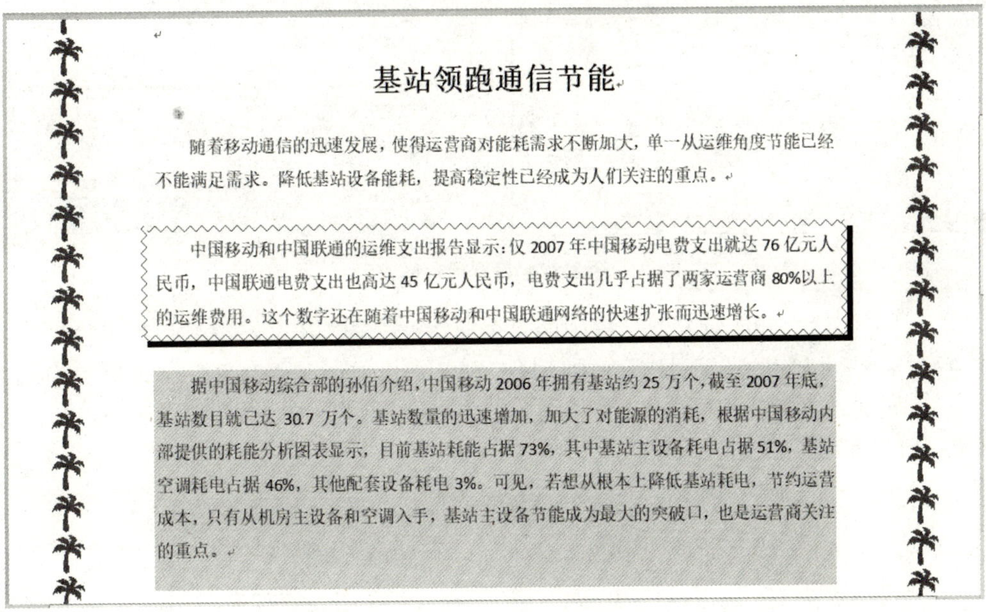

基站领跑通信节能

随着移动通信的迅速发展，使得运营商对能耗需求不断加大，单一从运维角度节能已经不能满足需求。降低基站设备能耗，提高稳定性已经成为人们关注的重点。

中国移动和中国联通的运维支出报告显示：仅 2007 年中国移动电费支出就达 76 亿元人民币，中国联通电费支出也高达 45 亿元人民币，电费支出几乎占据了两家运营商 80%以上的运维费用。这个数字还在随着中国移动和中国联通网络的快速扩张而迅速增长。

据中国移动综合部的孙佰介绍，中国移动 2006 年拥有基站约 25 万个，截至 2007 年底，基站数目就已达 30.7 万个。基站数量的迅速增加，加大了对能源的消耗，根据中国移动内部提供的耗能分析图表显示，目前基站耗能占据 73%，其中基站主设备耗电占据 51%，基站空调耗电占据 46%，其他配套设备耗电 3%。可见，若想从根本上降低基站耗电，节约运营成本，只有从机房主设备和空调入手，基站主设备节能成为最大的突破口，也是运营商关注的重点。

图 3-15　设置后的文本效果

（1）打开“基站领跑通信节能”文档，选定第 2 段文本，单击“开始”选项卡“段落”组中的“下框线”下拉按钮，在下拉列表中选择“边框和底纹”选项，弹出“边框和底纹”对话框。

（2）在“边框”选项卡“设置”选区中选择“阴影”，在“样式”列表框中选择“〰〰”；在“颜色”下拉列表中选择“蓝色”；在“宽度”下拉列表选择“1.5 磅”；在“应用于”下拉列表中选择“段落”，单击“确定”按钮，效果如图 3-16 所示。

（3）选定第 3 段文本，打开“边框和底纹”对话框中的“底纹”选项卡，在“填充”下拉列表中选择“黄色”，在“图案”选区“样式”下拉列表框中选择“浅色上斜线”；在“颜色”下拉列表中选择“白色，背景 1，深色 25%”；在“应用于”下拉列表中选择“段落”，单击“确定”按钮，效果如图 3-17 所示。

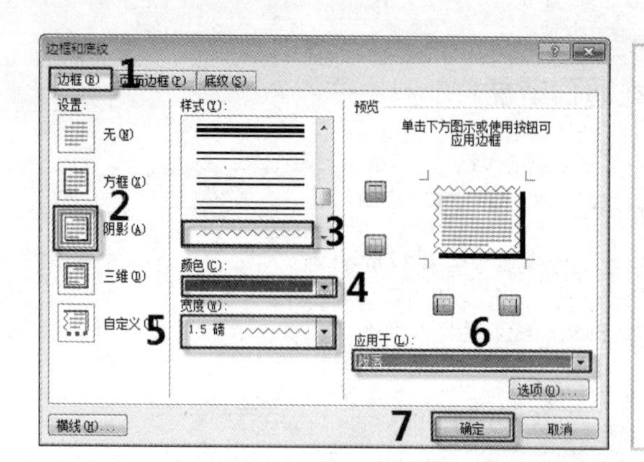

图 3-16　设置段落边框

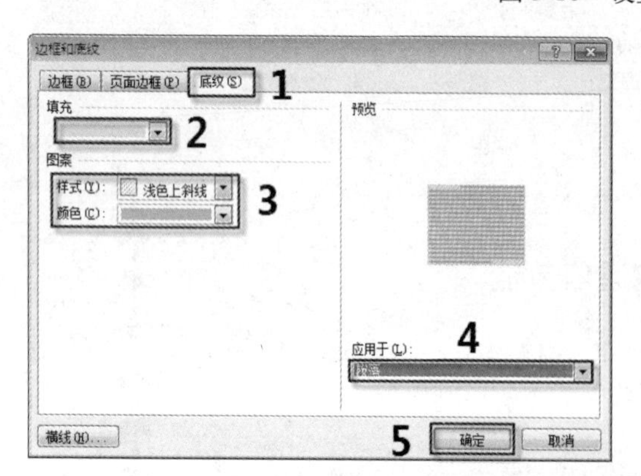

图 3-17　设置段落底纹

（4）打开“边框和底纹”对话框中的“页面边框”选项卡，在“颜色”下拉列表中选择“红色”；在“艺术型”下拉列表中选择一种艺术样式；在“宽度”文本框中输入“24 磅”，分别单击“预览”选区中的▭按钮、▭按钮，取消上框线、下框线，如图 3-18 所示，再单击“确定”按钮，最终效果如图 3-15 所示。

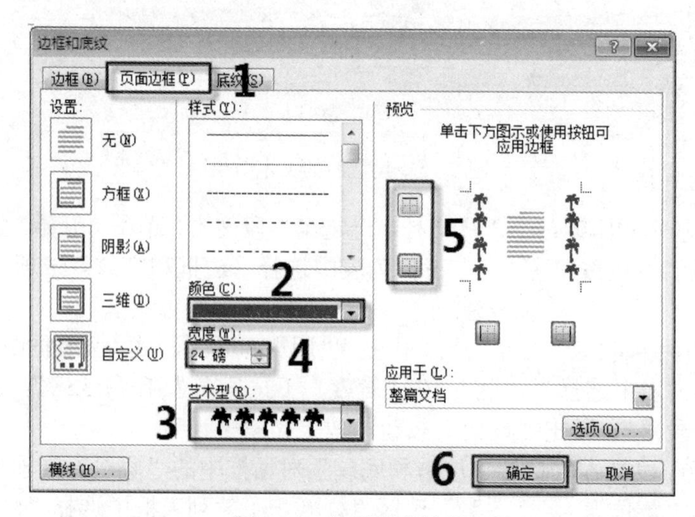

图 3-18　设置段落边框

当用户添加段落边框时，默认是对所选定对象的 4 个边缘添加了边框。如果只对某些边缘添加边框，而其他边缘不设置边框，则可以通过单击如图 3-18 所示“预览”选区中的边框按钮取消已经添加的边框，或者单击其中的 4 个按钮对指定边缘应用边框。

删除所添加的段落边框，只需要选定已添加边框的段落，在如图 3-16 所示“边框和底纹”对话框的“设置”选区中选择“无”，单击“确定”按钮即可。

如果要取消段落底纹，则选定已添加底纹的段落，在如图 3-17 所示的“边框和底纹”对话框中，选择“填充”下拉列表中的“无颜色”选项和“样式”下拉列表框中的“清除”选项即可。

3.1.4　分栏和首字下沉

微课视频

1. 分栏

Word 2010 空白文档默认的分栏是一栏，为了增加文档版面的生动性，通常将文档的一栏变成多栏，操作步骤如下。

（1）选定要设置分栏的文本（如果是文档的最后一段，则不能选定段落标记，否则选定段落标记）。

（2）打开“页面布局”选项卡，单击“页面设置”组中的“分栏”下拉按钮，打开如图 3-19 所示的下拉列表，选择分栏的选项即可。

（3）选择“更多分栏”选项，弹出如图 3-20 所示的“分栏”对话框，在该对话框中可以对分栏进行更多设置。

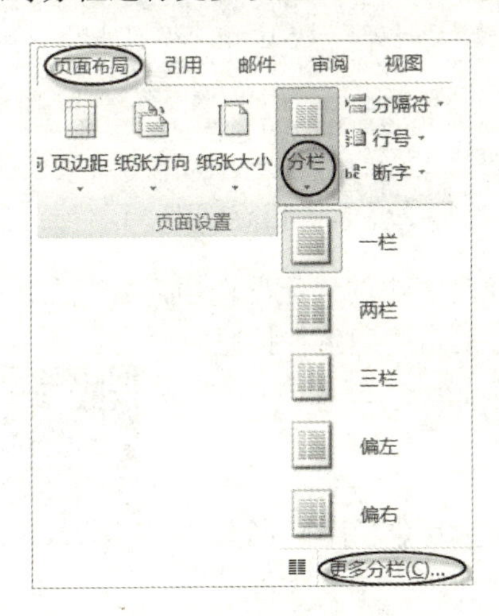

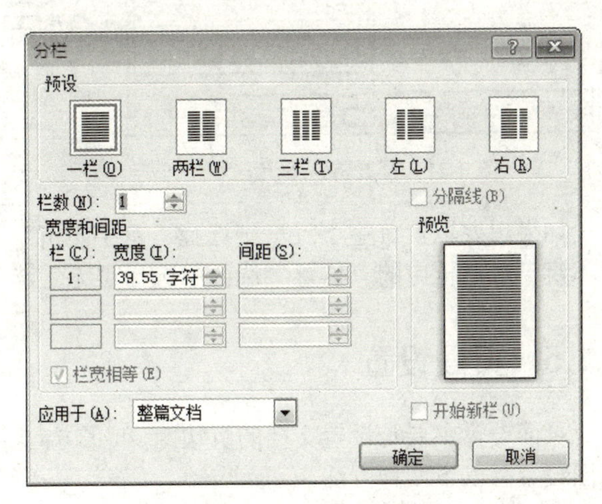

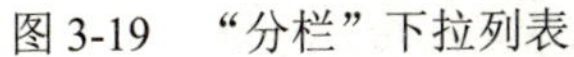

图 3-19　“分栏”下拉列表

图 3-20　“分栏”对话框

（4）在“预设”选区中选择需要的栏数，或者在“栏数”文本框中直接输入所需要的数值，但不能超过 11 栏，因为 Word 2010 最多可以分为 11 栏。

（5）选定栏数后，在“宽度和间距”选区中自动显示每栏的宽度值和间距值，也可以重新修改每栏的宽度值和间距值，如果勾选“栏宽相等”复选框，则所有的栏宽都相同。

（6）勾选“分隔线”复选框，可以用竖线将栏和栏之间进行分隔，竖线与页面或节中最长的栏等长。

（7）在“应用于”下拉列表中选择分栏的应用范围，单击“确定”按钮。

如果取消分栏，则先选定已分栏的文本，然后选择“页面布局”选项卡“页面设置”组“分栏”下拉列表中的“一栏”选项；或者在“分栏”对话框中的“预设”选区中选择“一栏”，单击“确定”按钮。

2. 首字下沉

首字下沉是将某段落的第 1 个字放大，起到强调作用，引起人们的注意。

【例 3-2】在“基站领跑通信节能”文档中，将第 3 段设置为首字下沉，字体设置为宋体，下沉 3 行，距正文 0.3 厘米，操作步骤如下。

（1）打开“基站领跑通信节能”文档，将光标定位在第 3 段中任意位置，或者选定该段的首字。

（2）打开“插入”选项卡，单击“文本”组中的“首字下沉”下拉按钮，在下拉列表中选择“首字下沉选项”，弹出“首字下沉”对话框。

（3）在“位置”选区中单击“下沉”按钮；在“选项”选区中设置首字下沉的字体、下沉行数、距正文距离，如图 3-21 所示，单击“确定”按钮，效果如图 3-22 所示。

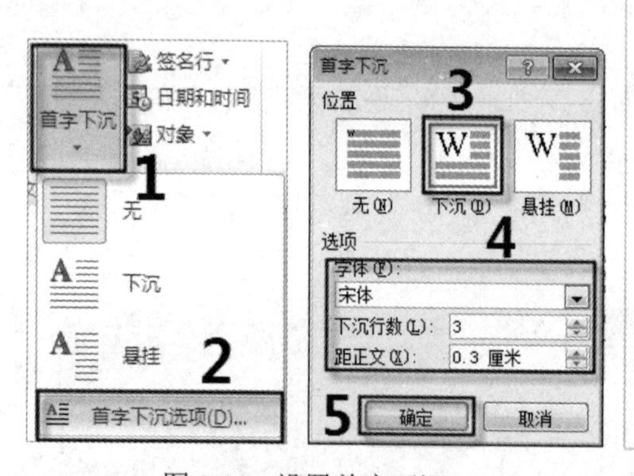

图 3-21　设置首字下沉

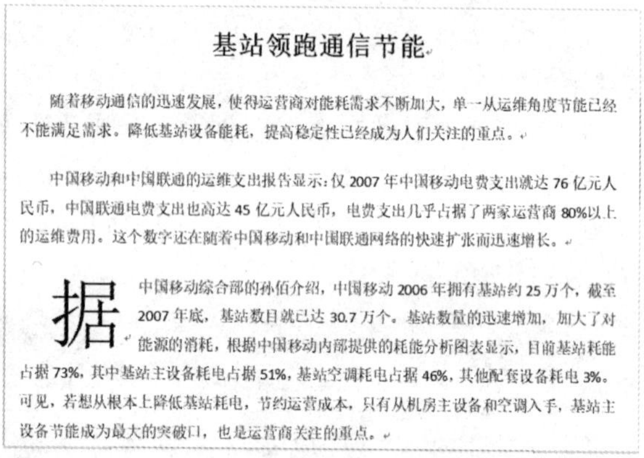

基站领跑通信节能

随着移动通信的迅速发展，使得运营商对能耗需求不断加大，单一从运维角度节能已经不能满足需求。降低基站设备能耗，提高稳定性已经成为人们关注的重点。

中国移动和中国联通的运维支出报告显示：仅 2007 年中国移动电费支出就达 76 亿元人民币，中国联通电费支出也高达 45 亿元人民币，电费支出几乎占据了两家运营商 80%以上的运维费用。这个数字还在随着中国移动和中国联通网络的快速扩张而迅速增长。

据中国移动综合部的孙佰介绍，中国移动 2006 年拥有基站约 25 万个，截至 2007 年底，基站数目就已达 30.7 万个。基站数量的迅速增加，加大了对能源的消耗，根据中国移动内部提供的耗能分析图表显示，目前基站耗能占据 73%，其中基站主设备耗电占据 51%，基站空调耗电占据 46%，其他配套设备耗电 3%。可见，若想从根本上降低基站耗电，节约运营成本，只有从机房主设备和空调入手，基站主设备节能成为最大的突破口，也是运营商关注的重点。

图 3-22　首字下沉效果图

如果想要取消首字下沉，则选择“首字下沉”下拉列表中的“无”选项，或者在“首字下沉”对话框中的“位置”选区中选择“无”选项，单击“确定”按钮。

3.1.5　页面设置

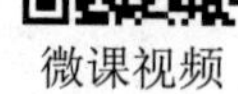

微课视频

页面设置主要是设置文档的页边距、纸张方向、纸张大小、文字排列等。页面设置有以下两种方法。

（1）利用功能区进行页面设置。

打开“页面布局”选项卡，在“页面设置”组中，可以利用“页边距”“纸张方向”“纸张大小”等下拉按钮进行页面设置，如图 3-23 示。

（2）利用对话框进行页面设置。

在图 3-23 中，单击“页面设置”右下角的对话框启动按钮，弹出“页面设置”对话框，如图 3-24 所示，可以利用“页边距”“纸张”“版式”“文档网格”4 个选项卡进行页面设置。

- “页边距”选项卡：页边距是指页面四周的空白区域。在“页边距”选项卡中可以设置上、下、左、右页边距，装订线的位置，打印的方向。图 3-24 所示为系统给出的默认值，用户可以通过数值调节按钮更改默认值，或者在相应的文本框中直接输入数值，在“预览”选区中浏览设置的页面效果。

- “纸张”选项卡：在“纸张大小”下拉列表框中，可以选择纸张的型号，如 A4、B5、16 开等。也可以自定义纸张的大小，在“宽度”文本框和“高度”文本框中输入自定义纸张的宽度值和高度值。
- “版式”选项卡：主要设置页眉和页脚的显示方式、距边界的位置、页面垂直对齐方式、行号、边框等。
- “文档网格”选项卡：设置文档中的文字排列方向、有无网格、网格的方式、每行的字符数、每页的行数等。

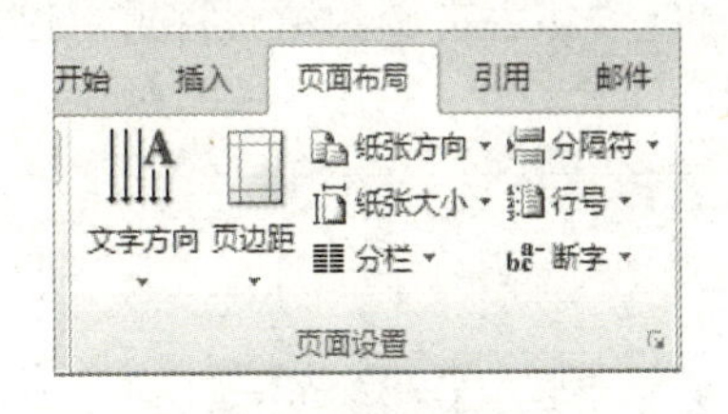

图 3-23　“页面设置”组

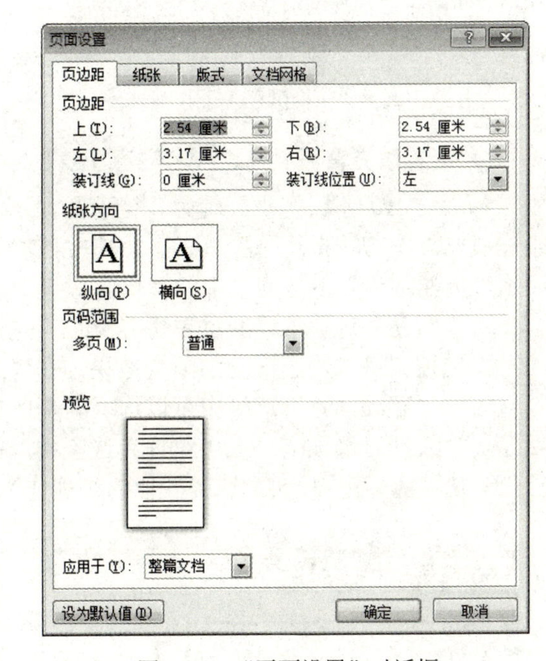

图 3-24　“页面设置”对话框

3.1.6　设置文档背景

微课视频

Word 2010 文档默认的背景是白色，用户可通过 Word 2010 提供的背景设置功能，重新设置背景颜色。

1. 设置纯色背景

1）使用已有颜色

Word 2010 提供了多种颜色作为背景色。在“页面布局”选项卡“页面背景”组中，单击“页面颜色”下拉按钮，打开如图 3-25 所示的下拉列表，选择“主题颜色”中的任意一种颜色，即可作为文档背景。

2）自定义颜色

如果“页面颜色”下拉列表中的色块不能满足用户的需求，则可以选择列表中的“其他颜色”选项，如图 3-25 所示，弹出“颜色”对话框，选择“自定义”选项卡，在“颜色”选区可以自定义背景颜色，如图 3-26 所示。

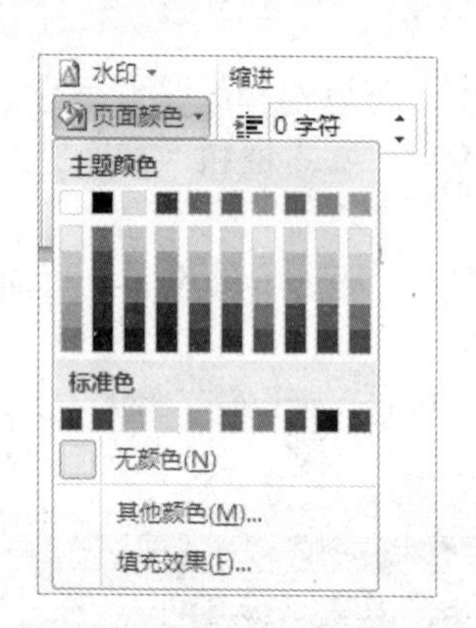

图 3-25 “页面颜色”下拉列表

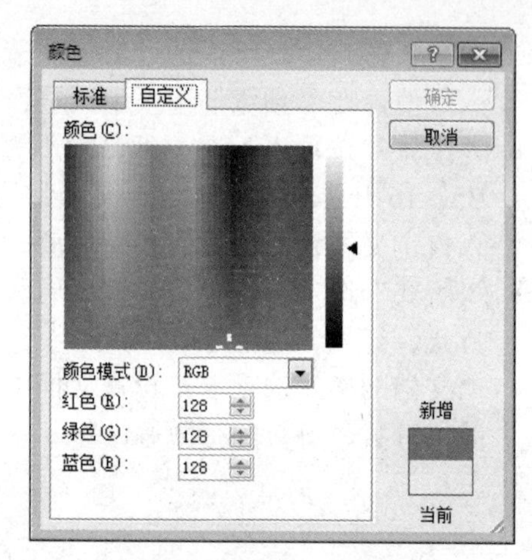

图 3-26 “颜色”对话框

2. 设置填充背景

Word 2010 不仅提供了纯色作为背景，还提供了多种填充色作为背景，如渐变填充、纹理填充、图案填充及图片填充等，使文档背景丰富多变，更具有吸引力。选择如图 3-25 所示“页面颜色”下拉列表中的“填充效果”选项，弹出“填充效果”对话框。

- “渐变”选项卡：通过单击“颜色”选区中的“单色”、“双色”和“预设”3 个单选按钮可以创建不同的渐变效果，在“透明度”选区中可以设置渐变的透明效果，在“底纹样式”选区中可以选择渐变的方式，如图 3-27 所示。
- “纹理”选项卡：在“纹理”选区中选择一种纹理作为文档的填充背景，也可以单击[其他纹理(O)...]按钮，选择其他的纹理作为文档的填充背景，如图 3-28 所示。

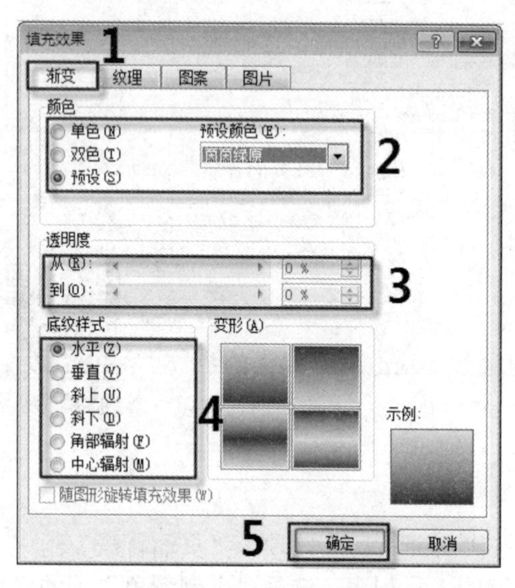

图 3-27 “渐变”选项卡

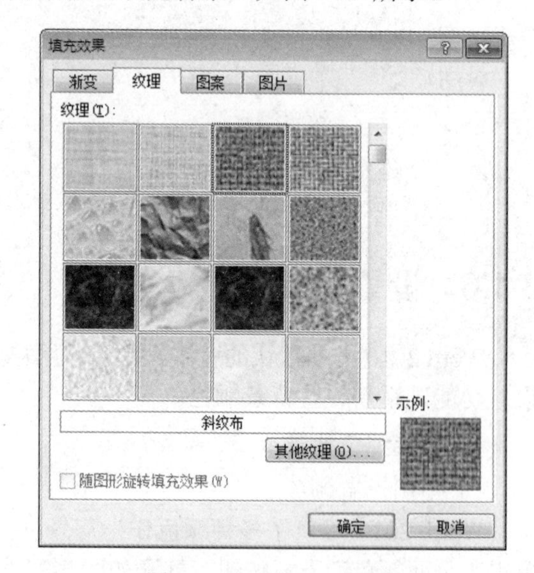

图 3-28 “纹理”选项卡

- “图案”选项卡：在“图案”选区中选择一种背景图案，在“前景”下拉列表和“背景”下拉列表中设置所选图案的前景色和背景色，如图 3-29 所示。
- “图片”选项卡：单击[选择图片(L)...]按钮，在弹出的“选择图片”对话框中选择作为背景的图片，单击“插入”按钮返回“填充效果”对话框，单击“确定”按钮即可，如图 3-30 所示。

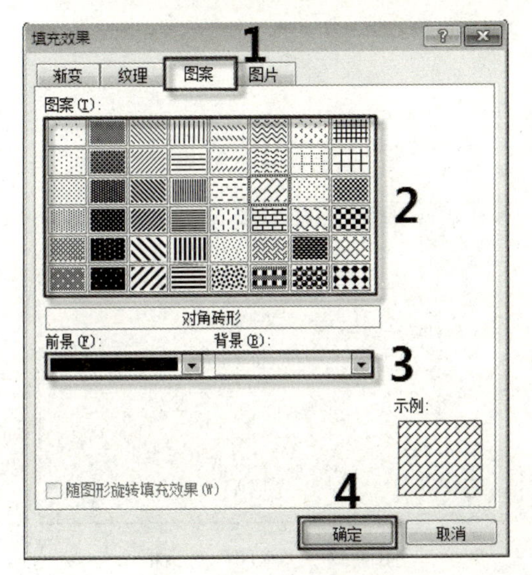

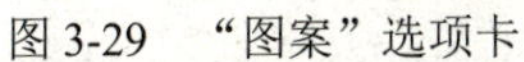
图 3-29 “图案”选项卡

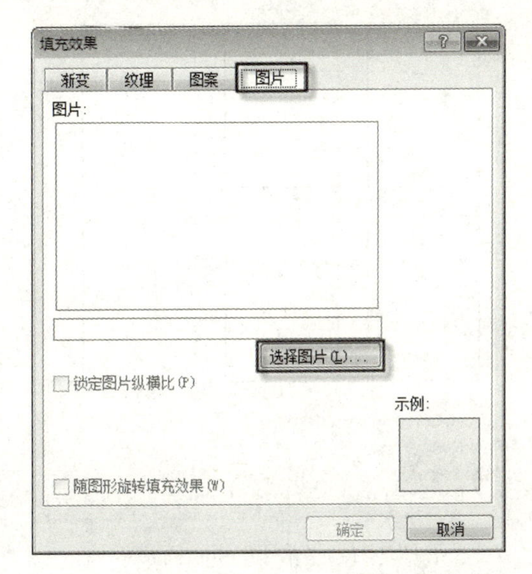

图 3-30 “图片”选项卡

如果想要删除文档的填充背景，则在“页面布局”选项卡“页面背景”组中，选择“页面颜色”下拉列表中的“无颜色”选项即可。

3. 设置水印背景

水印是指位于文档背景中一种透明的花纹，这种花纹可以是文字，也可以是图片，主要是用来标识文档的状态或美化文档。水印作为文档的背景，在页面中是以灰色显示的，用户可以在页面视图、阅读视图或在打印的文档中看到水印效果。

1）系统内置水印

Word 2010 系统预设了多种水印样式，用户可以根据文档的特点，设置不同的水印效果。单击“页面布局”选项卡“页面背景”组中的“水印”下拉按钮 水印▾，打开如图 3-31 所示的下拉列表，在此下拉列表中系统提供了“机密”“紧急”“免费声明”3 大类型共 24 种水印样式，从中选择所需要的样式即可。

2）自定义水印

用户除使用 Word 2010 系统预设的水印样式外，还可以自定义水印样式。选择如图 3-31 所示的“水印”下拉列表中的“自定义水印”选项，弹出如图 3-32 所示的“水印”对话框。在此对话框中可以设置无水印、图片水印和文字水印 3 种水印效果。

- 无水印：选中“无水印”单选按钮，删除文档中的水印效果。
- 图片水印：选中“图片水印”单选按钮，单击“选择图片”按钮，在弹出的“插入图片”对话框中选择作为水印的图片，单击“插入”按钮，返回“水印”对话框，在“缩放”下拉列表中设置图片的缩放比例，勾选“冲蚀”复选框，保持图片水印的不透明度，单击“确定”按钮。
- 文字水印：选中“文字水印”单选按钮，单击选项组各下拉按钮，设置水印的语言、文字、字体、字号、颜色及版式。例如，将“语言（国家/地区）”设置为“中文（中国）”，“文字”设置为“大学计算机”，“字体”设置为“隶书”，“颜色”设置为“红色”，“版式”设置为“斜式”，单击“确定”按钮，文字水印效果图如图 3-33 所示。

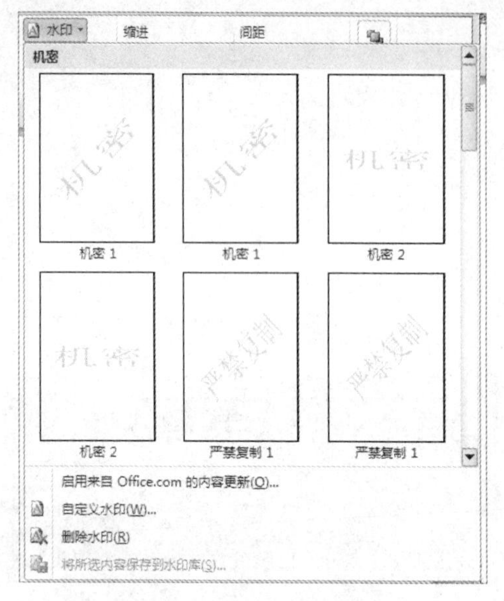

图 3-31 “水印”下拉列表

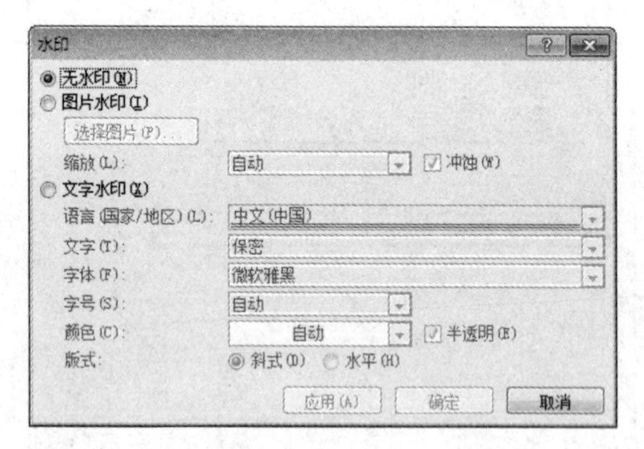

图 3-32 “水印”对话框

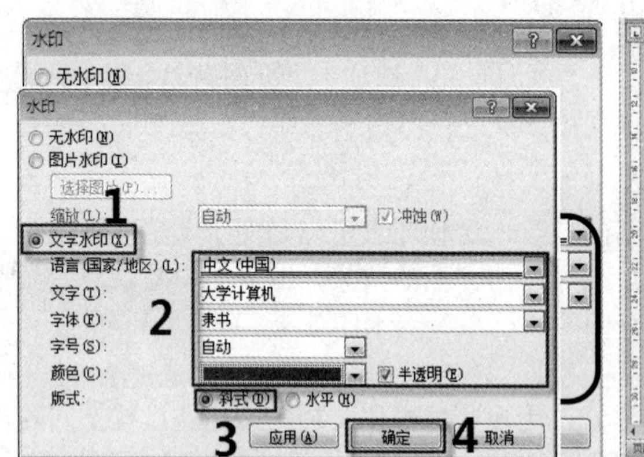

图 3-33 文字水印效果图

3.1.7 实例练习

打开“互联网+教育”文档，按下列要求排版。

（1）将左右页边距设置为“2 厘米”，“装订线”设置为“1 厘米”，对称页边距，“纸张大小”设置为“16 开（18.4 厘米×26 厘米）”。

（2）将文档中第 1 行“互联网+教育”设置为“标题”样式，“对齐方式”设置为“居中”。

（3）设置文字水印页面背景，文字为“互联网+教育”，水印版式为斜式。

（4）将正文部分的内容设置为“小四”号字，每个段落设置为“1.2”倍行距，首行缩进“2 字符”。

（5）将正文第 1 段落的首字“在”设置下沉“2”行。

操作步骤如下。

（1）打开“页面布局”选项卡，单击“页面设置”组右下角的对话框启动按钮，弹出“页面设置”对话框。

（2）打开“页边距”选项卡，将左右页边距均设置为“2 厘米”，“装订线”设置为“1 厘米”，在“多页”下拉列表框中选择“对称页边距”，如图 3-34 所示。

（3）打开“纸张”选项卡，在“纸张大小”下拉列表框中选择“16 开（18.4 厘米×26 厘米）”。

（4）打开“文档网格”选项卡，选中“网格”选区中的“指定行和字符网格”单选按钮，在“字符数”选区“每行”文本框中输入“35”；在“行数”选区“每页”文本框中输入“40”，单击“确定”按钮，如图 3-35 所示。

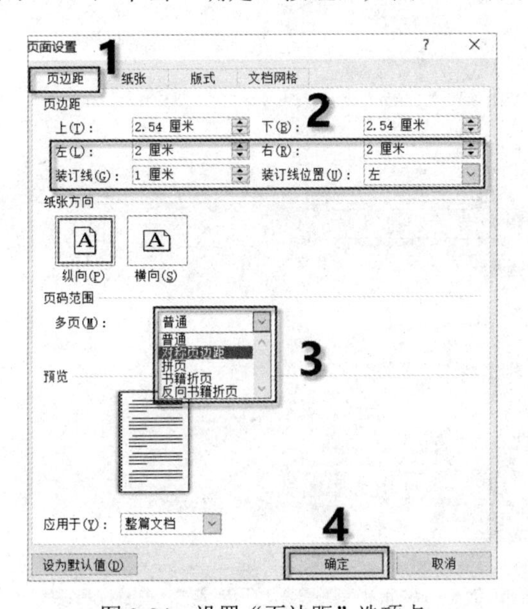

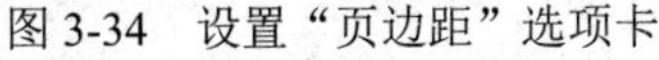
图 3-34　设置“页边距”选项卡

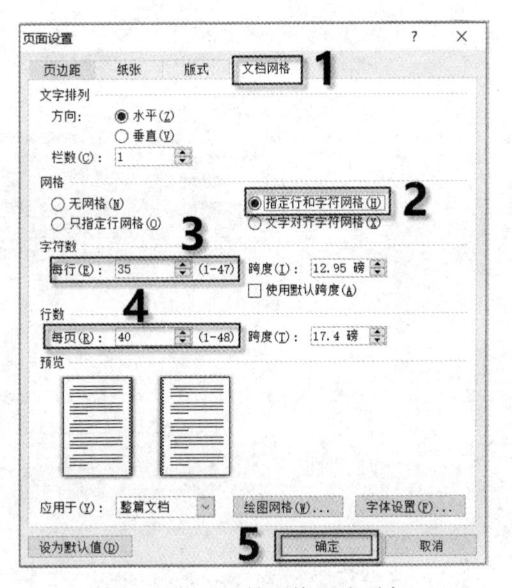

图 3-35　“文档网格”选项卡

（5）选定第 1 行“互联网+教育”文字，打开“开始”选项卡，选择“样式”组中的“标题”选项；在“段落”组中，单击“居中”按钮☰。

（6）打开“页面布局”选项卡，单击“页面背景”组中的“水印”下拉按钮，选择“自定义水印”选项。在弹出的“水印”对话框中，选中“文字水印”单选按钮，在“文字”文本框中输入“互联网+教育”，选中“斜式”单选按钮，单击“确定”按钮，如图 3-36 所示。

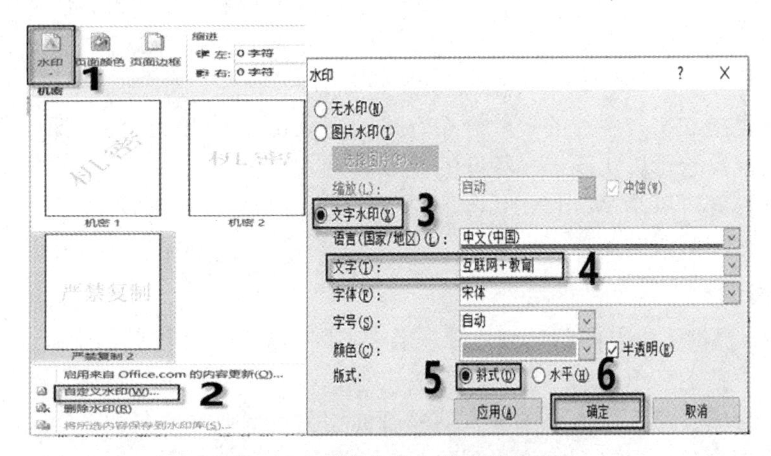

图 3-36　设置文字水印页面背景

（7）选定正文，将“字体”设置为“小四”号，单击“段落”组右下角的对话框启动按钮，弹出“段落”对话框，单击“特殊格式”下拉按钮，在下拉列表中选择“首行缩进”，将“磅值”设置为“2 字符”；单击“行距”下拉按钮，在下拉列表中选择“多倍行距”，将“设置值”设置为“1.2”，单击“确定”按钮，如图 3-37 所示。

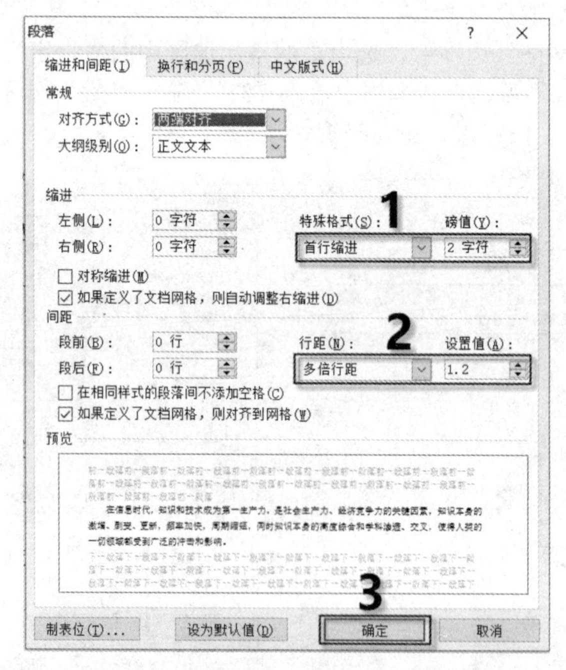

图 3-37　设置“首行缩进”和“行距”

（8）将光标定位在正文第 1 段落，打开“插入”选项卡，单击“文本”组中的“首字下沉”下拉按钮，在下拉列表中选择“首字下沉选项”选项，弹出“首字下沉”对话框，在“位置”选区中选择“下沉”选项，在“下沉行数”文本框中输入“2”，单击“确定”按钮。

3.2　文档的图文混排

3.2.1　插入图片

微课视频

图文混排是指文字与图片的一种分布方式，是 Word 2010 所具有的一种重要的排版功能，它可以实现一种特殊的排版效果。

插入的图片既可以是 Word 2010 自带的图片（如剪贴画），也可以是来自文件中的图片，或者使用屏幕截图截取的图片。

1．插入剪贴画

Word 2010 提供了丰富的剪贴画，适合用于不同的文档。要插入剪贴画，打开“插入”选项卡，单击“插图”组中的“剪贴画”按钮，打开“剪贴画”窗格，如图 3-38 所示。在此窗格的“搜索文字”文本框中输入剪贴画的相关主题或文件名称，如人物；在“结果类型”下拉列表框中可以将搜索结果限制为特定的媒体文件类型，如插图、视频等，单击

“搜索”按钮，在列表框中将显示出主题所包含该关键字的所有剪贴画；搜索结束后，选择“剪贴画”窗格中所需要的剪贴画即可插入到文档中。

2．插入图片

插入图片主要是插入.jpg、.bmp、.emf 和.wmg 等多种格式的图片文件。打开“插入”选项卡，单击“插图”组中的“图片”按钮，弹出“插入图片”对话框，选择所需要的图片，单击“插入”按钮，将图片插入到文档中。

3．插入屏幕截图

利用 Word 2010 屏幕截图功能，用户可以将需要的内容截取为图片并插入到文档中。将光标定位在插入图片的位置，打开“插入”选项卡，单击“插图”组中的“屏幕截图”下拉按钮，打开如图 3-39 所示的下拉列表。

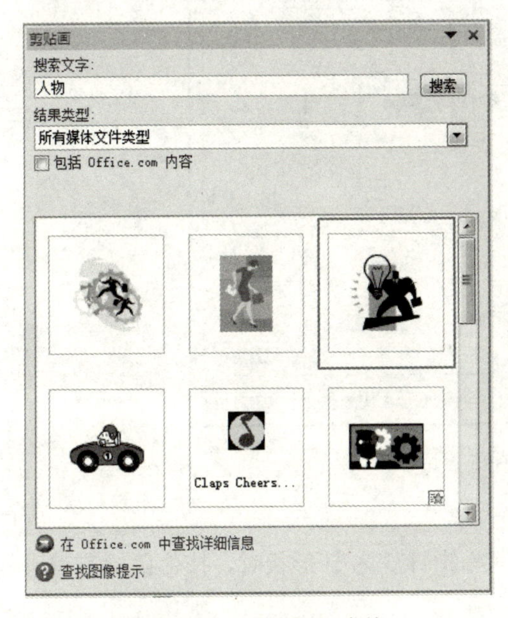

图 3-38　“剪贴画”窗格

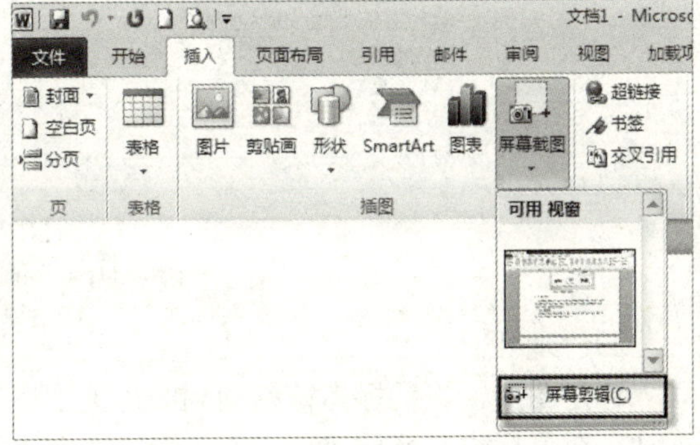

图 3-39　“屏幕截图”下拉列表

- 截取整个窗口：在“可用视窗”下拉列表中显示当前正在运行的应用程序屏幕缩略图，单击某一缩略图即可将其作为图片插入到文档中。
- 截取部分窗口：选择下拉列表中的“屏幕剪辑”选项，然后在屏幕上拖动鼠标可截取屏幕的部分区域作为图片插入到文档中。

4．编辑图片

插入图片后并选定图片，功能区会出现“图片工具—格式”选项卡，用户可以对图片进行大小、移动、裁剪、对比度、亮度等调整，如图 3-40 所示。

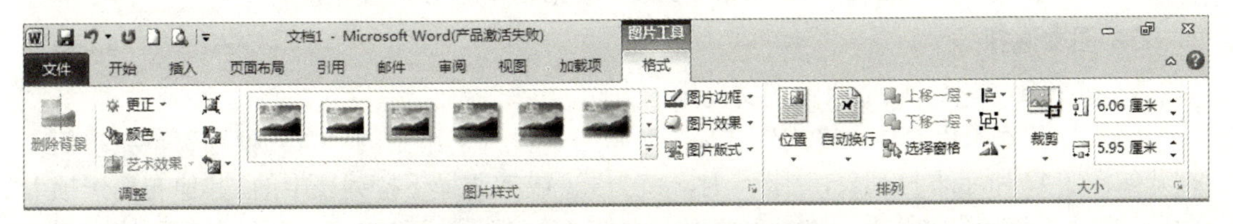

图 3-40　“图片工具—格式”选项卡

1）大小调整

（1）粗略调整。选定图片，在图片的四周出现 8 个控制点，将鼠标指针指向任意一个控制点，当鼠标指针变为⤢、⤡、⟺或⇕形状时，按住鼠标左键进行拖动，可以粗略地调整图片的大小。

（2）精确调整。选定图片，打开“图片工具—格式”选项卡，单击“大小”组右下角的 对话框启动按钮，弹出“布局”对话框，如图 3-41 所示。在“大小”选项卡中，可以对图片大小进行高度、宽度等精确调整。

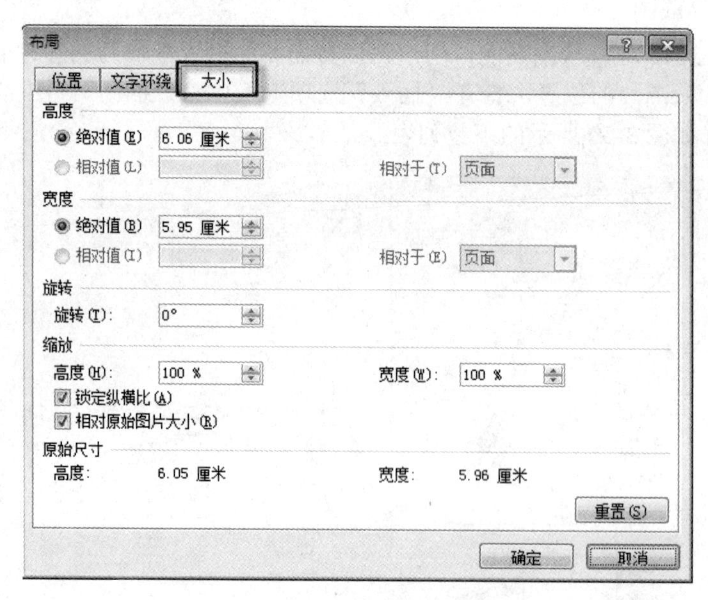

图 3-41 “布局”对话框

2）移动图片

选定图片，将鼠标指针移动到图片上，当鼠标指针变为✥形状时，按住鼠标左键进行拖动，在目标位置释放即可。

3）裁剪图片

利用裁剪功能，可以在不改变图片形状的前提下，裁剪图片的部分内容。其方法：选定图片，打开“图片工具—格式”选项卡，单击“大小”组中的“裁剪”按钮，然后将鼠标指针移动到图片的任意一个控制点上，按住鼠标左键向图片内拖动，在适当的位置释放即可。

4）设置图片的颜色、亮度和对比度

打开“图片工具—格式”选项卡，单击“调整”组的 颜色 和 更正 两个下拉按钮可以分别设置图片的颜色、亮度和对比度，或者右击图片，在弹出的快捷菜单中选择“设置图片格式”命令，在弹出的“设置图片格式”对话框中进行设置即可。

5．图文混排

Word 2010 提供了以下两种图文混排的方法。

（1）打开“图片工具—格式”选项卡，单击“排列”组中的“自动换行”下拉按钮，打开如图 3-42 所示下拉列表，选择一种环绕方式。或者选择下拉列表中的“其他布局选项”选项，弹出“布局”对话框，如图 3-43 所示，在“文字环绕”选项卡中可以设置环绕方式，实现图文混排。

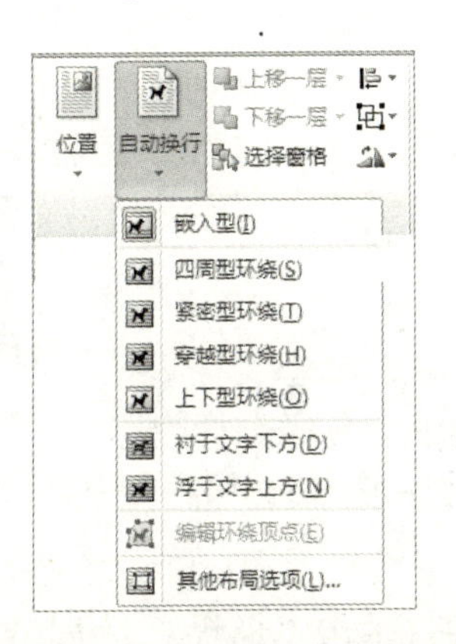

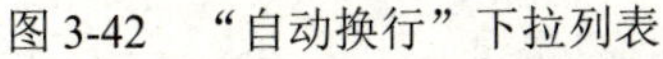

图3-42　“自动换行”下拉列表

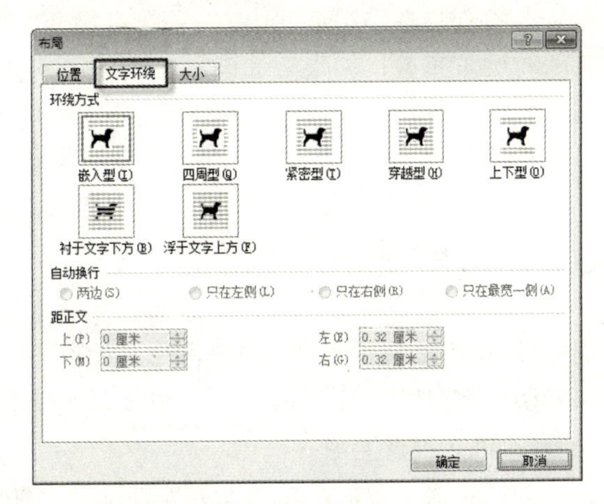

图3-43　“布局”对话框

（2）右击图片，在弹出的快捷菜单中选择“自动换行”命令或“大小和位置”命令，都可以实现图文混排。

6．设置图片在页面中的位置

当图片的文字环绕方式为非嵌入型时，用户可以设置图片在文档中的相对位置，实现图片在文档中的合理布局，操作步骤如下。

（1）选定图片，打开“图片工具—格式”选项卡。

（2）单击“排列”组的“位置”下拉按钮或“自动换行”下拉按钮，在打开的下拉列表中选择除“嵌入型”外的任意一种环绕方式。

（3）也可以选择“位置”下拉列表或“自动换行”下拉列表中的“其他布局选项”选项，如图3-44（a）所示，弹出“布局”对话框，如图3-44（b）所示。

（a）选择“其他布局选项”选项

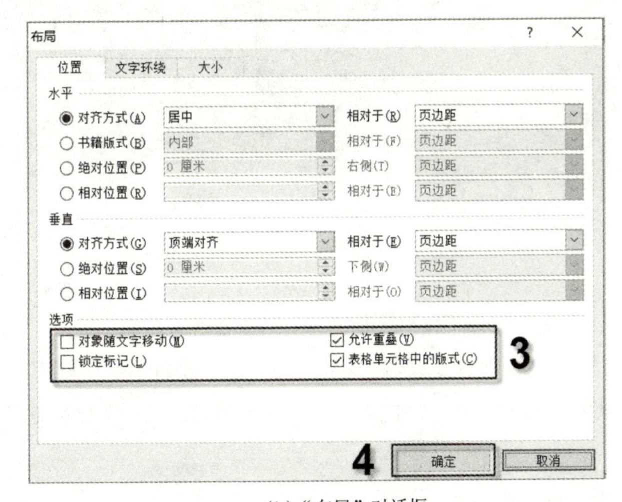

（b）“布局”对话框

图3-44　选择位置布局

（4）打开“位置”选项卡，根据需要设置“水平”选区、“垂直”选区、“选项”选区中的相关选项。其中“选项”选区中的各项含义说明如下。

- 对象随文字移动：如果勾选该复选框，图片会随段落的移动而移动，图片与段落始终保持在一个页面中。
- 允许重叠：如果勾选该复选框，允许图片对象相互覆盖。
- 锁定标记：如果勾选该复选框，将图片锁定在文档中的当前位置。
- 表格单元格中的版式：如果勾选该复选框，可以使用表格在文档中安排图片的位置。

3.2.2 插入图形

微课视频

Word 2010 提供了许多基本图形，如矩形、圆形、箭头、线条、标注等，这些图形称为自选图形。用户可以直接在文档中绘制这些图形，使文档的内容更加丰富生动。

1．插入自选图形

要绘制自选图形，在“插入”选项卡“插图”组中，单击“形状”下拉按钮，在下拉列表中选择要绘制的图形，将鼠标指针移动到文档的编辑区，当鼠标指针变为十形状时，拖动鼠标绘制所选图形，释放鼠标停止绘制。绘制自选图形效果如图 3-45 所示。

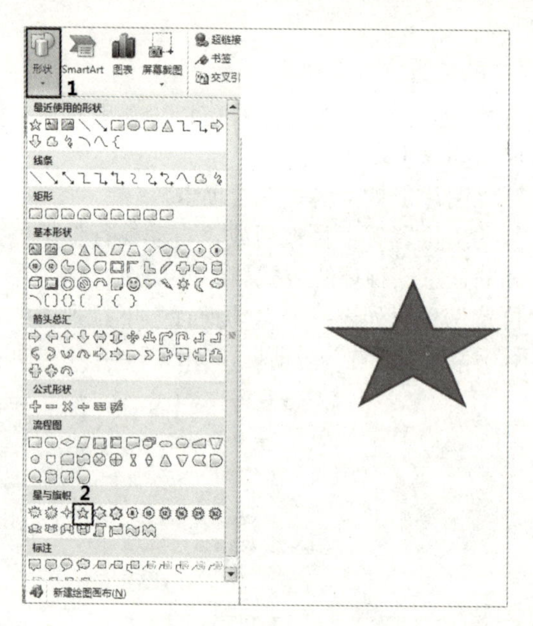

图 3-45　绘制自选图形

2．编辑自选图形

自选图形绘制结束后，系统自动打开“绘图工具—格式”选项卡，如图 3-46 所示，利用该选项卡可以对自选图形进行编辑，如改变自选图形的大小、对齐、组合和形状样式等。

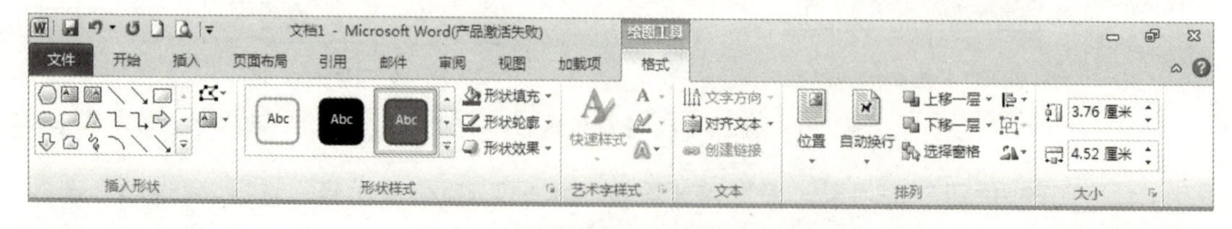

图 3-46　“绘图工具—格式”选项卡

【例 3-3】打开 Word 文档，绘制并编辑自选图形，操作步骤如下。

（1）启动 Word 2010 程序，在“插入”选项卡“插图”组中，单击“形状”下拉按钮，选择“矩形”中的“对角圆角矩形”选项。

（2）将鼠标指针移动到文档的编辑区，当鼠标指针变为十形状时，按住鼠标左键拖动绘制所选图形，如图 3-47 所示。

（3）选定对角圆角矩形，打开“绘图工具—格式”选项卡，单击“形状样式”组中的“形状填充”下拉按钮，选择下拉列表中的“红色，强调文字颜色 2，深色 25%”；在“大小”组中的“高度”文本框和“宽度”文本框中分别输入“10 厘米”和“15 厘米”，如图 3-48 所示。

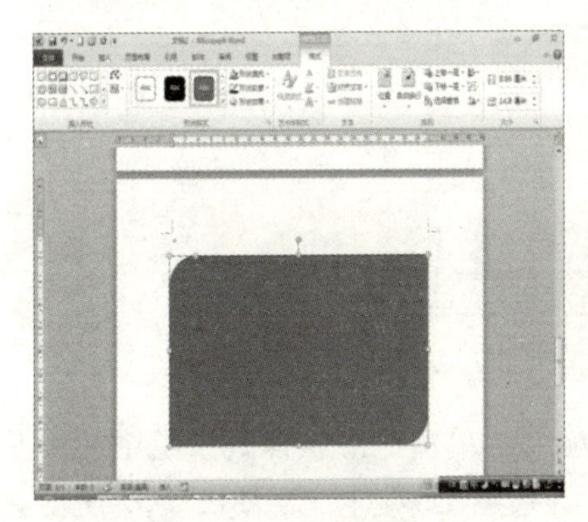

图 3-47　绘制对角圆角矩形

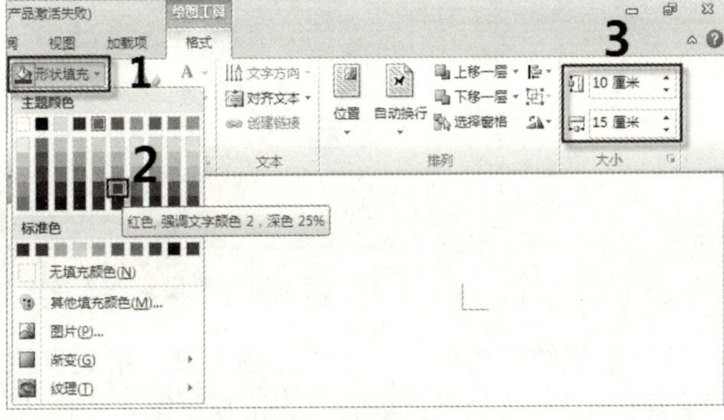

图 3-48　编辑对角圆角矩形

（4）打开“绘图工具—格式”选项卡，单击“插入形状”组中的“其他”下拉按钮，选择“基本形状”中的“椭圆”选项，将鼠标移动到对角圆角矩形中，拖动鼠标绘制椭圆。按照同样的方法，在对角圆角矩形中绘制一个圆角矩形，如图 3-49 所示。

（5）选定椭圆，打开“绘图工具—格式”选项卡，单击“形状样式”组中的“形状效果”下拉按钮，在下拉列表中选择“映像”子选项的“紧密映像，接触”样式，如图 3-50 所示。在椭圆上右击，在弹出的快捷菜单中选择“添加文字”命令，输入文本“Windows 概述”，将“字体”“字号”分别设置为“楷体”“小二”。

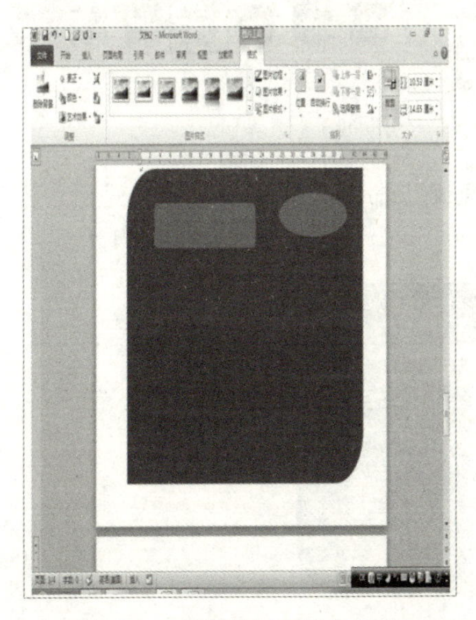

图 3-49　绘制椭圆和圆角矩形

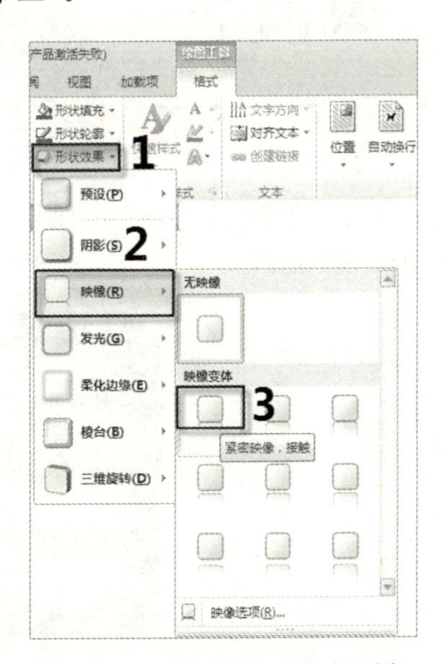

图 3-50　“形状效果”下拉列表

（6）在椭圆上右击，在弹出的快捷菜单中选择“设置形状格式”命令，弹出“设置形状格式”对话框，选择“文本框”选项，在“内部边距”选区中将上、下、左、右文本框中的数值都设置为“0 厘米”，单击“关闭”按钮，如图 3-51 所示。

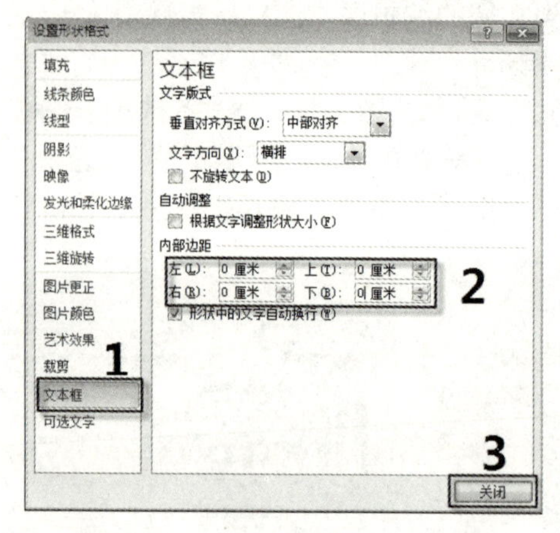

图 3-51　“设置形状格式”对话框

（7）选定圆角矩形，打开“绘图工具—格式”选项卡，单击“形状样式”组中的“其他”下拉按钮，选择下拉列表中的第 6 行第 4 列样式，为其填充形状样式，如图 3-52 所示。

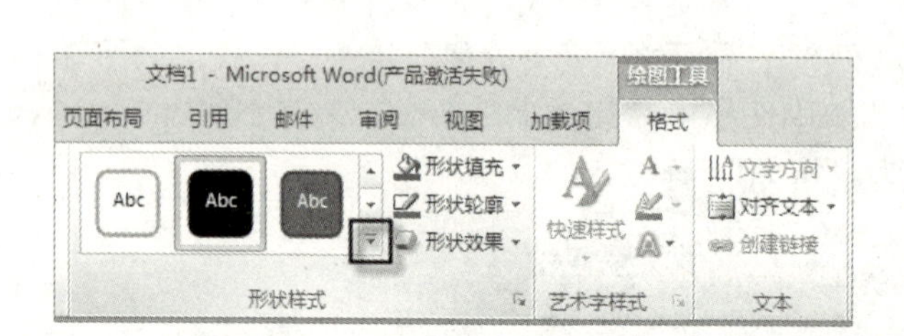

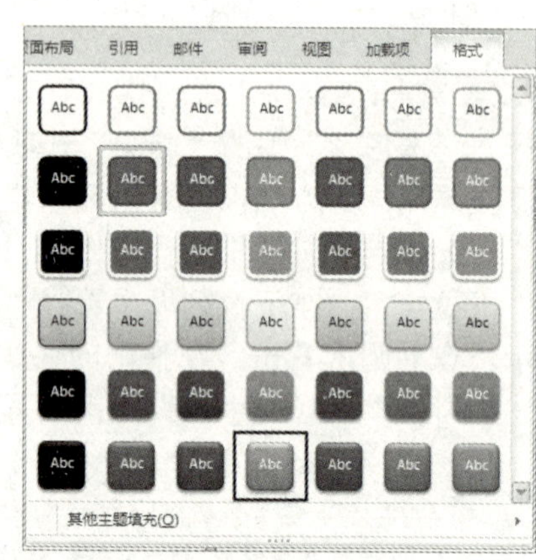

图 3-52　设置圆角矩形的形状样式

（8）选定圆角矩形，利用“复制”命令和“粘贴”命令，复制 3 个圆角矩形，然后分别在圆角矩形中输入文本，如图 3-53 所示。

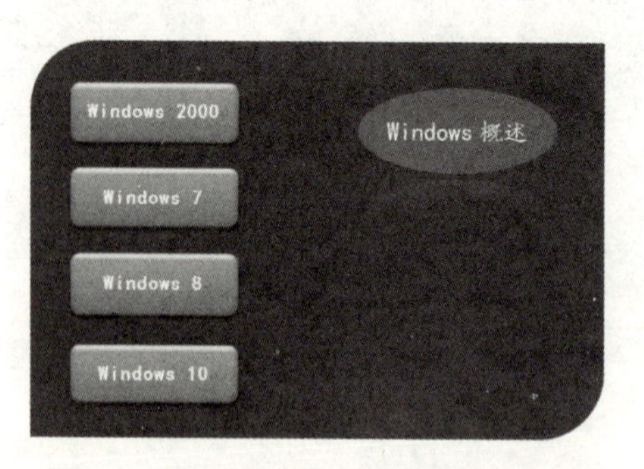

图 3-53　复制 3 个圆角矩形并输入文本

（9）按住“Ctrl”键，选定 4 个圆角矩形，打开“绘图工具—格式”选项卡，单击“排列”组中的“对齐”下拉按钮，选择“左对齐”选项；单击“组合”下拉按钮，选择“组合”选项，4 个圆角矩形进行组合。

3.2.3 插入 SmartArt 图形

微课视频

SmartArt 图形是信息的视觉表示形式，用户使用 SmartArt 图形能够更直观、更专业地表达自己的观点和信息，插入 SmartArt 图形的操作步骤如下。

（1）打开“插入”选项卡，单击“插图”组中的“SmartArt”按钮，弹出“选择 SmartArt 图形”对话框，如图 3-54 所示。在该对话框的左窗格列出了 SmartArt 图形的类别，如“列表”“流程”等；中间窗格显示了每个 SmartArt 图形的外观效果；右窗格显示了 SmartArt 图形使用的说明信息。

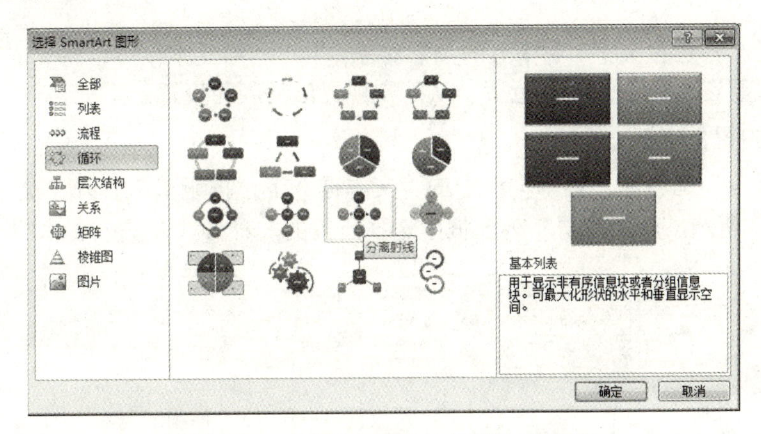

图 3-54 “选择 SmartArt 图形”对话框

（2）在左窗格中选择合适的类别，如“循环”，然后在中间窗格选择需要的 SmartArt 图形，如“分离射线”，右窗格将显示其预览效果，单击“确定”按钮。

（3）在文档中出现 SmartArt 图形占位符文本（如[文本]）的框架，如图 3-55 所示，在图形的[文本]编辑区中输入所需信息，或者单击“文本”窗格控件按钮，打开“文本”窗格，在“文本”窗格中输入所需信息。在“文本”窗格中输入信息时，SmartArt 图形会根据输入的信息自动添加形状或删除形状。

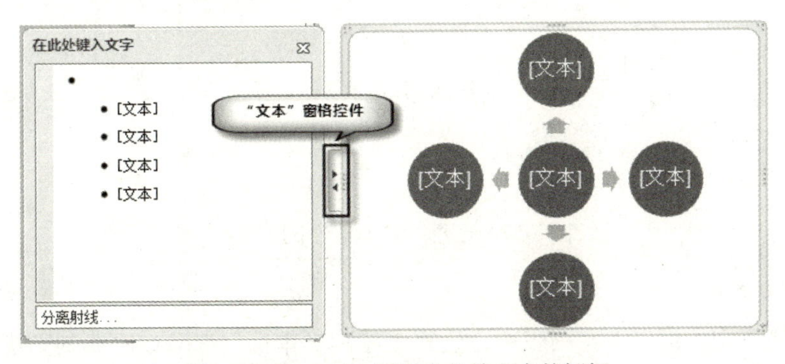

图 3-55 SmartArt 图形占位符文本的框架

（4）插入 SmartArt 图形后，系统自动打开“SmartArt 工具—设计”选项卡和“SmartArt

工具—格式”选项卡，如图 3-56 所示。

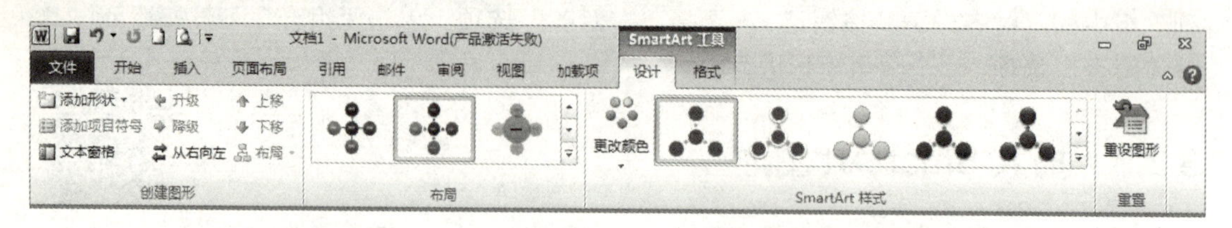

图 3-56 “SmartArt 工具—设计”选项卡和“SmartArt 工具—格式”选项卡

（5）“SmartArt 工具—设计”选项卡主要设置 SmartArt 图形的样式、形状等。

（6）“SmartArt 工具—格式”选项卡主要设置 SmartArt 图形的格式。

3.2.4 插入文本框

微课视频

文本框是一种包含文字、表格等的图形对象，用户利用文本框可以将文字、表格等放置在文档中的任意位置，从而实现灵活的版面设置。

1. 插入内置文本框

单击“插入”选项卡“文本”组中的“文本框”下拉按钮，打开“文本框”下拉列表，如图 3-57 所示，从“内置”列表框中选择所需的一种样式，输入文本即可。

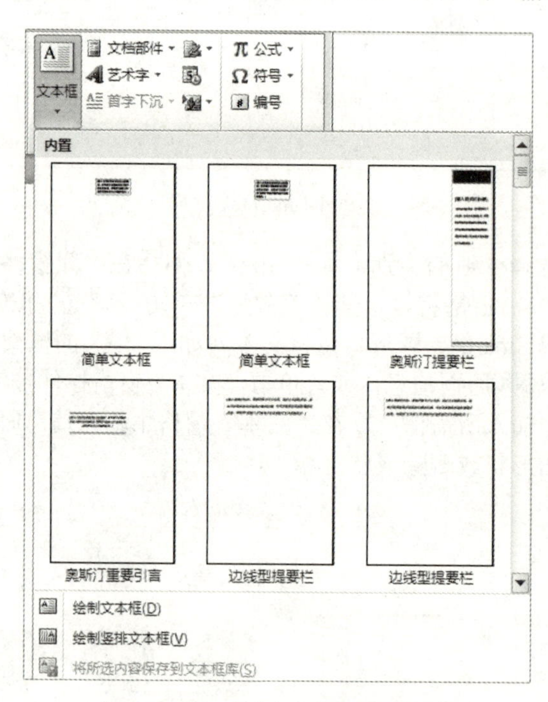

图 3-57 打开“文本框”下拉列表

2. 绘制文本框

在打开的“文本框”下拉列表中，选择“绘制文本框”选项或“绘制竖排文本框”选项，当鼠标指针将变为十 形状时，按住鼠标左键进行拖动即可绘制“横排”文本框或“竖排”文本框。

3. 设置文本框

插入文本框或绘制文本框后，利用“绘制工具—格式”选项卡中的相关按钮可以设置文本框的外观样式、文字格式等。

利用文本框制作的流程图如图 3-58 所示。

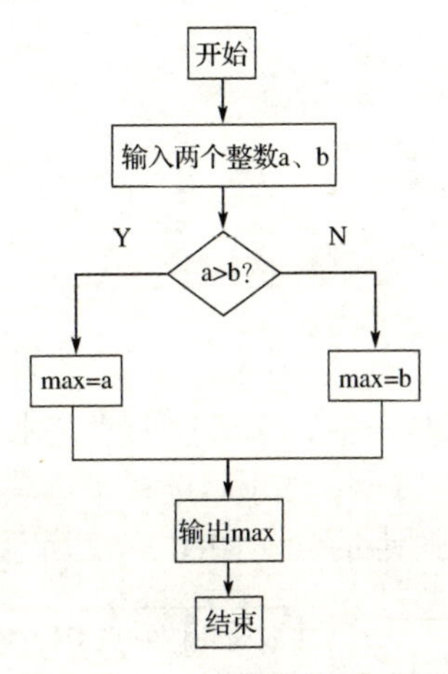

图 3-58　利用文本框制作的流程图

在如图 3-58 所示的流程图中，除“a>b”使用形状外，其他均使用了文本框。其中判断文字“Y”和“N”使用了无边框文本框，即选中文本框，打开“绘图工具—格式”选项卡，单击“形状样式”组中的“形状轮廓”下拉按钮，在下拉列表中选择“无轮廓”选项。

3.2.5　插入艺术字

微课视频

在文档的编辑过程中，用户常常将一些文字用艺术字的形式来表示，以增强文字的视觉效果。

1. 插入艺术字

打开“插入”选项卡，单击“文本”组中的“艺术字”下拉按钮，在下拉列表中选择所需的艺术字样式后，在文档的编辑区出现如图 3-59 所示的艺术字文本框，输入文字即可。

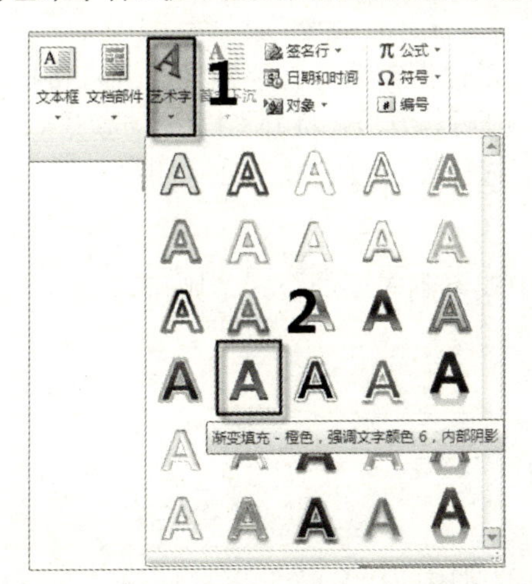

图 3-59　“艺术字”下拉列表和艺术字文本框

2．设置艺术字的格式

插入艺术字后，系统自动打开“绘图工具—格式”选项卡，如图 3-60 所示。用户利用“绘图工具—格式”选项卡中的各个按钮，可以对选定的艺术字进行颜色、线条形状、阴影和三维效果等格式设置。

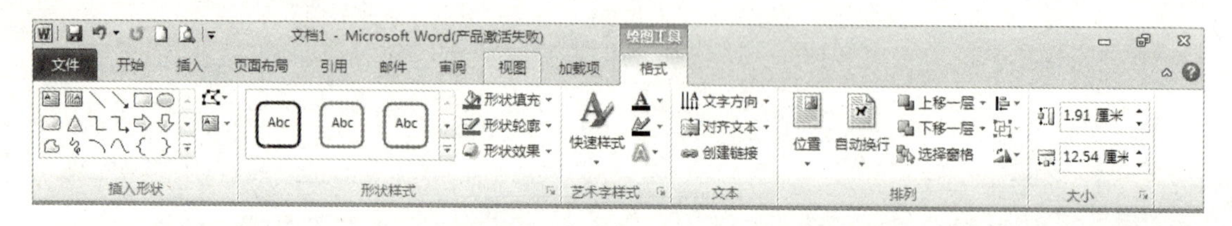

图 3-60　“绘图工具—格式”选项卡

选定艺术字，单击“绘图工具—格式”选项卡“艺术字样式”组中的“文字效果”下拉按钮，在下拉列表中选择“转换”选项，选择子选项中所需的转换形状，艺术字的四周出现 3 种类型的控制点，各控制点的含义如图 3-61 所示。

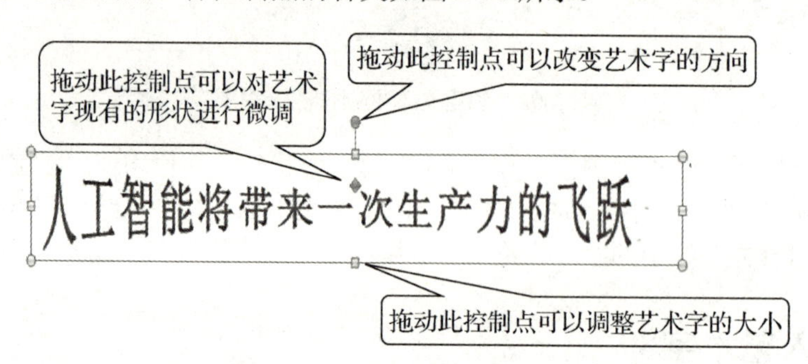

图 3-61　艺术字各控制点的含义

3.2.6　插入公式

微课视频

用户利用 Word 2010 提供的公式编辑器，可以方便地编辑各种数学公式，这些数学公式可以像图形一样进行编辑操作。

1．插入内置公式

Word 2010 提供了多种内置公式，用户可以根据需要选择所需的公式直接插入到文档中。例如，在文档中插入公式 $a^2+b^2=c^2$（勾股定理）。方法：打开“插入”选项卡，单击“符号”组中的“公式”下拉按钮，在下拉列表中选择“勾股定理”公式即可。

2．插入新公式

如果用户在 Word 2010 提供的内置公式中找不到需要的公式，则可以通过“插入新公式”选项插入公式。

【例 3-4】输入下列公式

$$\sin\frac{A}{2}=\sqrt{\frac{1-\cos A}{2}}$$

操作步骤如下。

（1）打开“插入”选项卡，单击“符号”组中的“公式”下拉按钮，在下拉列表中选择“插入新公式”选项，出现“公式输入框”和“公式工具—设计”选项卡，如图 3-62 所示。

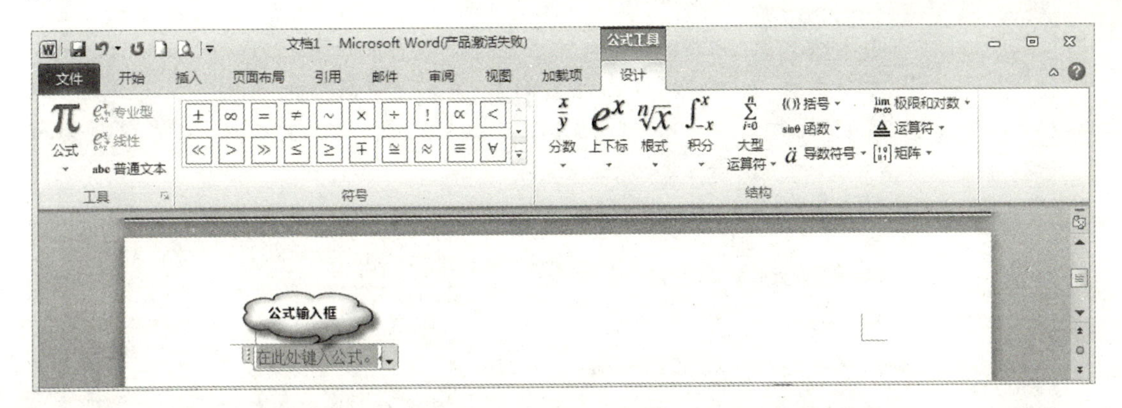

图 3-62　“公式输入框”和“公式工具—设计”选项卡

（2）选定公式输入框，打开“公式工具—设计”选项卡，单击“结构”组中的“函数”下拉按钮，在下拉列表中的“三角函数”选区选择“sin□”，单击“sin”后的虚线框，再单击“结构”组中的“分数”下拉按钮，在下拉列表中的“分数”选区选择“$\frac{\square}{\square}$”，然后单击每个虚线框，分别输入对应的内容“A”“2”，此时注意光标位置，应位于分数线右侧，并输入“=”。

（3）单击“结构”组中的“根式”下拉按钮，在下拉列表中的“根式”选区中选择“$\sqrt{\square}$”，单击根号中的虚线框，再单击“结构”组中的“分数”下拉按钮，在下拉列表中的“分数”选区选择“$\frac{\square}{\square}$”，然后单击虚线框，输入“1”和“-”，单击“结构”组中的“函数”按钮，在下拉列表中的“三角函数”选区选择“cos□”，单击“cos”后的虚线框，输入“A”，最后单击分数线下面的虚线框，输入“2”。

（4）单击公式输入框外的位置，结束公式输入。

3.2.7　实例练习

在本实例练习中，主要通过制作一份大学生消费情况调查问卷，用于获得当前大学生消费的真实状况，以便引导他们正确的消费观念，其最终效果如图 3-63 所示。

制作大学生消费情况调查问卷的操作步骤如下。

1．输入标题

（1）打开“插入”选项卡，单击“文本”组中的“艺术字”下拉按钮，在下拉列表中选择“填充-红色，强调文字颜色 2，暖色粗糙棱台”选项，如图 3-64 所示。

（2）在艺术字文本框中输入文本“大学生消费情况调查问卷”。

（3）选定输入的文本，打开“开始”选项卡，在“字体”组中，将“字体”“字号”分别设置为“隶书”“一号”；在“段落”组中，设置“对齐方式”为“居中”。

（4）在艺术字文本框上右击，在弹出的快捷菜单中选择“自动换行”｜“嵌入型”命令，如图 3-65 所示。调整艺术字文本框大小，使其居中显示。

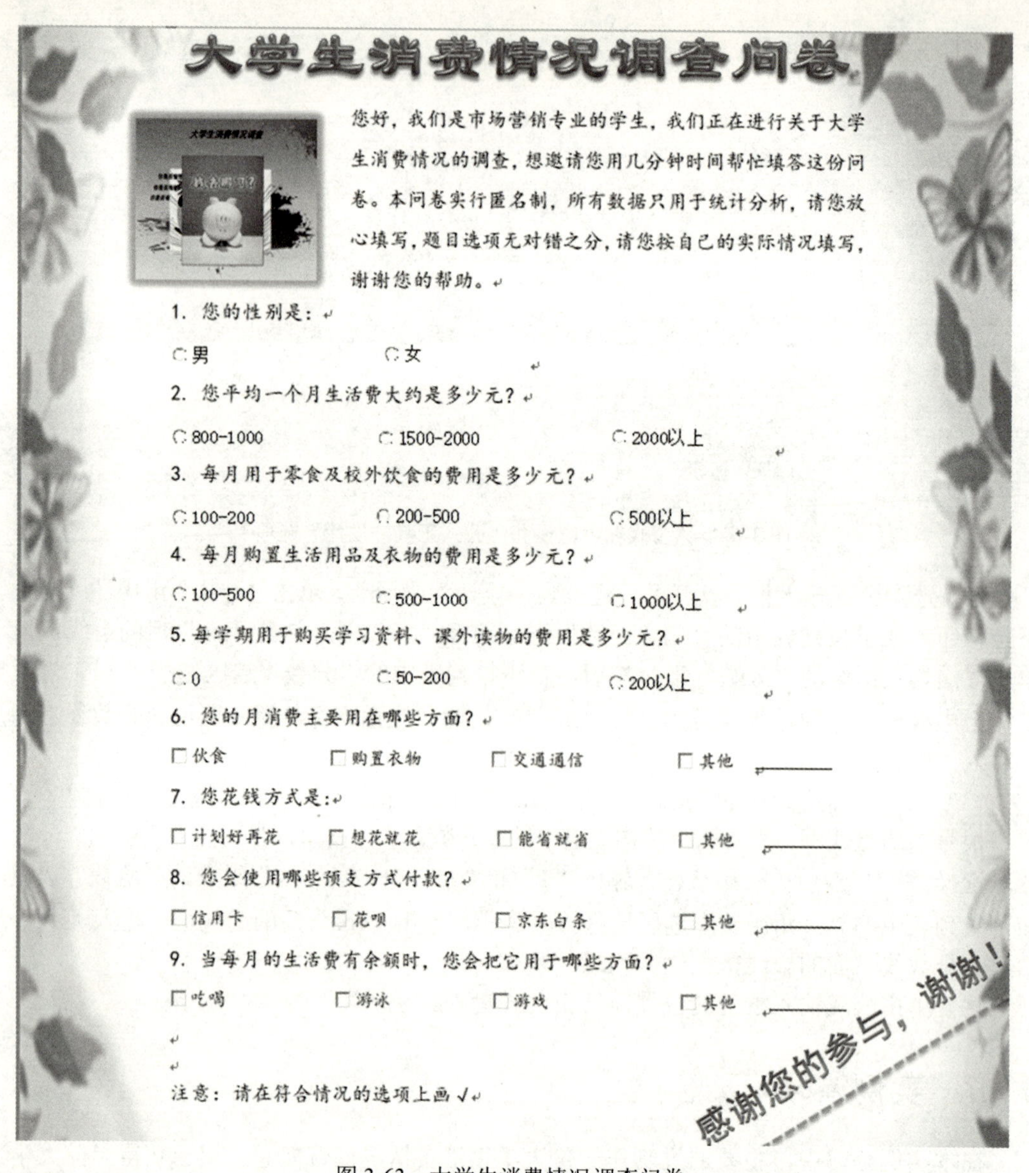

大学生消费情况调查问卷

您好，我们是市场营销专业的学生，我们正在进行关于大学生消费情况的调查，想邀请您用几分钟时间帮忙填答这份问卷。本问卷实行匿名制，所有数据只用于统计分析，请您放心填写，题目选项无对错之分，请您按自己的实际情况填写，谢谢您的帮助。

1. 您的性别是：

○男　○女

2. 您平均一个月生活费大约是多少元？

○800-1000　○1500-2000　○2000以上

3. 每月用于零食及校外饮食的费用是多少元？

○100-200　○200-500　○500以上

4. 每月购置生活用品及衣物的费用是多少元？

○100-500　○500-1000　○1000以上

5. 每学期用于购买学习资料、课外读物的费用是多少元？

○0　○50-200　○200以上

6. 您的月消费主要用在哪些方面？

□伙食　□购置衣物　□交通通信　□其他 ______

7. 您花钱方式是：

□计划好再花　□想花就花　□能省就省　□其他 ______

8. 您会使用哪些预支方式付款？

□信用卡　□花呗　□京东白条　□其他 ______

9. 当每月的生活费有余额时，您会把它用于哪些方面？

□吃喝　□游泳　□游戏　□其他 ______

注意：请在符合情况的选项上画√

感谢您的参与，谢谢！

图 3-63　大学生消费情况调查问卷

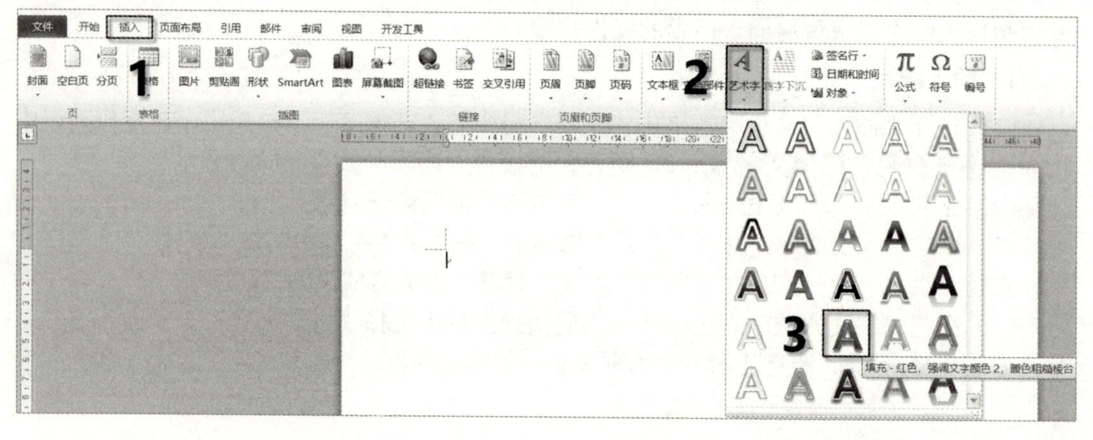

图 3-64　选择插入艺术字的样式

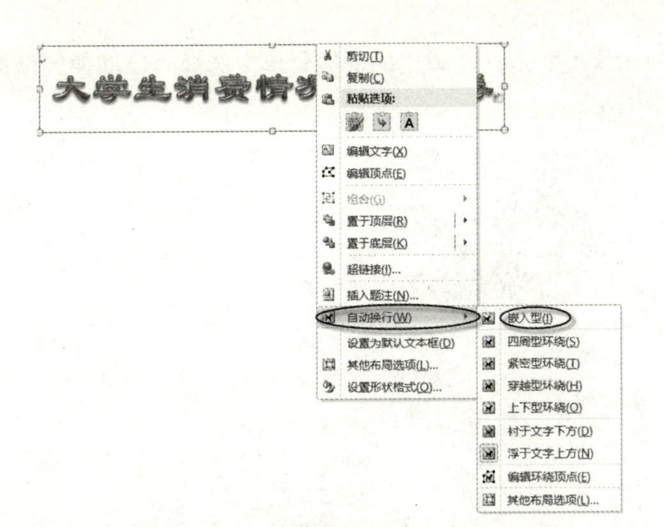

图 3-65　选择“自动换行”|“嵌入型”命令

2．输入开场文本

（1）按“Enter”键，输入如图 3-63 所示的开场文本。

（2）选定开场文本，将“字体”“字号”“行距”分别设置为“楷体”“小四”“1.5 倍”，如图 3-66 所示。

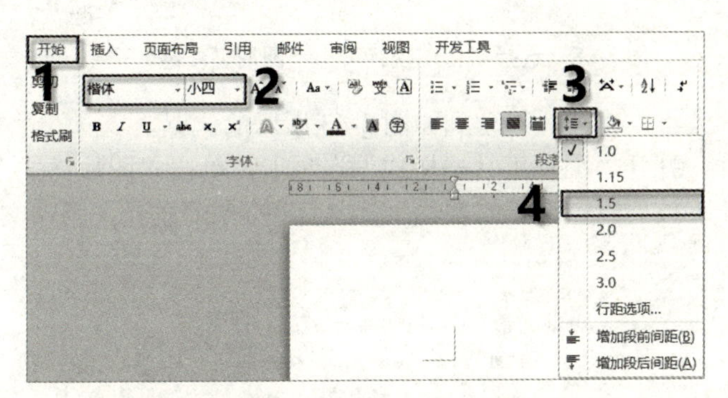

图 3-66　设置开场文本字体和段落格式

3．插入图片

（1）打开“插入”选项卡，单击“插图”组中的“图片”按钮，弹出“插入图片”对话框，选择“钱去哪了”图片。

（2）单击“插入”按钮，如图 3-67 所示。

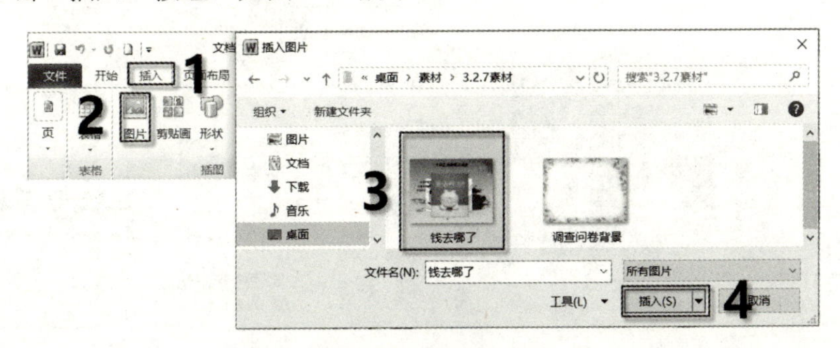

图 3-67　插入图片

（3）在插入的图片上右击，在弹出的快捷菜单中选择“自动换行”｜“四周型环绕”命令，如图 3-68 所示。

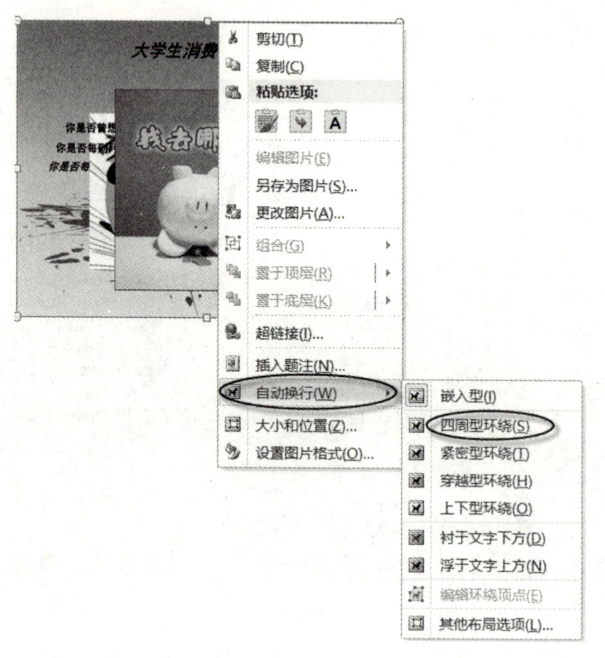

图 3-68　选择“自动换行”｜“四周型环绕”命令

（4）调整图片大小，将图片移动到如图 3-63 所示的位置。

（5）选定图片，打开“图片工具—格式”选项卡，单击“图片样式”组中的“图片效果”下拉按钮，在下拉列表中选择“发光”｜“红色，8pt 发光，强调文字颜色 2”选项，如图 3-69 所示。

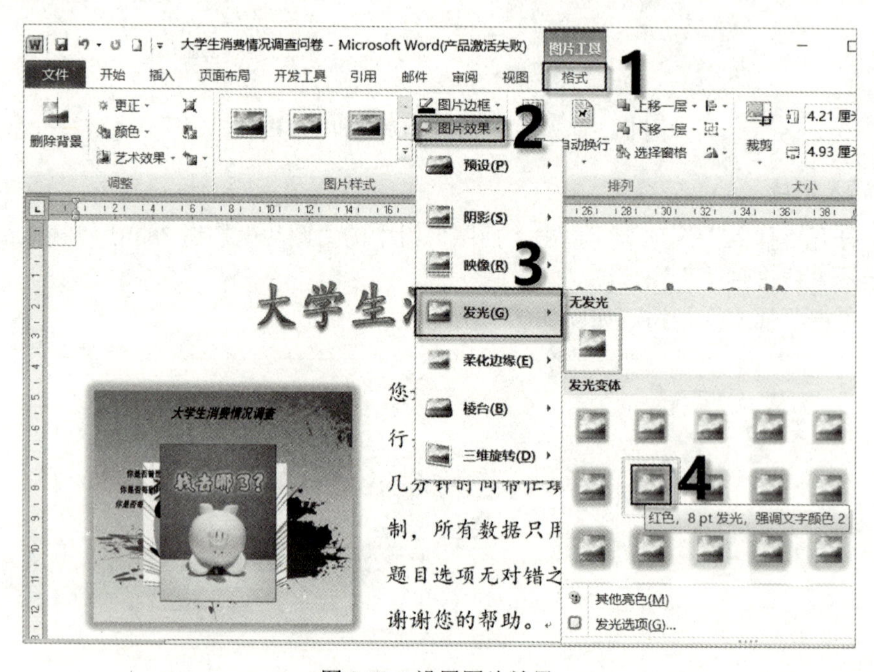

图 3-69　设置图片效果

4. 插入背景图片

（1）打开“插入”选项卡，单击“插图”组中的“图片”按钮，弹出“插入图片”对话框，选择“调查问卷背景”图片。

（2）单击“插入”按钮，如图 3-70 所示。

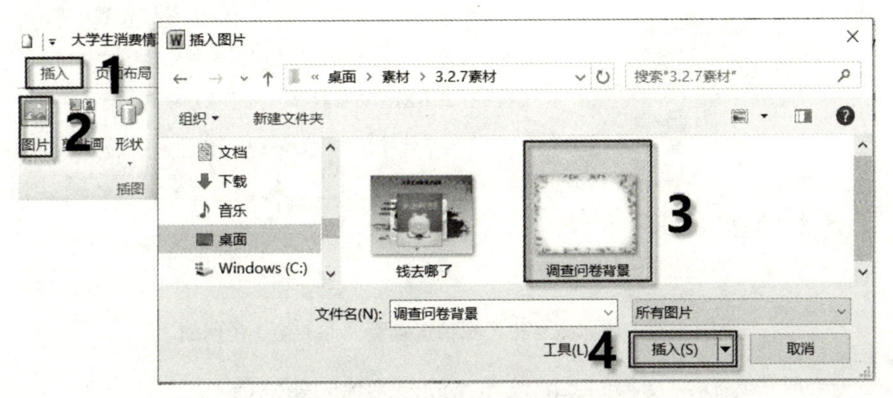

图 3-70　插入背景图片

（3）在插入的背景图片上右击，在弹出的快捷菜单中选择“自动换行”｜“衬于文字下方”命令，如图 3-71 所示。

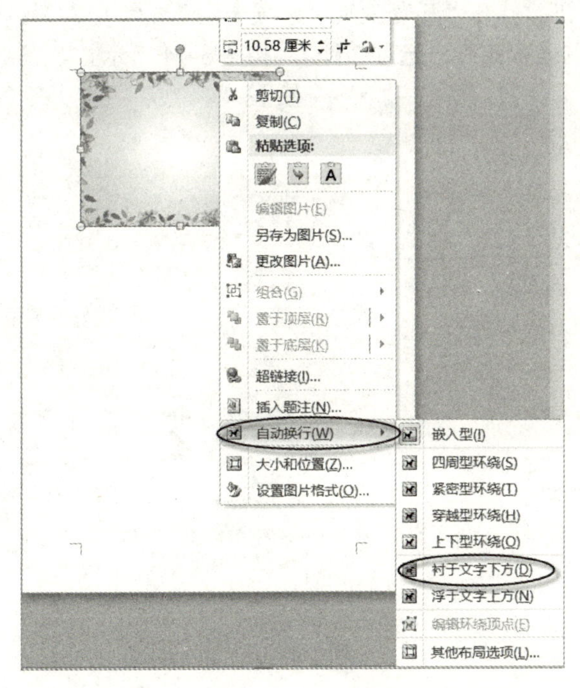

图 3-71　选择“自动换行”｜“衬于文字下方”命令

（4）将鼠标指针放在图片的控制点上，按住鼠标左键进行拖动，调整图片大小，并覆盖整个页面。

5. 输入大学生消费情况调查问卷的第 1 个问题

输入大学生消费情况调查问卷的第 1 个问题：“1. 您的性别是：”，按“Enter”键，如

图 3-72 所示。

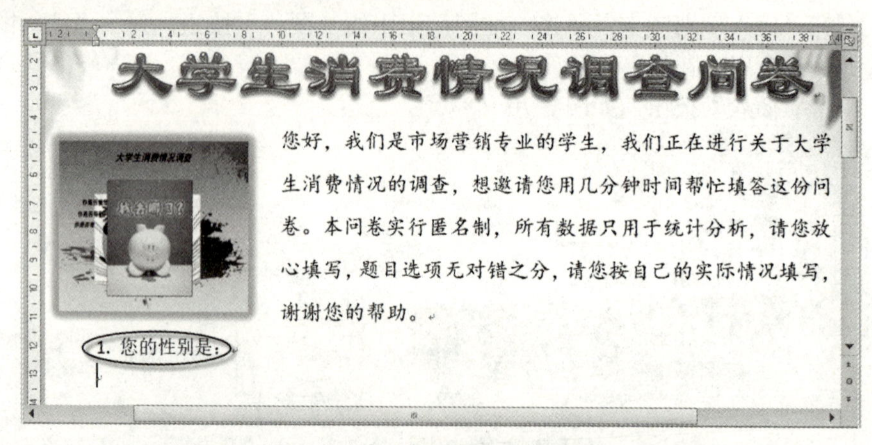

图 3-72　输入大学生消费情况调查问卷的第 1 个问题

6．为大学生消费情况调查问卷的第 1 个问题添加问题选项

（1）选择“文件”选项卡中的“选项”，弹出“Word 选项”对话框。

（2）选择“自定义功能区”选项，在“主选项卡”列表框中勾选“开发工具”复选框，单击“确定”按钮，如图 3-73 所示。

（3）添加单选按钮。打开“开发工具”选项卡，单击“控件”组中的“旧式工具”下拉按钮，在下拉列表中选择“选项按钮”，如图 3-74 所示。

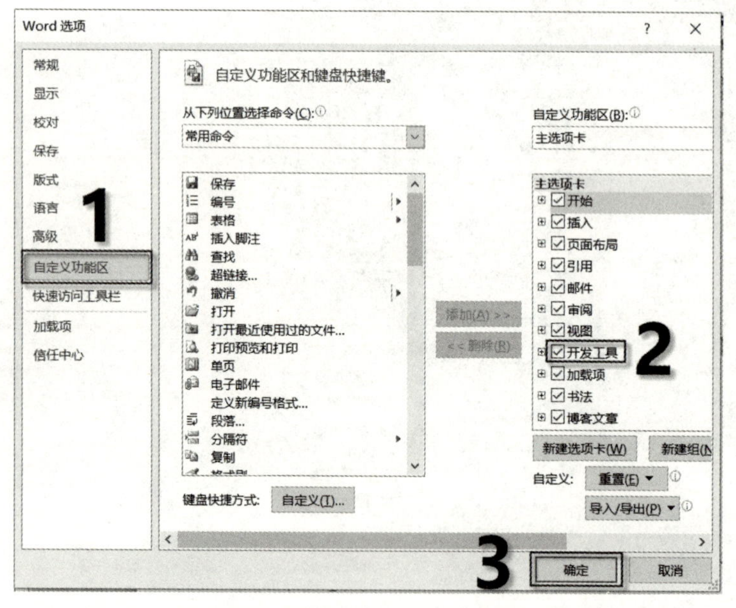

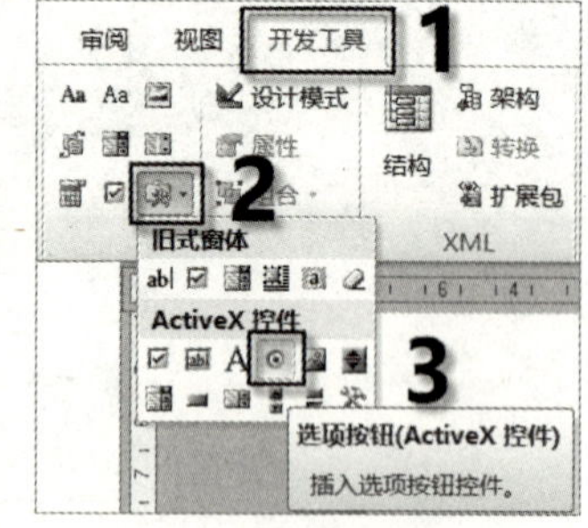

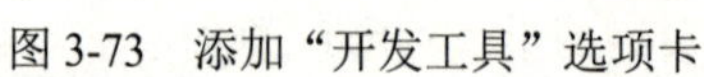
图 3-73　添加“开发工具”选项卡

图 3-74　选择“选项按钮”

（4）添加控件名称。在“控件”组中，单击“属性”按钮，打开“属性”窗格，将“Caption”选项设置为需要显示的选项名称，如输入“男”，如图 3-75 所示。

（5）设置控件宽度。选择“Width”选项，设置单选按钮的宽度为“80”，如图 3-76 所示。

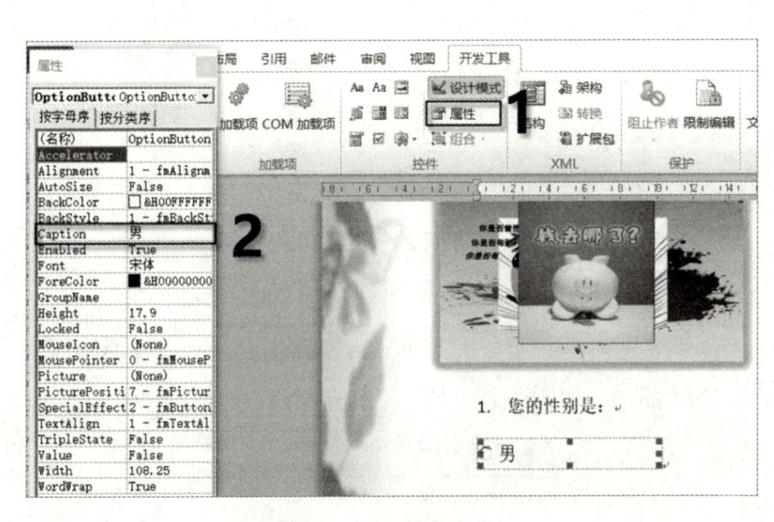

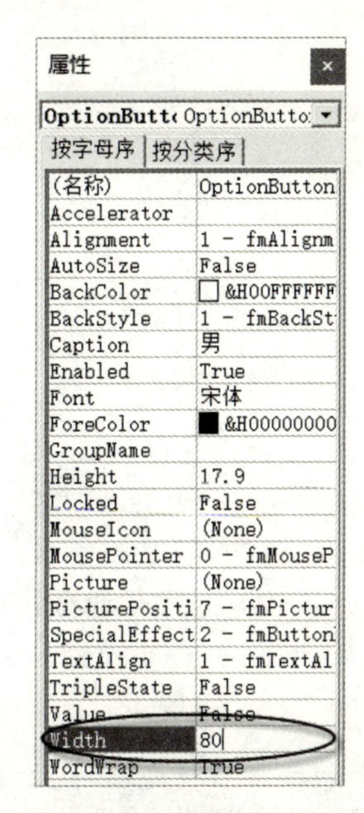

图 3-75　添加控件名称　　　　　　　　　　　　图 3-76　设置单选按钮的宽度

（6）将鼠标定位在“男”单选按钮后，插入另一个单选按钮，用空格将两个单选按钮分开。在“控件”组中，单击“属性”按钮，打开“属性”窗格，选择“Caption”选项，将“Caption”选项设置为“女”。选择“Width”选项，设置单选按钮的宽度为“80”，如图 3-77 所示。

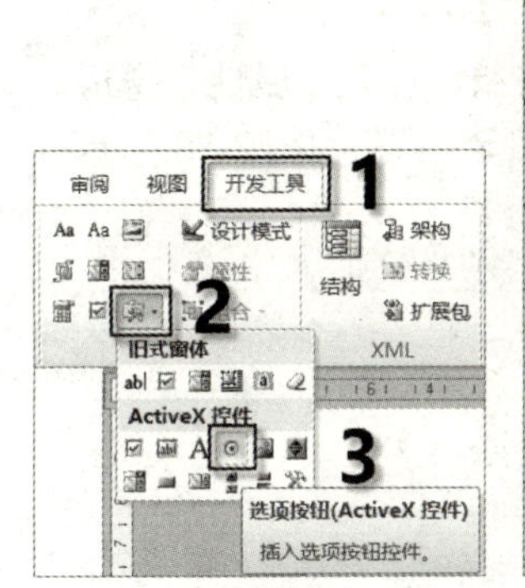

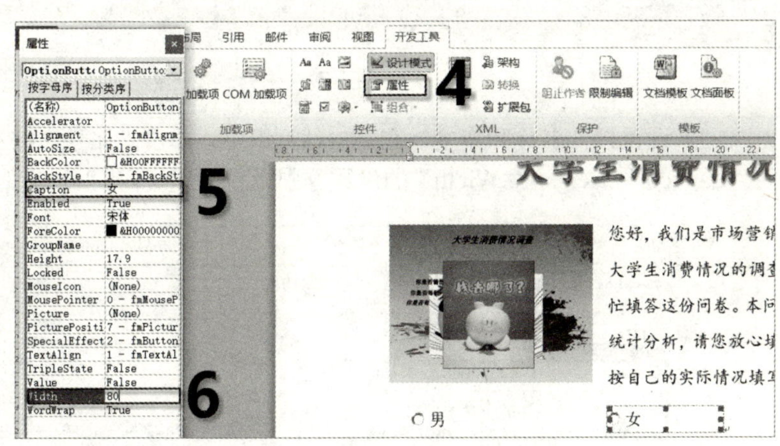

图 3-77　设置“选项按钮”的属性

7．输入大学生消费情况调查问卷的第 2～5 个问题并添加问题选项

按照“5．输入大学生消费情况调查问卷的第 1 个问题”和“6．为大学生消费情况调查问卷的第 1 个问题添加问题选项”的操作步骤输入大学生消费情况调查问卷的第 2～5 个问题并添加问题选项，如图 3-78 所示。

8．输入大学生消费情况调查问卷的第 6～9 个问题并添加问题选项

（1）先输入文本“6．您的月消费主要用在哪些方面？”，按“Enter”键。

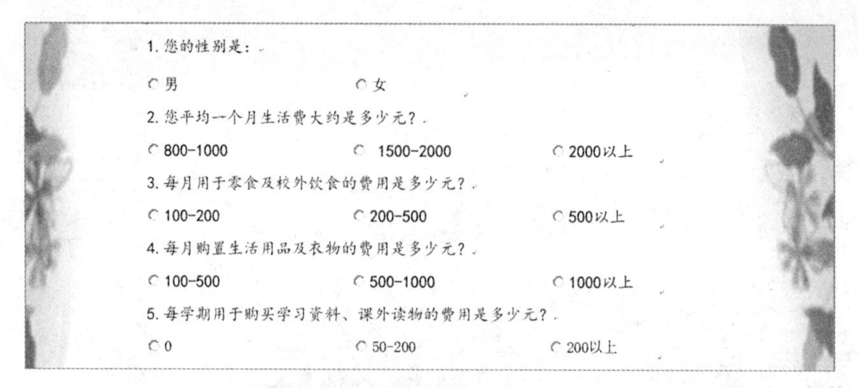

图 3-78　输入大学生消费情况调查问卷的第 2～5 个问题并添加问题选项

（2）添加复选框。打开“开发工具”选项卡，单击“控件”组中的“旧式工具”下拉按钮，在下拉列表中选择“复选框”，如图 3-79 所示。

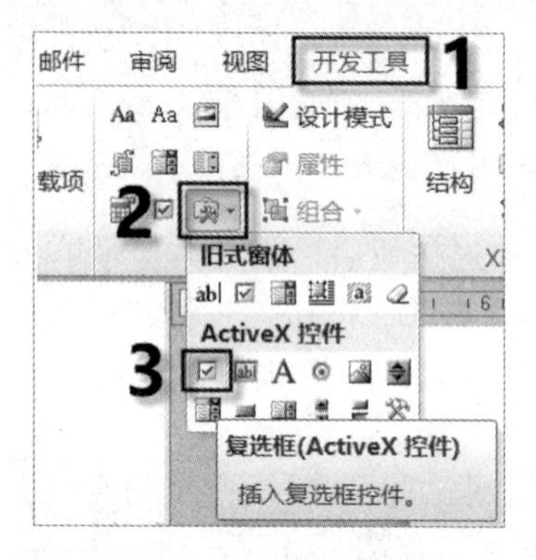

图 3-79　选择“复选框”

（3）设置控件名称和宽度。在“控件”组中，单击“属性”按钮，打开“属性”窗格，将“Caption”“Height”“Width”的参数分别设置为“伙食”“16.2”“85.2”，如图 3-80 所示。

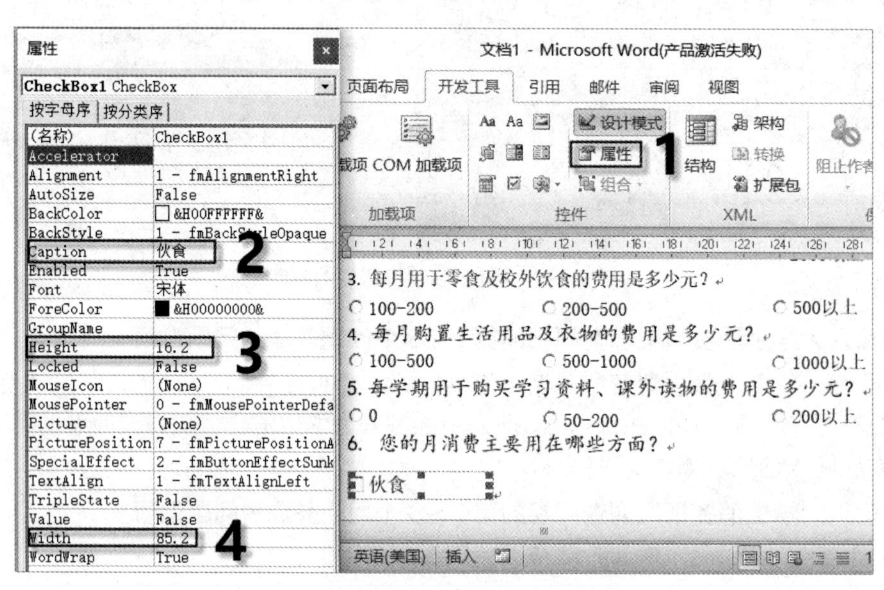

图 3-80　设置控件的名称、宽度和高度

（4）将光标定位在“伙食”复选框后，使用相同的方法，再插入 3 个复选框，复选框之间用空格将其分开。将 3 个复选框的“Caption”分别设置为“购置衣物”“交通通信”“其他”。

（5）绘制直线。打开“插入”选项卡，单击“插图”组中的“形状”下拉按钮，在下拉列表中选择“直线”选项，如图 3-81 所示。

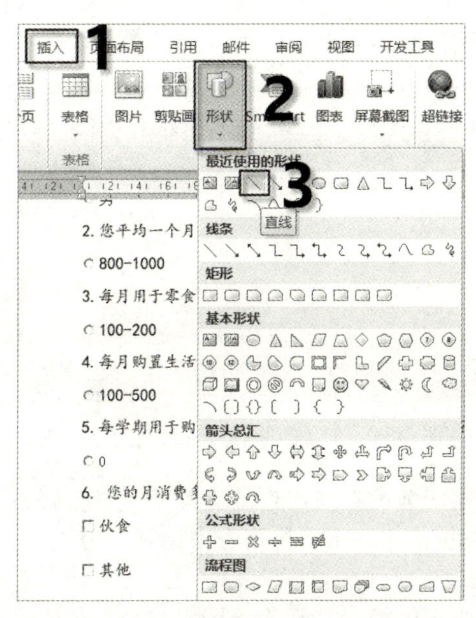

图 3-81　选择“直线”选项

（6）按住“Shift”键，拖动鼠标，在第 6 个问题的“其他”选项后绘制一条直线。

（7）设置直线的颜色。选定直线，打开“绘图工具—格式”选项卡，单击“形状样式”组中的“形状轮廓”下拉按钮，在下拉列表中选择“黑色，文字 1”选项，如图 3-82 所示。

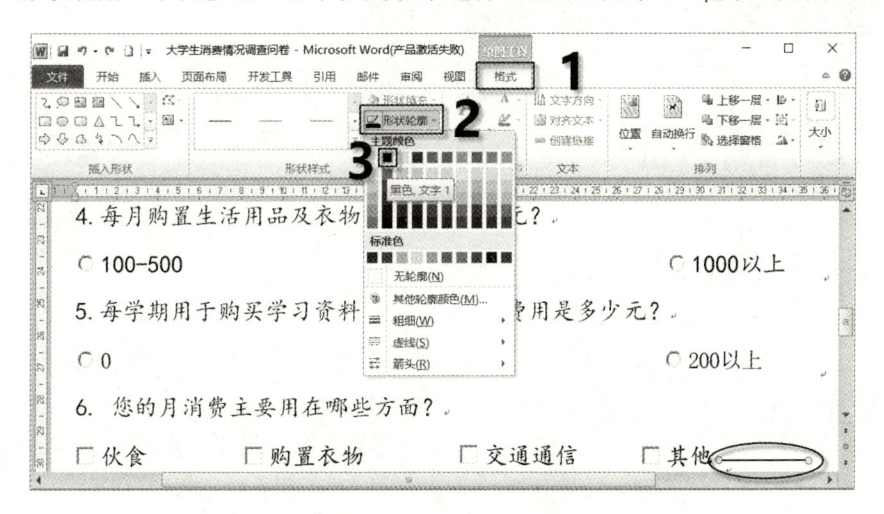

图 3-82　设置直线的颜色

（8）按照步骤 1～步骤 7 设置大学生消费情况调查问卷的第 7～9 个问题并添加问题选项。

9．输入最后一行文本

在最后一个问题的后面，按两次“Enter”键，输入文本“注意：请在符合情况的选项上画√”。

10．在文档的右下角添加斜虚线

（1）打开“插入”选项卡，单击“插图”组中的“形状”按钮，在下拉列表中选择“直线”选项，按住鼠标左键在文档的右下角绘制一条斜线，如图 3-83 所示。

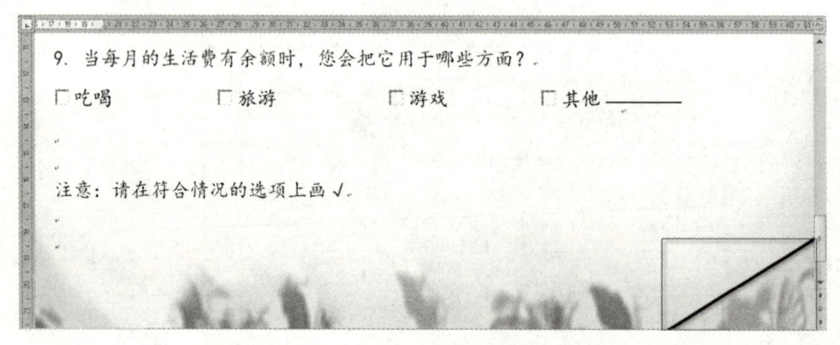

图 3-83　在文档的右下角绘制一条斜线

（2）将斜线设置为虚线。选定斜线，打开“绘图工具—格式”选项卡，单击“形状样式”组中的“形状轮廓”下拉按钮，在下拉列表中选择“虚线”|“方点”选项，如图 3-84 所示。

（3）设置虚线样式。选定虚线，打开“绘图工具—格式”选项卡，单击“形状样式”组中的“其他”下拉按钮，在列表框中选择“中等线-强调颜色 3”选项，如图 3-85 所示。

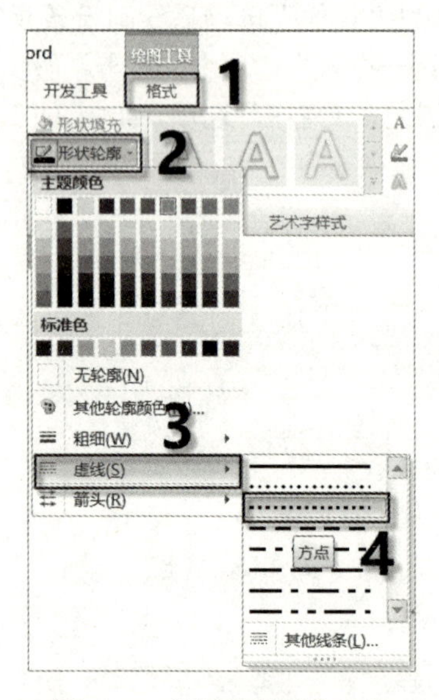

图 3-84　将斜线设置为虚线

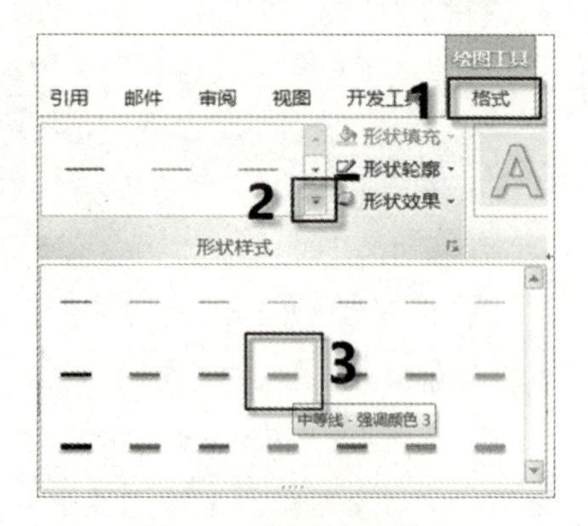

图 3-85　设置虚线样式

11．在斜线上面输入文本“感谢您的参与，谢谢！”

（1）在文档中插入文本框。打开“插入”选项卡，单击“文本”组中的“文本框”下拉按钮，在下拉列表中选择“绘制文本框”选项，拖动鼠标左键在文档的右下角绘制一个文本框。

（2）在文本框中输入文本“感谢您的参与，谢谢！”，将“字体”“字号”分别设置为“黑体”“二号”。将“文本效果”设置为“渐变填充-橙色，强调文字颜色 6，内部阴影”，如图 3-86 所示。

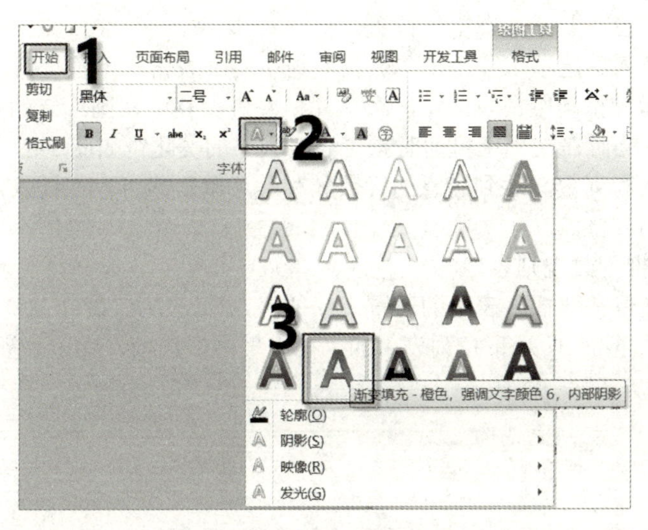

图 3-86　设置文本效果

（3）将鼠标指向旋转控制点，旋转文本框，将其移动到虚线的上方。

（4）在“绘图工具—格式”选项卡“形状样式”组中，单击“形状填充”下拉按钮，在下拉列表中选择“无填充颜色”选项，如图 3-87 所示。按照相同的方法，单击“形状样式”组中的“形状轮廓”下拉按钮，在下拉列表中选择“无轮廓”选项，如图 3-88 所示。

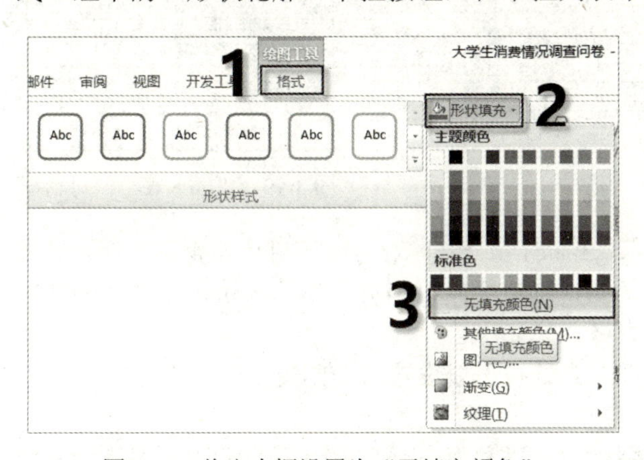

图 3-87　将文本框设置为“无填充颜色”

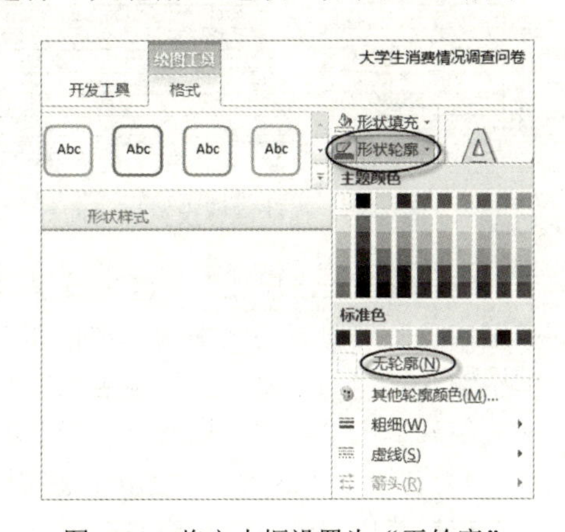

图 3-88　将文本框设置为“无轮廓”

3.3　在文档中编辑表格

微课视频

3.3.1　创建表格

表格分为规则表格和不规则表格，其创建方法有所不同。

1. 创建规则表格

通常，用户可以利用 Word 2010 提供的“插入表格”选项自动创建规则表格，有以下 3 种方法。

1）利用功能区的按钮创建规则表格

（1）将光标定位在要插入表格的位置。

（2）打开“插入”选项卡，单击“表格”组中的“表格”下拉按钮，打开下拉列表。

（3）将鼠标指针指向空白表的第一个单元格并进行移动，则选定的行数和列数显示在空白表格的顶部，同时在文档中可即时预览表格大小的变化，如图 3-89 所示。观察空白表格顶部显示的行数和列数，达到满意的行数和列数后单击即可，在插入点处自动创建一个选定行数和列数的表格。

2）利用对话框创建规则表格

（1）将光标定位在要插入表格的位置。

（2）选择如图 3-89 所示下拉列表中的“插入表格”选项，弹出“插入表格”对话框，如图 3-90 所示。

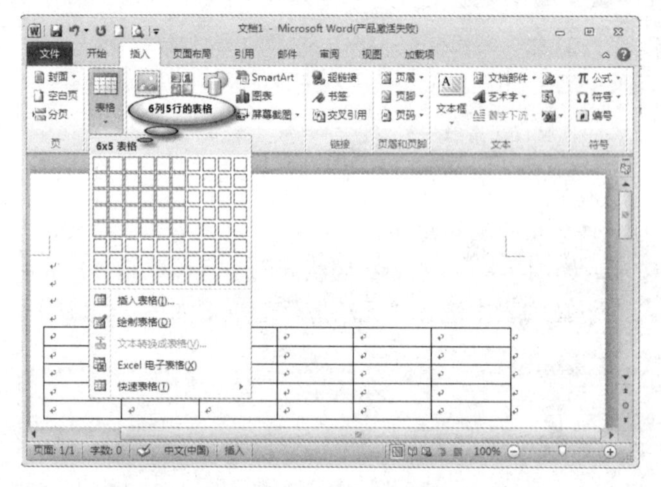

图 3-89 拖动鼠标设置表格的行数和列数

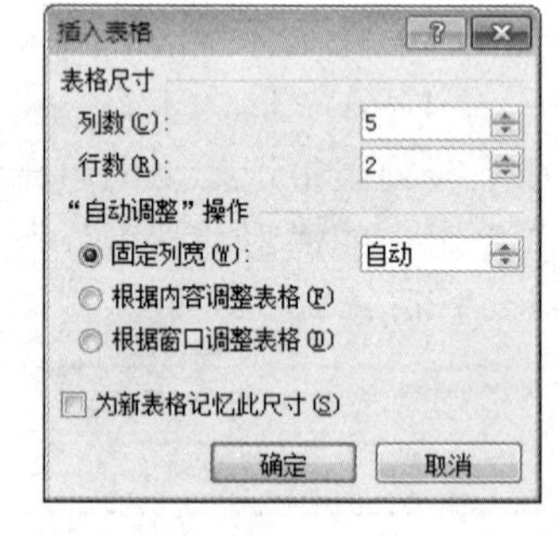

图 3-90 “插入表格”对话框

（3）在“表格尺寸”选区中设置插入表格的行数和列数；在“‘自动调整’操作”选区中选中一个调整表格大小的单选按钮。例如，选中“固定列宽”单选按钮，在其后的文本框中输入具体的数值，创建指定列宽的表格。

（4）单击“确定”按钮，在当前的插入点处按上述设置自动创建了一个表格。

3）利用“快速表格”选项创建规则表格

如果要创建带有一定格式的表格，则用户可以利用 Word 2010 提供的内置表格样式快速地创建表格。方法：打开“插入”选项卡，单击“表格”组中的“表格”下拉按钮，在下拉列表中选择“快速表格”选项，在“内置”子列表框中选择合适的表格样式，如图 3-91 所示，即可快速创建带有一定样式的表格。

2. 创建不规则表格

用户可以使用“绘制表格”选项创建不规则表格，操作步骤如下。

（1）打开“插入”选项卡，单击“表格”组中的“表格”下拉按钮，选择“绘制表格”选项。

（2）当鼠标指针变成铅笔形状时，按住鼠标左键拖动，直接绘制表格的边框和表格中的垂直线、水平线、斜线等。

（3）如果要删除线条，打开“表格工具—设计”选项卡，单击“绘图边框”组中的“擦除”按钮，单击所要删除的线条，或者在要删除的表格线上拖动擦除。

（4）绘制结束后，打开“表格工具—设计”选项卡，单击“绘图边框”组中的“绘制表格”按钮，或者按“Esc”键，退出绘制表格状态。

绘制的不规则表格如图 3-92 所示。

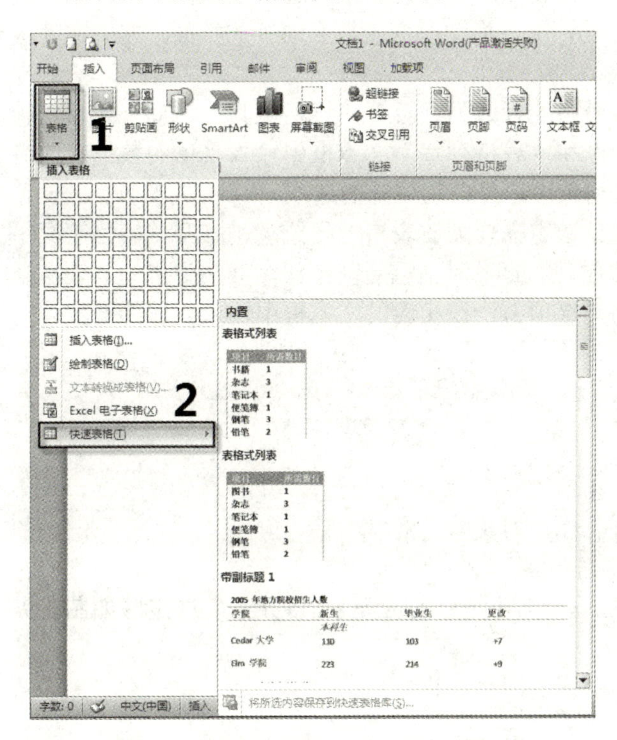

图 3-91　快速创建带有一定样式的表格

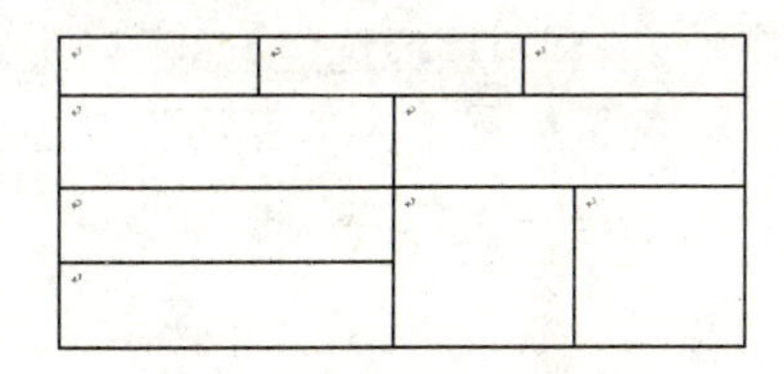

图 3-92　绘制不规则表格

3.3.2　编辑表格

微课视频

1．移动表格

创建表格后，在表格的左上角和右下角各出现一个符号“⊞”和“□”，如图 3-93 所示。“⊞”为移动控制点，“□”为缩放控制点。用户拖动移动控制点⊞可以移动整个表格，拖动缩放控制点□可以缩放表格的尺寸。

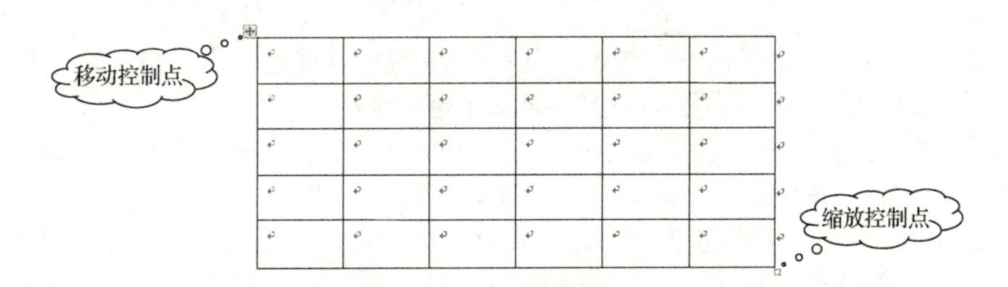

图 3-93　表格控制点

2．缩放表格

1）整体缩放表格

将鼠标指针放置在缩放控制点□上，当鼠标指针变为↘形状时，按住鼠标左键进行拖动，对表格按比例整体缩放。

2）局部缩放表格

表格的局部缩放主要是更改表格的行高和列宽。

（1）利用鼠标缩放。将鼠标指针指向需要缩放表格的行或列边框线上，当鼠标指针变为÷和·||·形状时，按住鼠标左键进行拖动，上下拖动改变表格当前行的行高，左右拖动改变表格当前列的列宽。

（2）利用命令缩放。选定需要缩放表格的行或列，打开“表格工具—布局”选项卡，在“单元格大小”组“表格行高”文本框和“表格列宽”文本框中输入具体的数值，或者单击“自动调整”下拉按钮，在下拉列表中选择自动调整的选项。

（3）利用“表格属性”对话框缩放。选定需要缩放表格的行或列，打开“表格工具—布局”选项卡，单击“单元格大小”组右下角的对话框启动按钮，并在弹出的“表格属性”对话框中打开“行”选项卡或“列”选项卡，在相应的文本框中输入具体的数值，可对选定的行或列进行定量缩放。

3．选定表格、行、列及单元格

1）利用功能区按钮选定

打开“表格工具—布局”选项卡，单击“表”组中的“选择”下拉按钮 选择，在下拉列表中选择相应的选项可以选定表格、行、列及单元格。

2）利用鼠标选定

将鼠标置于各对应元素的选定区中，单击即可选定对应元素。各元素的选定区如图 3-94 所示。

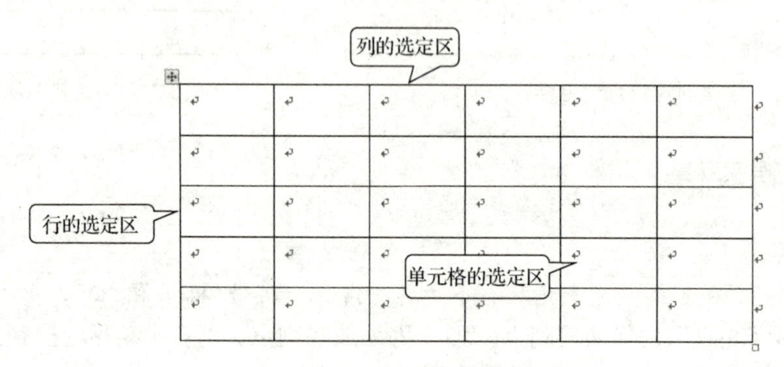

图 3-94　行、列及单元格的选定区

（1）选定表格。单击表格左上角的移动控制点⊞可以选定整个表格；或者选定首行/首列，按住鼠标左键向下/向右拖动，也可以选定整个表格。

（2）选定行。将鼠标指针移至该行的选定区（行的左侧），当鼠标指针变为↗形状时，单击即可选定该行。按住鼠标左键向下/上拖动，可以选定多行。

（3）选定列。将鼠标指针指向该列的选定区（列顶端边框线），当鼠标指针变为↓形状时，单击即可选定该列。按住鼠标左键向左/右拖动，可以选定多列。

（4）选定单元格。将鼠标指针指向该单元格的选定区（单元格的左侧），当鼠标指针变为↗形状时，单击即可选定该单元格。按住鼠标左键拖动，可以选定连续的多个单元格。

（5）选定不相邻行、列及单元格。选定第 1 个需要选定的行、列及单元格，然后按住“Ctrl”键，分别单击要选定的行、列及单元格。

4．删除行或列

1）利用功能区的按钮删除行或列

选定需要删除的行或列，打开“表格工具—布局”选项卡，单击“行和列”组中的“删除”下拉按钮，在下拉列表中选择删除的选项，即可按所选择的选项进行删除行或列。

2）利用快捷菜单删除行或列

选定需要删除的行或列，在选定的行或列上右击，在弹出的快捷菜单中选择相应的删除命令进行删除行或列。

5．删除表格或表格数据

1）删除表格

（1）选定整个表格，按“Backspace”键。

（2）选定表格，打开“表格工具—布局”选项卡，单击“行和列”组中的“删除”下拉按钮，在下拉列表中选择“删除表格”选项。

2）删除表格数据

选定表格，按“Delete”键，删除选定表格中的数据。

6．插入行或列

1）利用功能区的按钮插入行或列

将光标置于行或列中，打开“表格工具—布局”选项卡，单击“行和列”组中相应的按钮即可插入行或列。

2）利用快捷菜单插入行或列

（1）选定表格中的一行（或一列），要插入几行（或几列）就选定几行（或几列）。

（2）在选定的行或列上右击，在弹出的快捷菜单中选择“插入”命令，从其子菜单中选择相应的命令插行（或列）。

3）在表格底部插入一行

如果在表格底部插入一行，则可以使用以下两种方法。

（1）将鼠标指针定位在表格最后一行结束箭头前，按“Enter”键。

（2）将鼠标指针定位在表格最后一行最后一个单元格中，按“Tab”键。

7．拆分与合并单元格

1）拆分单元格

选定要拆分的单元格，打开“表格工具—布局”选项卡，单击“合并”组中的“拆分单元格”按钮，弹出如图 3-95 所示的对话框。在“列数”文本框和“行数”文本框中分别输入要拆分的列数和行数，如果勾选了“拆分前合并单元格”复选框，则先合并再拆分为指定的单元格。

2）合并单元格

选定要合并的单元格，打开“表格工具—布局”选项卡，单击“合并”组中的“合并单元格”按钮；或者右击要合并的单元格，在弹出的快捷菜单中选择“合并单元格”命令，将选定的单元格合并为一个单元格。

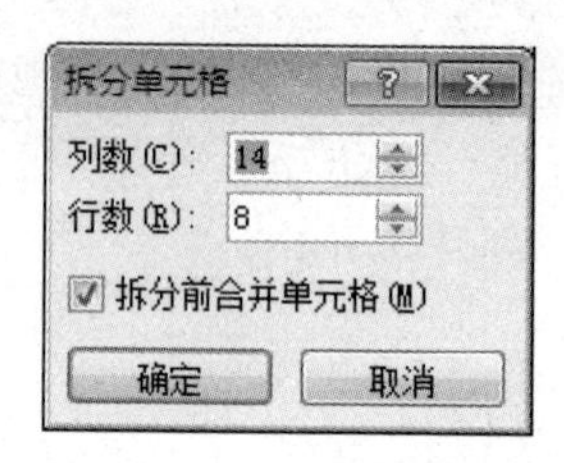

图 3-95　“拆分单元格”对话框

8．绘制斜线表头

用户为了说明行与列的字段信息，需要在表格中绘制斜线表头。打开“插入”选项卡，单击“表格”组中的“表格”下拉按钮，在下拉列表中选择“绘制表格”选项；或者打开“表格工具—设计”选项卡，单击“绘图边框”组中的“绘制表格”按钮，直接在单元格中绘制斜线表头即可。

9．跨页重复标题行

如果表格的内容较多，一页不能完全显示需要多页显示时，为了便于对内容的理解，则需要在每一页的表格上方自动添加表格的标题行，即跨页重复标题行，操作步骤如下。

（1）选定需要跨页重复的标题行。

（2）打开“表格工具—布局”选项卡，单击“数据”组中的“重复标题行”按钮即可。

3.3.3　表格格式化

微课视频

表格格式化主要是指设置表格的边框、底纹、内容对齐方式等，以美化表格，增强表格的视觉效果。

1．设置表格的边框

1）利用功能区按钮设置表格的边框

（1）选定表格，打开“表格工具—设计”选项卡，如图 3-96 所示。

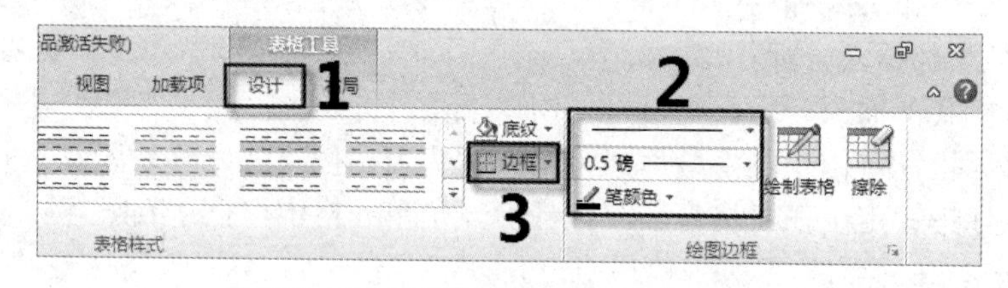

图 3-96　“表格工具—设计”选项卡

（2）在“绘制边框”组中，可以分别设置“线型”“粗细”“颜色”。

（3）单击“表格样式”组中的“边框”下拉按钮，在下拉列表中选择需要添加边框位置的选项。

2）利用“边框和底纹”对话框设置表格的边框

（1）选定表格，打开“表格工具—设计”选项卡，单击“表格样式”组中的“边框”下拉按钮，在下拉列表中选择“边框和底纹”选项，弹出“边框和底纹”对话框，如图 3-97 所示。

（2）打开“边框”选项卡，在“设置”选区中选择边框的方式，在“样式”“颜色”“宽度”列表框中分别设置线型、颜色、粗细，在“预览”选区中选择应用的边框。

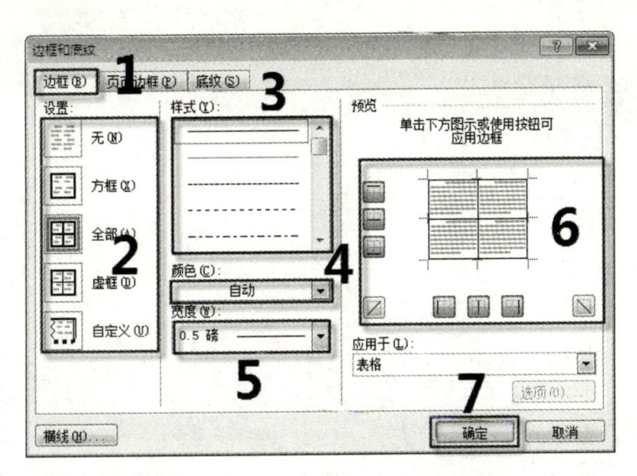

图 3-97　“边框和底纹”对话框

2．设置表格底纹

1）利用功能区按钮设置表格底纹

打开“表格工具—设计”选项卡，单击“表格样式”组中的“底纹”下拉按钮，在下拉列表中选择所需的颜色。

2）利用“边框和底纹”对话框设置表格底纹

右击选定的表格，在弹出的快捷菜单中选择“边框和底纹”命令，弹出“边框和底纹”对话框，打开“底纹”选项卡，依次设置填充、图案样式、图案颜色即可。

3．套用表格内置样式

Word 2010 内置了多种样式，用户根据需要选择内置样式，从而快速地设置表格格式。

选定表格，打开“表格工具—设计”选项卡，单击“表格样式”组中的“其他”下拉按钮，如图 3-98 所示，在下拉列表中选择需要的样式即可。

如果要取消已经应用的表格样式，则在“其他”下拉列表中选择“清除”选项。

4．设置表格中文字的对齐方式

（1）选定要设置对齐方式的单元格，打开“表格工具—布局”选项卡，在“对齐方式”组中有 9 种对齐方式，如图 3-99 所示，选择所需的对齐方式即可。

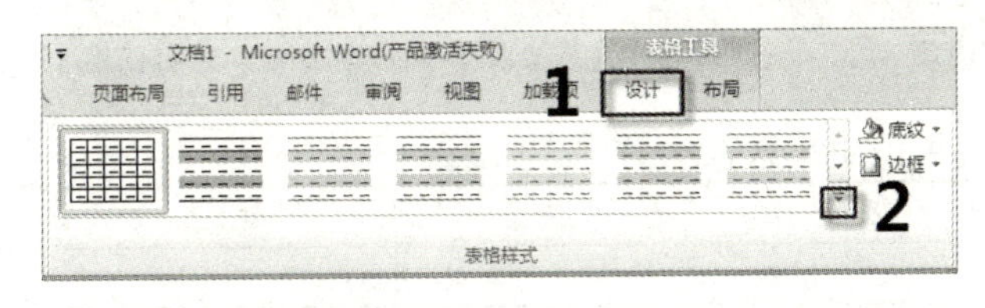

图 3-98　“表格工具—设计”选项卡“表格样式”组

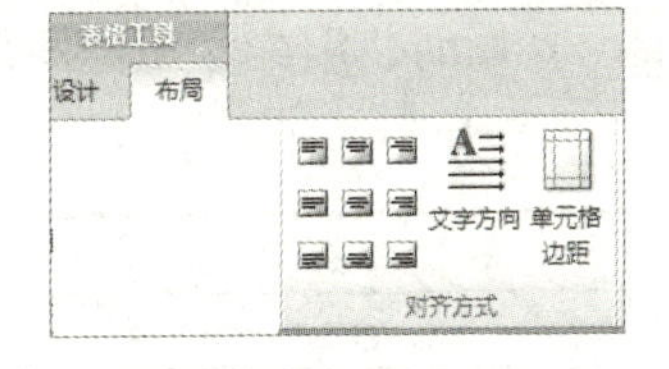

图 3-99　“对齐方式”组

（2）右击选定的单元格，在弹出的快捷菜单中选择“单元格对齐方式”命令，从子菜单中选择一种对齐方式即可。

微课视频

3.3.4　表格与文本的相互转换

1．将文本转换成表格

在 Word 2010 中，用户可以将文本转换成表格，转换的关键是使用分隔符将文本进行分隔。常见的分隔符主要有段落标记、制表符、逗号、空格。例如，将下面的文本（各文本之间以空格分隔）转换成表格。

姓名 设计 色彩 计算机
王彤 85 80 87
李丽 89 85 90
吴玉华 76 90 89
张晓磊 85 82 80
尹倩倩 85 80 82

操作步骤如下。

（1）选定要转换成表格的文本。

（2）打开“插入”选项卡，单击“表格”组中的“表格”下拉按钮，在下拉列表中选择“文本转换成表格”选项，如图 3-100 所示。

（3）弹出“将文字转换成表格”对话框，如图 3-101 所示。在该对话框中，“文字分隔符位置”设置为“空格”，“列数”设置为“4”，行数由 Word 按列数自动计算，单击“确定”按钮，得到如表 3-1 所示的表格。

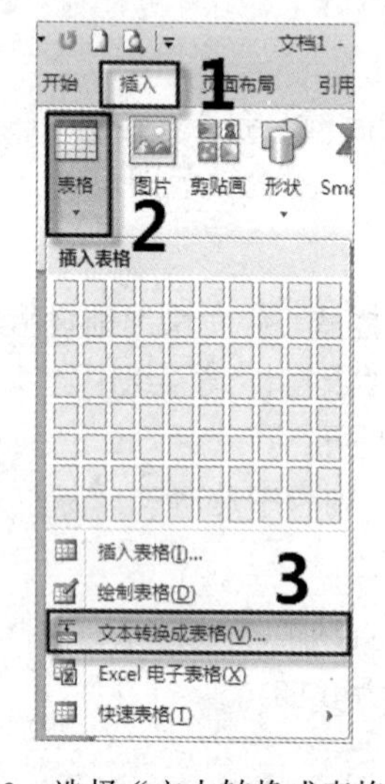

图 3-100 选择“文本转换成表格”选项

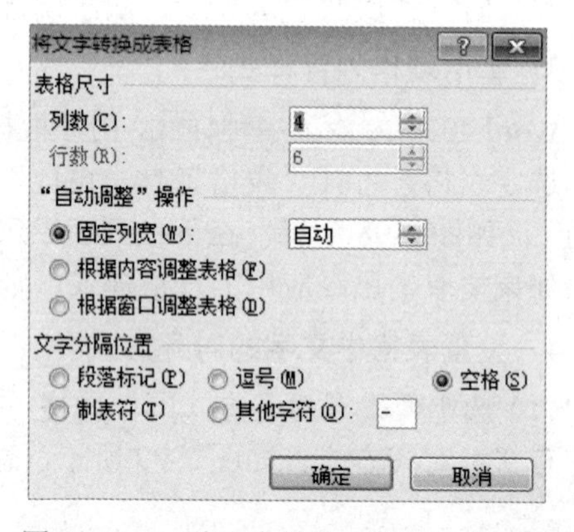

图 3-101 “将文字转换成表格”对话框

表 3-1 转换后的表格

单位：分

姓 名	设 计	色 彩	计 算 机
王彤	85	80	87
李丽	89	85	90
吴玉华	76	90	89
张晓磊	85	82	80
尹倩倩	85	80	82

2. 将表格转换成文本

将如表 3-1 所示的表格转换成文本，操作步骤如下。

（1）选定要转换成文本的表格。

（2）打开“表格工具—布局”选项卡，单击“数据”组中的“转换为文本”按钮，如图 3-102 所示。

（3）弹出“表格转换成文本”对话框，选择一种文字分隔符，这里选择“制表符”，单击“确定”按钮，即可将表格转换成文本，如图 3-103 所示。

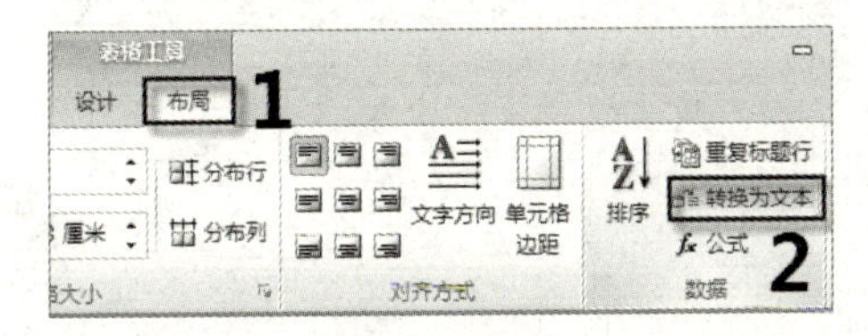

图 3-102　单击“转换为文本”按钮

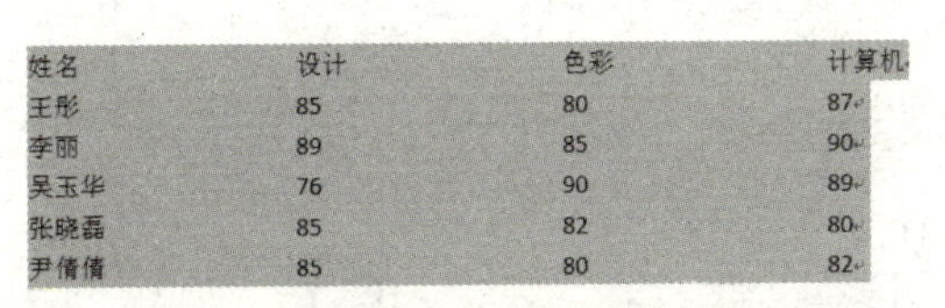

姓名	设计	色彩	计算机
王彤	85	80	87
李丽	89	85	90
吴玉华	76	90	89
张晓磊	85	82	80
尹倩倩	85	80	82

图 3-103　转换后的文本

3.3.5　表格数据转化成图表

微课视频

图表是 Excel 的重要功能，在 Office 所有的组件（Word、PowerPoint 等）中都可以使用，其中，嵌入 Word、PowerPoint 等文档中的图表都是通过 Excel 进行编辑的，因此在非 Excel 的 Office 组件中，图表的功能都可以实现。

例如，将如表 3-2 所示的表格数据转化成簇状柱形图，操作步骤如下。

表 3-2　示例表格

年　　份	上网人数（单位：万）
2007 年	21 000
2008 年	29 800
2009 年	38 400
2010 年	45 730
2011 年	51 310
2012 年	56 400

（1）打开“插入”选项卡，单击“插图”组中的“图表”按钮，弹出“插入图表”对话框。选择图表类型为“柱形图”，选择图表的子类型为“簇状柱形图”，单击“确定”按钮，如图 3-104 所示。

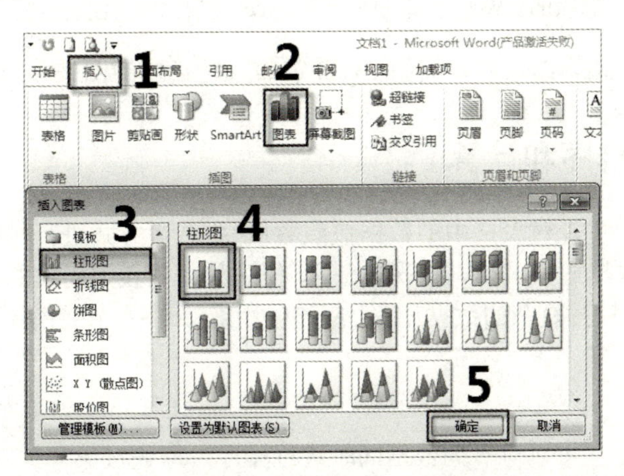

图 3-104　“插入图表”对话框

（2）同时并排打开 Word 和 Excel 两个窗口，如图 3-105 所示。将 Word 窗口的表格数据分别复制到 Excel 窗口的 A 列、B 列，并删除多余的系列 2、系列 3，在 Excel 窗口中编辑图表数据，图表变化同步显示在 Word 窗口中，如图 3-106 所示。

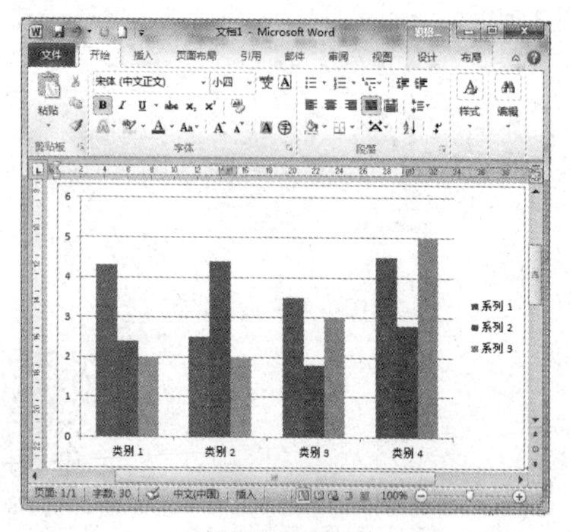

（a）Word 窗口

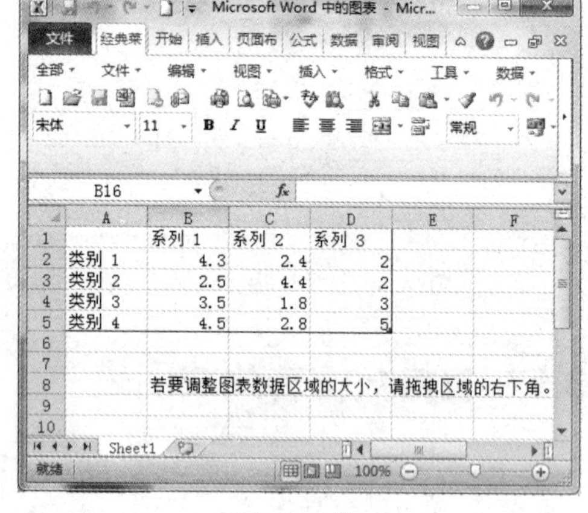

（b）Excel 窗口

图 3-105 并排打开 Word 窗口和 Excel 窗口

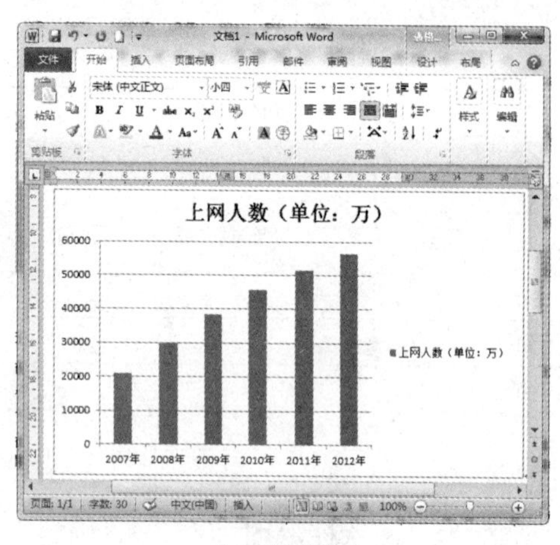

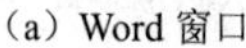

（a）Word 窗口

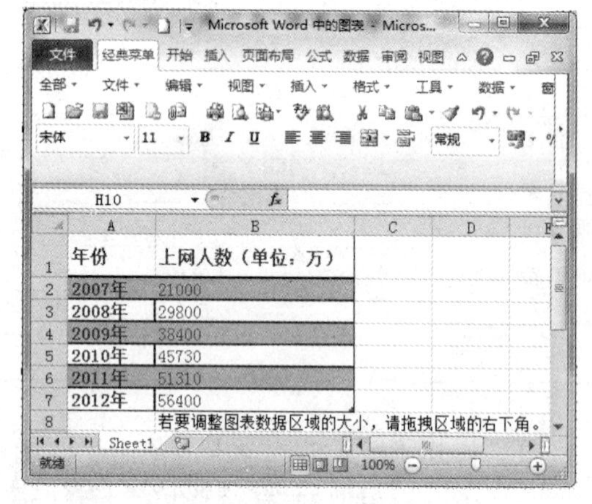

（b）Excel 窗口

图 3-106 Word 窗口同步显示 Excel 窗口的编辑图表数据

（3）将图表数据编辑结束后，关闭 Excel 窗口，转化后的图表显示在 Word 窗口中。

3.3.6 表格的排序和计算

微课视频

在 Word 中，用户可以对表格中的数据按照数值、拼音等方式进行排序，也可以对表格中的数据进行求和、求平均值等，但这种只是较为简单的数据计算，要解决表格中较为复杂的数据计算，应该使用 Excel，本节将简单介绍如何使用 Word 对表格进行排序和计算。

1. 排序

在 Word 中，用户可以对多列数据同时进行排序，即先按第一关键字（主要关键字）进行排序，如果有相同的数值，则再按第二关键字（次要关键字）进行排序，依次类推，最多可按 3 个关键字进行排序。对如表 3-2 所示中的成绩数据依次按“设计”“色彩”“计算机”进行升序排序，操作步骤如下。

表 3-2　排序前的表格　　单位：分

姓　名	设　计	色　彩	计 算 机
王彤	85	80	87
李丽	89	85	90
吴玉华	76	90	89
张晓磊	85	82	80
尹倩倩	85	80	82

（1）将光标定位在要排序的表格中。

（2）打开“表格工具—布局”选项卡，单击“数据”组中的“排序”按钮，弹出“排序”对话框。

（3）在“主要关键字”下拉列表中选择“设计”，在“类型”下拉列表中选择“数字”（成绩属于数值），选中“升序”单选按钮。

（4）在“次要关键字”下拉列表和“第三关键字”下拉列表中分别选择“色彩”和“计算机”，分别在“类型”下拉列表中选择“数字”，再分别选中“升序”单选按钮，设置的相关操作如图 3-107 所示。

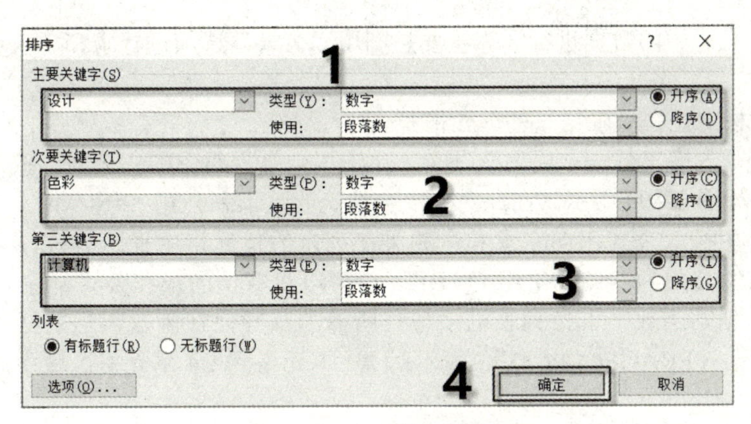

图 3-107　排序的相关设置

（5）单击“确定”按钮，将表格中的成绩数据依次按“设计”“色彩”“计算机”进行升序排序。排序后的结果如表 3-3 所示。

表 3-3　排序后的表格　　单位：分

姓　名	设　计	色　彩	计 算 机
吴玉华	76	90	89
尹倩倩	85	80	82
王彤	85	80	87
张晓磊	85	82	80
李丽	89	85	90

表 3-3 表明，如果在主要关键字“设计”中有相同的数据，则按次要关键字“色彩”

进行排序，如果主要关键字和次要关键字的数据都相同，则按第三关键字进行排序。

2. 计算

对 Word 表格中的数据进行计算，通常使用单元格地址代替相应单元格中的数据。单元格地址的表示方法和 Excel 中的表示方法相同。表格中的每一列的列标用大写英文字母表示，依次为 A、B、C、…，每一行的行号用阿拉伯数字表示，依次为 1、2、3、…，单元格地址用“列标+行号”表示，如表 3-4 所示。如 B2 表示第 2 列第 2 行的单元格地址。而单元格区域的地址可以用“区域左上角单元格地址:区域右下角单元格地址”来表示，如 A1:C3 表示 A1 单元格到 C3 单元格区域地址。

表 3-4 默认的表格单元格地址

列标

行号	A	B	C	D
1	A1	B1	C1	D1
2	A2	B2	C2	D2
3	A3	B3	C3	D3

对 Word 表格中的数据进行计算主要是利用“公式”选项进行求和、求平均值等，操作步骤如下。

（1）将光标定位在显示结果的单元格中。

（2）打开“表格工具—布局”选项卡，单击“数据”组中的“公式”按钮，弹出“公式”对话框，如图 3-108 所示。在此对话框中默认的是求和公式“=SUM(LEFT)”，表示在行末的单元格中插入公式，向左求和；如果在列末的单元格中插入公式，向上求和，则对话框中默认的公式为“=SUM(ABOVE)”。也可以将默认的求和公式删除，但“=”不能被删除，从“粘贴函数”下拉列表框中选择所需的函数，在函数名后的括号中输入统计的范围，如“=AVERAGE(A2:C4)”，表示对 A2 单元格到 C4 单元格区域中的所有数据求平均值。

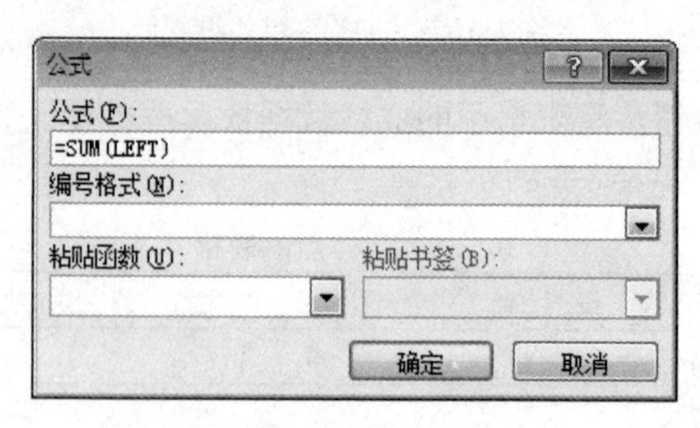

图 3-108 “公式”对话框

（3）在“编号格式”下拉列表框中选择统计结果的格式，如“0.00”表示结果保留两位小数。

（4）单击“确定”按钮，统计结果将显示在指定的单元格中。

3.3.7 实例练习

按照下列要求创建和编辑表格，最终效果如图 3-112 所示。

（1）创建一个 6×6 的表格，输入如图 3-109 所示中的内容。

（2）在表格的最右侧插入一列，输入“实发工资”，利用公式计算每个人的实发工资，并进行升序排列。

（3）表格第 1 行的行高设置为“2 厘米”，各列的列宽设置为“2 厘米”，表格中的文字设置为“水平居中”。

（4）为表格添加斜线表头，如图 3-112 所示。

（5）按照图 3-112 设置表格的边框和底纹，外框线设置为“2.25 磅”“双实线”“深红”；内框线设置为“1.5 磅”“单实线”“深蓝”；底纹设置为“橙色，强调文字颜色 6，淡色 60%”。

（6）在表格顶部输入标题“职工工资表”，“字体”设置为“华文琥珀”，“字号”设置为“小二”，“文字效果”设置为“渐变填充-黑色，轮廓-白色，外部阴影”。

操作步骤如下。

（1）启动 Word 2010 程序，打开“插入”选项卡，单击“表格”组中的“表格”下拉按钮，在下拉列表中选择“插入表格”选项，弹出“插入表格”对话框。在“表格尺寸”选区的“列数”文本框和“行数”文本框中均输入“6”，单击“确定”按钮，创建一个 6×6 的表格，输入如图 3-109 所示中的内容。

单位：元

↵	基本工资↵	效益工资↵	岗位工资↵	差旅补贴↵	电话费↵
李洋↵	600↵	325↵	250↵	350↵	150↵
史丽↵	630↵	440↵	290↵	290↵	95↵
孙维↵	650↵	400↵	310↵	360↵	80↵
王磊↵	550↵	355↵	280↵	400↵	90↵
张茜↵	638↵	380↵	290↵	360↵	100↵

图 3-109 表格源数据

（2）将光标定位在“电话费”列，打开“表格工具—布局”选项卡，单击“行和列”组中的“在右侧插入”按钮 在右侧插入，并在新插入列的第 1 行输入“实发工资”。

（3）将光标定位在计算实发工资的第 1 个单元格，打开“表格工具—布局”选项卡，单击“数据”组中的“公式”按钮，对弹出的“公式”对话框进行设置，如图 3-108 所示，单击“确定”按钮，求出第 1 个人的“实发工资”，按照相同的方法计算其他人的实发工资。

（4）选定表格，打开“表格工具—布局”选项卡，单击“数据”组中的“排序”按钮，弹出“排序”对话框，在“主要关键字”下拉列表中选择“实发工资”，选中“升序”单选按钮，如图 3-110 所示。

（5）选定表格的第 1 行，打开“表格工具—布局”选项卡，在“单元格大小”组“高度”文本框中输入“2 厘米”；在“宽度”文本框中输入“2 厘米”；单击“对齐方式”组中的“水平居中”按钮。

（6）打开“表格工具—设计”选项卡，单击“绘图边框”组中的“绘制表格”按钮，绘制如图 3-112 所示的斜线表头。

（7）选定表格，打开“表格工具—设计”选项卡，将“绘图边框”组中的“样式”“粗细”“颜色”分别设置为“双实线”“2.25 磅”“深红”，单击“表格样式”组中的“边框”下拉按钮，在下拉列表中选择“外侧框线”选项，如图 3-111 所示。按照此方法，将内框线分别设置为“1.5 磅”“单实线”“深蓝”。

图 3-110　“排序”对话框

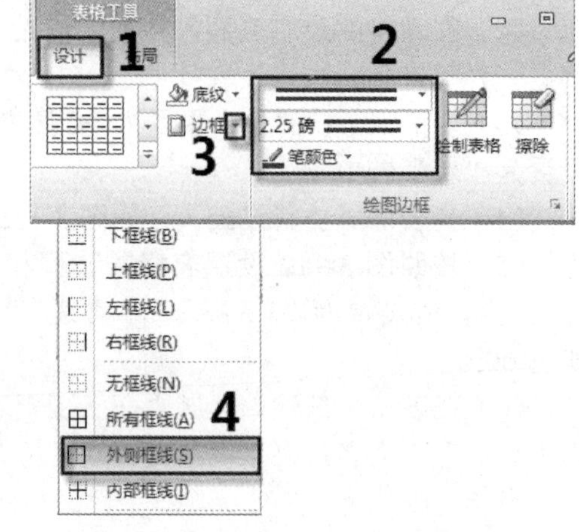

图 3-111　设置表格外侧边框

（8）单击“表格样式”组中的“底纹”下拉按钮，在下拉列表中选择“橙色，强调文字颜色 6，淡色 60%”。

（9）在表格的顶部输入标题“职工工资表”，在“开始”选项卡“字体”组中设置“字体”为“华文琥珀”、“字号”为“小二”；单击“文本效果”下拉按钮，在下拉列表中选择“渐变填充-黑色，轮廓-白色，外部阴影”选项。设置完毕后的表格效果如图 3-112 所示。

职工工资表

工资 / 姓名	基本工资	效益工资	岗位工资	差旅补贴	电话费	实发工资
李洋	600	325	250	350	150	1675
王磊	550	355	280	400	90	1675
史丽	630	440	290	290	95	1745
张茜	638	380	290	360	100	1768
孙维	650	400	310	360	80	1800

图 3-112　编辑后的表格效果图

第 4 章

长文档的编辑

4.1 创建和使用样式

样式是指以一定名称保存的字符格式和段落格式的集合，这样用户在编排重复格式时，先创建一个格式的样式，然后在需要的时候套用该样式，就无须一次次地对它们进行重复的格式化操作。

微课视频

4.1.1 在文档中应用样式

1. 使用内置样式

Word 2010 内置了很多样式供用户使用。选定需要使用样式的文本，单击“开始”选项卡“样式”组中的“其他”下拉按钮，在下拉列表中选择某一种样式，如图 4-1 所示，该样式所包含的格式被应用到所选定的文本中。

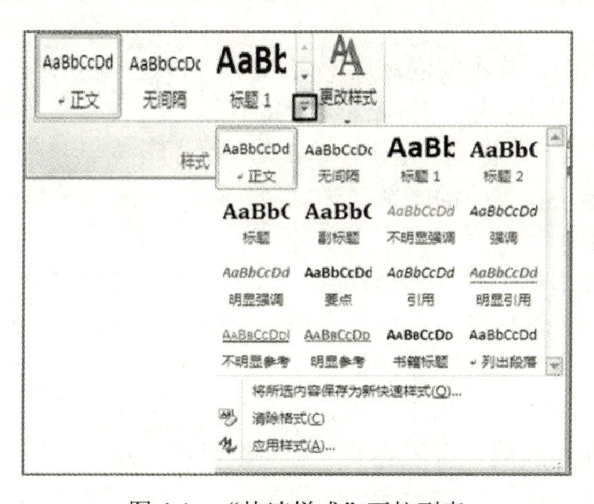

图 4-1　“快速样式”下拉列表

2. 使用“样式”窗格

用户使用“样式”窗格也可以将样式应用到选定的文本中，操作步骤如下。

（1）选定要套用样式的文本，或者将光标定位在该文本段落中。

（2）在“开始”选项卡“样式”组中，单击右下角的 对话框启动按钮，打开“样式”窗格，如图 4-2 所示。

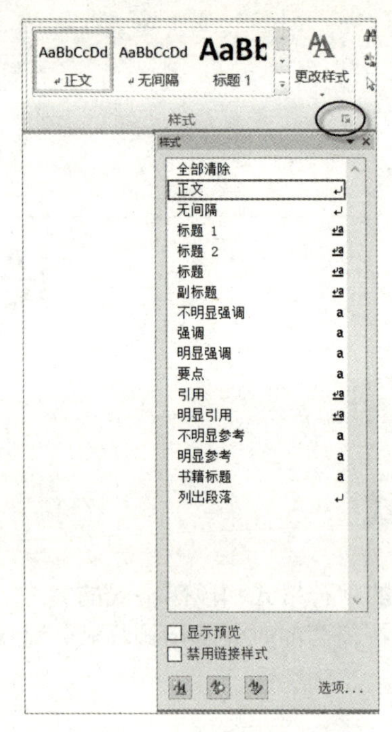

图 4-2 “样式”窗格

（3）选择“样式”窗格列表框中的某一种样式，即可将该样式应用到选定文本或当前段落中。

（4）设置结束后，单击“样式”窗格右上角的“关闭”按钮，关闭“样式”窗格。

4.1.2 创建新样式

微课视频

当 Word 2010 内置的样式不能满足用户需求时，可以创建新样式，使用新样式进行格式编辑。创建新样式的操作步骤如下。

（1）在“开始”选项卡“样式”组中，单击右下角的对话框启动按钮，打开“样式”窗格，单击“样式”窗格左下角的“新建样式”按钮，如图 4-3 所示，弹出“根据格式设置创建新样式”对话框。

（2）在“名称”文本框中输入新建样式的名称，单击“样式类型”下拉按钮，在下拉列表中包含段落、字符、链接段落和字符、表格、列表 5 种类型，选择一种类型即可。

- 段落：新建的样式主要应用于段落。
- 字符：新建的样式主要应用于字符。
- 链接段落和字符：新建的样式主要应用于段落和字符。
- 表格：新建的样式主要应用于表格。
- 列表：新建的样式主要应用于项目符号和编号列表。

（3）单击“样式基准”下拉按钮，在下拉列表框中选择某一种内置样式作为新建样式的基准样式。

（4）设置样式的格式。在“根据格式设置创建新样式”对话框中，单击“格式”选区中的相应按钮即可进行设置样式的格式，或者通过单击“格式”下拉按钮，在打开的下拉列表中选择相应的命令进行设置样式的格式。如果希望该样式应用于所有文档，则选中“根据格式设置创建新样式”对话框左下角的“基于该模板的新文档”单选按钮。设置完毕单击“确定”按钮即可，如图 4-4 所示。

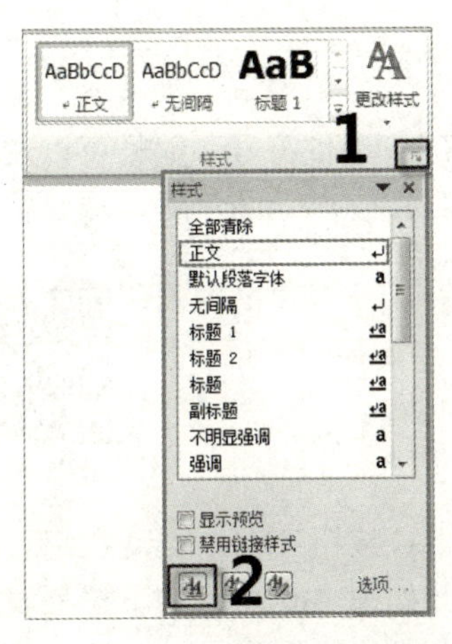

图 4-3　单击“新建样式”按钮

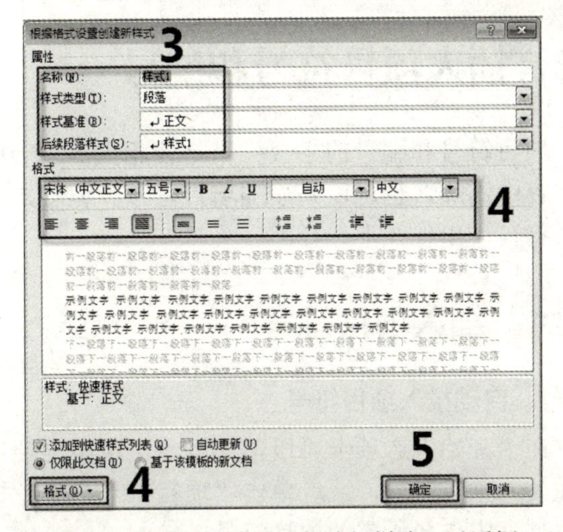

图 4-4“根据格式设置创建新样式”对话框

（5）创建的新样式显示在内置样式库中，在使用时选择该样式即可。

4.1.3　修改样式

微课视频

用户根据需要可以对样式进行修改，修改后的样式将会应用到所有使用该样式的文本段落中，操作步骤如下。

（1）在“开始”选项卡“样式”组中，单击右下角的 对话框启动按钮，打开“样式”窗格。

（2）在需要修改的样式名称上右击，在弹出的快捷菜单中选择“修改”命令，如图 4-5 所示，弹出“修改样式”对话框，按照需要进行修改即可。

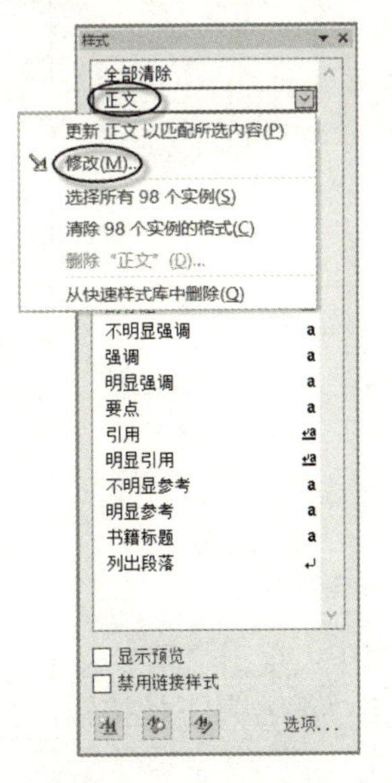

图 4-5　选择“修改”命令

（3）修改完毕后，单击“确定”按钮，修改后的样式即可应用到使用该样式的文本段落中。

4.2 插入项目符号和编号

项目符号和编号的主要作用是使相关的内容醒目且有序。项目符号和编号可以在已有的内容中添加，也可以先添加项目符号和编号，再编辑内容。按“Enter”键，项目符号和编号将自动出现在下一行。

4.2.1 插入项目符号

微课视频

1. 自动插入项目符号

在“开始”选项卡“段落”组中，单击“项目符号”下拉按钮，自动在每一段落前面插入项目符号，或者单击“项目符号”下拉按钮，打开如图 4-6 所示的下拉列表，在下拉列表中选择所需的项目符号。

2. 自定义项目符号

在如图 4-6 所示的“项目符号”下拉列表中选择“定义新项目符号”选项，弹出如图 4-7 所示的“定义新项目符号”对话框，单击“项目符号字符”选区中的“字符”按钮或“图片”按钮可以更改项目符号的样式；单击“字体”按钮可以设置项目符号的格式；在“对齐方式”下拉列表中设置项目符号的对齐方式；在“预览”选区中查看设置项目符号的效果。

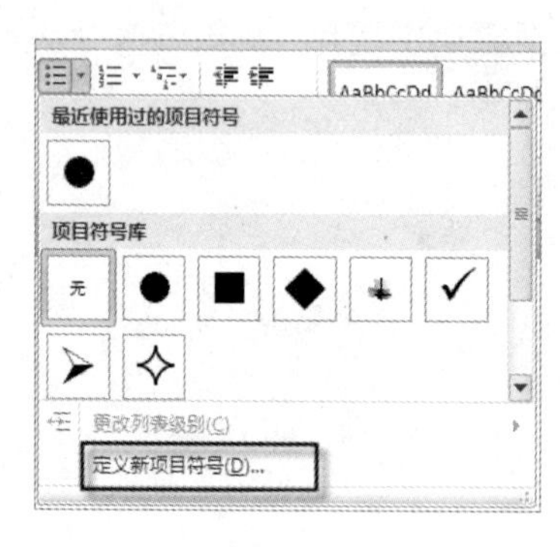

图 4-6 “项目符号”下拉列表

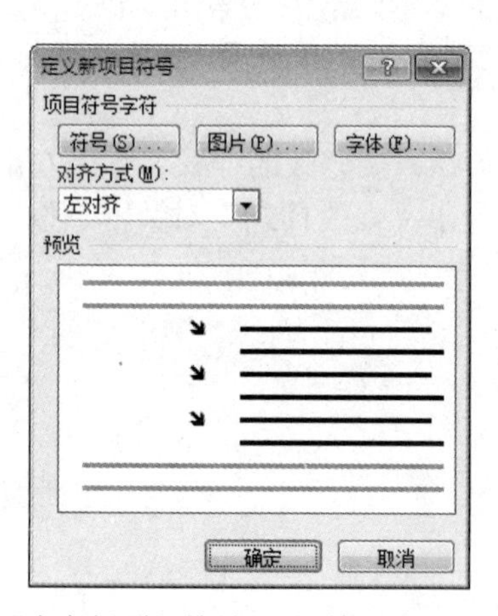

图 4-7 “定义新项目符号”对话框

4.2.2 插入编号

微课视频

1. 自动插入编号

在“开始”选项卡“段落”组中，单击“编号”下拉按钮，自动在每一段落前面插入编号，或者单击“编号”下拉按钮，打开如图 4-8 所示的下拉列表，在下拉列表中选择所需的编号。

2. 自定义编号

选择如图 4-8 所示的“编号”下拉列表中的“定义新编号格式”选项，弹出如图 4-9 所示的“定义新编号格式”对话框，在“编号样式”下拉列表框、“对齐方式”下拉列表中可以设置编号的样式、对齐方式，通过“字体”按钮可以设置编号的格式。

图 4-8　“编号”下拉列表

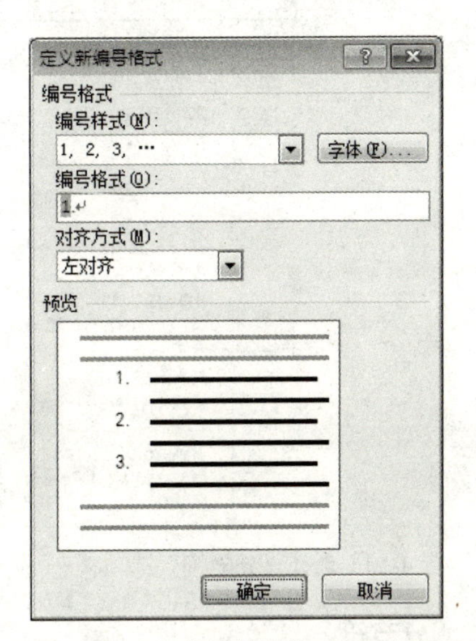

图 4-9　“定义新编号格式”对话框

4.3　设置页眉和页脚

4.3.1　插入分页和分节

微课视频

1. 分页符

在 Word 文档中，当输入的内容到达 Word 文档的底部时，Word 就会自动分页。如果在一页未完成时希望从新的一页开始，则需要用户手动插入分页符进行强制分页。

插入分页符的操作步骤如下。

（1）将光标定位在文档中需要插入分页符的位置。

（2）在“页面布局”选项卡“页面设置”组中，单击“分隔符”下拉按钮，打开“分隔符”下拉列表。

（3）在下拉列表中选择“分页符”选项栏中的“分页符”选项，如图 4-10 所示，即可将光标后的内容分布到新的页面。

用户使用“Ctrl+Enter”组合键也可以插入分页符，操作步骤如下。

（1）将光标定位在文档中需要插入分页符的位置。

（2）按“Ctrl+Enter”组合键，此时，插入点之后的内容分布到新的页面。

文档插入分页符后，在草稿视图中，可以看到分页符是一条带有“分页符”3 个文字的水平虚线，如图 4-11 所示。如果用户要删除分页符，则在草稿视图中单击分页符水平虚线的任意位置，然后按“Delete”键即可。

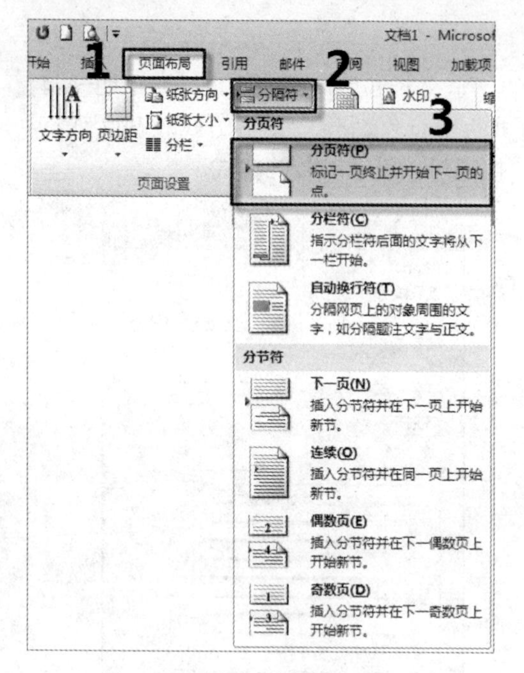

图 4-10 选择“分隔符”选项

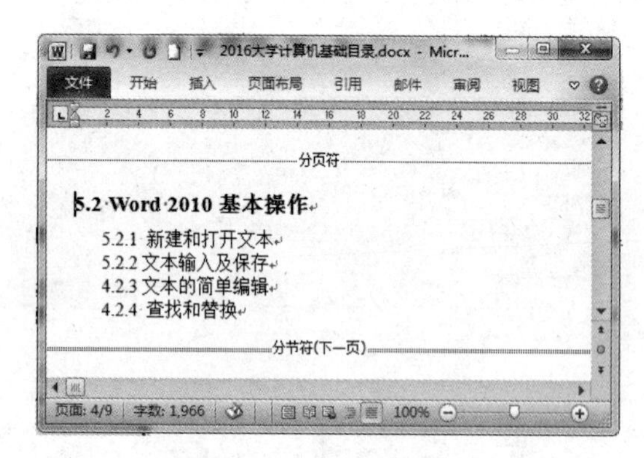

图 4-11 草稿视图中的“分页符”和“分节符”

2. 分节符

一篇文档默认是一节，有时需要分成很多节，分开的每节都可以进行不同的页眉、页脚、页码等设置。如果用户需要在一页中或两页之间更改文档的版式或格式，则需要使用分节符。

插入分节符的操作步骤如下。

（1）将光标定位在文档中需要插入分节符的位置。

（2）打开“页面布局”选项卡，单击“页面设置”组中的“分隔符”下拉按钮，在下拉列表中选择“分节符”选项栏中的选项即可，如图 4-10 所示。

- 下一页：插入一个分节符，新节从下一页开始，分节的同时又分页，如图 4-12（a）所示。
- 连续：插入一个分节符，新节从同一页开始，分节但不分页，如图 4-12（b）所示。
- 奇数页或偶数页：插入一个分节符，新节从下一个奇数页或偶数页开始，如图 4-12（c）所示。

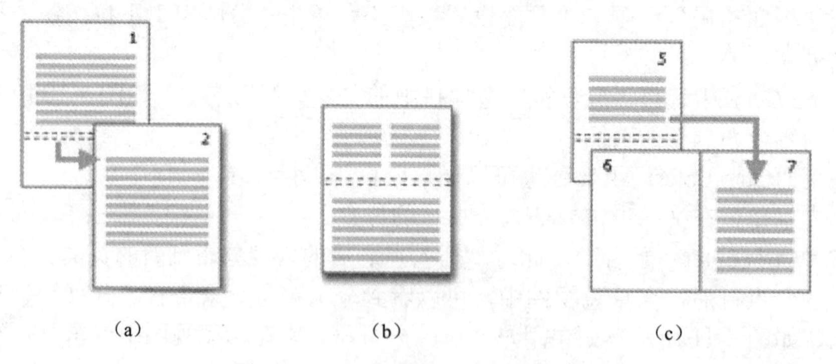

图 4-12 “分节符”各选项样式效果图

插入分节符后，在草稿视图中，用户可以看到分节符是一条带有“分节符”3 个文字的水平双虚线，如图 4-11 所示。如果用户要删除分节符，则在草稿视图中单击分节符水平双虚线的任意位置，然后按“Delete”键即可。

微课视频

4.3.2　插入页码

页码是文档每一页标明次序的号码或其他数字，用于统计文档的页数，便于用户阅读和检索，页码一般位于页脚或页眉中。

插入页码的操作步骤如下。

（1）打开“插入”选项卡，单击“页眉和页脚”组中的“页码”下拉按钮，在下拉列表中可以选择页码的位置和样式选项，如图 4-13 所示。

（2）插入页码后，系统自动出现“页眉和页脚工具—设计”选项卡，单击“页眉和页脚”组中的“页码”下拉按钮，选择下拉列表中的“设置页码格式”选项，弹出如图 4-14 所示的“页码格式”对话框。

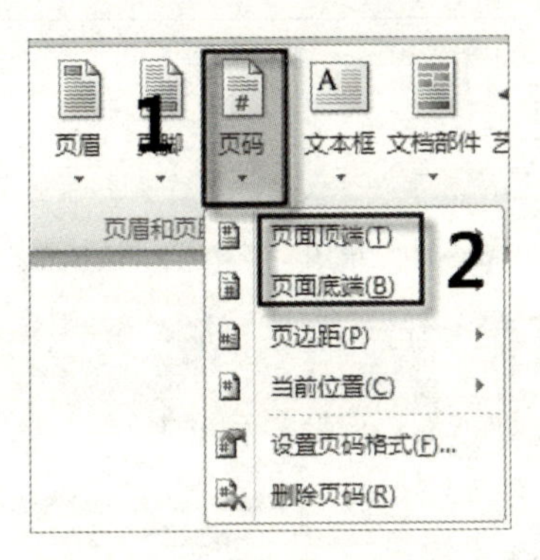

图 4-13　“页码”下拉列表

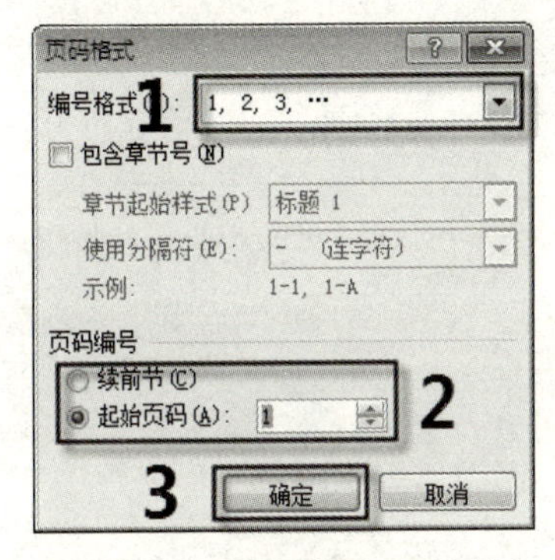

图 4-14　“页码格式”对话框

（3）在“编号格式”下拉列表框中选择页码的格式；在“页码编号”选区中设置页码的起始值；如果勾选“包含章节号”复选框，则在页码中会出现章节号。

微课视频

4.3.3　插入页眉和页脚

页眉和页脚位于文档中每个页面页边距的顶部或底部区域中。在这些区域中，用户可以添加文档的一些标志性信息，如文件名、单位名、单位标志、日期、页码和标题等，以便对文档进行说明。

1．插入页眉和页脚

在“插入”选项卡“页眉和页脚”组中，单击“页眉”下拉按钮或“页脚”下拉按钮，如图 4-15 和 4-16 所示。在下拉列表中选择 Word 内置的一种页眉样式或页脚样式，进入页眉或页脚的编辑状态，输入页眉或页脚的内容即可。如果要退出页眉或页脚的编辑状态，则双击正文的空白处，返回文档的编辑状态。此时，正文被激活，而页眉或页脚内容显示为灰色并处于禁用状态。

进入页眉和页脚的编辑状态后，系统自动打开“页眉和页脚工具—设计”选项卡，如图 4-17 所示，该选项卡包含 6 个选项组，其含义如下所述。

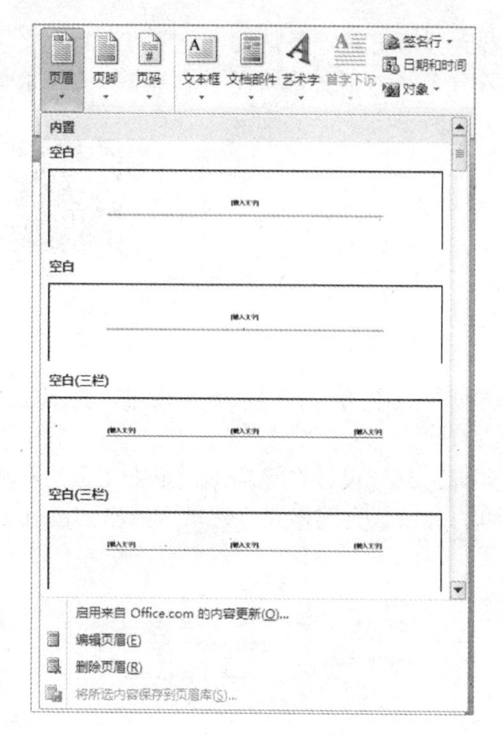

图 4-15　单击“页眉”下拉按钮

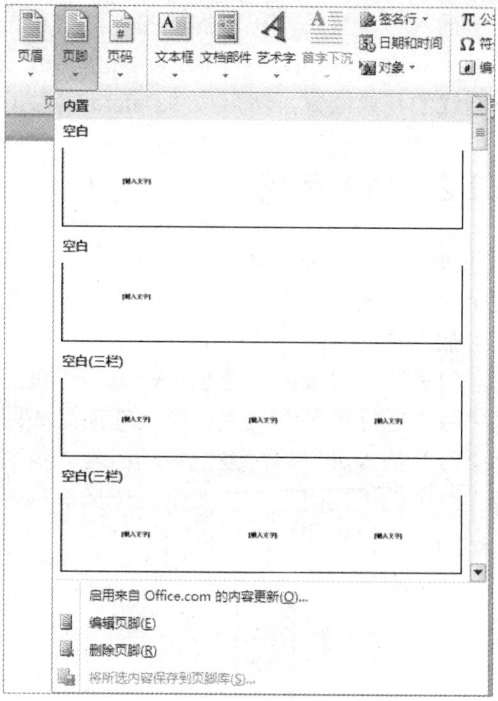

图 4-16　单击“页脚”下拉按钮

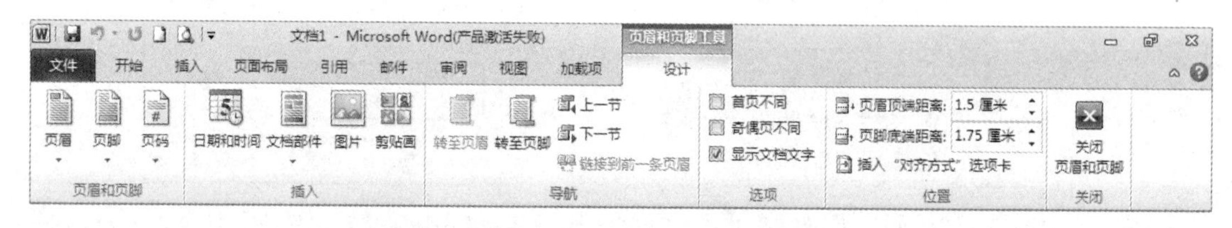

图 4-17　“页眉和页脚工具—设计”选项卡

- “页眉和页脚”组：选择页眉、页脚、页码的样式或编辑格式。
- “插入”组：可以在页眉和页脚中插入日期和时间、文本、图片、剪贴画。
- “导航”组：单击“转至页眉”按钮或“转至页脚”按钮，可以在编辑界面中对页眉和页脚进行切换。
- “选项”组：设置不同方式的页眉和页脚，如“首页不同”“奇偶页不同”等。
- “位置”组：设置“页眉顶端距离”或“页脚底端距离”及其对齐方式。
- “关闭”组：单击“关闭”按钮，退出页眉和页脚的编辑状态，返回正文。

2．创建首页页眉和页脚不同

创建首页页眉和页脚不同是指文档首页的页眉和页脚不同于其他页的页眉和页脚，操作步骤如下。

（1）双击页眉或页脚区域，进入页眉和页脚的编辑状态，功能区出现“页眉和页脚工具—设计”选项卡。

（2）在“页眉和页脚工具—设计”选项卡“选项”组中，勾选“首页不同”复选框☑ 首页不同，输入首页页眉的内容。单击“导航”组中的“转至页脚”按钮，输入首页页脚的内容。

（3）单击“关闭”组中的“关闭页眉和页脚”按钮，完成设置。

3. 创建奇偶页页眉和页脚不同

在较长的文档中，用户为了使文档具有个性，常常创建奇偶页页眉和页脚不同。双击页眉或页脚区域，打开“页眉和页脚工具—设计”选项卡，勾选“选项”组中的“奇偶页不同”复选框☑奇偶页不同，分别设置奇数页、偶数页的页眉和页脚即可。单击“导航”组中的“上一节”按钮或“下一节”按钮，可以在奇数页和偶数页之间进行切换。

微课视频

4.3.4 删除页眉和页脚

1. 删除页眉

方法 1：

（1）将光标定位在文档中的任意位置，打开“插入”选项卡。

（2）单击“页眉和页脚”组中的“页眉”下拉按钮，在下拉列表中选择“删除页眉”选项，即可删除当前页眉。

方法 2：

（1）双击页眉区域，此时页眉区域处于可编辑状态。

（2）打开“页眉和页脚工具—设计”选项卡，单击“页眉和页脚”组中的“页眉”下拉按钮，在下拉列表中选择“删除页眉”选项，即可删除当前页眉。

（3）双击正文的任意位置，退出页眉编辑状态。

2. 删除页脚

删除页脚与删除页眉的方法相似。打开“插入”选项卡或“页眉和页脚工具—设计”选项卡。单击“页眉和页脚”组中的“页脚”下拉按钮，在下拉列表中选择“删除页脚”选项，即可删除当前页脚。

3. 删除或添加页眉线

插入页眉后，在页眉的位置有一条直线，叫作页眉线。用户根据需要可以删除或添加页眉线。

删除页眉线的方法：选定页眉区域的段落标记符，打开“开始”选项卡，单击“段落”组中的“边框”下拉按钮，选择下拉列表中的“无”选项即可。

添加页眉线的方法：选定页眉区域的段落标记符，打开“开始”选项卡，单击“段落”组中的“边框”下拉按钮，选择下拉列表中的“下框线”选项即可。

4.4 在文档中添加引用的内容

微课视频

4.4.1 插入脚注和尾注

脚注和尾注是对文档内容进行注释说明的。脚注一般位于当前页面的底部，尾注一般位于文档的结尾。脚注和尾注由两个关联的部分组成，即注释引用标记和注释文本。

在文档中插入脚注或尾注的操作步骤如下。

（1）选定要插入脚注或尾注的文本。

（2）打开“引用”选项卡，单击“脚注”组中的“插入脚注”按钮 AB[1] 或“插入尾注”

按钮 插入尾注，脚注的引用标记将自动插入到当前页面的底部，尾注的引用标记将自动插入到文档的结尾。

（3）在标记的插入点输入脚注或尾注的注释内容即可。插入“脚注”的效果如图 4-18 所示。

插入脚注或尾注的文本右上角将出现脚注或尾注引用标记，当鼠标指向这些标记时，系统会弹出注释内容。删除此标记，将删除对应的脚注内容或尾注内容。

如果要改变脚注或尾注的位置，则单击“引用”选项卡“脚注”组右下角的 对话框启动按钮，弹出如图 4-19 所示的“脚注和尾注”对话框。

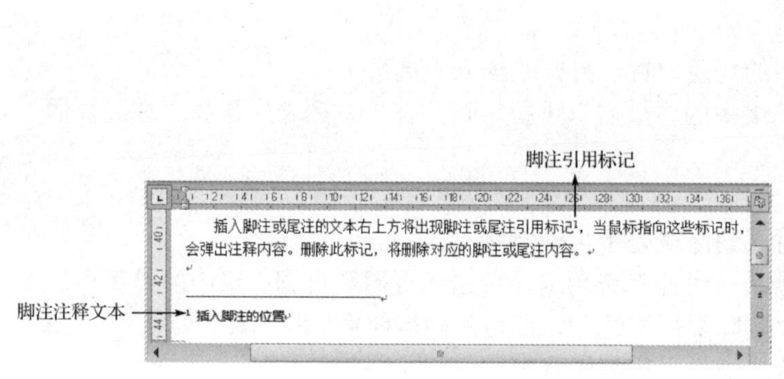

图 4-18　插入脚注效果图

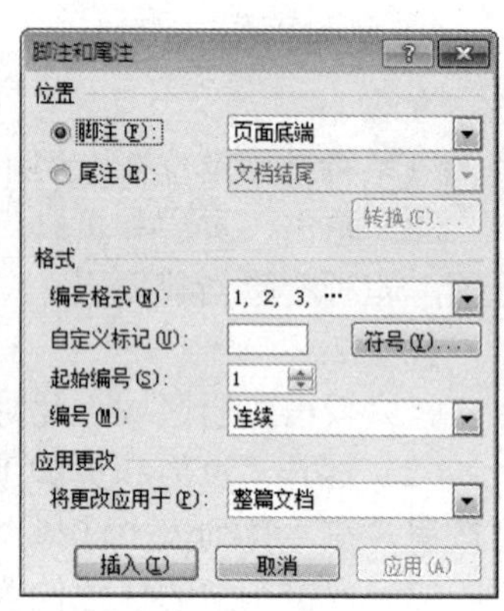

图 4-19　“脚注和尾注”对话框

- 在“位置”选区中，选中“脚注”单选按钮或“尾注”单选按钮，可以在其后的下拉列表中改变脚注或尾注的插入位置。
- 在“格式”选区中可以改变脚注或尾注的编号格式、起始编号、编号方式等。

4.4.2　插入题注

微课视频

题注就是给图片、表格、图表、公式等项目添加的名称和编号。例如，在图片下方标注的“图 4-1”“图 4-2”等带有编号的说明段落就是题注，简单来说，题注就是插图的编号，题注可以方便用户查找和阅读。

使用题注功能可以使较长文档中的图片、表格或图表等项目能够按照顺序自动编号。当移动、插入或删除带题注的项目时，Word 可以自动更新题注的编号，提高工作效率。

通常，表格的题注位于表格的上方，图片的题注位于图片的下方。

下面以图片添加题注为例，介绍在文档中插入题注的方法，操作步骤如下。

（1）在要添加题注的图片上右击，在弹出的快捷菜单中选择“插入题注”命令，或者打开“引用”选项卡，在“题注”组中，单击“插入题注”按钮，弹出“题注”对话框，如图 4-20 所示。

（2）在“标签”下拉列表框中选择需要的标签形式。如果在默认的标签中，没有用户需要的形式，则可以新建标签。

（3）单击“新建标签”按钮，弹出“新建标签”对话框，在“标签”文本框中输入新的标签名称，标签的名称根据需要设定。如输入“图 4-”表示第 4 章中的图片，如图 4-21 所示。单击“确定”按钮，新的标签自动出现在“标签”的下拉列表中。

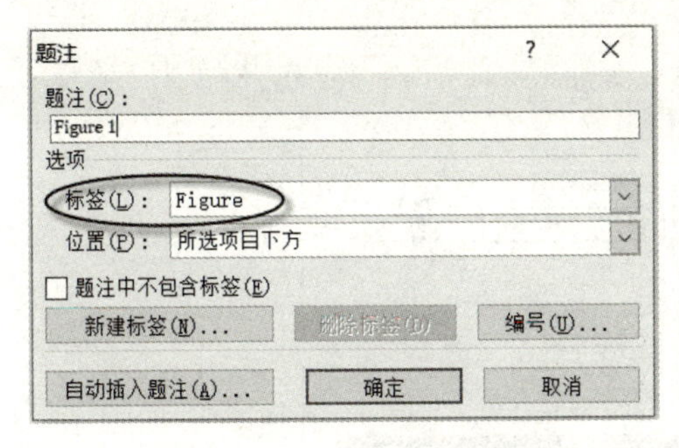

图 4-20　“题注”对话框

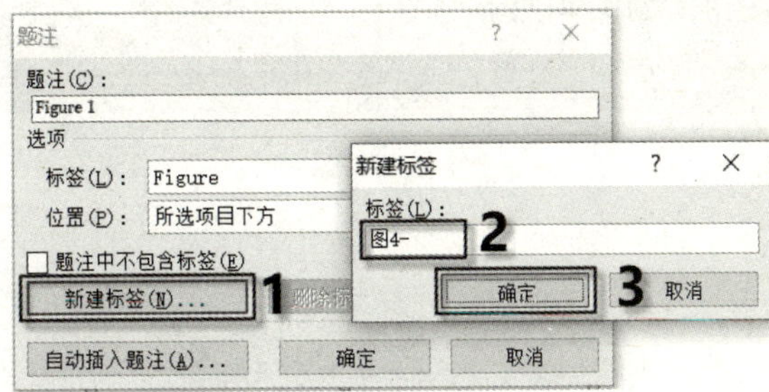

图 4-21　输入新建标签的名称

（4）单击如图 4-20 所示的“题注”对话框中的“编号”按钮，弹出“题注编号”对话框，在该对话框中，可以设置标签的编号样式。单击“题注”对话框中的“位置”下拉按钮，在下拉列表中，可以设置标签的位置，如选择“所选项目下方”。

（5）设置结束后，单击“确定”按钮，自动为当前图片添加了题注，如图 4-22 所示。

图 4-22　添加题注后的效果

（6）当再添加本章其他图片的题注时，只需要在“题注”对话框中的“标签”下拉列表框中选择“图 4-”标签类型，系统自动插入“图 4-2”“图 4-3”等内容。

4.4.3　插入交叉引用

微课视频

交叉引用就是在文档的一个位置上引用文档中另一个位置的内容。在文档中用户经常看到“如图 X-Y 所示”，就是为图片创建了交叉引用。交叉引用可以使用户能够尽快地找到想要找的内容，也能够使整个文档的内容更有条理。交叉引用随着引用的图、表格等对象的顺序变化而变化，自动进行更新。

对“图 4-5 修改样式”设置“交叉引用”，操作步骤如下。

（1）将光标定位在需要插入交叉引用的位置，打开“引用”选项卡，在“题注”组中单击“交叉引用”按钮。

（2）弹出“交叉引用”对话框，在“引用类型”下拉列表框中选择引用的类型，如选择“图 4-”；在“引用内容”下拉列表框中选择引用的内容，如选择“只有标签和编号”；在“引用哪一个题注”列表框中选择引用的对象，如选择“图 4-5 修改样式”，单击“插入”

按钮，如图 4-23 所示。

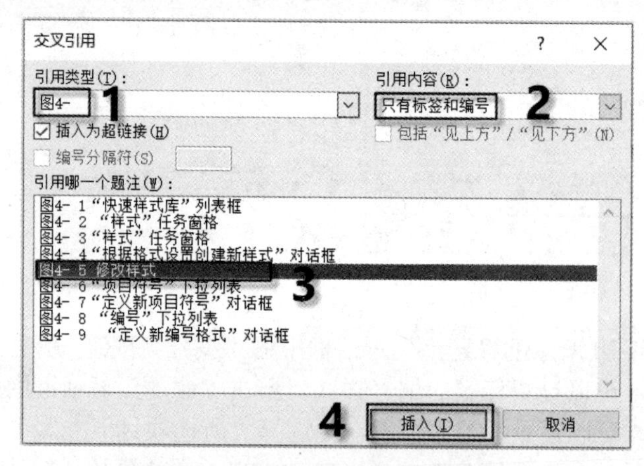

图 4-23　设置“交叉引用”对话框

（3）引用的内容自动插入到当前光标的位置。按住“Ctrl”键并单击可访问链接，即跳转到引用的目标位置，如图 4-24 所示，为用户快速浏览内容提供了方便。

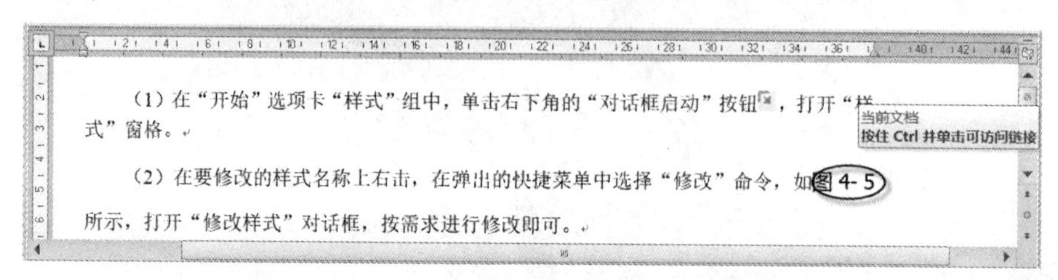

图 4-24　建立交叉引用后的效果

当文档中的图片、表格等对象因插入、删除等操作造成题注的序号发生变化时，Word 2010 中的题注序号并不会自动重新编号。如果用户想要自动更改题注的序号，则先选定整篇文档并右击，在弹出的快捷菜单中选择“更新域”命令，题注将重新编号，同时，引用的内容也会随着题注的变化而变化。

4.5　创建文档目录

目录作为一个导读，通常位于文档的前面，为用户阅读和查阅文档提供了方便。用户使用 Word 2010 的内置目录功能，可以快速地为文档添加目录，也可以插入其他样式的目录，以彰显文档的个性。

4.5.1　自动生成目录

微课视频

1．利用内置目录样式创建目录

（1）将光标定位在文档的最前面，打开“引用”选项卡，单击“目录”组中的“目录”下拉按钮，打开“目录”下拉列表。

（2）如果文档已经设置了内置的目录样式，则选择下拉列表中的某一种“自动目录”

样式即可，如“自动目录 1”，Word 2010 根据内置的目录样式自动在指定位置创建目录，如图 4-25 所示。

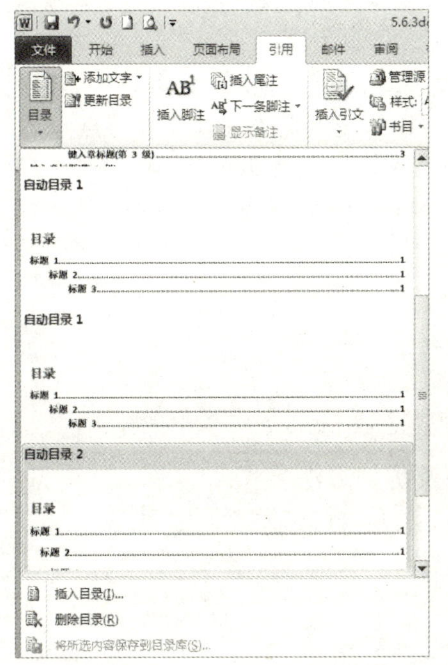

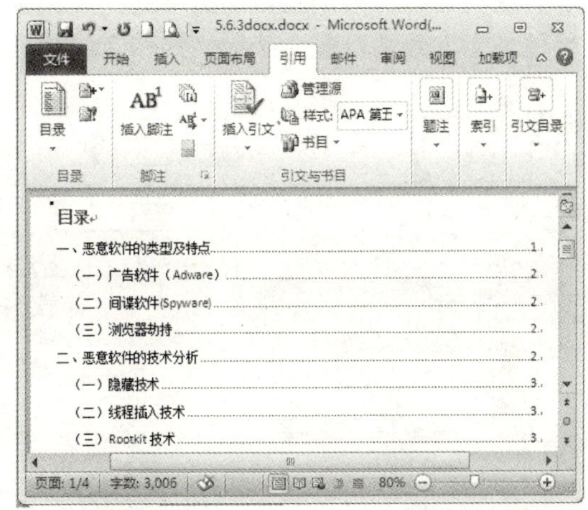

图 4-25　利用内置目录样式创建目录

（3）如果文档没有设置内置的目录样式，则选择下拉列表中的某一种“手动目录”样式，再手动填写目录内容即可。

2. 利用自定义目录样式创建目录

【例 4-1】创建如图 4-26 所示的 2 级目录。

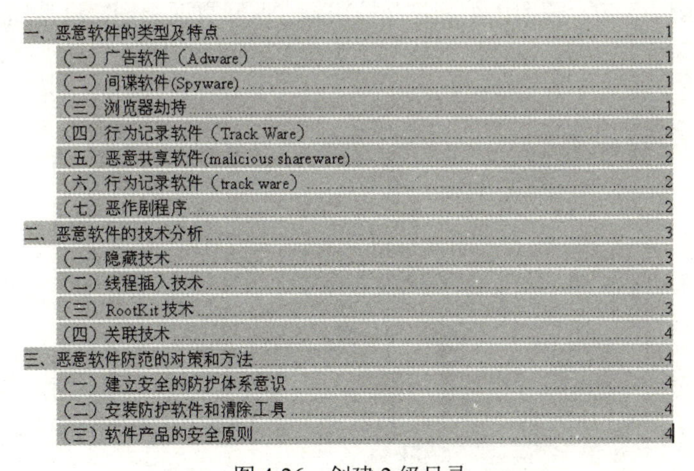

一、恶意软件的类型及特点.....1
（一）广告软件（Adware）.....1
（二）间谍软件(Spyware).....1
（三）浏览器劫持.....1
（四）行为记录软件（Track Ware）.....2
（五）恶意共享软件(malicious shareware).....2
（六）行为记录软件（track ware）.....2
（七）恶作剧程序.....2
二、恶意软件的技术分析.....3
（一）隐藏技术.....3
（二）线程插入技术.....3
（三）RootKit 技术.....3
（四）关联技术.....4
三、恶意软件防范的对策和方法.....4
（一）建立安全的防护体系意识.....4
（二）安装防护软件和清除工具.....4
（三）软件产品的安全原则.....4

图 4-26　创建 2 级目录

用户要创建如图 4-26 所示的目录，可以分为 3 个步骤进行。第 1 步，对各级目录进行格式化设置，即利用“大纲视图”中的“1 级”“2 级”级别设置对应各级目录的格式；第 2 步，利用“引用”选项卡“目录”组中的“目录”下拉按钮创建目录；第 3 步，插入页码，正文页码从第 1 页开始，操作步骤如下。

（1）插入一个空白页。将光标定位在文档的最前面，打开“页面布局”选项卡，单击“页面设置”组中的“分隔符”下拉按钮 分隔符 ▾，在下拉列表中，选择“分节符”选项栏中的“下一页”选项，如图 4-27 所示。

（2）设置各级目录格式。打开“视图”选项卡，单击“文档视图”组中的“大纲视图”按钮，打开大纲视图。选定作为 1 级目录的文本“一、恶意软件的类型及特点”，在“大纲工具”组中选择“1 级”，如图 4-28 所示。同理选定作为 2 级目录的文本“（一）广告软件（Adware）”，在“大纲工具”组中选择“2 级”。利用同样的方法，将其他 1 级目录文本和 2 级目录文本分别设置为 1 级格式和 2 级格式。

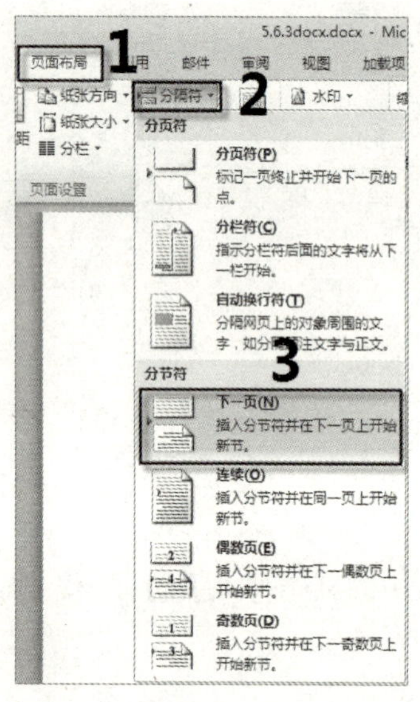

图 4-27　选择“下一页”选项

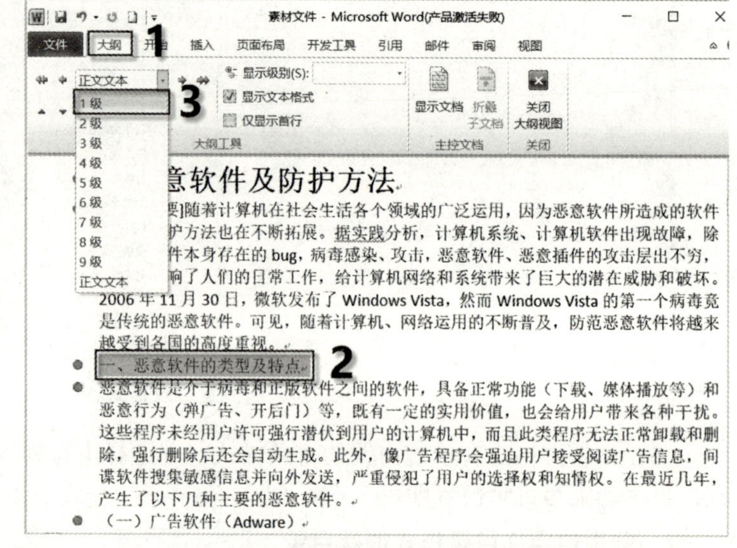

图 4-28　设置目录级别

（3）插入目录。单击“关闭大纲视图”按钮，返回页面视图。将光标定位在目录页，打开“引用”选项卡，单击“目录”组中的“目录”下拉按钮，选择“插入目录”选项，弹出如图 4-29 所示的“目录”对话框。

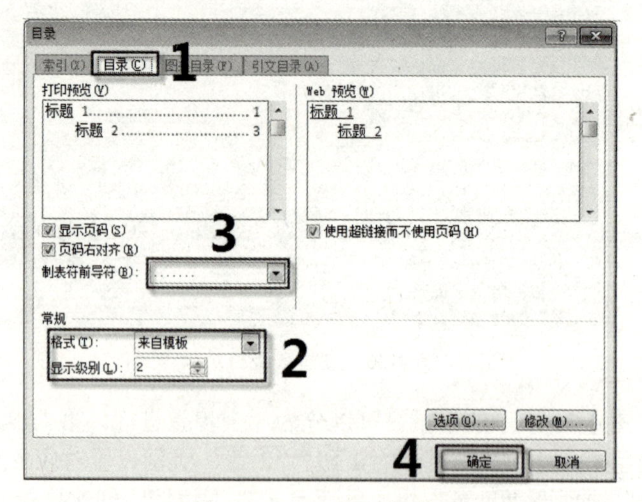

图 4-29　“目录”对话框

（4）打开“目录”选项卡，“格式”下拉列表框用于设置创建目录的格式，本实例选择“来自模板”格式；“显示级别”文本框用于设置创建目录的级别，本实例在“显示级别”文本框中输入“2”；在“制表符前导符”下拉列表中选择默认的符号，设置完毕后，单击“确定”按钮，创建一个 2 级目录，如图 4-30 所示。

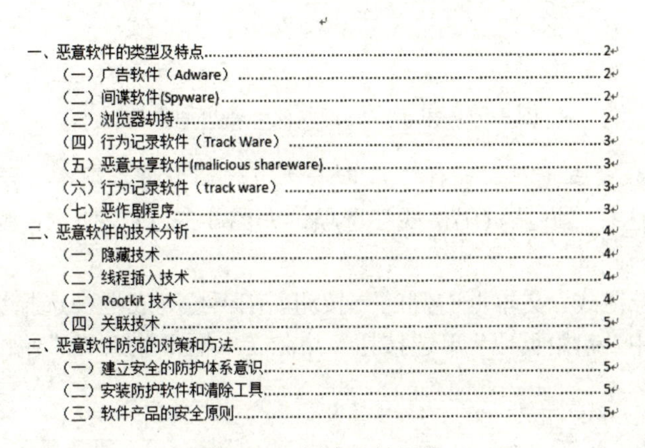

目录

一、恶意软件的类型及特点........2
（一）广告软件（Adware）........2
（二）间谍软件(Spyware)........2
（三）浏览器劫持........2
（四）行为记录软件（Track Ware）........3
（五）恶意共享软件(malicious shareware)........3
（六）行为记录软件（track ware）........3
（七）恶作剧程序........3
二、恶意软件的技术分析........4
（一）隐藏技术........4
（二）线程插入技术........4
（三）Rootkit 技术........4
（四）关联技术........5
三、恶意软件防范的对策和方法........5
（一）建立安全的防护体系意识........5
（二）安装防护软件和清除工具........5
（三）软件产品的安全原则........5

图 4-30　创建 2 级目录

（5）插入页码，正文的页码从第 1 页开始。打开“插入”选项卡，单击“页眉和页脚”组中的“页码”下拉按钮，在下拉列表中选择页码的位置和样式选项，如图 4-31 所示。

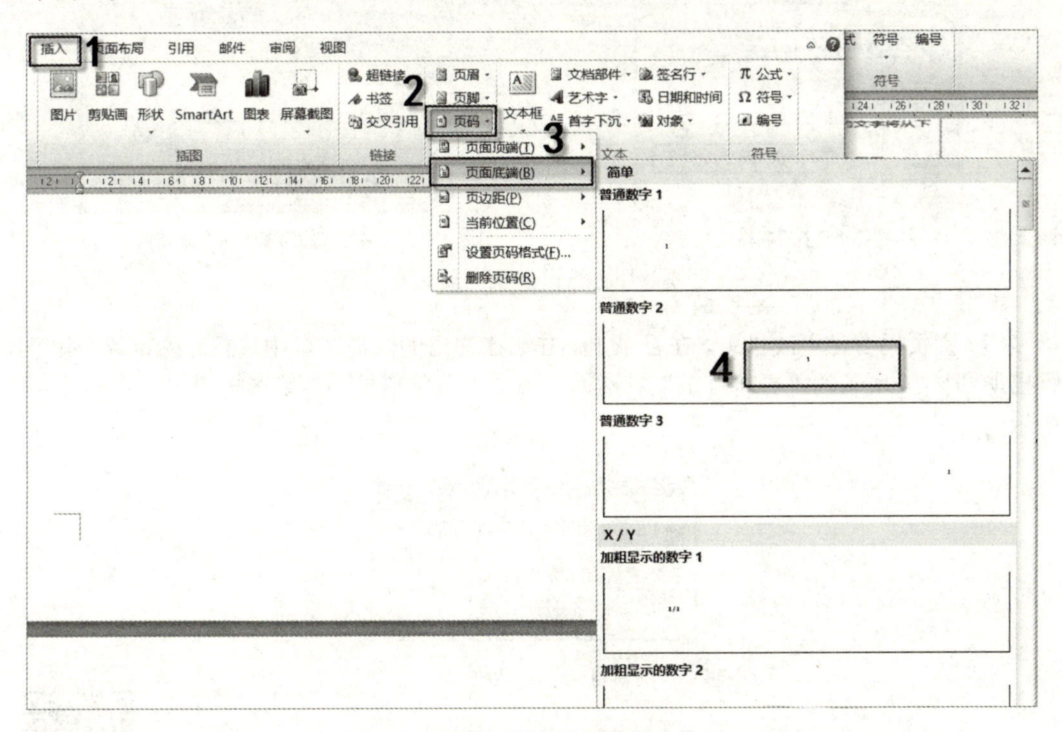

图 4-31　选择页码的位置和样式选项

（6）双击正文第 1 页页脚区域的页码，打开“页眉和页脚工具—设计”选项卡，单击“导航”组中的“链接到前一条页眉”按钮，如图 4-32 所示，取消当前节和上一节的关联。

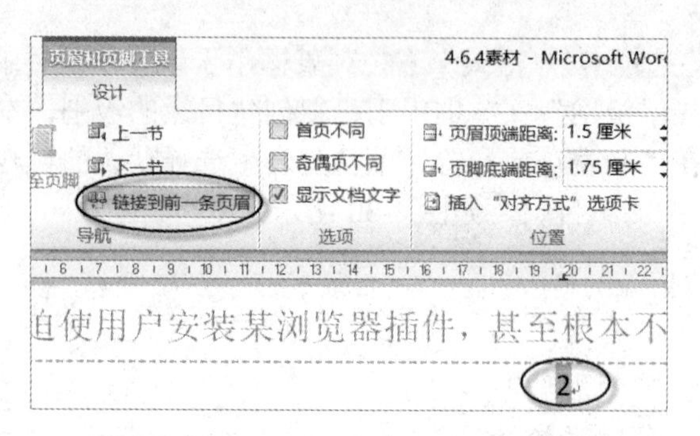

图 4-32　单击“链接到前一条页眉”按钮

（7）在“页眉和页脚工具—设计”选项卡“页眉和页脚”组中，单击“页码”下拉按钮，在下拉列表中选择“设置页码格式”选项，如图 4-33（a）所示，弹出“页码格式”对话框。

（8）单击“编号格式”文本框右侧的 按钮，在下拉列表框中选择页码的格式，在“页码编号”选区中选中“起始页码”单选按钮，并在文本框中输入“1”，如图 4-33（b）所示，单击“确定”按钮。

（a）选择“设置页码格式”选项

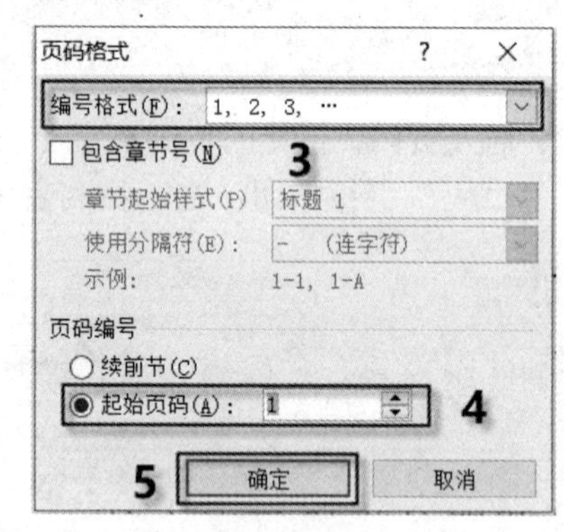

（b）设置“页码格式”对话框

图 4-33　设置页码

（9）因页码变化更改目录。在目录上右击，在弹出的快捷菜单中选择“更新域”命令，弹出如图 4-34 所示的“更新目录”对话框，选中“只更新页码”单选按钮，创建如图 4-26 所示的目录。

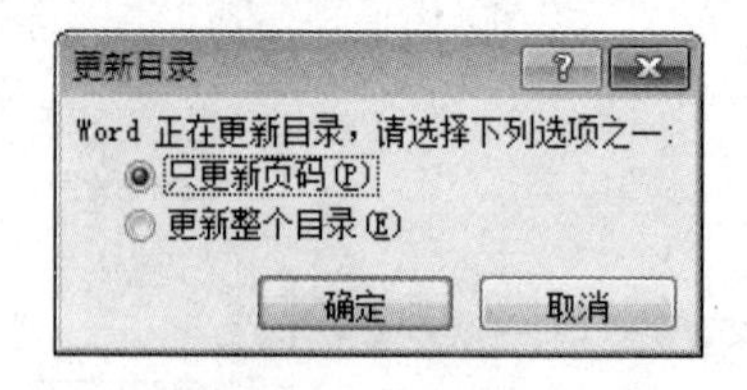

图 4-34　“更新目录”对话框

4.5.2　更新目录

微课视频

在创建目录后，如果因源文档标题或其他目录项而要更改目录，则只需要在目录上右击，在弹出的快捷菜单中选择“更新域”命令，即可更新目录，或者打开“引用”选项卡，单击“目录”组中的“更新目录”按钮，也可以更新目录。

4.6　审阅和修订文档

4.6.1　拼写和语法检查

微课视频

在文档中，用户经常会看到在某些语句下方标有红色或绿色的波浪线，这是由 Word 2010 提供的拼写和语法检查工具根据其内置字典标示出的含有拼写或语法错误的语句，其中红色波浪线表示语句含有拼写错误，而绿色波浪线表示语句含有语法错误。

使用拼写和语法检查工具的操作步骤如下。

（1）打开文档，在“审阅”选项卡“校对”组中，单击“拼写和语法”按钮，弹出“拼写和语法”对话框。

（2）在“重复错误”列表框中将以红色字体或绿色字体标示出存在拼写或语法错误的语句，如图 4-35 所示。如果确实存在错误，则将光标定位在文档的错误处，直接进行修改；如果标示出的语句没有错误，则可以单击“全部忽略”按钮忽略关于此语句的修改建议。也可以单击“词典”按钮将标示出的语句加入 Word 2010 内置的词典中。

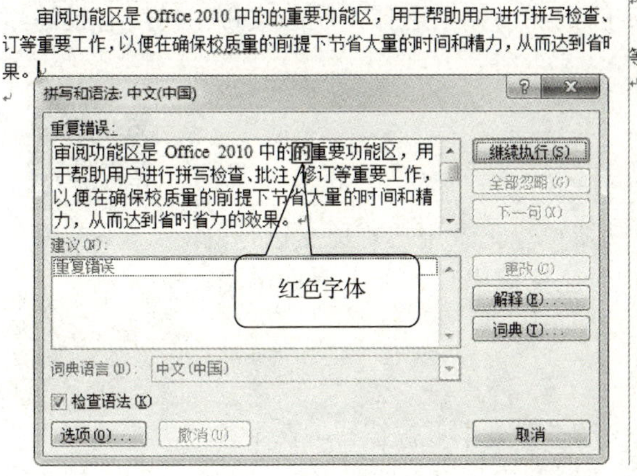

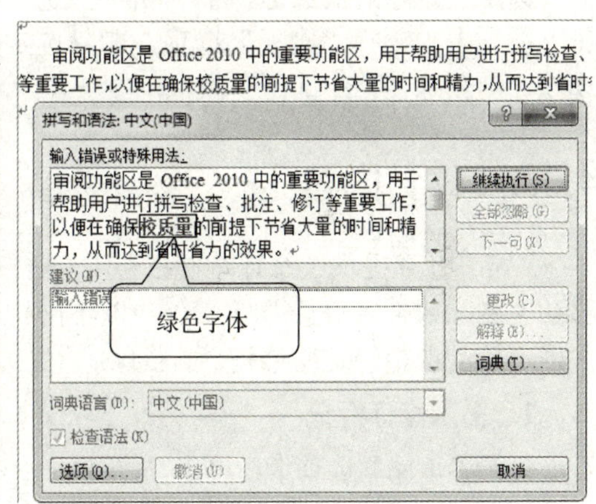

图 4-35　存在拼写或语法错误的语句

（3）单击“下一句”按钮，继续查找下一处错误，使用同样的方法修改拼写或语法错误的语句，直至检查结束，弹出如图 4-36 所示的提示对话框，提示错误检查完毕。

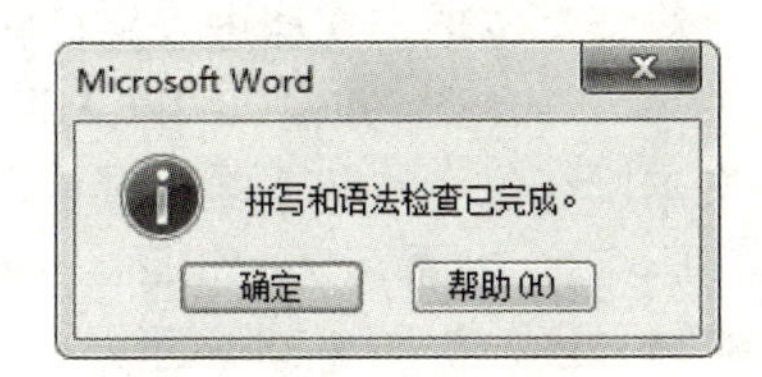

图 4-36　提示对话框

4.6.2 使用批注

微课视频

当用户要对文档提出修改意见，而不直接对文档内容进行修改时，可以使用批注功能进行注解或说明。

1．插入批注

选定要修改的文本，打开“审阅”选项卡，单击“批注”组中的“新建批注”按钮，选定的文本将以红色的底纹加括号的形式突出显示，同时显示批注框，用户在批注框中输入建议和修改意见即可，如图 4-37 所示。

图 4-37　插入批注

如果在文档中插入了多个批注，则用户可以通过单击“批注”组中的“上一条”按钮或“下一条”按钮，在各个批注之间进行切换。

2．删除批注

选定要删除的批注框，打开“审阅”选项卡，单击“批注”组中的“删除”下拉按钮，在下拉列表中选择“删除”选项，删除选定的批注。如果选择“删除文档中的所有批注”选项，则删除文档中的所有批注。

4.6.3 修订内容

微课视频

Word 2010 提供了修订功能，利用修订功能可以记录用户对原文进行的移动、删除或插入等修改操作，并以不同的颜色标记出来，便于后期审阅，并确定接受或拒绝这些修订。

1．插入修订标记

打开“审阅”选项卡，单击“修订”组中的“修订”下拉按钮，在下拉列表中选择“修订”选项，文档进入修订状态，用户可以对文档进行修改。此时，用户所进行的各种编辑操作都以修订的形式显示。再次选择“修订”选项，退出修订状态。

修订“防范电话银行风险”文档，操作步骤如下。

（1）打开“防范电话银行风险”文档，在“审阅”选项卡“修订”组中，单击“修订”下拉按钮，在下拉列表中选择“修订”选项，文档进入修订状态。

（2）选定第 2 行要修改的文本“今天”，并输入“昨天”。修改前的文本以红色字体和删除线显示在左侧，修改后的文本以红色字体和下画线显示在右侧，如图 4-38 所示。

（3）选定第 3 行文本“在以下三个方面”，按“Backspace”键将其删除，删除的文本添加红色的删除线，并以红色字体显示，如图 4-38 所示。

（4）将光标定位在第 4 行文本“据”前，并输入文本“根”，添加的文本以红色字体和下画线突出显示，如图 4-38 所示。

（5）使用同样的方法修订其他错误文档，修订结束后，保存修改后的文档。

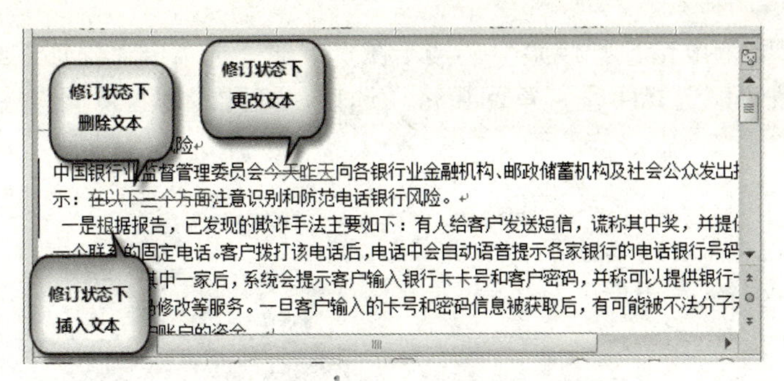

图 4-38　修订状态下文本的显示效果

2. 设置修订标记选项

在默认情况下，Word 2010 利用单下画线标记添加的内容，利用删除线标记删除的内容。用户可以根据需要自定义修订标记。如果是多个用户在审阅一篇文档，则更需要使用不同的修订标记颜色以互相区分。打开“审阅”选项卡，单击“修订”组中的“修订”下拉按钮，在下拉列表中选择“修订选项”选项，弹出“修订选项”对话框，如图 4-39 所示。在此对话框中，用户可以对修订状态的标记进行设置。

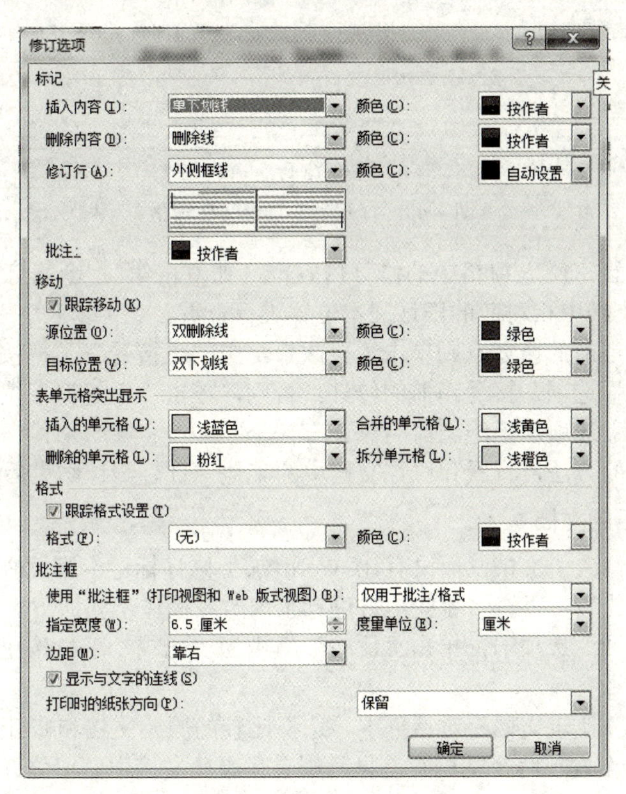

图 4-39　“修订选项”对话框

3. 接受或拒绝修订

文档进行了修订后，用户可以在“审阅”窗格中浏览文档中修订的内容，以决定是否接受这些修改。

在“防范电话银行风险”文档中进行接受或拒绝修订，操作步骤如下。

（1）打开“防范电话银行风险”文档，在“审阅”选项卡“修订”组中，单击“审阅窗格”下拉按钮，选择“垂直审阅窗格”选项，打开“垂直审阅”窗格，如图 4-40 所示。

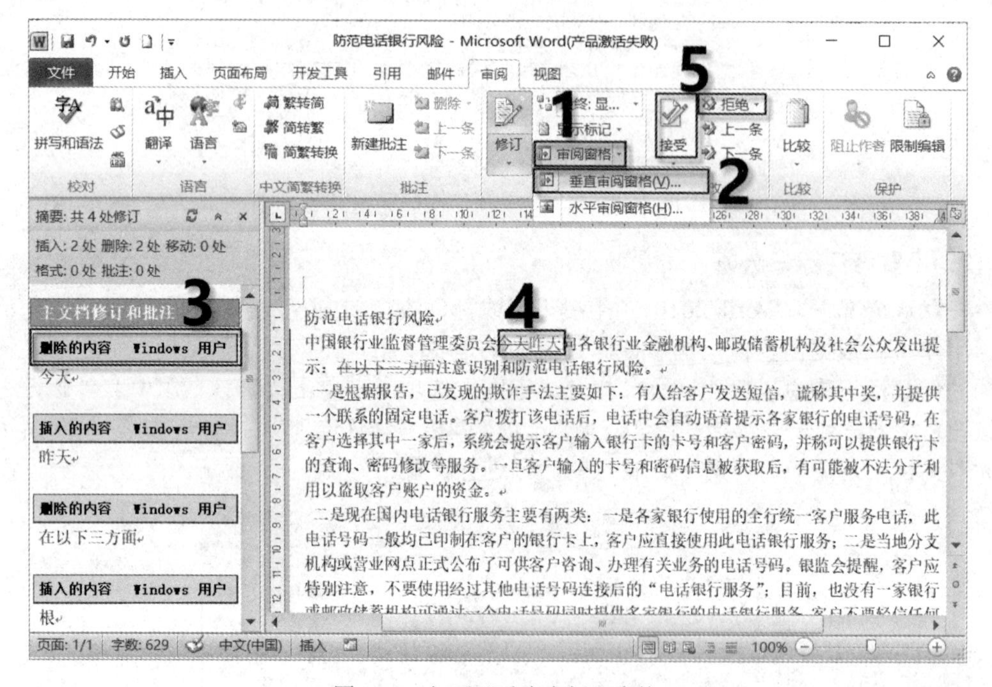

图 4-40　打开“垂直审阅”窗格

（2）双击“垂直审阅”窗格中的修订内容框，如双击第 1 个修订内容框“删除的内容”，可以切换到文档中相对应的修订文本位置进行查看。

（3）如果接受当前的修订，则单击“更改”组中的“接受”下拉按钮，在下拉列表中选择“接受此修订”选项，接受当前的修订。否则，单击“拒绝”下拉按钮，在下拉列表中选择“拒绝更改”选项，拒绝当前的修订。

（4）使用同样的方法，查看和修订文档中的其他修订。修订结束后，保存文档。

4．比较审阅后的文档

如果用户直接修改了文档，而没有让 Word 加上修订标记，则此时可以对原始文档和修改后的文档进行比较，以查看哪些地方进行了修改，操作步骤如下。

（1）打开“审阅”选项卡，单击“比较”组中的“比较”下拉按钮，在下拉列表中选择“比较”选项。

（2）在弹出的“比较文档”对话框中，选择比较的原始文档和修订的文档。

（3）如果 Word 发现两个文档有差异，则会在原始文档中做出修订标记，用户可以根据需要接受或拒绝这些修改。

4.7　邮件合并

在实际工作中，我们会遇到这样一种情形，要编辑大量版式一致而内容不同的文档，如成绩单、工资条、信函、邀请函等。当需要编辑的份数比较多时，可以借助 Word 的“邮件合并”功能即可轻松满足我们的需求。例如，在某公司年会时需要向顾客和合作伙伴发送邀请函，在所有的邀请函中除“姓名”存在差异外，其余文本完全相同，如图 4-41 所示。类似这样的文档编辑工作，我们可以利用“邮件合并”功能完成。

邀请函

尊敬的赵彭先生：

兹定于 2016 年 1 月 16 日下午 2:00，在中山区国际会议中心大酒店六层多功能厅，举行英特尔公司新年联欢会，诚邀您的莅临！

英特尔公司董事长贝瑞特

2016 年 1 月 10 日

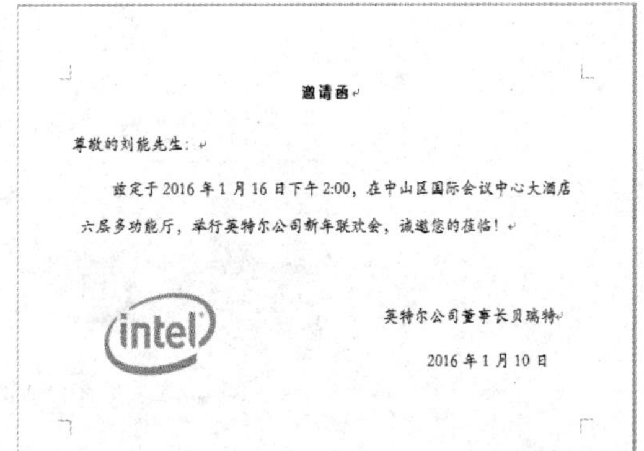

邀请函

尊敬的刘能先生：

兹定于 2016 年 1 月 16 日下午 2:00，在中山区国际会议中心大酒店六层多功能厅，举行英特尔公司新年联欢会，诚邀您的莅临！

英特尔公司董事长贝瑞特

2016 年 1 月 10 日

图 4-41　邀请函

“邮件合并”是将两个相关文件的内容合并在一起，以解决大量重复性工作。其中，一个是“主文档”，用来存储共有内容的文档，一个是“数据源”，用来存储需要变化的内容。当合并时，Word 会将数据源中的内容插入到主文档的合并域中，产生以主文档为模板的不同内容的文本。

【例 4-2】利用邮件合并功能制作内容相同、收件人不同的多份邀请函，收件人为“客人名录.xlsx”中的每个人。要求先将合并主文档以“邀请函 1.docx”为文件名进行保存，在进行效果预览后生成可以单独编辑的单个文档“邀请函 2.docx”，操作步骤如下。

（1）创建邀请函主文档，输入文本，如图 4-42 所示。

（2）创建数据源文档，可以是 Word、Excel、Access、Outlook 等多种格式的文档，主要存储可变的数据，如图 4-43 所示。

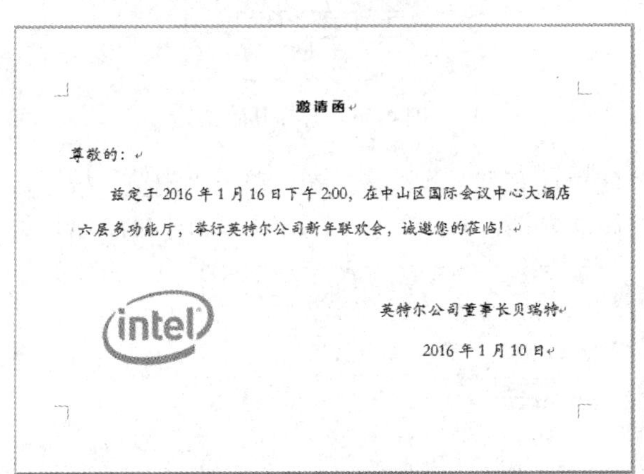

邀请函

尊敬的：

兹定于 2016 年 1 月 16 日下午 2:00，在中山区国际会议中心大酒店六层多功能厅，举行英特尔公司新年联欢会，诚邀您的莅临！

英特尔公司董事长贝瑞特

2016 年 1 月 10 日

图 4-42　邀请函主文档

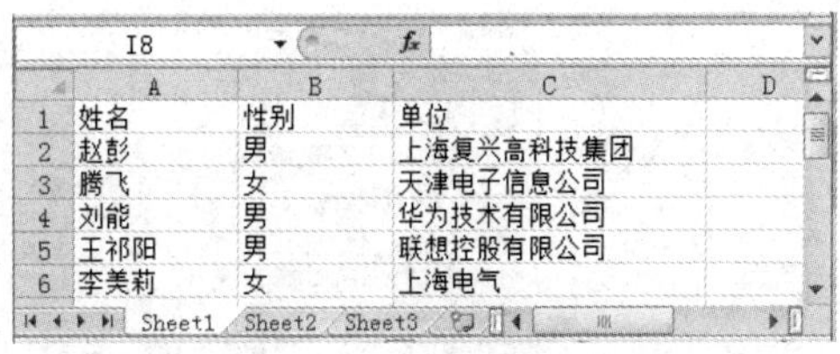

	A	B	C	D
1	姓名	性别	单位	
2	赵彭	男	上海复兴高科技集团	
3	腾飞	女	天津电子信息公司	
4	刘能	男	华为技术有限公司	
5	王祁阳	男	联想控股有限公司	
6	李美莉	女	上海电气	

图 4-43　数据源文档（邀请人信息）

（3）准备好主文档和数据源文档后设置邮件合并。打开邀请函主文档，单击“邮件”选项卡“开始邮件合并”组中的“开始邮件合并”下拉按钮，在下拉列表中选择“邮件合并分步向导”选项，如图 4-44 所示，打开“邮件合并”窗格。

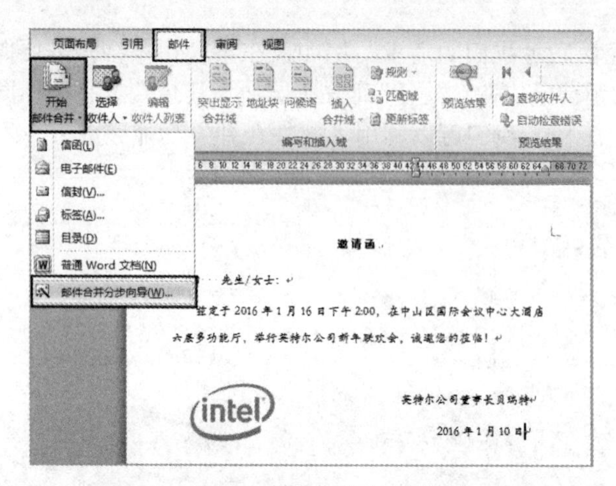

图 4-44　选择“邮件合并分布向导”选项

（4）在“邮件合并”窗格“选择文档类型”选区中，选择一种输出文档的类型，本实例选中“信函”单选按钮，单击“下一步：正在启动文档”按钮，如图 4-45 所示。

（5）在“选择开始文档”选区中，选择邮件合并的主文档，本实例选中“使用当前文档”单选按钮，单击“下一步：选取收件人”按钮，如图 4-46 所示。

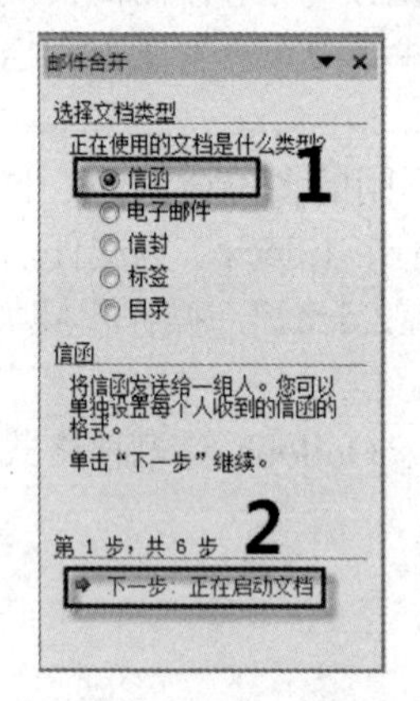

图 4-45　选择文档类型

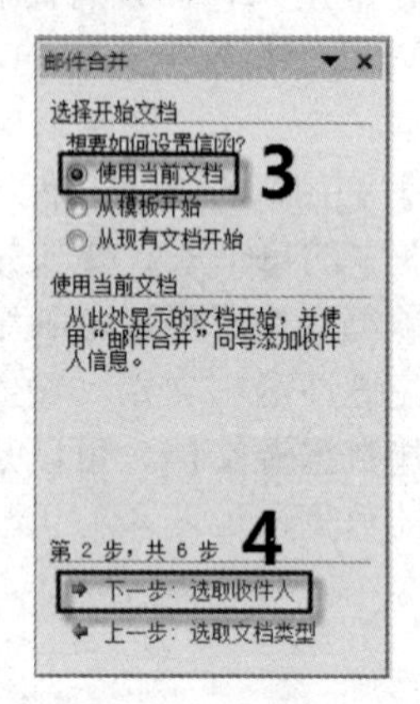

图 4-46　选择开始文档

（6）在“选择收件人”选区中，选中“使用现有列表”单选按钮，单击“浏览”按钮，弹出“选择数据源”对话框，选择作为数据源的文档，单击“打开”按钮，如图 4-47 所示。

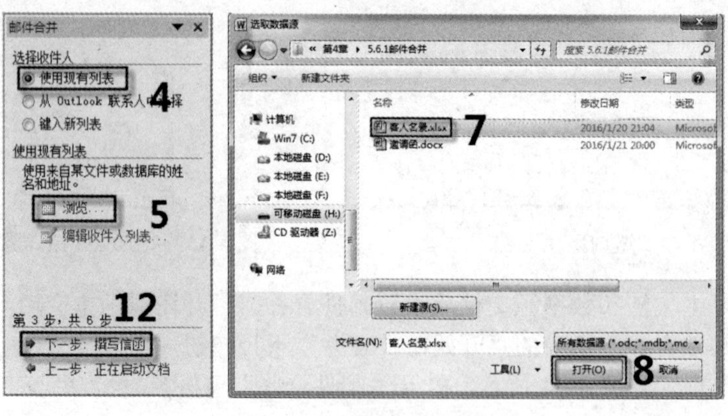

图 4-47　选择数据源文档

（7）弹出“选择表格”对话框，在该对话框中，选定保存数据源内容的工作表 Sheet1$，单击“确定”按钮，如图 4-48 所示。弹出“邮件合并收件人”对话框，在该对话框中，可以对邮件合并人的信息进行修改，修改完成后，单击“确定”按钮，如图 4-49 所示。返回“邮件合并”窗格，单击“下一步：撰写信函”按钮，如图 4-47 所示。

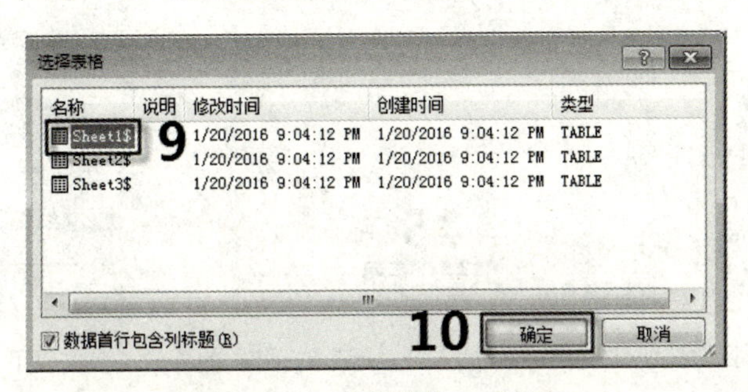

图 4-48　“选择表格”对话框

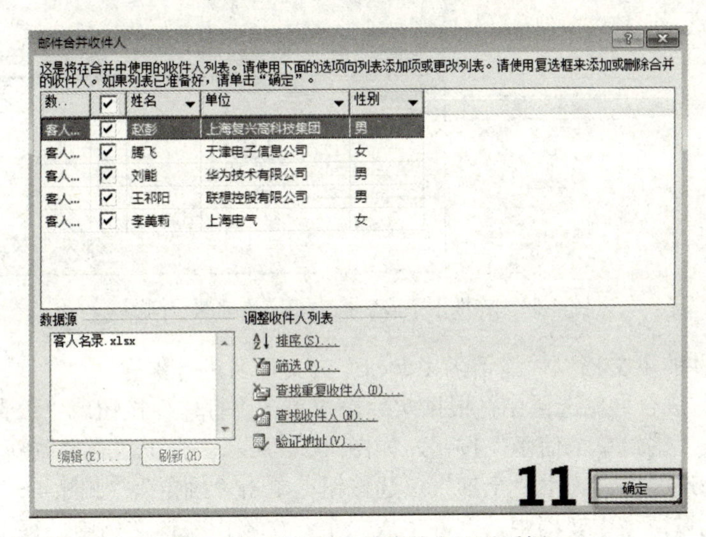

图 4-49　“邮件合并收件人”对话框

（8）将光标定位在文档的合适位置，如“尊敬的”后面，然后单击如图 4-50 所示中的“其他项目”按钮，弹出“插入合并域”对话框。在“域”列表框中，选择需要添加到邀请函中邀请人的姓名所在位置的域，即“姓名”域，如图 4-51 所示，单击“插入”按钮，插入所需要的域，插入结束后，单击“关闭”按钮。返回“邮件合并”窗格，单击“下一步：预览信函”按钮，如图 4-50 所示。

（9）在“预览信函”选区中，单击“收件人”左右两侧的《按钮和》按钮，可以查看不同邀请人姓名的信函。单击“下一步：完成合并”按钮，如图 4-52 所示。

（10）插入称谓。在制作邀请函时，出于尊重，我们经常在姓名的后面填写“先生”或“女士”等称谓。虽然在数据源文档中未直接提供称谓字段，但有性别字段，可以利用邮件合并的规则将性别字段转换为相应的称谓，如图 4-53 所示。在“插入 Word 域：IF”对话框中，在“域名”下拉列表框中选择“性别”，在“比较条件”下拉列表框中选择“等于”，在“比较对象”文本框中输入“男”，在下面两个列表框中分别输入“先生”和“女士”。该对话框的含义是：如果当前人员的性别为“男”，则在主文档其姓名的后面插入文字“先生”，否则插入文字“女士”。

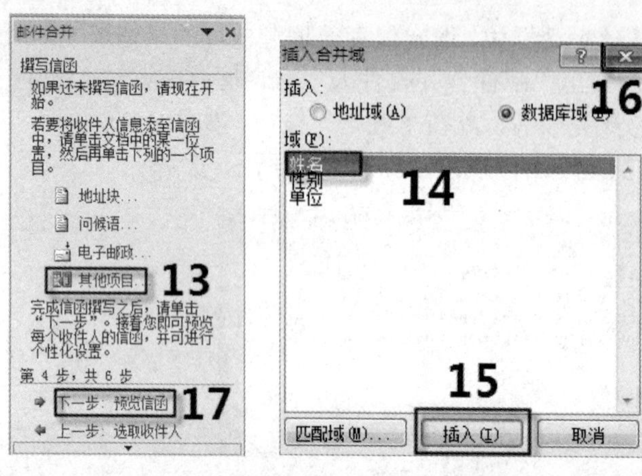

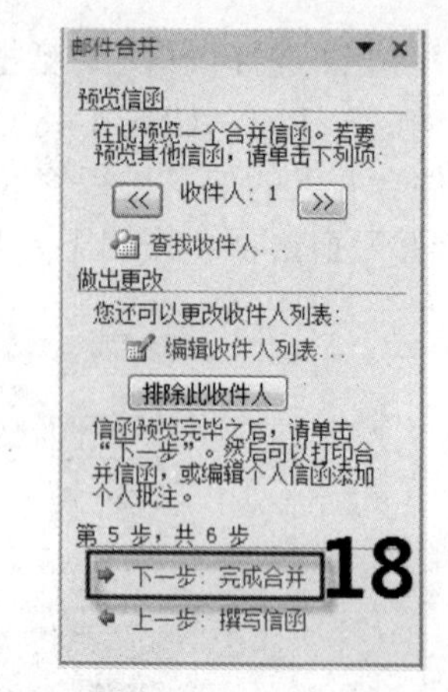

图 4-50　单击“其他项目”按钮　图 4-51　“插入合并域”对话框　图 4-52　单击“下一步：完成合并”按钮

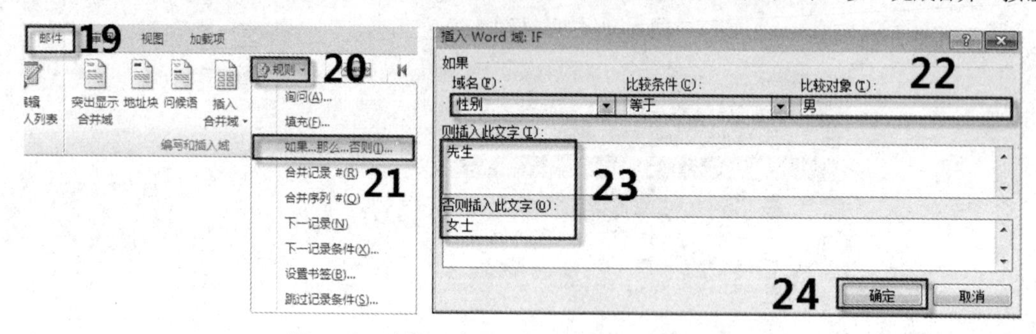

图 4-53　将性别字段转换为相应的称谓示例图

（11）将合并的主文档以“邀请函 1.docx”为文件名进行保存。

（12）在“完成合并”选区中，根据实际需求单击“打印”按钮或“编辑单个信函”按钮，本实例单击“编辑单个信函”按钮，如图 4-54 所示，弹出“合并到新文档”对话框，在“合并记录”选区中，选中“全部”单选按钮，单击“确定”，如图 4-55 所示。收件人信息自动添加到邀请函主文档中，合并生成一个新文档，在该文档中，每一页中的邀请人信息均由数据源自动创建生成。

（13）将生成的新文档保存为“邀请函 2.docx”。

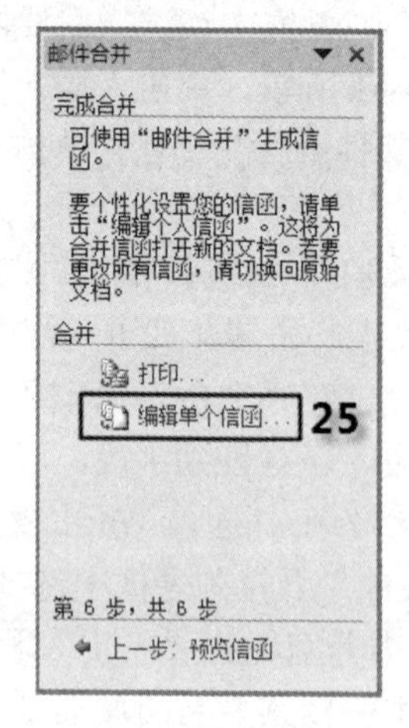

图 4-54　邮件合并向导第 6 步

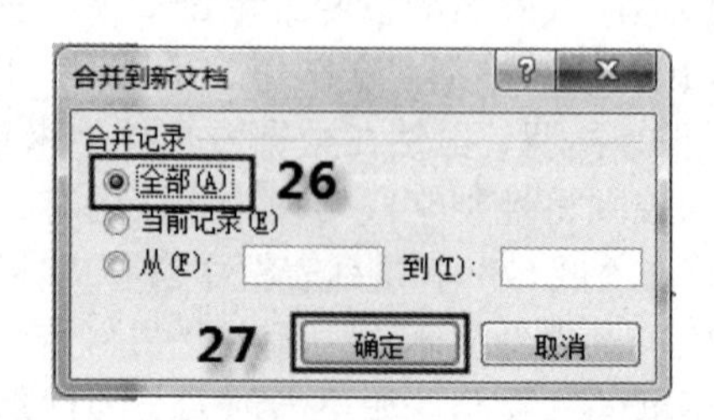

图 4-55　“合并到新文档”对话框

习题二

1．编辑排版“4G 移动通信网络技术与应用”文档

（1）自定义纸张大小，将宽度设置为“22 厘米”，高度设置为“30 厘米”，上下页边距均设置为“3 厘米”，左右页边距均设置为“2.5 厘米”。

（2）利用素材前 3 行内容为文档制作一个封面，如图 4-56 所示。

（3）在封面与正文之间插入目录，目录要求包含 2 级标题及对应页码，如图 4-57 所示。

图 4-56　封面效果图

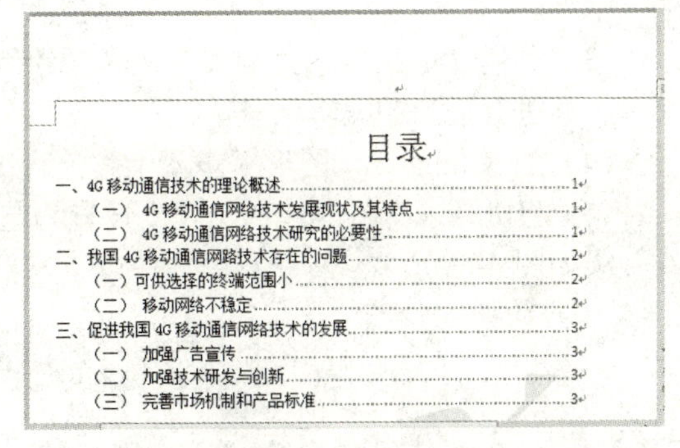

目录

一、4G 移动通信技术的理论概述 1
（一） 4G 移动通信网络技术发展现状及其特点 1
（二） 4G 移动通信网络技术研究的必要性 1
二、我国 4G 移动通信网路技术存在的问题 2
（一）可供选择的终端范围小 2
（二） 移动网络不稳定 2
三、促进我国 4G 移动通信网络技术的发展 3
（一） 加强广告宣传 3
（二） 加强技术研发与创新 3
（三） 完善市场机制和产品标准 3

图 4-57　目录效果图

（4）将文档中以“一、”“二、”…开头的段落设置为“标题 1”样式；以“（一）”“（二）”…开头的段落设置为“标题 2”样式。

（5）为正文文字“论文联盟”添加超链接，超链接地址为“http://www.LWlm.com”。同时为“论文联盟”添加脚注，内容为“始于 2002 年，致力于论文发表业务”，如图 4-58 所示。

（6）将最后一段文字转换为表格，为表格套用“浅色底纹-强调文字颜色 2”样式，使其更加美观。基于该表格数据，在表格下方插入一个三维饼图，显示 4G 关注形式所占比例，图表标题为“4G 关注形式比例”，如图 4-59 所示。

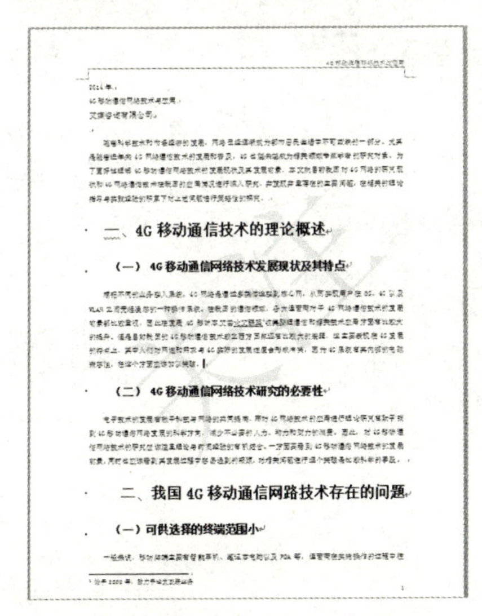

一、4G 移动通信技术的理论概述

（一） 4G 移动通信网络技术发展现状及其特点

（二） 4G 移动通信网络技术研究的必要性

二、我国 4G 移动通信网路技术存在的问题

（一）可供选择的终端范围小

图 4-58　添加超链接和脚注

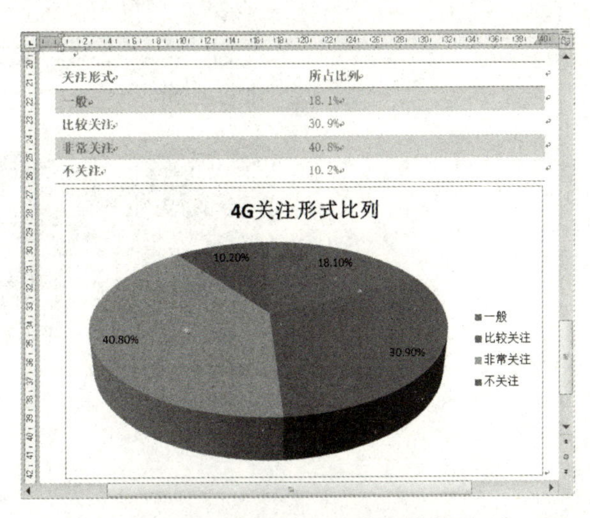

关注形式	所占比例
一般	18.1%
比较关注	30.9%
非常关注	40.8%
不关注	10.2%

图 4-59　转换表格与插入三维饼图

（7）除封面和目录外，在正文中添加页眉，内容为“4G 移动通信网络技术与应用”，要求正文页码从第 1 页开始，其中奇数页的页眉居右显示，页码在页面底部右侧，偶数页的页眉居左显示，页码在页面底部左侧。

（8）为文档添加水印，水印文字为“关注”，并设置为斜式版式。

（9）将完成排版的文档以“4G 移动通信网络技术与应用.docx”文件名进行保存。

2．制作个人简历

（1）新建一个空白文档，在适当的位置插入橙色与白色的两个矩形。

（2）利用文本框插入照片，输入照片后的文字，并调整文字的字体、字号、位置和颜色。其中将文字“赵爽”的字体颜色设置为“渐变填充-橙色，强调文字颜色 6，内部阴影”的艺术字。

（3）利用“形状”下拉列表中的选项绘制“工作经历”选区的内容，输入文字、插入图片，并进行适当的编辑调整。

（4）插入 SmartArt 图形（步骤上移流程图），进行样文所示的编辑。

（5）将“寻求有挑战性的工作”设置为艺术字，效果转换为跟随路径的“上弯弧”，最终效果如图 4-60 所示。

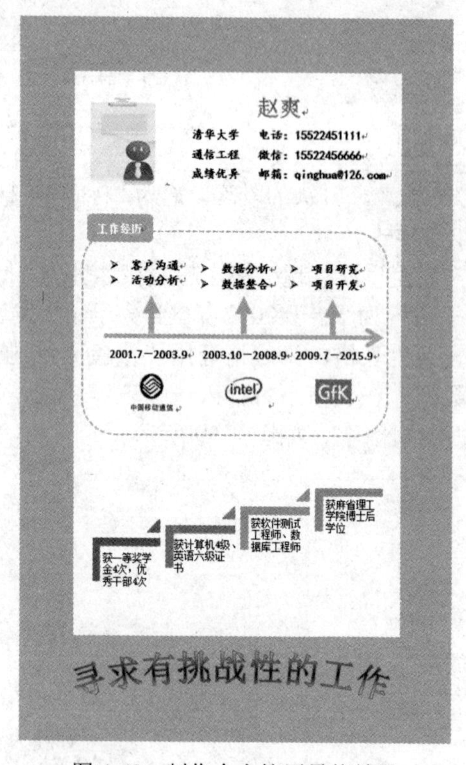

图 4-60　制作个人简历最终效果

第3篇

利用 Excel 2010 创建与处理电子表格

Excel 2010 提供了更强大的功能和工具，全新的分析和可视化工具可以帮助用户跟踪和突出显示重要的数据。Excel 2010 优化和性能的改进，使其具有更强大的分析功能、管理功能，可与他人同时在线协作，使用户更轻松、更高效、更灵活地完成工作。第 3 篇主要包含以下基本知识。

- 输入和编辑数据。
- 工作表的编辑和格式化。
- 公式和函数的使用。
- 图表在数据分析中的应用。
- 数据处理和分析。
- 工作表的打印输出。

第 5 章

Excel 2010 创建电子表格

Excel 2010 是 Microsoft 公司 Office 2010 办公自动化软件中的一个组件，它专门用于数据处理和报表制作。它具有强大的数据组织、计算、统计和分析功能，并能够把相关的数据以图表的形式直观地表现出来。由于 Excel 2010 能够快捷、准确地处理数据，因此在数据处理方面得到了广泛的应用。

5.1 输入和编辑数据

5.1.1 Excel 2010 窗口

微课视频

启动 Excel 2010 的方法有以下两种。

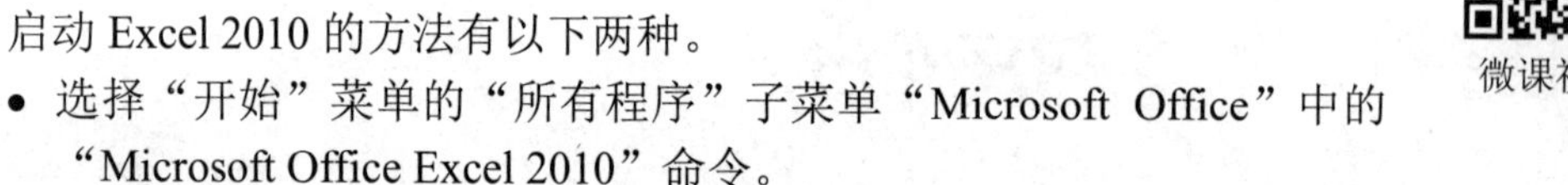

- 选择“开始”菜单的“所有程序”子菜单“Microsoft Office”中的“Microsoft Office Excel 2010”命令。

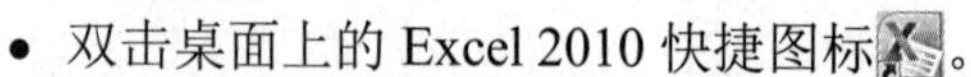

- 双击桌面上的 Excel 2010 快捷图标。

启动 Excel 2010 后，打开 Excel 2010 窗口。由于 Excel 2010 和 Word 2010 都是 Office 2010 办公软件中的组件，两者的窗口组成有很多相似之处，都包括快速访问工具栏、标题栏、功能区等，本节主要介绍 Excel 2010 窗口的几个构成元素，如图 5-1 所示。

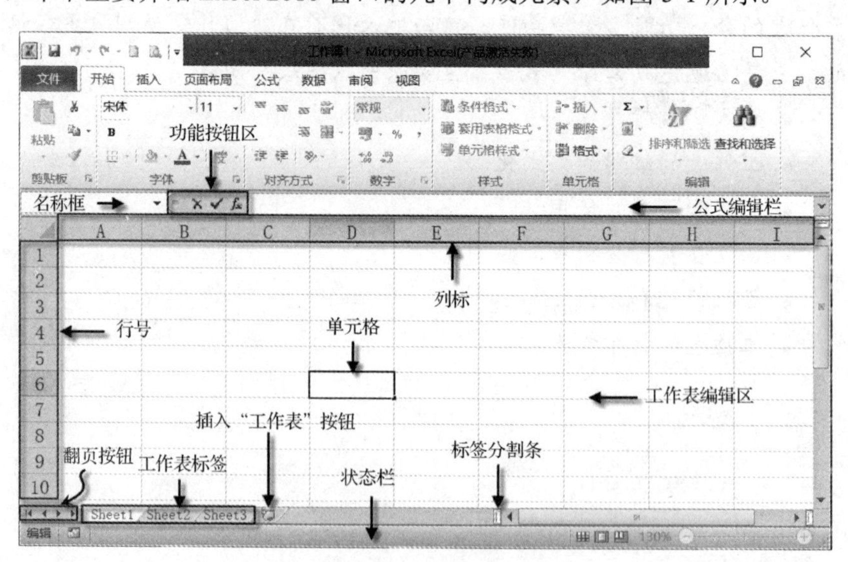

图 5-1 Excel 2010 窗口

通过 Excel 2010 窗口可以看出 Excel 的工作区是一个大表格，称为工作表；Excel 文件中的所有数据分别存储在表格中的各个小方格子中，称为单元格；工作表的名称在窗口底部以标签形式显示；列标以 A、B、C、…表示；行号以 1、2、3、…表示；名称框用于显示当前单元格的地址，在名称框中还可以对单元格进行重命名；功能按钮区中的 × 按钮和 ✓ 按钮表示取消和确认当前输入，当双击当前单元格或单击公式编辑栏，进入公式编辑状态时，这两个按钮才出现；fx 按钮表示插入函数；工作表编辑区用于显示、输入或编辑当前单元格的数据。

5.1.2　Excel 2010 的基本概念

微课视频

Excel 2010 的基本概念主要包括工作簿、工作表、单元格，三者的关系是层层包含的，即工作簿包含工作表，工作表包含单元格。

1．工作簿

Excel 工作簿由一个或若干个工作表组成，一个 Excel 文件就是一个工作簿，其扩展名为“.xlsx”。启动 Excel 后，将自动产生一个新的工作簿，默认的工作簿名称为“工作簿 1”。

2．工作表

工作表又称为电子表格，每个工作表由 1 048 576 行和 16 384 列组成，即工作簿中的每一个表格为一个工作表。当初始启动 Excel 时，在每一个工作簿中默认有 3 个工作表，分别以 Sheet1、Sheet2、Sheet3 命名，用户根据需要可以添加工作表或删除工作表，也可以对工作表进行重新命名。

3．单元格

行和列的交叉区域称为单元格，它是工作簿中存储数据的最小单位，用于存储输入的数据、文本、公式等。

（1）活动单元格。它是指当前正在使用的单元格。当选定某个单元格时，其四周呈现黑色边框和右下角有一个黑色的填充柄，如图 5-2 所示，该单元格即为当前活动单元格，用户可以在活动单元格中输入数据或编辑数据。

图 5-2　活动单元格和填充柄

（2）单元格地址。它是用列标和行号来表示的，列标用英文大写字母 A、B、C、…表示，行号用数字 1、2、3、…表示。如 C7 表示位于第 C 列和第 7 行交叉处的单元格。如果要在单元格地址前面加上工作表名称，则表示该工作表中的单元格。如 Sheet3!C7 表示 Sheet3 工作表中的 C7 单元格。

（3）单元格区域地址。如果要表示一个连续的单元格区域地址，则可以用该区域“左上角单元格地址:右下角单元格地址”来表示。如 C5:E9 表示从 C5 单元格到 E9 单元格的区域。

5.1.3 输入数据

在 Excel 中，用户可以输入多种类型的数据，如数值型数据、文本型数据和日期型数据。输入数据有两种方法：直接输入数据或利用 Excel 提供的“自动填充”功能，自动填充有规律的数据。

1．直接输入数据

1）数值型数据

Excel 除将数字 0～9 组成的字符串识别为数值型数据外，也将某些特殊字符组成的字符串识别为数值型数据。这些特殊字符包括“.”“E”“,”“$”“%”等。如输入“789”“1%”“2.5”“$35”等字符串，Excel 均认为是数值型数据，自动按照数值型数据默认的右对齐方式显示。

当输入的数值较长时，Excel 自动用科学计数法表示。如输入“1 357 829 457 008”，显示为“1.35783E+12”，代表“1.35783×10^{12}”；如果输入的小数超过预先设置的小数位数，则超过的部分自动四舍五入显示，但在计算时以输入数而不是显示数进行。

当输入分数时，如“2/3”，应该先输入“0”和“一个空格”，即“0 2/3”，这样输入可以避免与日期格式相混淆（将“2/3”识别为 2 月 3 日）。

当输入负数时，在数值前加负号或将数值置于括号中，如输入“-33”和“(33)”，在单元格中显示的都是“-33”。

2）文本型数据

文本型数据由字母、数字或其他字符组成。在默认情况下，文本型数据在单元格中以左对齐方式显示。对于纯数字的文本型数据来说，如电话号码、学号、身份证号等，在输入该文本型数据前加上单引号“'”，以便与一般数字区分。如输入'83395225，确认后83395225以左对齐方式显示。

当输入的文本长度大于单元格宽度时，如果右边单元格无内容，则延伸到右边单元格显示，否则将截断显示，被截断的内容在单元格中虽然没有完全显示出来，但实际上仍然在本单元格中被完整地保存。在换行点按“Alt+Enter”组合键，可以将输入的数据在一个单元格中以多行方式显示。

3）日期型数据

Excel 将日期型数据作为数字处理，默认以右对齐方式显示。当输入日期时，用斜线“/”或连字符“-”分隔年、月、日。如输入“2013/5/8”或“2013-5-8”，在单元格中均以右对齐方式显示。按“Ctrl+;”组合键，输入系统的当前日期。

当输入时间时使用“:”分隔时、分、秒，如输入“11:30:15”，在单元格中“11:30:15”以右对齐方式显示。Excel 把输入的时间使用 24 小时制表示，如果要按 12 小时制输入时间，应该在时间数字后面留一空格，并输入 A 或 P（AM 或 PM），表示上午或下午，如“7:20 A（AM）表示上午 7 时 20 分。7:20 P（PM）表示下午 7 时 20 分。如果不输入“AM”或“PM”，Excel 认为使用 24 小时制表示时间。按“Ctrl+:”组合键，输入系统的当前时间。

在一个单元格中同时输入日期和时间，两者之间要使用空格分隔。

2．自动填充有规律的数据

用户利用 Excel 提供的“自动填充”功能，可以快速地输入有规律的数据，如重复的数据、等差、等比及预先定义的数据序列等。

"自动填充"的实现可以利用"开始"选项卡"编辑"组中的"填充"下拉按钮，或者利用鼠标拖动"填充柄"来实现。后一种方法更简捷，用户经常使用此方法实现数据的自动填充。

1）填充相同数据

要在某行或某列输入相同的数据，如在 A1:F1 单元格区域中输入相同数据"20"，操作步骤如下。

（1）选定 A1 单元格，并输入数据"20"。

（2）将鼠标指针指向该单元格右下角的填充柄（小黑点），当鼠标指针变成"十"形状时，按住鼠标左键向下拖动并在 F1 单元格释放，此时在 A1:F1 单元格区域填充了相同的数据"20"。

2）填充递增序列

表 5-1 列出了一些递增序列，其变化均有明显的规律，这些递增序列也可以利用填充柄自动填充，其操作过程略有不同。

表 5-1　数据序列表

序列类型	序　列
等差序列	1，2，3，4，5，6，… 3，5，7，9，11，13，… 10，20，30，40，50，…
等比序列	1，3，9，27，81，…
日期序列	星期一，星期二，星期三，星期四，… 2000，2001，2002，2003，…

- 填充增量为"1"的等差序列。

选定某个单元格，输入第 1 个数据，如"12"，按住"Ctrl"键，拖动填充柄，在目标位置释放，实现增量为"1"的连续数据的填充。

- 填充自定义增量的等差序列。

选定两个单元格作为初始区域，输入序列的前两个数据，如"10"和"16"，拖动填充柄，即可输入增量值为"6"的等差系列，如图 5-3 所示。

（a）选定单元格　　（b）拖动填充柄

图 5-3　自定义增量的等差序列填充

- 等比序列。

输入等比序列"1、3、9、27、81"，操作步骤如下。

（1）选定某个单元格并输入第 1 个数据"1"，按"Enter"键确认。

（2）打开"开始"选项卡，单击"编辑"组中的"填充"下拉按钮，在下拉列表中选择"系列"选项，弹出"序列"对话框。

（3）在“序列产生在”选区中，选中“行”单选按钮；在“类型”选区中选中“等比序列”单选按钮；“步长值”设置为“3”，“终止值”设置为“81”，单击“确定”按钮，如图 5-4 所示，实现等比值为“3”的等比序列填充。

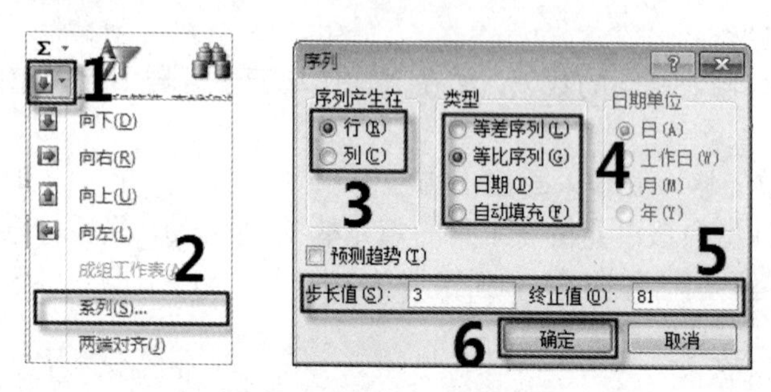

图 5-4　设置等比序列填充

- 预定义序列。

Excel 预先设置了一些常用的序列，如 1 月—12 月、星期日—星期六等，以供用户选用。此类数据的填充，也是先输入第 1 个数据，然后拖动填充柄至目标位置释放即可。

3）自定义填充序列

用户通过设置自定义序列，可以把经常使用的一些序列自定义为填充序列，以便随时调用。例如，将字段“姓名、班级、机考成绩、平时成绩、总成绩”自定义为填充序列，操作步骤如下。

（1）选择“文件”选项卡中的“选项”，弹出“Excel 选项”对话框，选择“高级”选项，在“常规”选区中单击“编辑自定义列表”按钮，如图 5-5 所示，弹出“自定义序列”对话框。

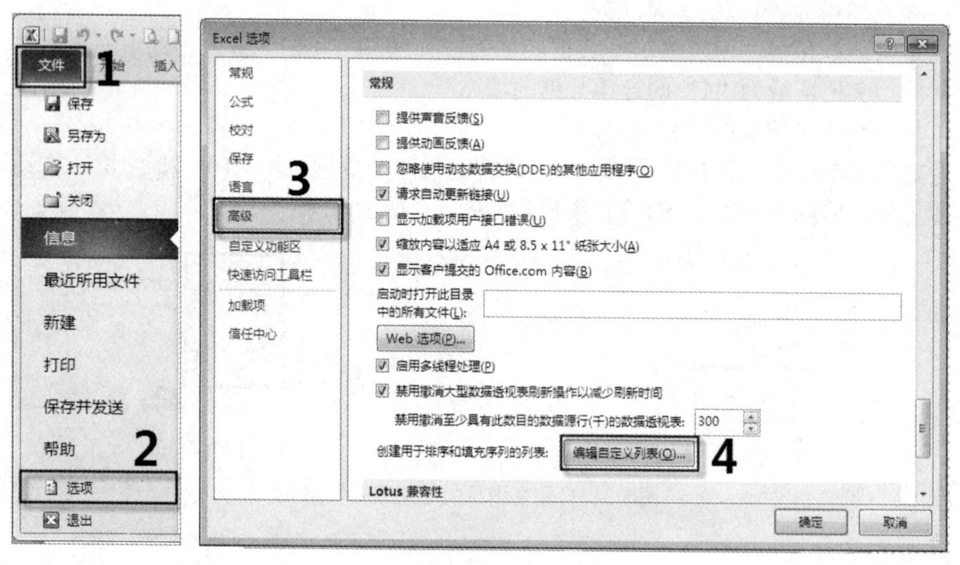

图 5-5　单击“常规”选区中的“编辑自定义列表”按钮

（2）在“自定义序列”列表框中选择“新序列”，将光标定位在“输入序列”列表框中，输入自定义序列项，在每项末尾按“Enter”键分隔。输入完毕后，单击“添加”按钮，输入的序列显示在“自定义序列”列表框中，如图 5-6 所示。

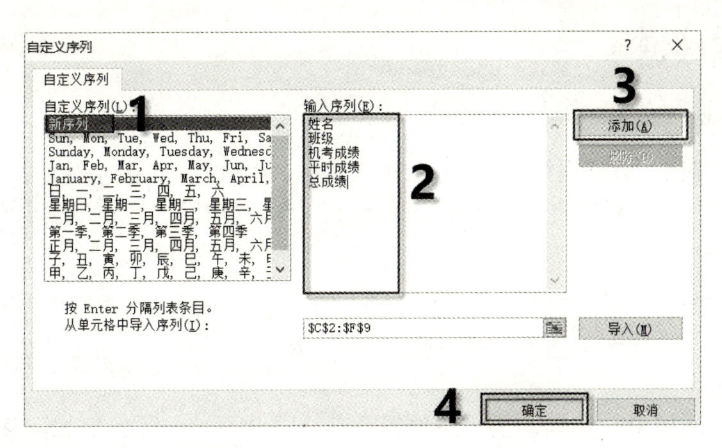

图 5-6　“自定义序列”对话框

（3）单击“确定”按钮，完成自定义填充序列。

（4）在任意单元格输入“姓名”，拖动填充柄，快速填充新定义的序列。

如果将工作表中某一区域的数据添加到预定义序列中，则应该先选定该区域，然后弹出“自定义序列”对话框，在对话框中单击“导入”按钮即可。

4）删除自定义序列

在“自定义序列”对话框中，选中“自定义序列”列表框中想要删除的序列，此序列显示在“输入序列”列表框中，单击“删除”按钮。

3. 设置输入数据的有效范围

用户在输入数据时，为了使输入的数据在有效范围之内，可以在输入数据前设置输入数据的有效范围。例如，输入某班同学的“计算机”成绩，成绩的有效范围是 0～100 分，操作步骤如下。

（1）选定要输入数值的单元格区域。

（2）打开“数据”选项卡，单击“数据工具”组中的“数据有效性”按钮，弹出“数据有效性”对话框。

（3）打开此对话框中的“设置”选项卡，在各下拉列表中设置输入成绩的有效范围，如图 5-7 所示。

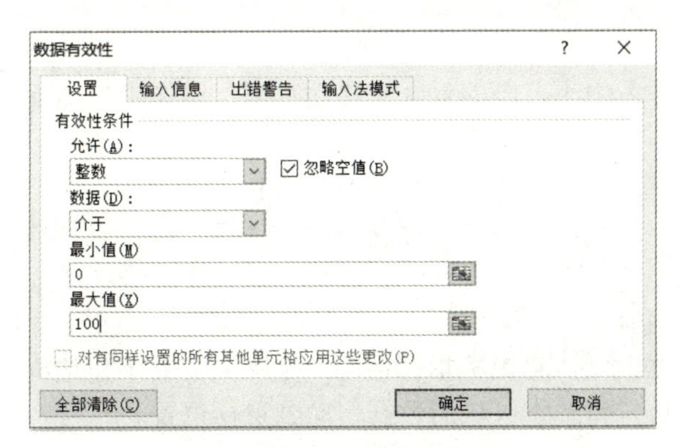

图 5-7　设置输入成绩的有效范围

（4）单击“确定”按钮，如果输入的数据超出了设置的有效范围，则系统会自动禁止输入。

5.1.4 编辑数据

微课视频

1．修改数据

如果对单元格内的数据进行修改，双击该单元格，移动键盘上的左右方向键，输入新数据即可。或者选定该单元格，在编辑栏中输入新数据，也可以实现对数据的修改。

2．删除数据

Excel 数据的删除操作主要通过“Delete”键和“开始”选项卡“编辑”组中的“清除”下拉按钮来实现，两种删除功能有所不同。

1）Delete 键

只删除选定区域中的数据，区域的位置及其格式并不被删除。例如，某单元格区域中的内容是“计算机成绩”，底纹是“黄色”。当选定该区域时，按“Delete”键后，即可将区域中的内容“计算机成绩”删除，位置及底纹颜色并不被删除。

2）“清除”选项

打开“开始”选项卡，单击“编辑”组中的“清除”下拉按钮，打开的“清除”下拉列表各选项的含义如图 5-8 所示。

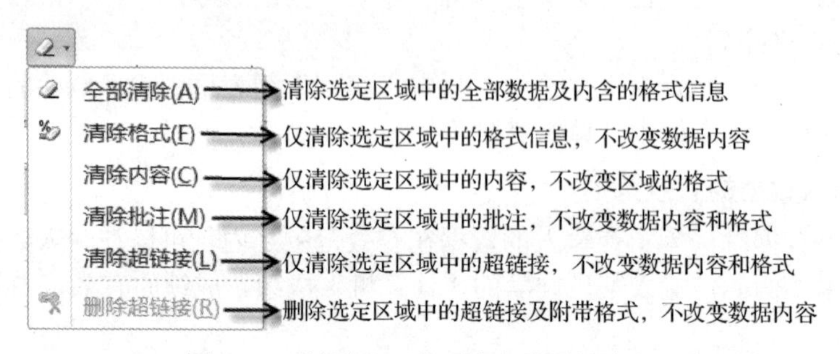

图 5-8 “清除”下拉列表各选项的含义

3．复制和移动数据

在 Excel 中，复制或移动数据是指将选定区域中的数据复制或移动到同一个工作表的另一个位置，或者不同工作表、工作簿中。其操作与 Word 中的复制或移动文本相似，常用的方法如下。

1）鼠标拖动法

适合在同一个工作表中小范围的复制或移动数据，操作步骤如下。

（1）复制单元格内容。

选定要复制的数据区域，按住“Ctrl”键并将鼠标指针指向选定区域的右下角边框线上，当鼠标指针变成“＋”形状时，按住鼠标左键拖动，在目标位置释放，将选定区域的数据复制到目标位置。

（2）移动单元格内容。

选定要移动的数据区域，将鼠标指针指向选定区域的右下角边框线上，按住鼠标左键拖动，在目标位置释放，将选定区域的数据移动到目标位置。

2）剪贴板法

适合在同一个工作表中大范围的复制或移动数据，或者在不同工作表、工作簿中复制或移动数据，操作步骤如下。

（1）复制单元格内容。

选定要复制的数据区域，打开“开始”选项卡，单击“剪贴板”组中的“复制”按钮或按“Ctrl+C”组合键，选定目标位置的起始单元格，再单击“剪贴板”组中的“粘贴”按钮或按“Ctrl+V”组合键。

（2）移动单元格数据。

移动操作与复制操作相似，单击“剪贴板”组中“剪切”按钮或按“Ctrl+X”组合键，在目标位置进行粘贴。

5.2 表格的格式化

微课视频

5.2.1 行列操作

1. 选定行或列

（1）一行或一列的选定。直接单击工作表中的行号或列标，即可选定相应的一行或一列。

（2）相邻多行或多列的选定。先选定一行或一列，按住鼠标左键沿行号或列标拖动，即可选定相邻的多行或多列。

（3）不相邻多行或多列的选定。按住“Ctrl”键分别单击要选定的行号或列标，即可选定不相邻的多行或多列。

2. 插入行或列

选定要插入行或列的位置，打开“开始”选项卡，单击“单元格”组中的“插入”下拉按钮，在下拉列表中选择“插入工作表行”选项或“插入工作表列”选项，如图 5-9 所示；或者在选定行或列上右击，在弹出的快捷菜单中选择“插入”命令，在选定行的上方插入一行或选定列的左侧插入一列。如果要同时插入多行或多列，则先选定多行或多列，再执行插入操作。

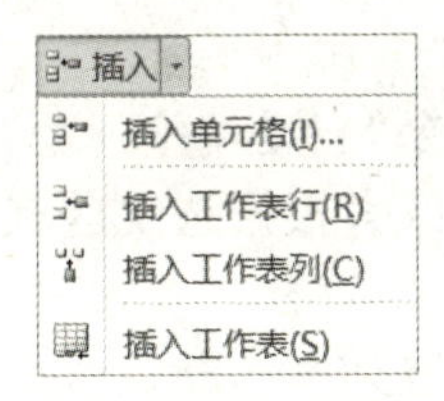

图 5-9 “插入”下拉列表

3. 删除行或列

选定要删除的行或列，打开“开始”选项卡，单击“单元格”组中的“删除”下拉按钮，在下拉列表中选择“删除工作表行”选项或“删除工作表列”选项；或者在选定的行或列上右击，在弹出的快捷菜单中选择“删除”命令即可。

4. 调整行高或列宽

在默认情况下，工作表的单元格具有相同的行高或列宽，用户根据需要可以更改单元格的行高或列宽。行高或列宽的调整可以通过以下两种方法实现。

1）鼠标操作

鼠标操作是调整行高或列宽最快捷、最方便的方法。将鼠标指针指向需要调整行号或列标的分界线上，当鼠标指针变为双向箭头“↕”或“↔”时，按住鼠标左键拖动至需要的行高或列宽后释放即可。

2）“格式”下拉按钮操作

如果要精确调整行高或列宽，则用户可以使用“开始”选项卡“单元格”组中的“格式”下拉按钮进行设置，操作步骤如下。

（1）选定需要调整的行或列。

（2）单击“开始”选项卡“单元格”组中的“格式”下拉按钮，打开如图 5-10 所示的下拉列表，各选项的功能如下。

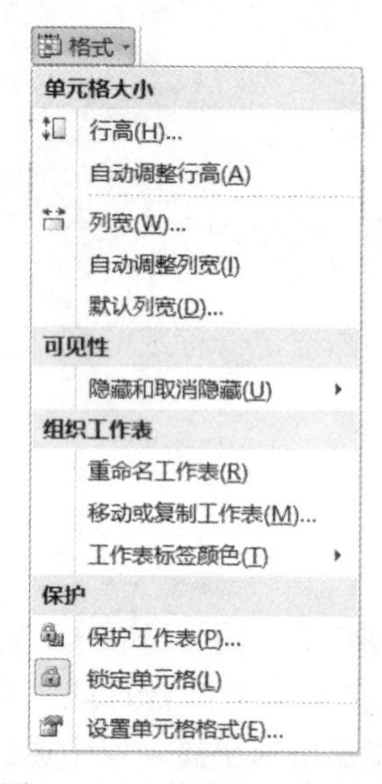

图 5-10　“格式”下拉列表

- 选择“行高”选项或“列宽”选项，在弹出的“行高”或“列宽”对话框中输入具体的行高值或列宽值。
- 选择“自动调整行高”选项或“自动调整列宽”选项，根据选定区域各行中最大字号的高度自动改变行高值，或者根据选定区域各列中全部数据的宽度自动改变列宽值。
- 选择“默认列宽”选项，设置列宽的默认值，该设置将影响所有采用默认值列宽的列。

（3）选择“隐藏和取消隐藏”选项，将隐藏的行、列或工作表进行重新显示。

5.2.2　设置单元格格式

微课视频

单元格格式的设置主要利用“开始”选项卡中的相应按钮，或者“设置单元格格式”对话框来实现。

1．设置数字格式

用户在单元格中输入的数字以默认格式显示，根据需要可以将其设置为其他格式。

Excel 2010 提供了多种数字格式，如数值格式、日期格式、货币格式、百分比格式、会计专用格式等。

1）利用功能区设置数字格式

选定需要设置格式的数字区域，单击“开始”选项卡“数字”组中的相应按钮，如图 5-11 所示，可以将数字设置为货币格式、百分比格式、千位分隔格式等。其中，“数字格式”列表框 常规 显示的是当前单元格的数字格式，其下拉列表中包含了多种数字格式，用户根据需要选择相应的格式，如图 5-12 所示。

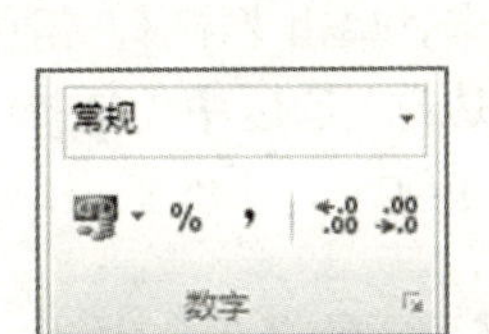

图 5-11 “数字”组

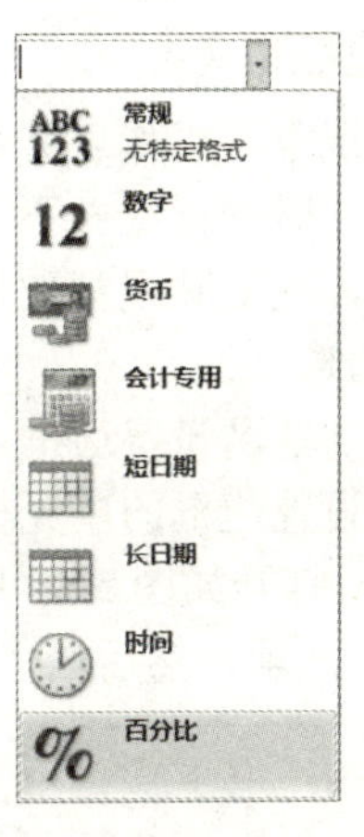

图 5-12 “数字格式”下拉列表

2）利用“设置单元格格式”对话框设置数字格式

选定需要设置格式的数字区域，打开“开始”选项卡，单击“数字”组右下角的对话框启动按钮，弹出“设置单元格格式”对话框，用户在“数字”选项卡中可以对数字进行多种格式的设置，如图 5-13 所示。

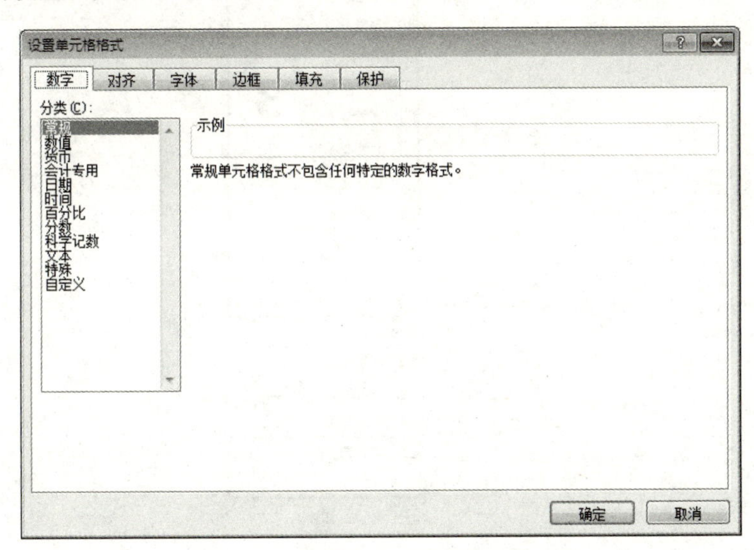

图 5-13 “设置单元格格式”对话框

2. 设置字体格式

选定需要设置字体格式的单元格区域，单击“开始”选项卡“字体”组中的相应按钮，可以快速地设置字体、字号、颜色等格式；或者单击“开始”选项卡“字体”组右下角的对话框启动按钮，在弹出的“设置单元格格式”对话框“字体”选项卡中设置字体格式。

3．设置对齐方式

选定需要设置对齐方式的单元格区域，单击“开始”选项卡“对齐方式”组中的相应按钮；或者单击“开始”选项卡“对齐方式”组右下角的对话框启动按钮，在弹出的“设置单元格格式”对话框“对齐”选项卡中设置所需的对齐方式。

4．设置边框和底纹

在默认情况下，工作表无边框无底纹，工作表中的网格线是为了方便用户输入、编辑而预设的，打印时网格线并不显示。为了使工作表美观和易读，用户可以通过设置工作表的边框和底纹，改变其视觉效果，使数据的显示更加清晰直观。

1）设置边框

（1）利用功能区设置边框。

选定需要设置边框的单元格区域，打开“开始”选项卡，单击“字体”组中的“边框”下拉按钮，打开如图 5-14 所示的下拉列表。在“绘图边框”选区中先选择“线条颜色”选项、“线型”选项，然后在“边框”选区中选择相应的选项。

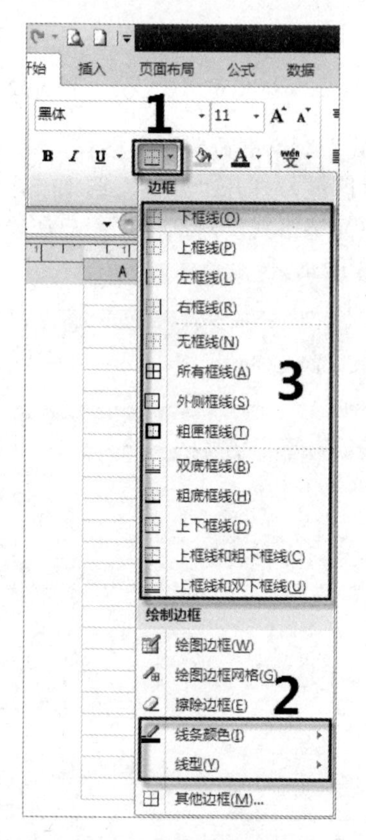

图 5-14 “边框”下拉列表

另外，选择“边框”下拉列表中的“绘制边框”选项，按住鼠标拖动直接绘制边框线；选择“擦除边框”选项，依次单击要擦除的边框线，可以清除边框线。

（2）利用“设置单元格格式”对话框设置边框。

选定需要设置边框的单元格区域，选择如图 5-14 所示的“边框”下拉列表中的“其他边框”选项，弹出“设置单元格格式”对话框，如图 5-15 所示。在“边框”选项卡的“线条”选区中可以设置线条的“样式”和“颜色”，在“预置”选区中可以选择线条应用的位置，并显示观看预览效果。

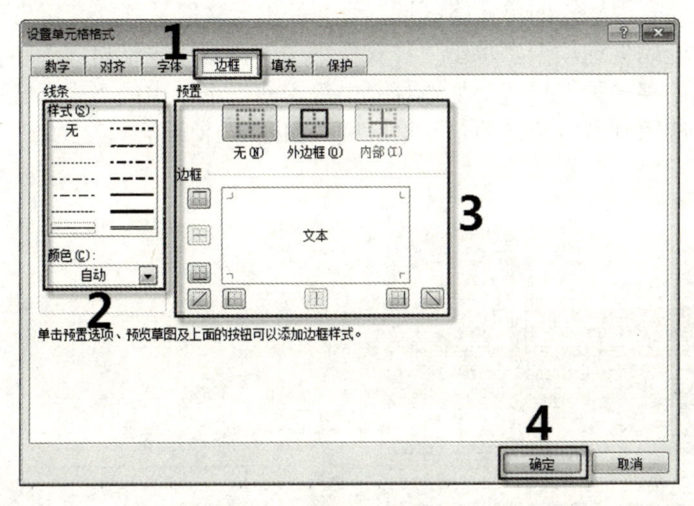

图 5-15　“设置单元格格式”对话框

2）设置底纹

（1）利用功能区设置底纹。

选定需要设置底纹的单元格区域，打开“开始”选项卡，单击“字体”组中的“填充颜色”下拉按钮，在下拉列表中选择某种色块，如图 5-16 所示，即为选定区域设置该色块的底纹。如果在底纹中带有图案，则需要使用下面的方法进行设置。

（2）利用“设置单元格格式”对话框设置底纹。

选定需要设置底纹的单元格区域，在选定的区域上右击，在弹出的快捷菜单中选择“设置单元格格式”命令，在“填充”选项卡的选区中可以设置“背景色”、“图案颜色”和“图案样式”，如图 5-17 所示。

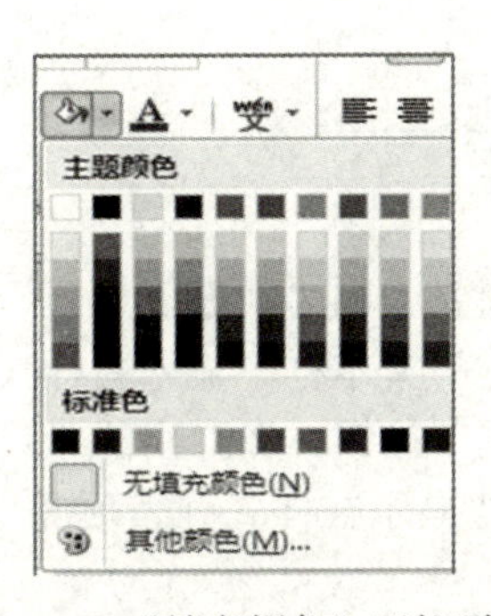

图 5-16　“填充颜色”下拉列表

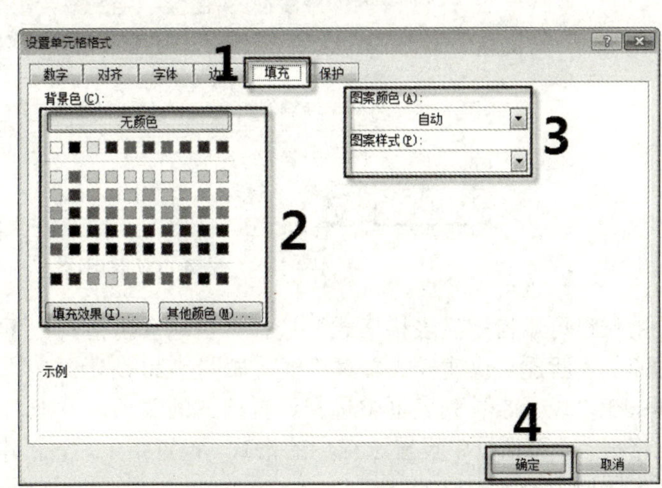

图 5-17　“填充”选项卡

5.2.3 自动套用格式

自动套用格式是指把已有的格式自动套用到选定的单元格区域。Excel 2010 提供了大量常用的表格格式，称为表样式。用户利用 Excel 2010 提供的表样式，可以快速地美化工作表。自动套用格式的操作步骤如下。

（1）选定需要套用格式的单元格区域，合并的单元格区域不能套用自动格式。

（2）打开“开始”选项卡，单击“样式”组中的“套用表格格式”下拉按钮，在下拉列表中选择所需的某一种表样式，如选择“中等深浅”选区中的“表样式中等深浅 3”选项，该样式即被应用到当前选定的单元格区域，如图 5-18 所示。

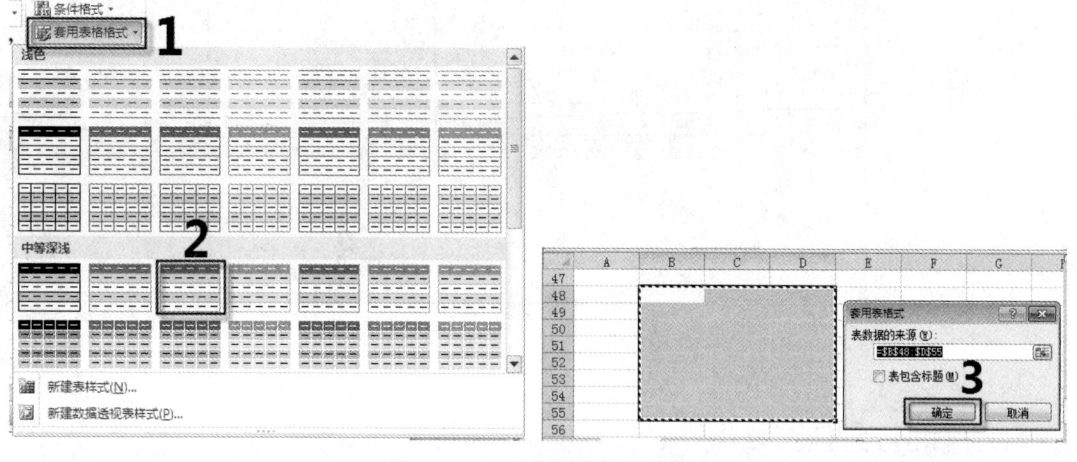

图 5-18　自动套用格式效果图

（3）如果要取消套用格式，则选定套用格式区域的任意一个单元格，在“表格工具—设计”选项卡中，单击“表格样式”组右下角的“其他”下拉按钮，在下拉样式列表中，选择“清除”选项，如图 5-19 所示。

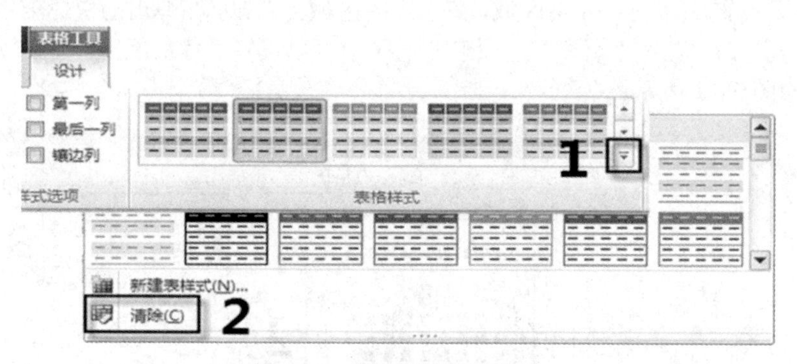

图 5-19　清除自动套用格式

用户也可以自定义表格格式。选择“自动套用格式”下拉列表中的“新建表样式”选项，弹出“新建表快速样式”对话框，如图 5-20 所示。在“名称”文本框中输入新样式的名称；在“表元素”列表框中选择设置格式的选项，单击“格式”按钮，在弹出的“设置单元格格式”对话框中设置选定项的格式。设置结束后，新建样式显示在样式列表顶部“自定义”区域中。

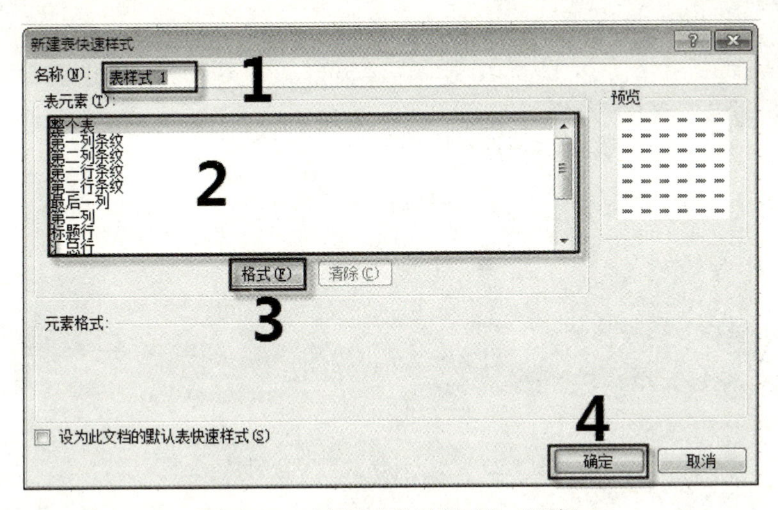

图 5-20　“新建表快速样式”对话框

当工作表中某个单元格区域套用表格格式后，所选单元格区域的第 1 行自动出现带有“筛选”标识的下拉按钮，如图 5-21 所示，这是因为所选单元格区域被定义为一个“表”，用户可以将“表”转换为普通的单元格区域，并保留所套用的格式。将“表”转换为普通的单元格区域的操作步骤如下。

序号	姓名	学校名称	科类	层次

图 5-21　带有“筛选”标识的下拉按钮

（1）选定“表”中的任意一个单元格。

（2）打开“表格工具—设计”选项卡，单击“工具”组中的“转换为区域”按钮，如图 5-22 所示，在弹出的提示对话框中单击“是”按钮，将“表”转换为普通单元格区域。

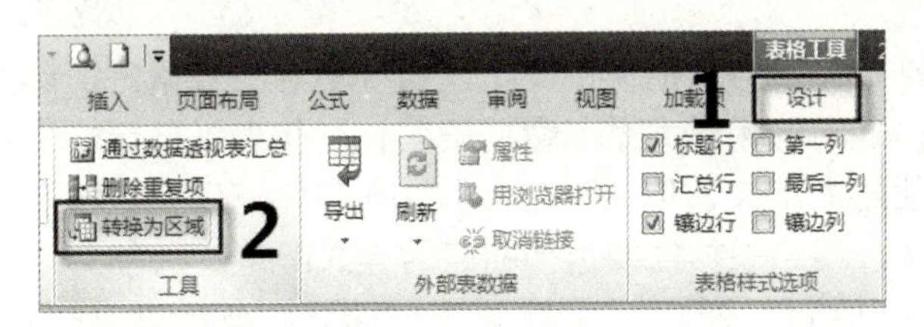

图 5-22　单击“转换为区域”按钮

5.2.4　条件格式设置

微课视频

条件格式设置是指将满足指定条件的数据设置为特殊的格式，以突出显示；不满足条件的数据保持原有格式，从而方便用户直观地查看和分析数据。

选定要设置条件格式的单元格区域，单击“开始”选项卡“样式”组中的“条件格式”下拉按钮，打开如图 5-23 所示的下拉列表，从中选择所需的选项，设置相应的格式。其各项选项含义如下。

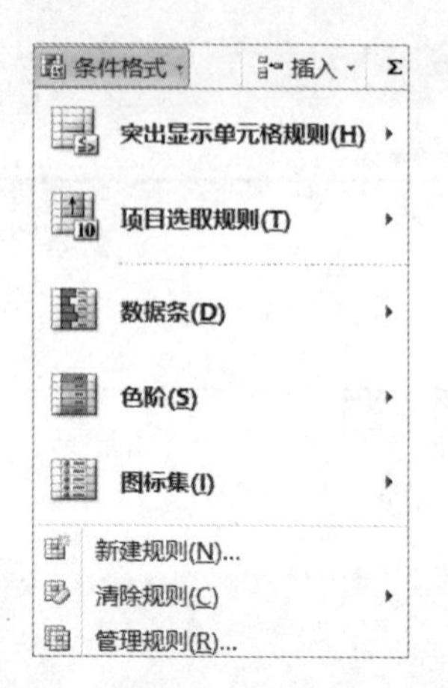

图 5-23 “条件格式”下拉列表

- 突出显示单元格规则：其子选项是基于比较运算符，如大于、小于、等于、介于等常用的各种条件选项，选择所需条件选项进行具体条件和格式的设置，以突出显示满足条件的数据。如选择子选项中的“重复值”选项，弹出“重复值”对话框，如图 5-24 所示，在此对话框中，用户可以设置选定单元格区域重复值的格式。
- 项目选取规则：其子选项包含了“值最大的 10 项”“值最大的 10%项”“值最小的 10 项”等 6 个选项。当选择某一个选项时，自动弹出相应的对话框，在此对话框中进行设置即可。如选择“值最小的 10 项”，弹出“10 个最小的项”对话框，如图 5-25 所示，在左侧的文本框中输入“5”，在右侧下拉列表中选择“红色文本”，单击“确定”按钮，将所选单元格区域前 5 个最小值以红色字体突出显示。

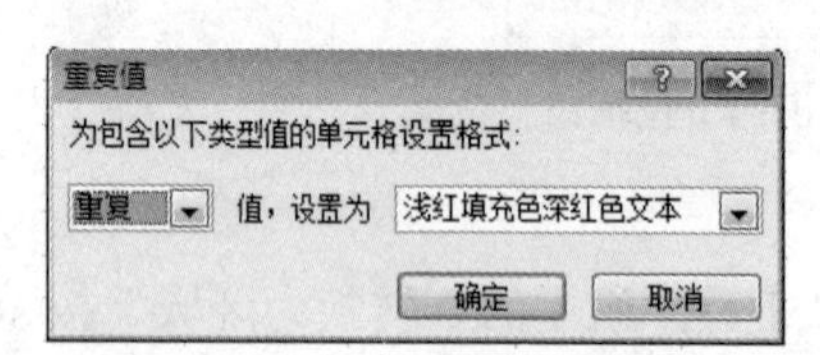

图 5-24 “重复值”对话框

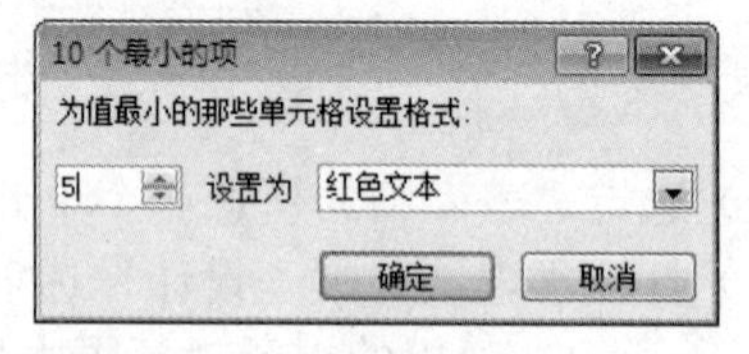

图 5-25 “10 个最小的项”对话框

- 数据条：根据单元格数值的大小，填充长度不等的数据条，以便直观地显示所选单元格区域数据之间的相对关系。数据条的长度代表了单元格中数值的大小，数据条越长，数值就越大。该选项主要包含了“渐变填充”和“实心填充”两组，各含 6 种数据条样式，用户根据需要选择相应的样式即可。
- 色阶：根据单元格数值的大小，填充不同的底纹颜色以反映数值的大小。如“红-白-绿”色阶的 3 种颜色分别代表数值的大（红色）、中（白色）、小（绿色）3 部分显示，每一部分又以颜色的深浅进一步区分数值的大小。该选项包含了“双色渐变”和“三色渐变”两组色阶样式，用户根据需要选择相应的样式即可。
- 图标集：根据单元格数值的大小，在所选图标集的 3～5 个图标中，自动地在每个单元格之前显示不同的图标，以反映各单元格数据在所选区域中所处的区段。如在“三色交通灯”形状图标中，绿色代表较大值，黄色代表中间值，粉色代表较小值。
- 新建规则：用于创建自定义的条件格式规则。
- 清除规则：用于删除已经设置的条件规则。
- 管理规则：用于创建、删除、编辑和查看工作簿中的条件格式规则。

5.2.5　实例练习

（1）对如图 5-26 所示的成绩表中的数据设置条件格式，将“计算机”成绩>85 分的单元格的底纹设置为“黄色”，“总分”的最高分单元格设置为“浅红色填充”。

	A	B	C	D	E	F
1	成绩表					
2	姓名	政治	美史	英语	计算机	总分
3	成龙	77	65	36	38	216
4	周华	87	86	52	62	287
5	李鸣	86	59	75	86	306
6	吴刚	75	48	75	45	243
7	李鹏	78	95	85	45	303
8	李建国	58	74	85	78	295
9	胡超豪	75	36	96	35	242
10	张松	88	65	76	54	283
11	李明强	64	75	45	86	270
12	周扬名	96	45	56	62	259

图 5-26　成绩表

（2）将标题“成绩表”设置为“黑体”，字号设置为“20”，A1:F1 单元格区域设置为“合并后居中”，行高设置为“30”。

（3）将列标题设置为“楷体”“加粗”，字号设置为“14”，对齐方式设置为“居中”；背景色设置为“无颜色”，图案颜色设置为“红色”，图案样式设置为“25%灰色”。

（4）将 A2:F12 单元格区域的外边框设置为蓝色粗实线，内边框设置为深红色细实线。

（5）设置 A3:F12 单元格区域的内容跨列居中。

操作步骤如下。

1．设置条件格式

1）将“计算机”成绩>85 分的单元格的底纹设置为黄色

（1）选定要设置条件格式的 E3:E12 单元格区域，单击“开始”选项卡“样式”组中的“条件格式”下拉按钮，在下拉列表中选择“突出显示单元格规则”中的“大于”选项，弹出“大于”对话框。

（2）在文本框中输入“85”，在“设置为”下拉列表中选择“自定义格式”，如图 5-27 所示，弹出“设置单元格格式”对话框，在“填充”选项卡“背景色”选区中选择“黄色”，如图 5-28 所示。

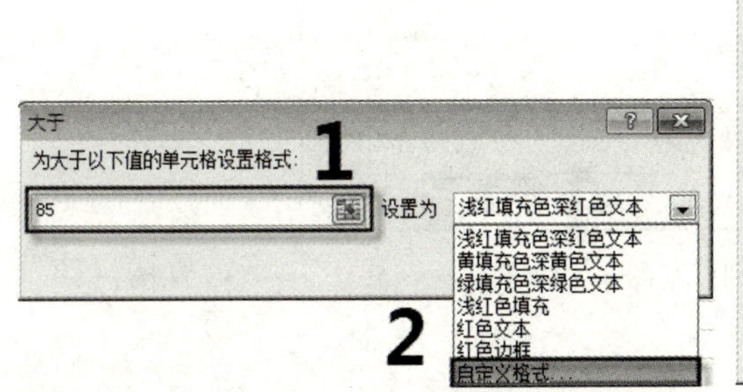

图 5-27　“大于”对话框

图 5-28　设置单元格背景填充色

2）将“总分”的最高分单元格设置为“浅红色填充”

选定要设置条件格式的F3:F12单元格区域，单击“开始”选项卡“样式”组中的“条件格式”下拉按钮，在下拉列表中选择“项目选取规则”中的“值最大的10项”选项，弹出“10个最大的项”对话框，进行如图5-29所示的设置。

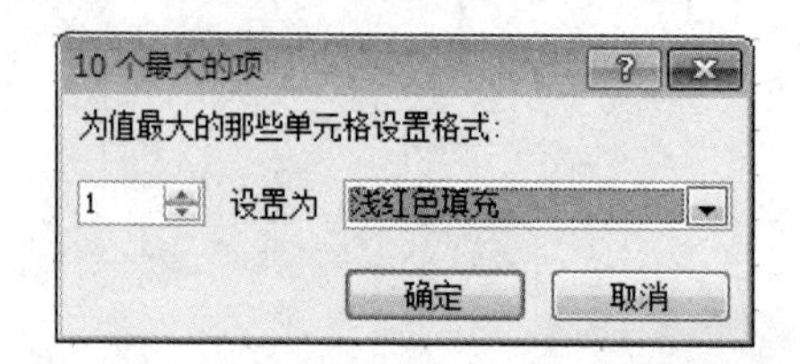

图5-29　“10个最大的项”对话框

2．设置标题格式

（1）选定A1单元格，在“开始”选项卡“字体”组中分别设置字体和字号。

（2）选定A1:F1单元格区域，单击“开始”选项卡“对齐方式”组中的“合并后居中”按钮，使标题在合并后的单元格居中。

（3）选定第1行，在第1行上右击，在弹出的快捷菜单中选择“行高”命令，在弹出的“行高”对话框中输入行高值为“30”，单击“确定”按钮。

3．设置列标题格式

（1）选定A2:F2单元格区域，在“开始”选项卡“字体”组中分别设置字体为“楷体”“加粗”，字号为“14”，单击“对齐方式”组中“居中”按钮。

（2）单击“字体”组右下角的对话框启动按钮，或者右击，在弹出的快捷菜单中选择“设置单元格格式”命令，弹出“设置单元格格式”对话框。打开“填充”选项卡，在“背景色”选区中单击“无颜色”按钮；在“图案颜色”下拉列表中选择“红色”，在“图案样式”下拉列表中选择“25%灰色”，单击“确定”按钮，如图5-30所示。

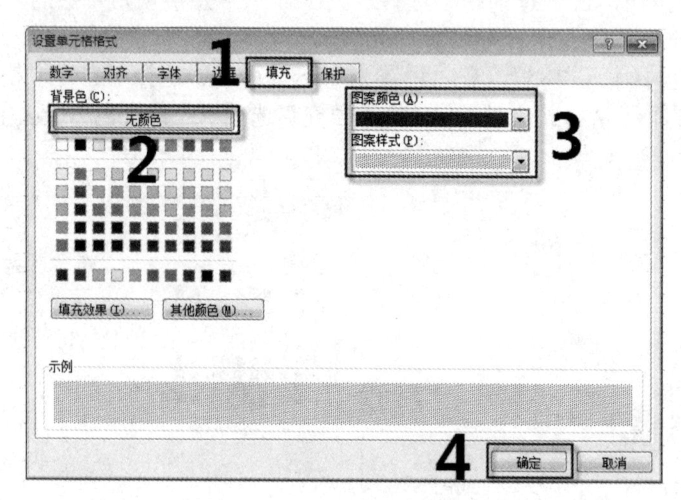

图5-30　设置列标题图案底纹

4．设置边框

选定A2:F12单元格区域并右击，在弹出的快捷菜单中选择“设置单元格格式”命令，在“边框”选项卡的“样式”选区、“颜色”选区、“预置”选区中分别设置外边框和内边框，如图 5-31 所示。

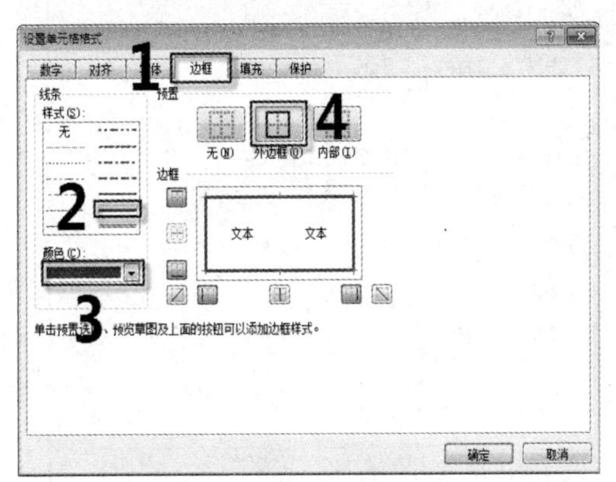

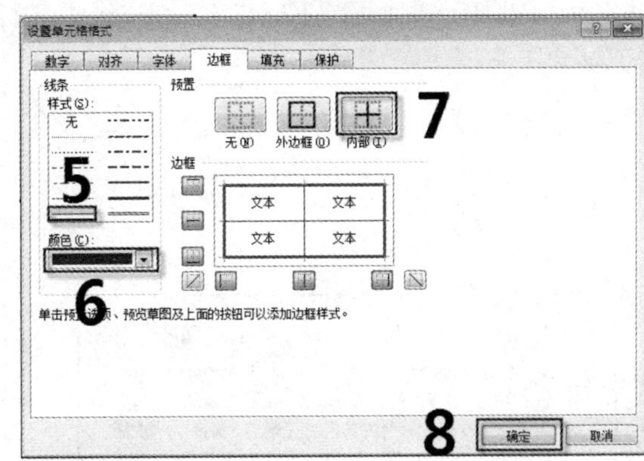

图 5-31　设置边框

5．表格内容跨列居中

选定 A3:F12 单元格区域，单击“开始”选项卡“对齐方式”组右下角的对话框启动按钮，弹出“设置单元格格式”对话框，打开“对齐”选项卡，在“水平对齐”下拉列表中选择“跨列居中”，单击“确定”按钮，成绩表最终效果如图 5-32 所示。

	A	B	C	D	E	F
1	成绩表					
2	姓名	政治	美史	英语	计算机	总分
3	成龙	77	65	36	38	216
4	周华	87	86	52	62	287
5	李鸣	86	59	75	86	306
6	吴刚	75	48	75	45	243
7	李鹏	78	95	85	45	303
8	李建国	58	74	85	78	295
9	胡超豪	75	36	96	35	242
10	张松	88	65	76	54	283
11	李明强	64	75	45	86	270
12	周扬名	96	45	56	62	259

图 5-32　成绩表最终效果图

5.3　工作表的打印输出

5.3.1　页面设置

页面设置是影响工作表外观的主要因素，在打印工作表之前，用户先要进行页面设置，包括设置页边距、纸张大小、页面方向等。

1．利用功能区进行页面设置

打开“页面布局”选项卡，在“页面设置”组中的各按钮可以设置页边距、纸张大小、页面方向等，如图 5-33 所示。

2．利用“页面设置”对话框进行页面设置

打开“页面布局”选项卡，单击“页面设置”组右下角的对话框启动按钮，弹出“页面设置”对话框，如图 5-34 所示，在此对话框中可以设置页边距、纸张大小、页面方向等。

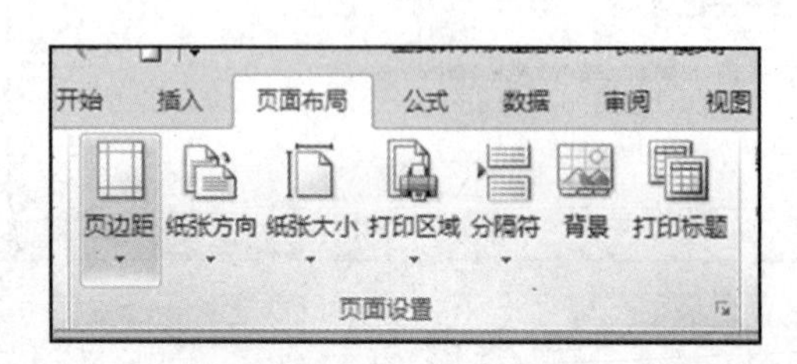

图 5-33 “页面设置”组

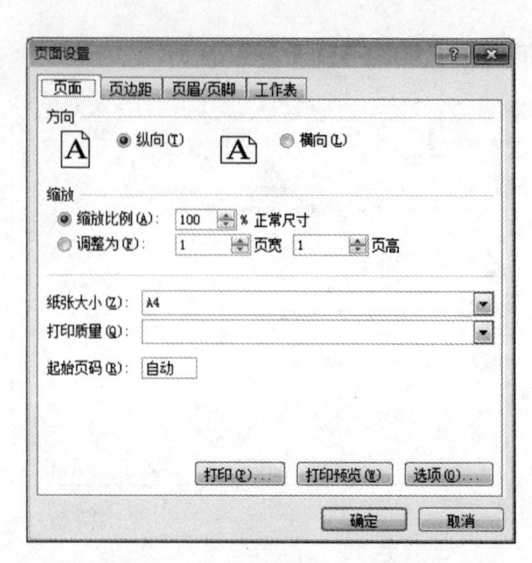

图 5-34 “页面设置”对话框

1）“页面”选项卡

“页面”选项卡用于设置打印方向、纸张大小及打印的缩放比例，如图 5-34 所示。如选中“缩放”选区中的“调整为”单选按钮，在“页宽”文本框和“页高”文本框中分别输入“1”，则整个工作表在 1 页纸上输出。

2）“页边距”选项卡

“页边距”选项卡用于设置纸张的“上”“下”“左”“右”页边距、居中对齐方式及页眉、页脚的位置，如图 5-35 所示。

3）“页眉/页脚”选项卡

“页眉/页脚”选项卡可以选择系统定义的页眉、页脚，也可以自定义页眉、页脚，如图 5-36 所示。

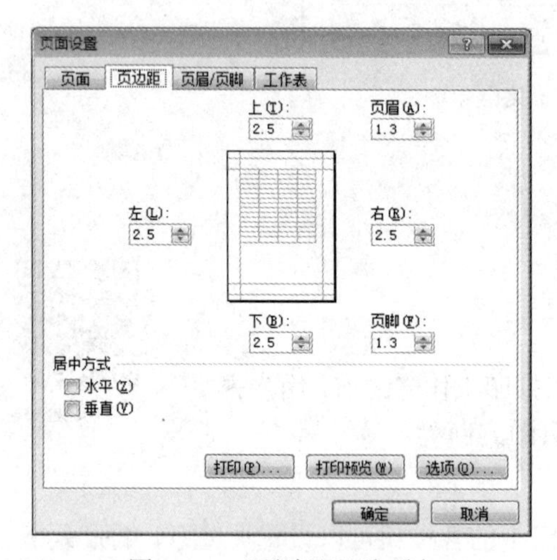

图 5-35 “页边距”选项卡

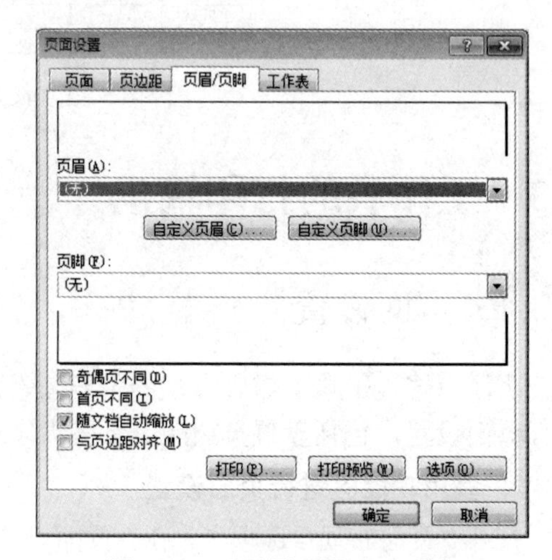

图 5-36 “页眉/页脚”选项卡

5.3.2 设置打印区域

微课视频

打印区域是指 Excel 工作表中要打印的数据范围，默认是工作表的整个数据区域，如果要打印工作表中的部分数据，则用户可以通过设置打印区域的方法来实现。

1）利用功能区设置打印区域

选定要打印的数据区域，打开“页面布局”选项卡，单击“页面设置”组中的“打印区域”下拉按钮，在下拉列表中选择“设置打印区域”选项，如图 5-37（a）所示。如果用户要继续添加打印区域，则选定要添加的打印区域，选择“打印区域”下拉列表中的“添加到打印区域”选项，如图 5-37（b）所示。

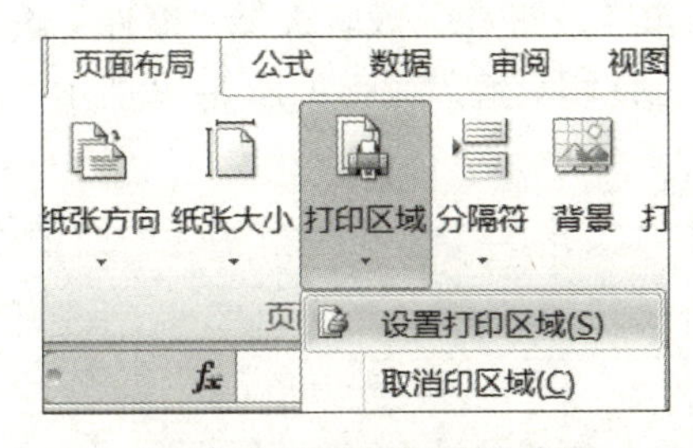

（a）选择“设置打印区域”选项

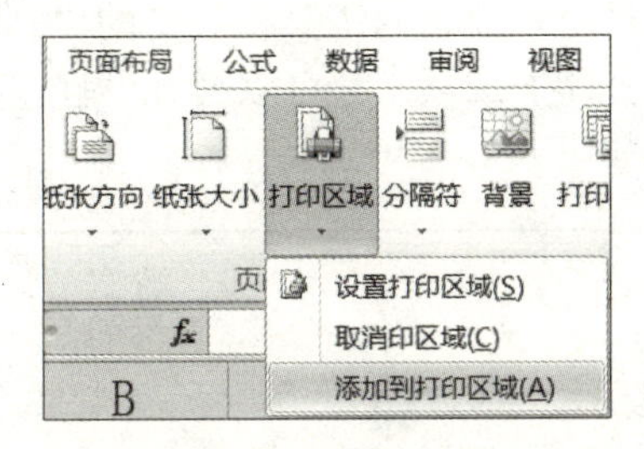

（b）选择“添加到打印区域”选项

图 5-37　“打印区域”下拉列表

2）利用“页面设置”对话框设置打印区域

在“页面设置”对话框中，打开“工作表”选项卡，如图 5-38 所示。将光标定位在“打印区域”文本框中，然后在工作表中利用鼠标拖动选定要打印的区域即可。

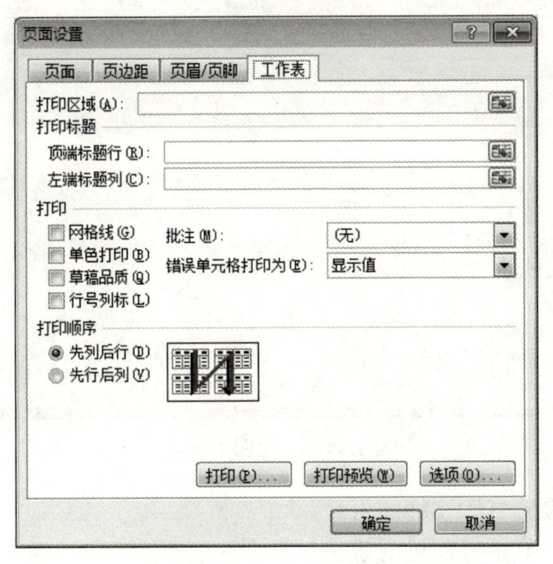

图 5-38　“工作表”选项卡

“打印标题”选区用于设置每页是否打印行标题和列标题。如果所有页都需要打印行标题和列标题，则将光标分别定位在“顶端标题行”文本框和“左端标题列”文本框中，输入每一页要重复打印的行标题区域或列标题区域。如果在“顶端标题行”文本框中输入“$1:$1”，则表示在每一页重复打印第 1 行标题；如果在“顶端标题行”文本框中输入“$1:$2”，则表示在每一页重复打印 1～2 两行的标题。

在“打印”选区中设置是否打印网格线、行号列标、批注等；在“打印顺序”选区中设置打印顺序等。

5.3.3 打印预览和打印文档

微课视频

1. 打印预览

打印预览主要是查看最终打印出来的效果，如果用户对预览效果满意，则可以进行打印输出。如果用户对预览效果不满意，则返回页面视图再进行编辑，直至满意后再打印。

单击“快速访问工具栏”中的“打印预览和打印”按钮，或者选择“文件”选项卡中的“打印”选项，都可以打开“打印”窗格，预览打印真实效果，如图 5-39 所示，其各项含义如下。

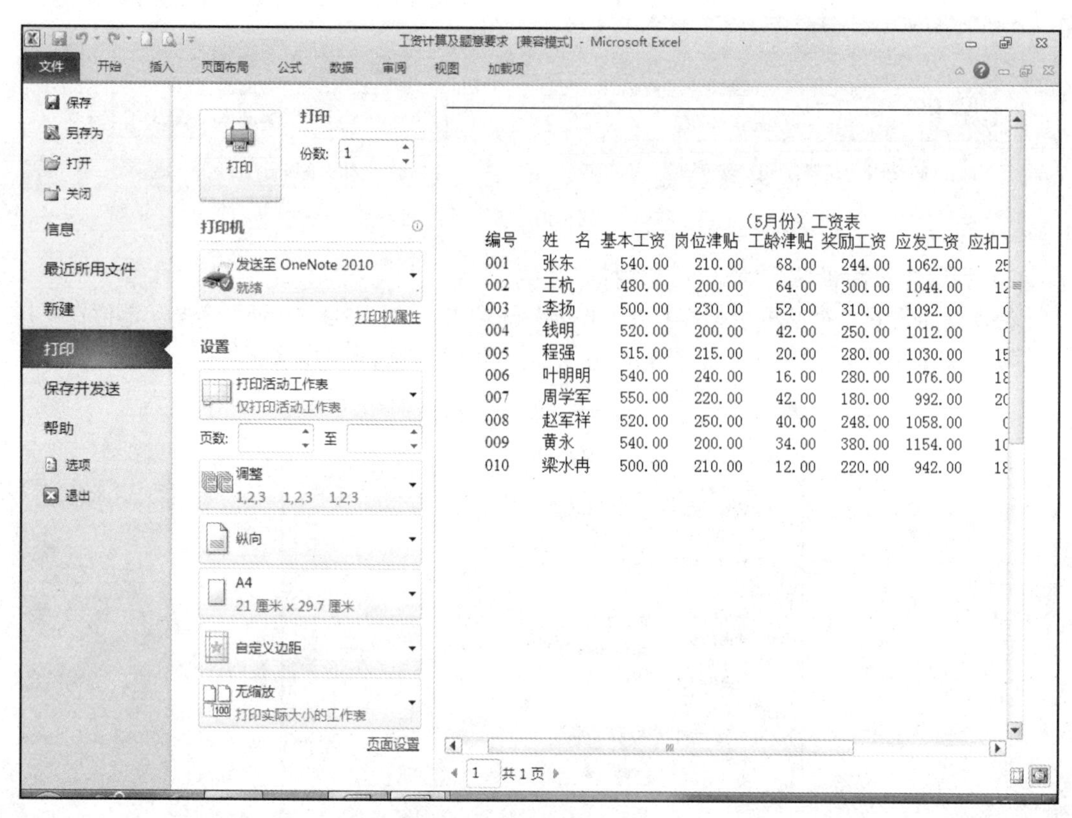

图 5-39 “打印”窗格

- “打印”选区设置打印文档的份数。
- “打印机”选区显示打印机的状态、类型和位置。
- “设置”选区设置打印的范围、方向、缩放、自定义边距等。
- “打印”窗格右下角的按钮用于显示边距，按钮用于缩放预览页面的比例。

2. 打印文档

如果用户对预览效果满意，则单击如图 5-39 所示“打印”窗格中的“打印”按钮，直接进行打印。也可以设置打印参数，进行个性化的打印。如单击“设置”选区中的“打印活动工作表”下拉按钮，从中选择打印的范围，或者单击“自定义边距”下拉按钮，设置页边距，其他设置与 Word 设置相似，在此不再赘述。

5.4　编辑工作簿和工作表

5.4.1　工作簿的基本操作

微课视频

1. 创建工作簿

除启动 Excel 可以创建新的工作簿外，在 Excel 的编辑过程中也可以创建新的工作簿，方法如下。

方法一：单击“快速访问工具栏”右侧的下拉按钮，在打开的下拉列表中选择“新建”选项，将其添加到“快速访问工具栏”中。单击“快速访问工具栏”中的“新建”按钮或按“Ctrl+N”组合键，可以创建一个新的工作簿。

方法二：选择“文件”选项卡中的“新建”选项。在右侧窗格中有新建空白工作簿或带有一定格式的工作簿选项。

（1）选择“空白工作簿”，单击“创建”按钮，新建一个空白工作簿，如图 5-40 所示。

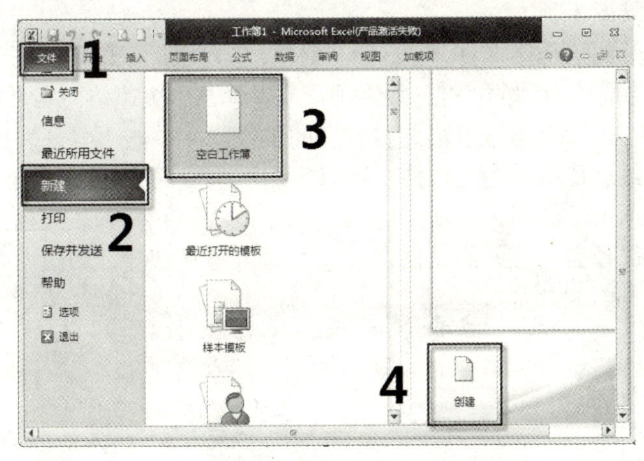

图 5-40　创建空白工作簿

（2）选择“样本模板”，从打开的列表框中选择所需的 Excel 模板，单击“创建”按钮，新建一个基于现有模板的工作簿。如创建“销售报表”工作簿，如图 5-41 所示。

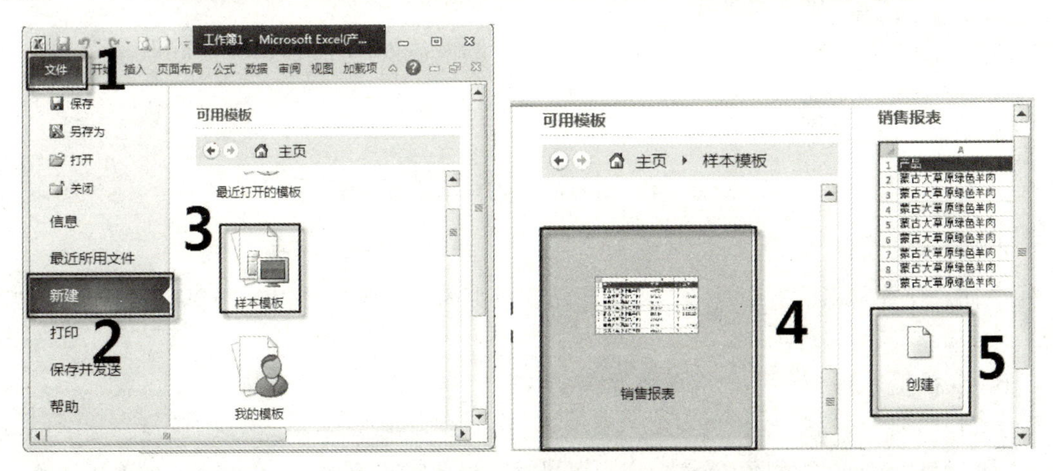

图 5-41　创建“销售报表”工作簿

（3）如果用户的计算机进行了联网，则可以在“office.com 模板”列表框中选择某一模板，如选择“图表”，此时系统自动搜索该模板。搜索结束后，选择所需的模板，单击“下载”按钮，从网上下载模板并创建工作簿。

2．保存工作簿

编辑结束后，用户要对工作簿进行保存，方法如下。

- 单击“快速访问工具栏”中的“保存”按钮，或者选择“文件”选项卡中的“保存”选项，即可保存工作簿。如果是第一次保存，会弹出“另存为”对话框。
- 在“另存为”对话框中选择文件的保存位置，默认的工作簿文件名为“工作簿 1”，可以在“文件名”文本框中输入一个新的文件名来保存当前工作簿；在“保存类型”下拉列表中默认是“Excel 工作簿（*.xlsx）”类型，如果想要将工作簿在较低版本的 Excel 中使用，则可以选择兼容性较高的“Excel 97-2003 工作簿（*.xls）”类型，再单击“保存”按钮。

3．打开工作簿

打开工作簿有以下 3 种方法。

- 双击想要打开的工作簿文件（以.xlsx 为扩展名）图标，即可打开该工作簿。
- 选择“文件”选项卡中的“打开”选项，或者单击“快速访问工具栏”中的“打开”按钮，在“打开”对话框中选定要打开的工作簿并单击“打开”按钮。
- 如果要打开最近使用过的工作簿，可以采用更快捷的方式。在 Excel 窗口中，选择“文件”选项卡中的“最近所用文件”选项，右侧文件列表列出了最近打开过的工作簿，从中选择需要打开的文件名，单击即可将其打开，如图 5-42 所示。

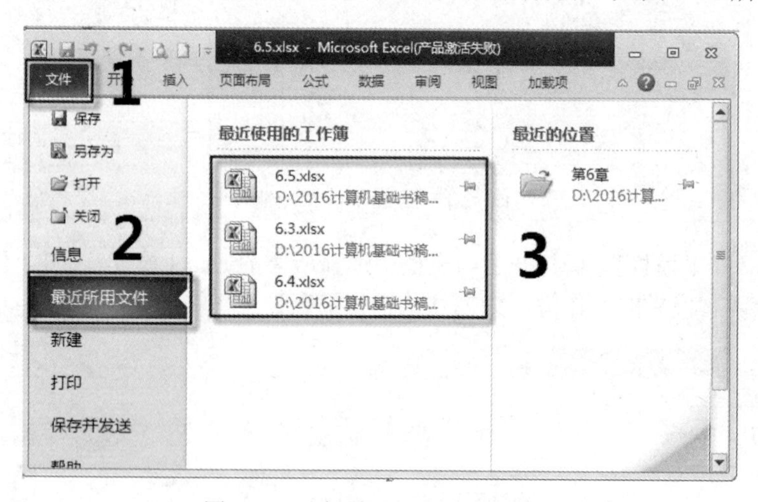

图 5-42　选择最近打开过的工作簿

4．关闭工作簿

关闭工作簿常用的方法是：单击工作簿窗口中的“关闭”按钮，或者选择“文件”选项卡中的“关闭”选项。

5．保护工作簿

1）加密

为了保护 Excel 文件的安全性，用户可以对其设置密码保护，以防被他人使用或修改。

其操作过程与 Word 文档的加密相似，先打开要保护的 Excel 文件，在“另存为”对话框中，单击“工具”下拉按钮，在下拉列表中选择“常规选项”，在弹出的“常规选项”对话框中根据提示输入密码和确认密码，单击“确定”按钮，如图 5-43 所示。关闭文件后，如果想要使用或修改该文件，则必须输入密码，否则不能使用。

2）保护工作簿的结构和窗口

保护工作簿的结构是指不能对工作表进行移动、复制、删除、插入、重命名等操作；保护工作簿窗口是指不能对窗口进行缩放、关闭、移动及隐藏等操作，操作步骤如下。

（1）单击“审阅”选项卡“更改”组中的“保护工作簿”按钮，弹出“保护结构和窗口”对话框，如图 5-44 所示。

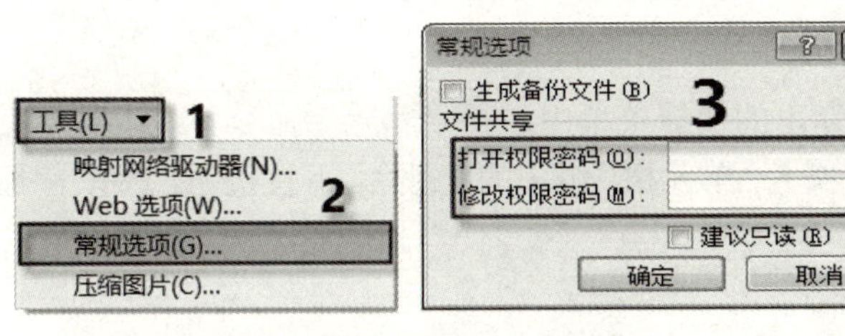

图 5-43　设置工作簿的加密

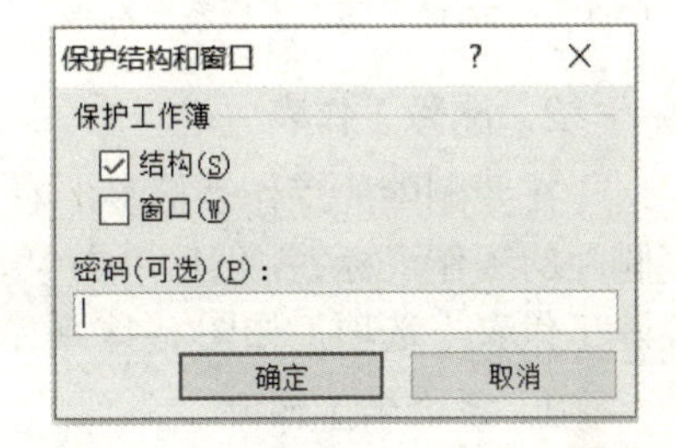

图 5-44　“保护结构和窗口”对话框

（2）根据需要勾选“结构”复选框或“窗口”复选框，也可以设置密码，单击“确定”按钮。

（3）如果想要取消对工作簿的保护，单击“审阅”选项卡“更改”组中的“保护工作簿”按钮，由于设置了密码，因此需要在弹出的对话框中输入密码。

5.4.2　工作表的基本操作

微课视频

1. 插入工作表

插入工作表有以下 3 种方法。

- 在工作表标签区域，单击“插入工作表”按钮，如图 5-45 所示，可以在 Sheet3 工作表的后面插入一个新工作表。

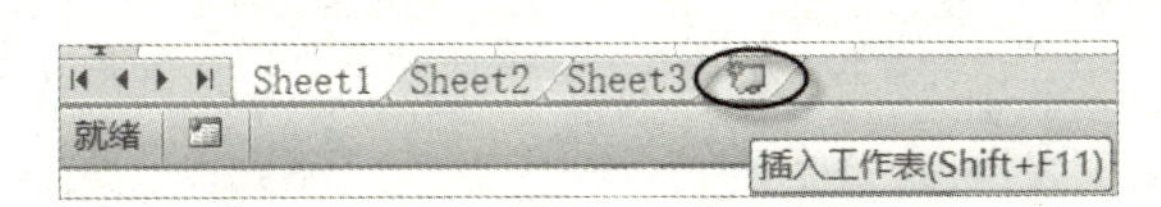

图 5-45　单击“插入工作表”按钮

- 打开“开始”选项卡，单击“单元格”组中的“插入”下拉按钮，在下拉列表中选择“插入工作表”选项，如图 5-46 所示，即可在当前工作表的前面插入新工作表。
- 右击某一个工作表的标签，在弹出的快捷菜单中选择“插入”命令，弹出如图 5-47 所示的“插入”对话框，根据需要选择要插入的工作表类型并单击“确定”按钮即可。新插入的工作表将出现在当前工作表之前。如果选择“电子方案表格”选项卡，则可以插入带有一定格式的工作表。

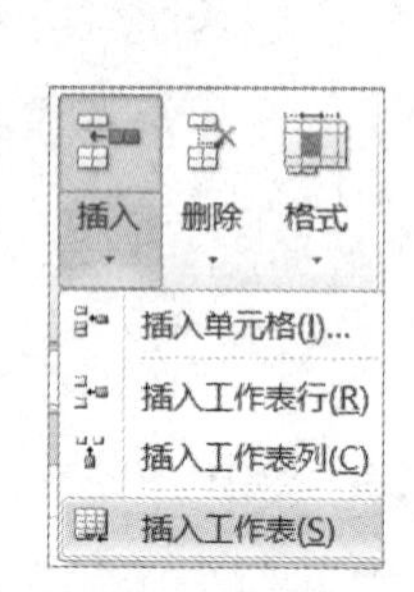

图 5-46　选择“插入工作表”选项

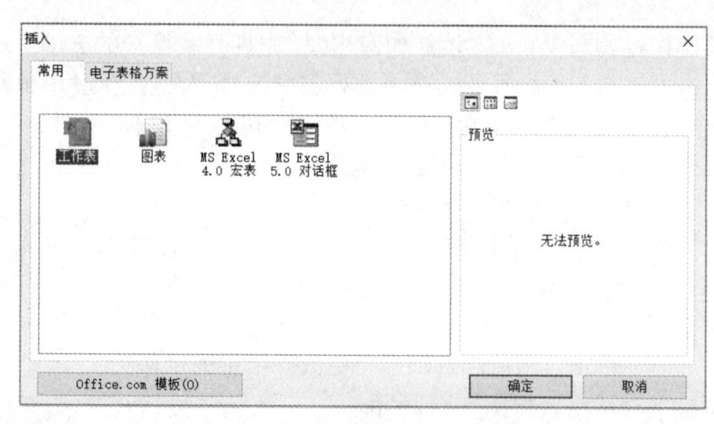

图 5-47　“插入”对话框

2. 删除工作表

在要删除的工作表标签上右击，在弹出的快捷菜单中选择“删除”命令，或者选定要删除的工作表标签，然后单击“开始”选项卡“单元格”组中的“删除”下拉按钮，选择“删除工作表”选项，如图 5-48 所示。

3. 重命名工作表

在 Excel 中，默认的工作表名称为 Sheet1、Sheet2 和 Sheet3，用户可以将默认的名称更改为自定义的名称，以方便对内容的查看。重命名工作表有以下 3 种方法。

- 双击要重命名的工作表标签，此时工作表标签反色显示，处于可编辑状态，输入新的工作表名称并按“Enter”键确认。
- 在要重命名的工作表标签上右击，在弹出的快捷菜单中选择“重命名”命令，输入新的工作表名称并按“Enter”键确认。
- 选定工作表标签，单击“开始”选项卡“单元格”组中的“格式”下拉按钮，在下拉列表中选择“重命名工作表”选项，如图 5-49 所示，输入新的工作表名称并按“Enter”键确认。

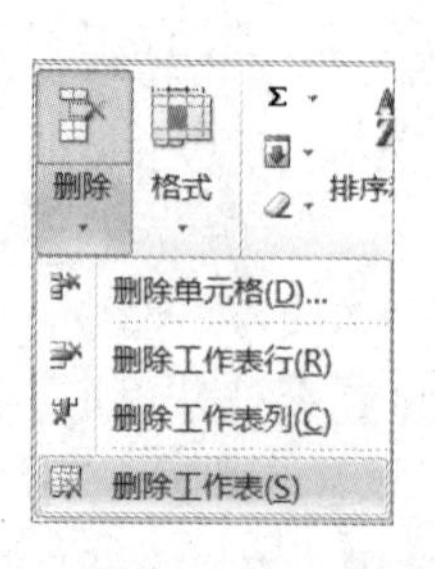

图 5-48　选择“删除工作表”选项

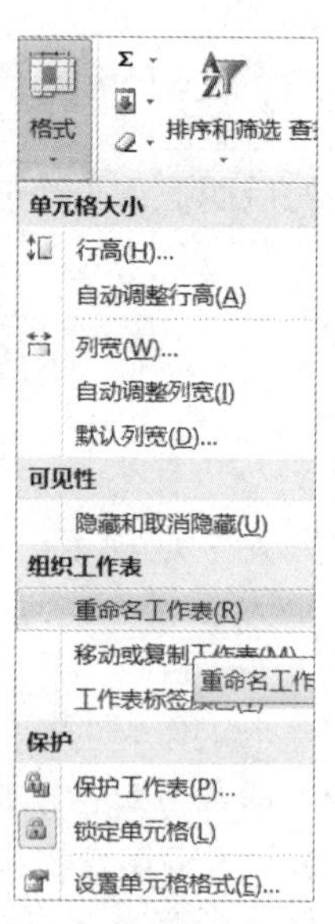

图 5-49　选择“重命名工作表”选项

4. 设置工作表标签颜色

为了突出显示某个工作表，用户可以为该工作表标签设置颜色。设置方法：在要设置颜色的工作表标签上右击，在弹出的快捷菜单中选择“工作表标签颜色”命令，在下拉列表中选择所需颜色即可。

5. 工作表的移动或复制

1）同一工作簿中工作表的移动或复制

最简单的方法是利用鼠标拖动，即将鼠标指针指向要移动或复制的工作表标签，按住鼠标左键进行拖动，在目标位置释放鼠标左键，实现工作表的移动。按住“Ctrl”键同时单击鼠标左键进行拖动，实现工作表的复制。复制的新工作表标签后附加带有括号的数字，表示不同的工作表。如源工作表标签为 Sheet2，第一次复制后的工作表标签为 Sheet2(2)…，以此类推。

2）不同工作簿之间工作表的移动或复制

利用快捷菜单中的“移动或复制”命令，或者单击“开始”选项卡“单元格”组中的“格式”下拉按钮，在下拉列表中选择“移动或复制工作表”选项，实现不同工作簿之间工作表的移动或复制。

【例 5-1】将“销售”工作簿中的“计算机图书”工作表移动到“图书排序”工作簿“Sheet2”工作表的前面，操作步骤如下。

（1）分别打开“销售”和“图书排序”两个工作簿。

（2）单击“销售”工作簿中的“计算机图书”工作表标签，使其成为当前工作表。

（3）在“计算机图书”工作表标签上右击，在弹出的快捷菜单中选择“移动或复制”命令，弹出如图 5-50（a）所示的“移动或复制工作表”对话框。

（4）在“工作簿”下拉列表框中，选择用于接收的工作簿名称，即“图书排序.xlsx”；在“下列选定工作表之前”列表框中，选择移动的工作表在新工作簿中的位置。本实例选择“Sheet2”，如图 5-50（b）所示。

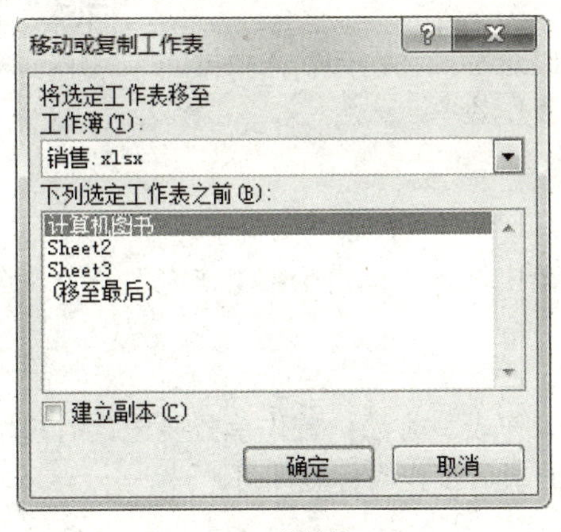

（a）设置前

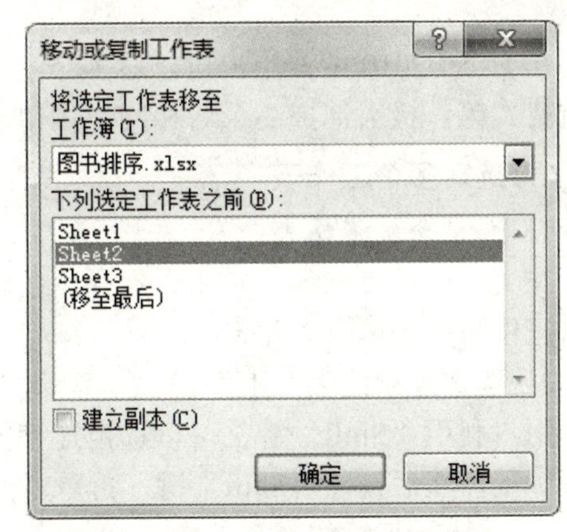

（b）设置后

图 5-50　“移动或复制工作表”对话框

（5）单击“确定”按钮，完成不同工作簿之间工作表的移动。

如果勾选了“移动或复制工作表”对话框中的“建立副本”复选框，则可以实现不同工作簿之间工作表的复制。

6. 保护工作表

选定要保护的工作表，单击“审阅”选项卡“更改”组中的“保护工作表”按钮，或者选择快捷菜单中的“保护工作表”命令，弹出如图 5-51 所示的“保护工作表”对话框。此对话框默认锁定工作表的全部单元格，在锁定的单元格中，用户不能进行任何操作，如输入、删除等操作。在“允许此工作表的所有用户进行”列表框中，用户可以根据需要选择允许他人更改的项目，在“取消工作表保护时使用的密码”文本框中输入密码，单击“确定”按钮，即可对工作表进行保护。

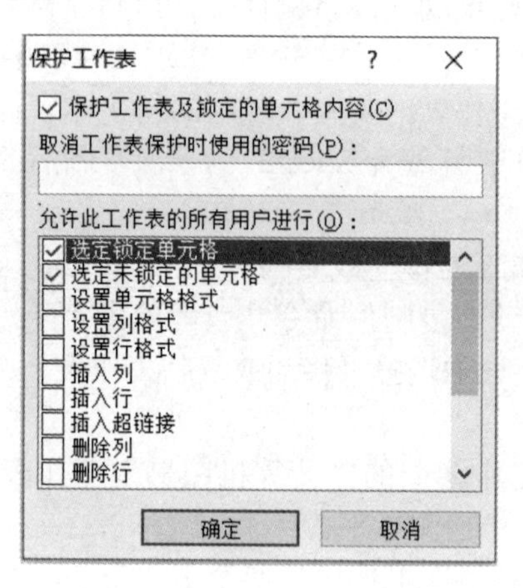

图 5-51 “保护工作表”对话框

如果要修改受保护的工作表，则需要先撤销保护。选定受保护工作的标签并右击，在弹出的快捷菜单中选择“撤销工作表保护”命令，取消工作表保护，然后对工作表再进行修改。

5.4.3 对多个工作表同时进行操作

微课视频

在 Excel 2010 中，用户可以对多个工作表同时进行操作，如输入数据、设置格式等，极大地提高了对相同或相似表格的工作效率。

1. 选定多个工作表

1）选定全部工作表

在某个工作表标签上右击，在弹出的快捷菜单中选择“选定全部工作表”命令，选定当前工作簿中的所有工作表。

2）选定连续的多个工作表

用户利用“Shift”键，可以选定连续的多个工作表。方法：首先单击要选定的起始工作表标签，然后按住“Shift”键，再单击要选定的最后工作表标签即可。

3）选定不连续的多个工作表

用户利用“Ctrl”键，可以选定不连续的多个工作表。方法：首先单击某个工作表标签，然后按住“Ctrl”键，再分别单击要选定的工作表标签即可。

4）取消工作表组合

在选定的某个工作表标签上右击，在弹出的快捷菜单中选择“取消组合工作表”命令，即可取消工作表的组合。

当选定多个工作表进行组合后，该工作簿标题栏的文件名后会出现“工作组”字样，如图 5-52 所示。

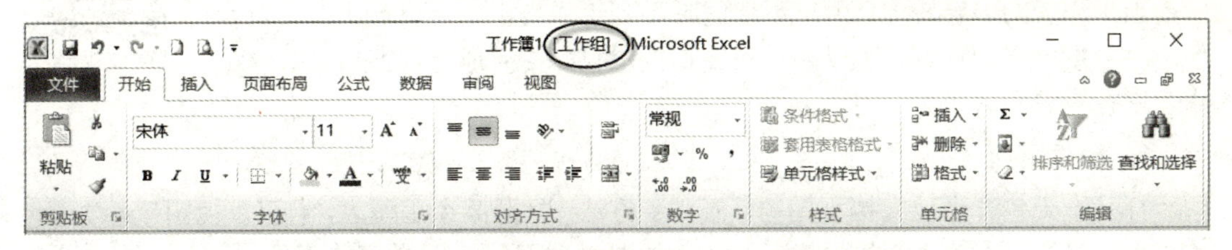

图 5-52　工作簿标题栏出现的“工作组”字样

2. 同时对多个工作表进行操作

当选定多个工作表组成工作组后，用户在某个工作表中所进行的任何操作都会同时显示在工作组的其他工作表中。如在工作组的一个工作表中输入数据或进行格式设置等操作，这些操作将同时显示在工作组的其他工作表中。在取消工作组的组合后，用户可以对每张工作表进行单独设置，如输入不同的数据，设置不同的格式等。

3. 填充成组工作表

即先设置一个工作表中的内容或格式，再将该工作表与其他工作表组成一个工作组，将该工作表中的内容或格式填充到工作组的其他工作表中，以快速地生成相同内容或格式的多个工作表，操作步骤如下。

（1）在任意一个工作表中输入内容，并设置内容的格式。

（2）插入多个空白的工作表。

（3）选定含有内容或格式的单元格区域，然后选定其他工作表形成工作组。

（4）打开“开始”选项卡，单击“编辑”组中的“填充”下拉按钮，在下拉列表中选择“成组工作表”选项，弹出“填充成组工作表”对话框，如图 5-53 所示。

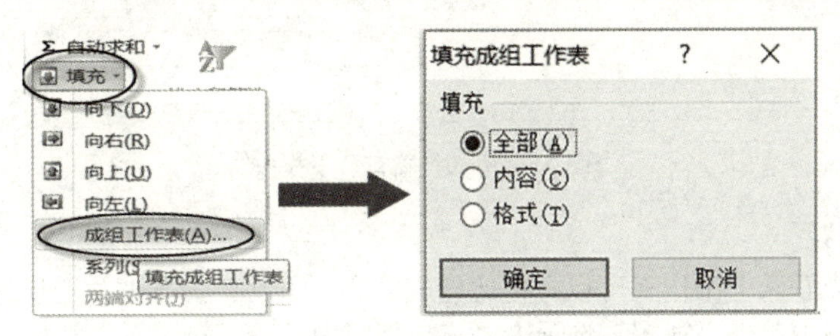

图 5-53　弹出“填充成组工作表”对话框

（5）在“填充”选区中选择要填充的选项，各项含义如下。

- 全部（A）：将选定单元格区域的所有内容和格式全部填充到工作组的其他工作表中。
- 内容（C）：将选定单元格区域的所有内容填充到工作组的其他工作表中。
- 格式（T）：将选定单元格区域的所有格式填充到工作组的其他工作表中。

（6）选中“全部”单选按钮，单击“确定”按钮，选定单元格区域的所有内容和格式同时显示在工作组的其他工作表中，生成了多个相同的工作表。

（7）单击工作组中的任意一个工作表标签，退出工作组状态，查看各个工作表是否具有相同的内容和格式。

5.4.4 工作表窗口的操作

微课视频

当工作表的内容较多，用户不能同时看到工作表中的所有数据时，为了便于对数据的准确理解，可以通过对窗口的操作，灵活地控制窗口，以便对内容进行查看和编辑。

1. 新建窗口

打开一个包含当前文档视图的新窗口。方法：打开某个工作表，打开“视图”选项卡，单击“窗口”组中的“新建窗口”按钮，如图 5-54 所示，当前工作表的内容显示在一个新的窗口中。新窗口的标题栏名称为“原文件名:2”。

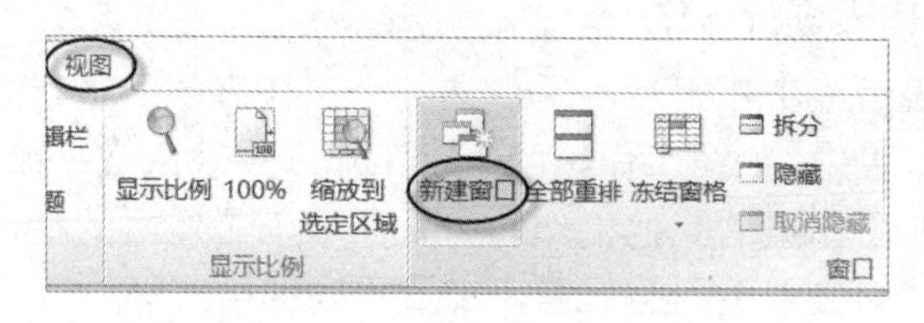

图 5-54 “新建窗口”按钮

2. 切换窗口

当打开了多个工作簿后，用户利用功能区可以对窗口进行切换。方法：打开“视图”选项卡，单击“窗口”组中的“切换窗口”下拉按钮，在下拉列表中显示当前所有已经打开的工作簿的文件名，如图 5-55 所示。文件名前带有☑符号，表示是当前活动窗口。在下拉列表中选择某一个工作簿文件名选项，可以切换到该工作簿窗口。

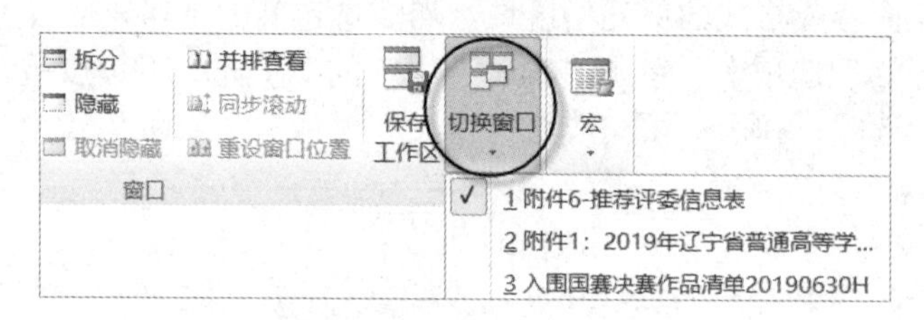

图 5-55 “切换窗口”下拉按钮

3. 并排查看

用户并排查看两个工作表可以方便比较其内容。方法：打开要进行比较的一个工作表窗口，在该窗口中单击“视图”选项卡“窗口”组中的“并排查看”按钮，弹出如图 5-56 所示的“并排比较”对话框，在该对话框中选择一个用于比较的工作簿名称，单击“确定”按钮，两个窗口将并排显示。拖动一个窗口的滚动条，另一个窗口的滚动条同步滚动。单击“视图”选项卡“窗口”组中的“同步滚动”按钮，取消两个窗口的同步滚动，如果单击“并排查看”按钮，则取消并排显示。

4. 全部重排

用户使用全部重排功能，可以同时查看所有打开的窗口。方法：单击“视图”选项卡“窗口”组中的“全部重排”按钮，弹出“重排窗口”对话框，如图 5-57 所示，在“排列方式”选区中选择重排的显示方式。如果勾选“当前活动工作簿的窗口”复选框，则只对当前工作簿中已经划分的窗口进行重排，其他工作簿的窗口不参与重排。如果取消“当前活动工作簿的窗口”复选框，则所有打开的工作簿窗口都参与重排。

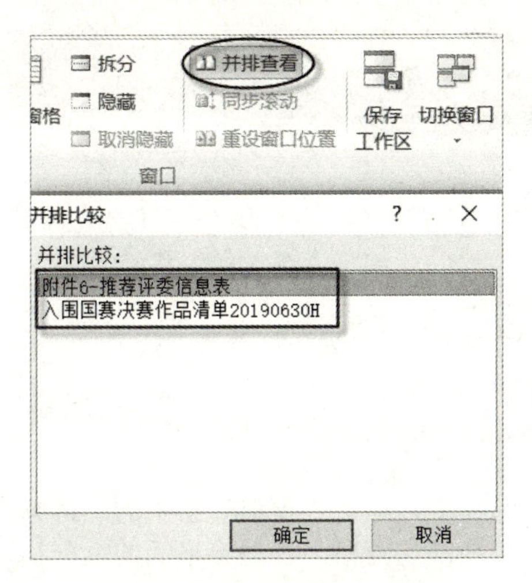

图 5-56　“并排比较”对话框

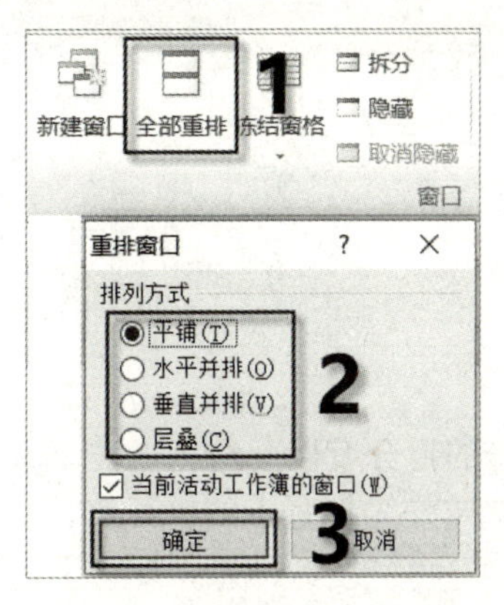

图 5-57　“重排窗口”对话框

5．隐藏与显示窗口

在 Excel 2010 中，用户可以隐藏当前窗口，使其不可见，也可以将隐藏的窗口进行显示。

1）隐藏窗口

（1）打开需要隐藏的窗口。

（2）单击“视图”选项卡“窗口”组中的“隐藏”按钮，如图 5-58 所示，即可将当前窗口进行隐藏。

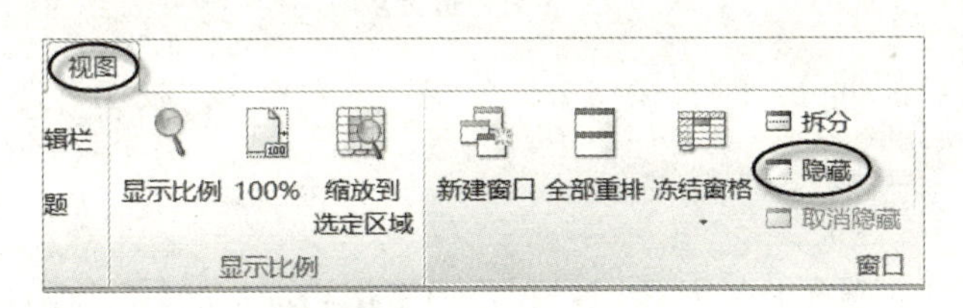

图 5-58　“隐藏”按钮

2）显示隐藏的窗口

（1）打开“视图”选项卡，单击“窗口”组中的“取消隐藏”按钮，如图 5-59 所示。

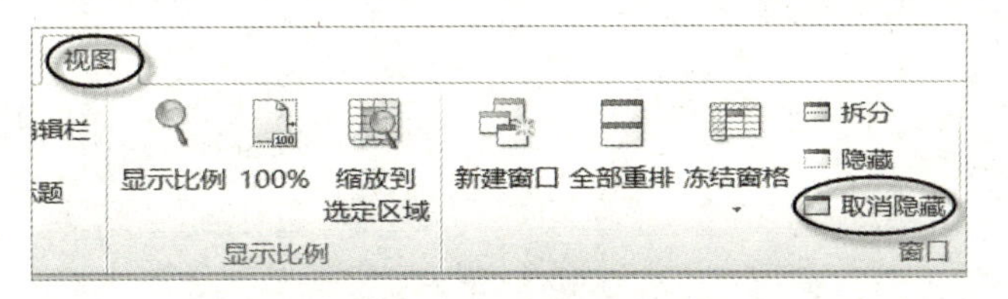

图 5-59　“取消隐藏”按钮

（2）在弹出的“取消隐藏”对话框中，如图 5-60 所示，选定需要取消隐藏的工作簿名称，单击“确定”按钮，隐藏的窗口重新显示。

6．拆分窗口

将一个窗口拆分成几个独立的窗格，每个窗格显示的是同一个工作表中的内容，用户通过拖动每个窗格中的滚动条，该工作表的不同内容同时显示在不同的窗格中。

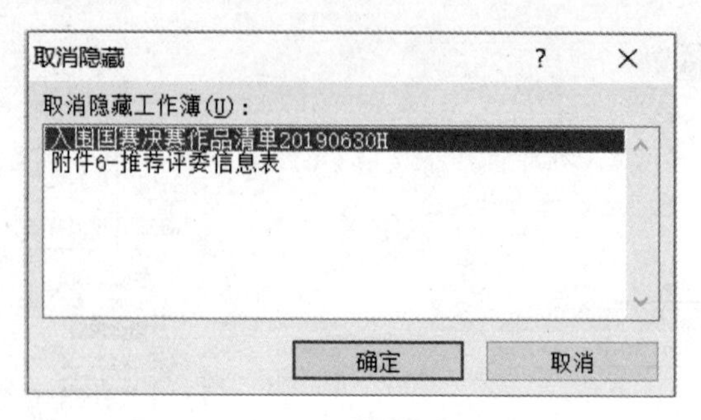

图 5-60 “取消隐藏”对话框

窗口的拆分有以下两种方法。

- 选定作为拆分点的单元格，打开“视图”选项卡，单击“窗口”组中的“拆分”按钮[拆分]，从拆分点处将工作表拆分为 4 个独立的窗格，移动窗格间的拆分线可调节窗格大小。
- 在水平滚动条的右端和垂直滚动条的顶端各有一个拆分块，如图 5-61 所示。将鼠标指针指向拆分块，按住鼠标左键向左或向右拖动拆分块，将窗口进行了拆分。

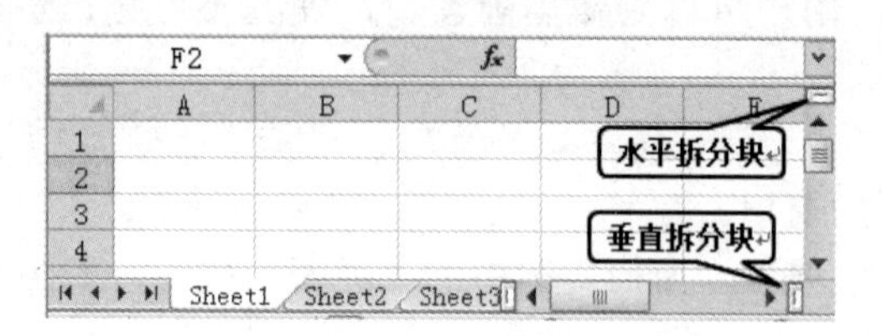

图 5-61 拆分块

如果要取消窗口的拆分，则直接双击拆分线，或者单击“视图”选项卡“窗口”组中的“拆分”按钮[拆分]。

7. 冻结窗口

冻结窗口是指在浏览工作表数据时，窗口内容滚动而标题行或列不滚动，固定在窗口的顶端或左端，即冻结标题行或列，如图 5-62 所示为冻结标题行或列前后的效果。

	A	B	C	D	E	F	G
1	姓名	政治	美史	英语	计算机	总分	
2	成龙	77	65	36	38	216	
3	周华	87	86	52	62	287	
4	李鸣	86	59	75	86	306	
5	吴刚	75	48	75	45	243	
6	李鹏	78	95	85	45	303	
7	李建国	58	74	85	78	295	
8	胡超豪	75	36	96	35	242	
9	张松	88	65	76	54	283	
10	李明强	64	75	45	86	270	
11	周扬名	96	45	56	62	259	
12							

成绩单 Sheet3

（a）冻结标题行或列前的效果

	A	B	C	D	E	F	G
1	姓名	政治	美史	英语	计算机	总分	
2	成龙	77	65	36	38	216	
3	周华	87	86	52	62	287	
4	李鸣	86	59	75	86	306	
5	吴刚	75	48	75	45	243	
6	李鹏	78	95	85	45	303	
7	李建国	58	74	85	78	295	
8	胡超豪	75	36	96	35	242	
9	张松	88	65	76	54	283	
10	李明强	64	75	45	86	270	
11	周扬名	96	45	56	62	259	
12							

成绩单 Sheet3

（b）冻结标题行或列后的效果

图 5-62 冻结窗口

从图 5-62（b）可以看出，冻结标题行或列后，当用户上下移动垂直滚动条时，标题行或列始终保持在屏幕的原位置。

窗口冻结的方法：如果要冻结列标题所在的行，单击“视图”选项卡“窗口”组中的

“冻结窗格”下拉按钮，在下拉列表中选择“冻结首行”选项，如图 5-63 所示；如果选择“冻结首列”选项，则冻结行标题所在的列；如果要取消冻结窗格，则在下拉列表中选择“取消冻结窗格”选项即可。

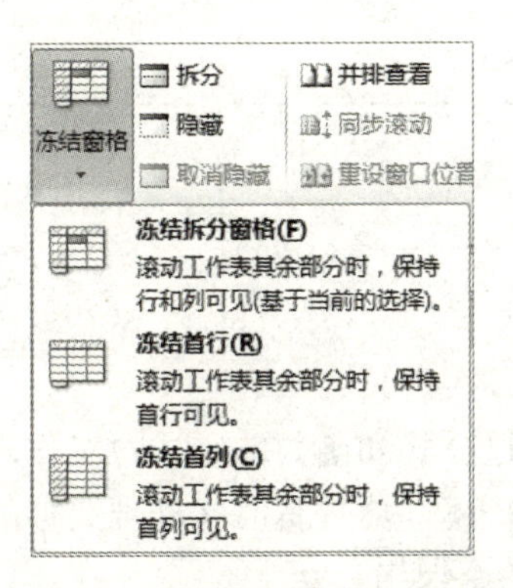

图 5-63　“冻结窗格”下拉列表

第 6 章

公式和函数

在 Excel 中，用户可以通过公式和函数，完成对工作表中数据的计算，当工作表中的数据发生变化时，计算结果自动更新，这种智能化处理数据的功能是手动计算无法比拟的。下面介绍 Excel 公式和函数的基本使用。

6.1 公式的使用

公式是一个等式，也称为表达式，它是引用单元格地址对存储在其中的数据进行计算的等式（或表达式）。引用的单元格可以是同一个工作簿中同一个工作表或不同工作表的单元格，也可以是其他工作簿中工作表的单元格。为了区别一般数据，在输入公式时，先输入等号“=”作为公式标记，如“=B2+F5”。

6.1.1 公式的组成

微课视频

公式由运算数和运算符两部分组成，一个公式的结构如图 6-1 所示。通过此公式结构可以看出，公式以等号“=”开头，公式中的运算数可以是具体的数字，如“0.3”，也可以是单元格地址，如“C2”，或单元格区域地址，如“B5:F5”等。“AVERAGE(B5:F5)”表示对单元格区域(B5:F5)中的所有数据求平均值。“*”和“+”都是运算符。

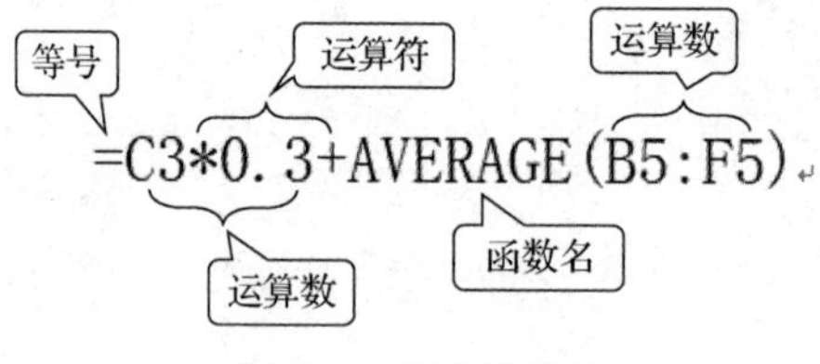

图 6-1　公式的结构

6.1.2 公式中的运算符

微课视频

Excel 公式中的运算符主要包括算术运算符、引用运算符、关系运算符和文本运算符，如表 6-1 所示。

表 6-1　Excel 运算符及公式应用

运 算 类 型	运　算　符	含　义	公式引用示例
算术运算符	+、−、*、/	加、减、乘、除	=A1+C1、=A9−3、=B2*6、=D3/2

续表

运算类型	运算符	含义	公式引用示例
算术运算符	^、%	乘方和百分比	=A3^2、=F5%
	–	负号	=–50
引用运算符	:	区域引用，即引用区域内的所有单元格	=SUM(C2:E6)表示对该区域所有单元格中的数据进行求和
	,	联合引用，即引用多个区域中的单元格	=SUM(C2,E6)表示只对 C2、E6 这两个单元格中的数据求和
	空格	交叉引用，即引用交叉区域中的单元格	=SUM(C2:F5 B3:E6)表示只计算 C2:F5 和 B3:E6 交叉区域中单元格数据的和
关系运算符	=、>、<	等于、大于、小于	=C2=E2、=C2>E2、=C2<E2
	>=、<=、<>	大于或等于、小于或等于、不等于	=A1>=7、=A1<=7、=A1<>7
文本运算符	&	连接文本	=C2 & C4 表示将 C2 单元格和 C4 单元格中的内容连接在一起

在一个公式中可以包含多个运算符，当多个运算符出现在同一个公式中时，Excel 规定了运算符的优先级别，如表 6-2 所示。

表 6-2　运算符的优先级别

运算类型	运算符	优先级别	说明
算术运算符	–（负号）	高	• 运算符优先级别按此表从上到下的顺序依次降低。 • 3 类运算符的优先级别为：首先是算术运算符，其次是文本运算符，最后是比较运算符。 • 在同一公式中包含同一优先级运算符时，按照从左到右的顺序进行计算
	%（百分比）、^（乘方）		
	*（乘）、/（除）		
	+（加）、–（减）		
文本运算符	&		
比较运算符	=、>、<、>=、<=、<>	低	

6.1.3　公式的输入与编辑

微课视频

公式使用的方法：首先选定要输入公式的单元格，然后依次输入“=”和公式的内容，最后按“Enter”键或单击公式编辑栏中的“√”按钮确认输入，计算结果自动显示在该单元格中。

例如，使用公式计算如图 6-2 所示中的“Windows 2000 教程”第二季度计算机图书销售情况总计，并将结果显示在 G3 单元格中，操作步骤如下。

（1）选定 G3 单元格。

（2）在此单元格中输入公式“=D3+E3+F3”，如图 6-2 所示。公式中的单元格引用地址（D3、E3、F3）直接选定源数据单元格或手动输入公式。

（3）按“Enter”键确认。

（4）计算结果自动显示在 G3 单元格中。

（5）如果要计算各类图书的销售总计，则先选定 G3 单元格，拖动填充柄至 G8 单元格释放即可。

	A	B	C	D	E	F	G
1	第二季度计算机图书销售情况统计表（册）						
2	图书编号	书名		4月	5月	6月	总计（册）
3	A001	Windows 2000教程		30	45	50	=D3+E3+F3
4	A002	Windows XP教程		70	50	40	
5	A003	Word教程		50	70	40	
6	A004	Excel教程		35	56	67	
7	A005	PowerPoint教程		46	35	52	
8	A006	办公与文秘教程		20	40	52	

图 6-2　“Windows 2000 教程”第二季度图书销售情况总计

在使用公式时需要注意以下几点。

（1）在一个运算符或单元格地址中不能含有空格，如运算符“<=”不能写成“< =”，又如单元格“C2”不能写成“C 2”。

（2）在公式中参与计算的数据尽量不使用纯数字，而是使用单元格地址代替相应的数字。如在计算“Windows 2000 教程”第二季度图书销售情况总计时，使用公式“= D3+E3+F3”来计算，而不是使用纯数字“=30+45+50”计算。其好处是，当原始数据发生变化时，不必再修改计算公式，从而降低计算结果的错误率。

（3）在默认情况下，单元格中只显示计算的结果，不显示公式。为了检查公式的正确性，用户可以在单元格中设置显示公式。单击“公式”选项卡“公式审核”组中的“显示公式”按钮，即可在单元格中显示公式。如果要取消显示的公式，则再次单击“显示公式”按钮。

6.1.4　单元格引用

微课视频

在 Excel 的公式中，往往引用单元格的地址代替对应单元格中的数据，其目的在于当单元格引用位置发生变化时，运算结果自动进行更新。根据引用地址是否随之改变，将单元格引用分为相对引用、绝对引用和混合引用 3 种类型。引用方式不同，其处理方式也不同。

1. 相对引用

相对引用是对引用数据的相对位置而言的。在一般情况下，在公式中引用单元格的地址都是相对引用，如 B2、C3、A1:E5 等。使用相对引用的好处是，确保公式在复制、移动后，公式中引用单元格的地址将自动变为目标位置的地址。如图 6-3 所示的工作表中，将 G3 单元格中的公式“=SUM(D3:F3)”复制到 G4 单元格后，G4 单元格中的公式自动变为“=SUM(D4:F4)”。

	B	C	D	E	F	G
1	第二季度计算机图书销售情况统计表（册）					
2	书名		4月	5月	6月	总计（册）
3	Windows 2000教程		30	45	50	=SUM(D3:F3)
4	Windows XP教程		70	50	40	=SUM(D4:F4)
5	Word教程		50	70	40	
6	Excel教程		35	56	67	
7	PowerPoint教程		46	35	52	
8	办公与文秘教程		20	40	52	

图 6-3　公式的相对引用

2．绝对引用

在行号和列标前添加“$”符号，如$C$2、$E$3:$G$6等都是绝对引用。在复制和移动含绝对引用的公式时，公式中引用单元格的地址不会改变。如图6-4（a）所示，将G3单元格中的公式“=SUM($D$3:$F$3)”复制到G4单元格后，G4单元格中的公式也为“=SUM($D$3:$F$3)”，计算结果如图6-4（b）所示。

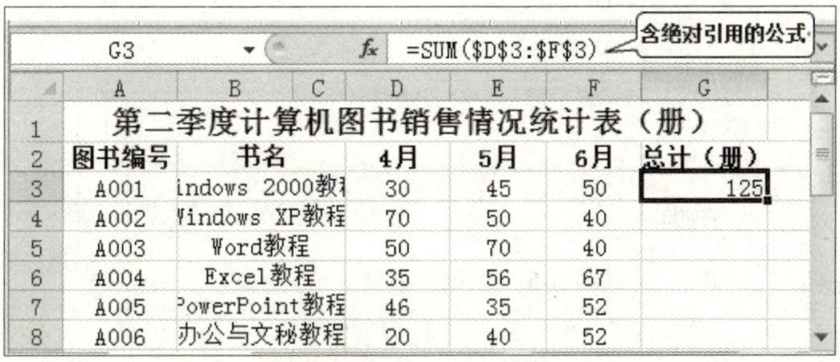

G3　=SUM($D$3:$F$3)　含绝对引用的公式

	A	B	C	D	E	F	G
1	第二季度计算机图书销售情况统计表（册）						
2	图书编号	书名		4月	5月	6月	总计（册）
3	A001	indows 2000教		30	45	50	125
4	A002	Vindows XP教程		70	50	40	
5	A003	Word教程		50	70	40	
6	A004	Excel教程		35	56	67	
7	A005	PowerPoint教程		46	35	52	
8	A006	办公与文秘教程		20	40	52	

（a）复制含绝对引用的公式前

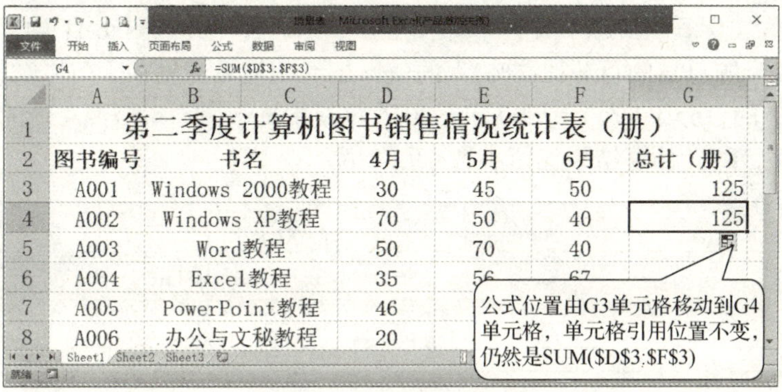

G4　=SUM($D$3:$F$3)

	A	B	C	D	E	F	G
1	第二季度计算机图书销售情况统计表（册）						
2	图书编号	书名		4月	5月	6月	总计（册）
3	A001	Windows 2000教程		30	45	50	125
4	A002	Windows XP教程		70	50	40	125
5	A003	Word教程		50	70	40	
6	A004	Excel教程		35	56	67	
7	A005	PowerPoint教程		46			
8	A006	办公与文秘教程		20			

公式位置由G3单元格移动到G4单元格，单元格引用位置不变，仍然是SUM($D$3:$F$3)

（b）复制含绝对引用的公式后

图6-4　公式的绝对引用

3．混合引用

混合引用是指在单元格引用时，既有相对引用又有绝对引用，其引用形式是在行号或列标前添加“$”，如$C3、C$3等。它同时具备相对引用和绝对引用的特点，即当复制或移动公式后，在公式中相对引用的单元格地址自动改变，绝对引用的单元格地址不变，如$C3表示列C不变而行3随公式的移动自动变化；C$3表示行3不变而列C随公式的移动自动变化。

如果引用的是不同工作簿中工作表的数据，则引用方法为：“[工作簿名]工作表名!单元格引用”，如[成绩]Sheet3!F5表示引用的是“成绩”工作簿Sheet3工作表中的F5单元格。

6.1.5　更正公式中的错误

微课视频

为保证计算的准确性，对公式进行审核是非常必要的，利用Excel所提供的错误检查功能，用户可以快速查询公式错误原因，方便对公式进行更正。

如果公式存在错误，则在“公式”选项卡“公式审核”组中，单击“错误检查”按钮，弹出如图 6-5 所示的“错误检查”对话框。此对话框将显示错误的公式和出现错误的原因，单击“从上部复制公式”“忽略错误”“在编辑栏中编辑”等按钮，可以进行错误公式的相应更正。

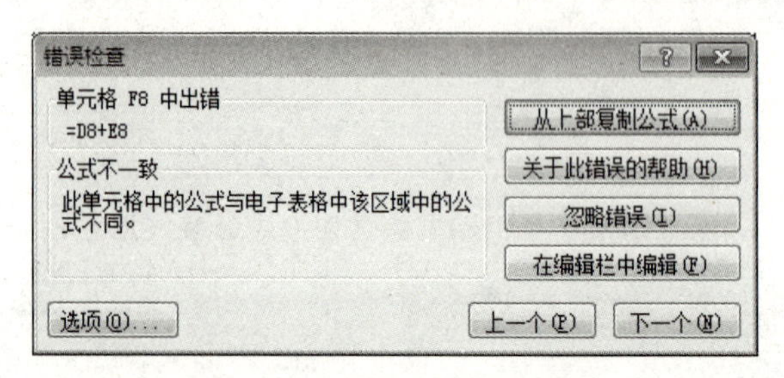

图 6-5　“错误检查”对话框

6.1.6　实例练习

打开“公式实例素材.xlsx”文件，如图 6-6 所示。在工作表 Sheet1 中，利用公式计算“生活用水占水资源总量的百分比（%）”的值，填入相应单元格中。（计算公式为：生活用水占水资源总量的百分比（%）=2000 年—2015 年淡水抽取量占水资源总量的百分比（%）× 生活用水（%）/100，计算结果保留小数点后 2 位）。

	A	B	C	D	E	F
1	2000年—2015年淡水资源的利用					
2	各省	2000年—2015年淡水抽取量占水资源总量的百分比（%）	2000年—2015年淡水抽取量的利用率（%）			生活用水占水资源总量的百分比（%）
3						
4			用于农业	用于工业	生活用水	
5	总计	9.1	70	20	10	
6	河北	22.4	68	26	7	
7	山西	51.2	86	5	8	
8	山东	256.3	62	7	31	
9	湖北	20.6	62	18	20	
10	湖南	28.6	48	16	36	
11	贵州	1.6	90	6	4	
12	吉林	1.6	62	21	17	
13	辽宁	323.3	96	2	2	
14	黑龙江	6	74	9	17	
15	河南	41.5	95	2	2	
16	广西	27.9	63	6	31	
17	云南	1.6	12	69	20	
18	福建	19.1	77	5	17	
19	浙江	17.1	41	46	13	
20	陕西	10.6	74	9	17	
21	青海	1.1	62	18	20	
22	西藏	7.5	30	47	23	

Sheet1 Sheet2 Sheet3

图 6-6　“公式实例素材.xlsx”文件

操作步骤如下。

（1）选定 F5 单元格。

（2）输入公式“=B5*E5/100”。方法：首先输入“=”，选定 B5 单元格，其次输入运算符“*”，选定 E5 单元格，最后输入“/100”，完成公式的输入。或者在公式编辑栏中直接输入公式“=B5*E5/100”。

（3）按“Enter”键，拖动 F5 单元格右下角的填充柄至 F22 单元格，计算结果如图 6-7 所示。

	A	B	C	D	E	F
1	2000年—2015年淡水资源的利用					
2	各省	2000年—2015年淡水抽取量占水资源总量的百分比（%）	2000年—2015年淡水抽取量的利用率（%）			生活用水占水资源总量的百分比（%）
3						
4			用于农业	用于工业	生活用水	
5	总计	9.1	70	20	10	0.91
6	河北	22.4	68	26	7	1.568
7	山西	51.2	86	5	8	4.096
8	山东	256.3	62	7	31	79.453
9	湖北	20.6	62	18	20	4.12
10	湖南	28.6	48	16	36	10.296
11	贵州	1.6	90	6	4	0.064
12	吉林	1.6	62	21	17	0.272
13	辽宁	323.3	96	2	2	6.466
14	黑龙江	6	74	9	17	1.02
15	河南	41.5	95	2	2	0.83
16	广西	27.9	63	6	31	8.649
17	云南	1.6	12	69	20	0.32
18	福建	19.1	77	5	17	3.247
19	浙江	17.1	41	46	13	2.223
20	陕西	10.6	74	9	17	1.802
21	青海	1.1	62	18	20	0.22
22	西藏	7.5	30	47	23	1.725

Sheet1 Sheet2 Sheet3

图 6-7　计算“生活用水占水资源总量的百分比（%）”的值

（4）选定 F5:F22 单元格区域并右击，在弹出的快捷菜单中选择“设置单元格格式”命令，弹出“设置单元格格式”对话框，在“数字”选项卡“分类”选区中选择“数值”，设置小数位数为“2”，单击“确定”按钮，如图 6-8 所示。

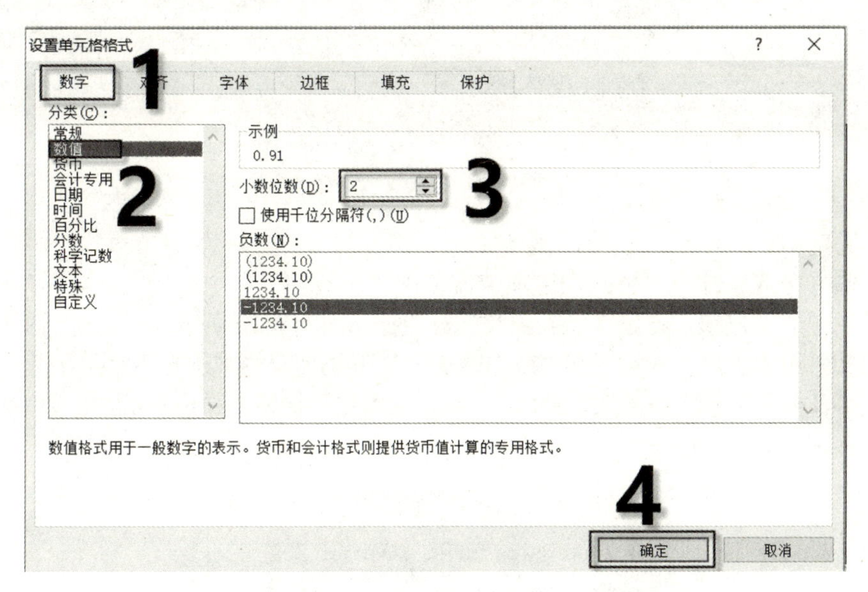

图 6-8　设置小数位数

6.2　函数的使用

为了减少手动输入公式的烦琐，在 Excel 中用户经常使用函数处理数据。如使用公式“=C2+D2+E2+F2”与使用函数“=SUM(C2:F2)”的作用是相同的，都是对 C2、D2、E2、F2 四个单元格进行求和，其结果也是相同的。但是使用函数减少了手动输入公式的工作量和出错率，提高了工作效率。

6.2.1 函数的组成

微课视频

函数由函数名和参数两部分组成，各参数之间用逗号隔开，其结构为：

```
函数名(参数 1,参数 2,…)
```

其中，参数可以是常量、单元格引用或其他函数等，括号前后不能有空格。

例如，函数 COUNT(E12:H12)，其中，COUNT 是函数名，E12:H12 是参数，该函数表示对 E12:H12 单元格区域进行计数。

6.2.2 函数的输入

微课视频

函数是 Excel 自带的预定义公式，直接在单元格中输入函数和参数值，即可得到相应函数的结果。下面举例说明 Excel 函数的使用方法。

【例 6-1】利用函数求学生考试成绩的总分，如图 6-9 所示，操作步骤如下。

考试成绩单

科目 姓名	语文	数学	物理	化学	英语	总分
刘越	68	89	95	38	85	
赵东	62	59	68	85	56	
欧阳树	75	65	65	56	89	
杨磊	88	38	84	63	86	
李国强	86	0	95	95	65	
王倩	95	45	54	96	95	
陈宏	60	68	95	75	90	
赵淑敏	65	85	65	58	86	
邓林	0	64	96	0	36	

图 6-9 考试成绩单

（1）选定 G3 单元格。

（2）选择函数。打开“公式”选项卡，单击“函数库”组中的“插入函数”按钮 *fx* 或公式编辑栏中的 *fx* 按钮，弹出“插入函数”对话框，如图 6-10 所示。在此对话框中选择函数的类别及引用的函数。本实例在“或选择类别”下拉列表框中选择“常用函数”；在“选择函数”列表框中选择求和函数“SUM”，单击“确定”按钮，弹出“函数参数”对话框，如图 6-11 所示。

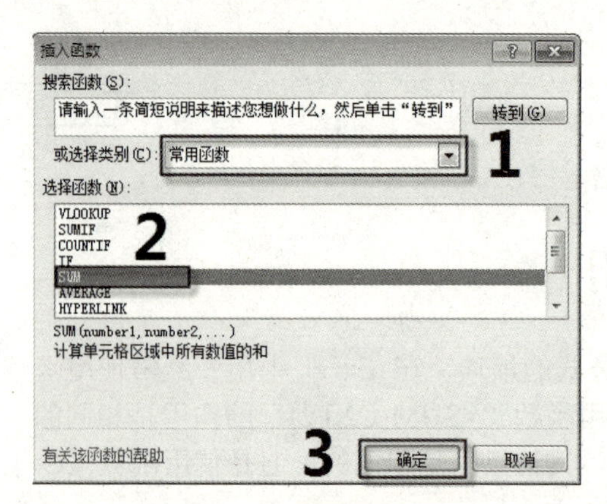

图 6-10 “插入函数”对话框

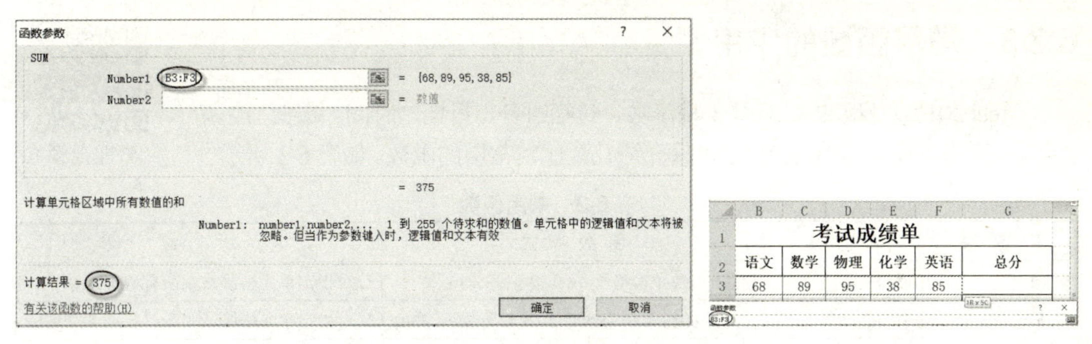

图 6-11　“函数参数”对话框

（3）输入参数。从图 6-11 可以看出，在“Number1”文本框中已经给出了求和函数的参数“B3:F3”，并在下方给出了求和结果“=375”。如果求和的参数取值范围不正确，则可以将“Number1”文本框中的参数删除，然后在工作表中利用鼠标选定参数中引用的单元格区域，选定的单元格区域四周呈现闪动的虚线框，如图 6-11 所示，同时在公式编辑栏、单元格及“函数参数”文本框中显示选定的单元格区域地址，如图 6-12 所示。

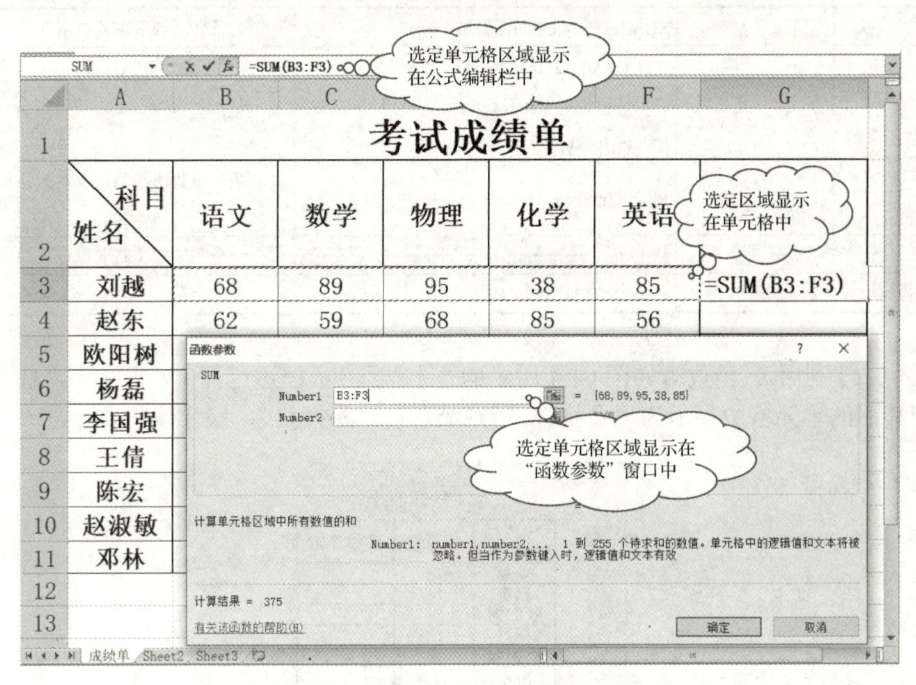

图 6-12　利用鼠标选定参数的有效区

（4）确认并显示结果。输入参数结束后，单击“函数参数”对话框中的“确定”按钮，计算结果自动显示在 G3 单元格中。拖动 G3 单元格填充柄至 G11 单元格后释放，自动求出其他学生的考试成绩总分。

另外，用户也可以直接单击“公式”选项卡“函数库”组中的“自动求和”下拉按钮，在如图 6-13 所示的下拉列表中选择所需的函数，再输入函数参数的取值范围，按“Enter”键确认，也可以自动求出相应函数的计算结果。

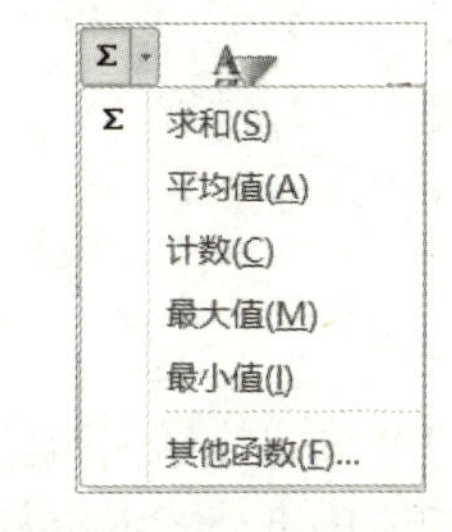

图 6-13　“自动求和”下拉列表

6.2.3 常用函数的应用

微课视频

Excel 2010 为我们提供了几十种函数，包括财务、日期与时间、数据与三角函数、统计、查找与应用等。在这里只介绍几个比较常用的函数，如表 6-3 所示。

表 6-3 常用函数

函 数 名	含 义	函 数 形 式	功 能
SUM	求和函数	SUM(参数 1,参数 2,…,参数 n)(n<=30)	对指定单元格区域中所有数据求和
AVERAGE	平均值函数	AVERAGE(参数 1,参数 2,…,参数 n)(n<=30)	对指定单元格区域中所有数据求平均值
COUNT	计数函数	COUNT(参数 1,参数 2,…,参数 n)(n<=30)	求出指定单元格区域中包含的数据个数
IF	条件函数	IF(指定条件,值 1,值 2)	当“指定条件”的值为真时，取“值 1”作为函数值，否则取“值 2”作为函数值
MAX	最大值函数	MAX(参数 1,参数 2,…,参数 n)(n<=30)	求出指定单元格区域中最大的数值
MIN	最小值函数	MIN(参数 1,参数 2,…,参数 n)(n<=30)	求出指定单元格区域中最小的数值
COUNTIF	条件计数函数	COUNTIF(Rang,Criteria)	计算某个区域中满足给定条件的单元格个数
SUMIF	条件求和函数	SUMIF(Rang,Criteria,Sum_range)	根据条件对若干单元格求和
VLOOKUP	查找和引用函数	VLOOKUP(Lookup_value, Table_array,Col_index_num, Range_lookup)	按列查找，最终返回该列所要查询列序对应的值
RANK	排名函数	RANK(number, ref, order)	求某一个数值在某一个单元格区域中的排名
MID	字符串函数	MID(text, start_num, num_chars)	在一个字符串中截取指定个数的字符
CONCATENATE	合并函数	CONCATENATE(text1,text2,…)	将多个字符串合并成一个字符串

【例 6-2】利用 IF 函数对如图 6-14 所示的“计算机”成绩进行评定，当计算机成绩>=60 时，在其后的单元格中显示为“及格”，否则显示为“不及格”，操作步骤如下。

	A	B	C	D
1		考试成绩单		
2		科目 姓名	计算机	成绩评定
3		刘越	85	
4		赵东	56	
5		欧阳树	89	
6		杨磊	86	
7		李国强	65	
8		王倩	95	
9		陈宏	90	
10		赵淑敏	86	
11		邓林	36	
12		吴君	90	
13		成龙	38	
14		周华	62	
15		李鸣	86	
16		吴刚	45	
17		李鹏	45	

图 6-14 原始数据

（1）选定显示函数结果的 D3 单元格。

（2）单击公式编辑栏中的 fx 按钮，弹出“插入函数”对话框，在“选择函数”列表框中选择“IF”函数，单击“确定”按钮，弹出“函数参数”对话框。

（3）在此对话框的“Logical_test”文本框中输入“C3>=60”；“Value_if_true”文本框中输入“及格”；“Value_if_false”文本框中输入“不及格”，如图 6-15 所示。

（4）单击“确定”按钮，成绩评定结果自动显示在 D3 单元格中。拖动 D3 单元格的填充柄可以自动实现对其他同学计算机成绩的评定，如图 6-16 所示。

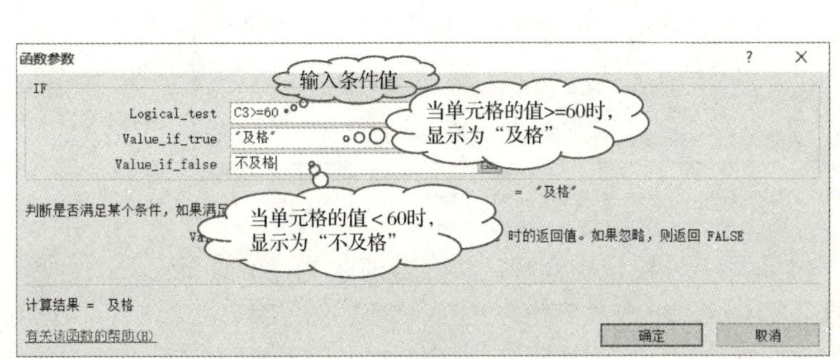

图 6-15　“函数参数”对话框

	A	B	C	D
1		考试成绩单		
2		科目 姓名	计算机	成绩评定
3		刘越	85	及格
4		赵东	56	不及格
5		欧阳树	89	及格
6		杨磊	86	及格
7		李国强	65	及格
8		王倩	95	及格
9		陈宏	90	及格
10		赵淑敏	86	及格
11		邓林	36	不及格
12		吴君	90	及格
13		成龙	38	不及格
14		周华	62	及格
15		李鸣	86	及格
16		吴刚	45	不及格
17		李鹏	45	不及格

图 6-16　计算成绩评定

【例 6-3】在如图 6-17 所示的“销售”工作表中，根据“品牌”，请在“2 月销售量”列中，使用 VLOOKUP 函数完成“2 月销售量”的自动填充，操作步骤如下。

（1）选定 H4 单元格。

（2）单击公式编辑栏中的 *fx* 按钮，弹出“插入函数”对话框，在“选择函数”列表框中选择“VLOOKUP”函数，单击“确定”按钮，弹出“函数参数”对话框。

（3）在“Lookup_value”文本框中设置查找值。因为要根据“品牌”查找 2 月份的销售量，所以选定工作表中的第 1 个“品牌”地址 G4 单元格。

	A	B	C	D	E	F	G	H
1	第一度销售汇总							
2	品牌	1月	2月	3月				
3	三星	100	91	62			品牌	2月销售量
4	OPPO	50	61	52			三星	
5	iPhone 6	100	59	65			iPhone 6	
6	三星iPad	50	69	52			iPad air3	
7	iPad air3	50	81	96			小米5	
8	华为	50	83	64			魅族	
9	小米5	100	52	86			iPad mini4	
10	vivo	30	84	79				
11	魅族	20	64	71				
12	中兴	50	50	56				
13	联想	45	67	50				
14	iPad air2	30	45	30				
15	iPad mini4	30	65	60				
16								

销售 / Sheet2 / Sheet3　就绪　100%

图 6-17　“销售”工作表

（4）在“Table_array”文本框中设置查找范围。本实例要在 A2:D15 单元格区域中查找，因此将光标定位在该文本框中，选定工作表中的 A2:D15 单元格区域。因为要在固定的 A2:D15 单元格区域中查找，所以在行号前面加上绝对引用符号“$”，如图 6-18 所示。

（5）在“Col_index_num”文本框中设置查找列数。这里的列数是将引用范围的第 1 列作为 1，我们要查找的“2 月销售量”在引用的第 1 列（即“品牌”列）后面的第 3 列，所以在该文本框中输入“3”，表示查找列“2 月销售量”是查找范围在 A2:D15 单元格区域中的第 3 列。

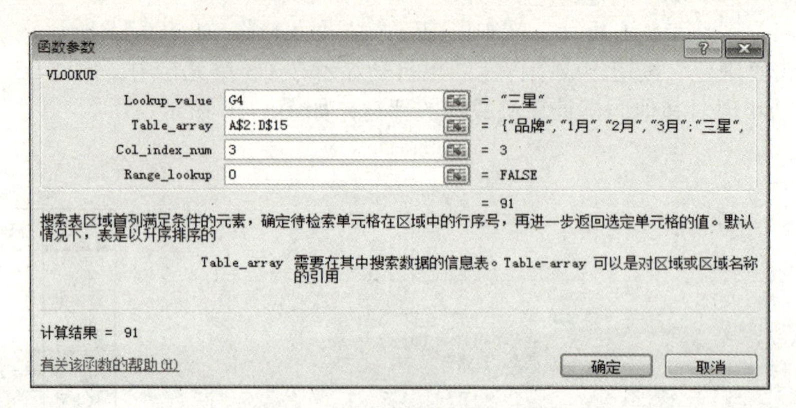

图 6-18 “函数参数”对话框

（6）在“Range_lookup”文本框中设置精确匹配，将参数设置为“0”(false)。

（7）设置完成后，如图 6-18 所示，单击“确定”按钮，第 1 个品牌“三星”的“2 月销售量”显示在 H4 单元格。

（8）拖动 H4 单元格填充柄至 H9 单元格释放，自动填充其他品牌“2 月销售量”，如图 6-19 所示。

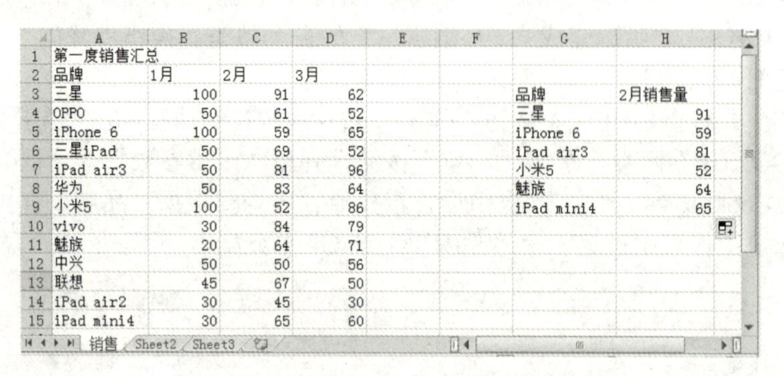

	A	B	C	D	E	F	G	H
1	第一度销售汇总							
2	品牌	1月	2月	3月				
3	三星	100	91	62			品牌	2月销售量
4	OPPO	50	61	52			三星	91
5	iPhone 6	100	59	65			iPhone 6	59
6	三星iPad	50	69	52			iPad air3	81
7	iPad air3	50	81	96			小米5	52
8	华为	50	83	64			魅族	64
9	小米5	100	52	86			iPad mini4	65
10	vivo	30	84	79				
11	魅族	20	64	71				
12	中兴	50	50	56				
13	联想	45	67	50				
14	iPad air2	30	45	30				
15	iPad mini4	30	65	60				

销售 / Sheet2 / Sheet3

图 6-19 自动填充“2 月销售量”效果图

6.2.4 实例练习

（1）启动 Excel 2010，输入如图 6-20 所示的内容，完成后以“成绩.xlsx”文件名进行保存。

	A	B	C	D	E	F	G
1				成绩			
2	姓名	政治	数学	英语	计算机	总分	排名
3	成龙	77	65	36	38		
4	周华	87	86	52	62		
5	李鸣	86	59	75	86		
6	吴刚	75	48	75	45		
7	李鹏	78	95	85	45		
8	李建国	58	74	85	78		
9	胡超豪	75	36	96	35		
10	张松	88	65	76	54		
11	李明强	64	75	45	86		
12	周扬名	96	45	56	62		
13	**不及格人数**						

成绩 / Sheet2 / Sheet3

图 6-20 “成绩”工作表

（2）利用公式求出总分。

（3）利用 COUNTIF 函数求出不及格人数。

（4）利用 RANK 函数计算“总分”排名。

操作步骤如下。

1．输入表格文本和数据

（1）在 A1 单元格中输入文本“成绩”，选定 A1:G1 单元格区域，单击“开始”选项卡“对齐方式”组中的“合并后居中”按钮，将标题文本设置为“合并后居中”。

（2）在 A2:G2 单元格区域中输入列标题“姓名”、“政治”、“数学”、“英语”、“计算机、“总分”和“排名”。

（3）在 A3：E13 单元格区域中输入如图 6-20 所示的文本和数据，并保存为“成绩.xlsx”。

2．利用公式进行计算

选定 F3 单元格，打开“开始”选项卡，单击“编辑”组中的“自动求和”下拉按钮Σ，在下拉列表中选择“求和”选项，选定 B3:E3 单元格区域，按“Enter”键，计算出第 1 个人的总分。拖动 F3 单元格填充柄至 F12 单元格释放，计算出其他人的总分。

3．利用 COUNTIF 函数计算出不及格人数

（1）选定 B13 单元格，打开“公式”选项卡，单击“函数库”组中的“插入函数”按钮，弹出“插入函数”对话框。在此对话框的“或选择类别”下拉列表框中选择“全部”；在“选择函数”列表框中选择“COUNTIF”函数，如图 6-21 所示，单击“确定”按钮，弹出“函数参数”对话框。

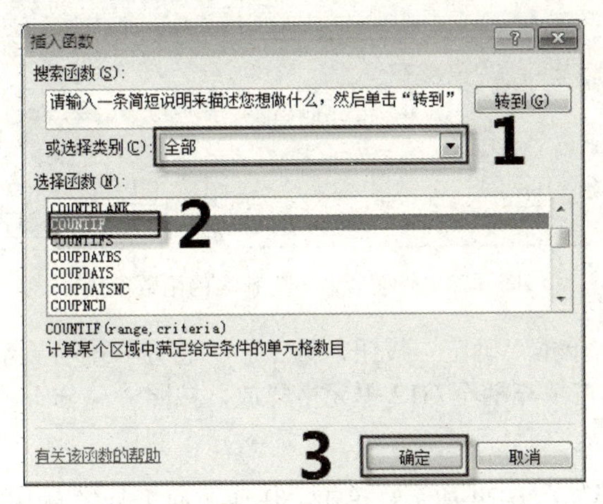

图 6-21　选择“COUNTIF”函数

（2）将光标定位在“函数参数”对话框中的“Range”文本框，选定 B3:B12 单元格区域，在“Criteria”文本框中输入“<60”，单击“确定”按钮，如图 6-22 所示。拖动 B13 单元格填充柄至 E13 单元格释放，计算出其他科目的不及格人数。

4．利用 RANK 函数计算“总分”排名

（1）选定 G3 单元格。

（2）单击公式编辑栏中的 fx 按钮，弹出“插入函数”对话框，并在“搜索函数”文本框中输入“RANK”函数，单击“转到”按钮，或者在“选择函数”列表框中选择“RANK”函数，单击“确定”按钮，弹出“函数参数”对话框。

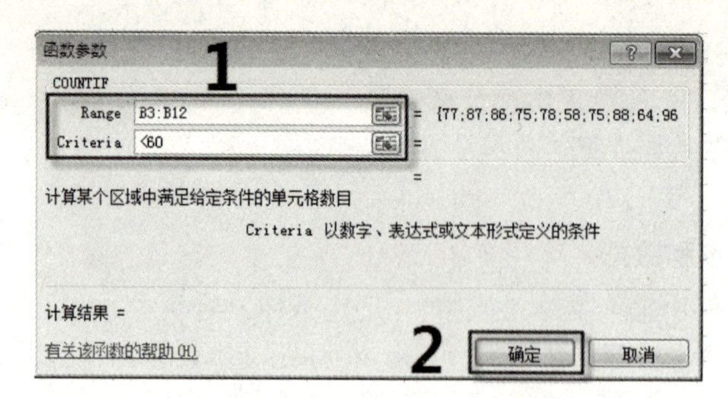

图 6-22 “函数参数”对话框

（3）在“Number”文本框中设置要排名的单元格。因为要对“总分”进行排名，所以选定工作表中第 1 个“总分”地址 F3 单元格。

（4）在“Ref”文本框中设置排名的参照数值区域。本实例要对 F3:F12 单元格区域的数据进行排名，因此将光标定位在该文本框中，选定 F3:F12 单元格区域，并在行号前面加上绝对引用符号“$”，如图 6-23 所示。

（5）在“Order”文本框中设置降序或升序。从大到小排序为降序，用 0 表示或省略不写，默认为降序；从小到大排序为升序，用 1 表示。本实例省略不写，表示为进行降序排名，如图 6-23 所示。

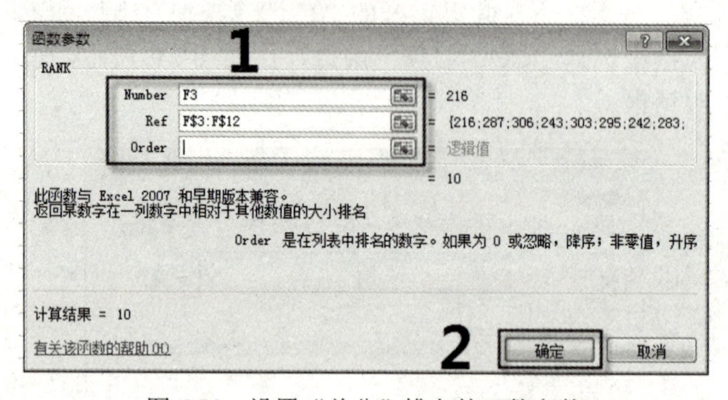

图 6-23 设置“总分”排名的函数参数

（6）设置完成后，单击“确定”按钮，第 1 个“总分”排名显示在 G3 单元格。

（7）拖动 G3 单元格填充柄至 G12 单元格释放，按照“总分”进行自动排名。

5. 保存

操作完成后的效果如图 6-24 所示。单击“快速访问工具栏”中的“保存”按钮，对工作簿进行保存。

	A	B	C	D	E	F	G
1				成绩			
2	姓名	政治	数学	英语	计算机	总分	排名
3	成龙	77	65	36	38	216	10
4	周华	87	86	52	62	287	4
5	李鸣	86	59	75	86	306	1
6	吴刚	75	48	75	45	243	8
7	李鹏	78	95	85	45	303	2
8	李建国	58	74	85	78	295	3
9	胡超豪	75	36	96	35	242	9
10	张松	88	65	76	54	283	5
11	李明强	64	75	45	86	270	6
12	周扬名	96	45	56	62	259	7
13	不及格人数	1	4	4	5		

成绩 Sheet2 Sheet3

图 6-24 “成绩”工作表最终效果图

第 7 章

图表在数据分析中的应用

Excel 中的图表是指将工作表中的数据用图形表示出来。图表可以使数据更加易读，便于用户分析和比较数据。Excel 2010 内置了 11 种类型的图表，如柱形图、折线图、条形图、饼图等。利用 Excel 2010 提供的图表类型，可以快速地创建各种类型的图表。

7.1 迷你图

迷你图是 Excel 2010 新增的功能，它是单元格中的一个微型图表，可以显示一系列数值的趋势，并能够突出显示最大值和最小值。

1. 插入迷你图

在如图 7-1 所示的“销售分析”工作表的 H4:H11 单元格区域中，插入“销售趋势”的折线型迷你图，各单元格折线型迷你图的数据范围为所对应图书的 1 月—6 月销售数据。并为各折线型迷你图标记销量的最高点和最低点。

2015年上半年 图书销售分析

单位：本

图书名称	1月	2月	3月	4月	5月	6月	销售趋势
《大学计算机基础》	320	210	420	215	360	500	
《Office2010应用案例》	180	160	120	220	134	155	
《网页制作教程》	90	56	88	109	100	120	
《网页设计与制作》	116	110	143	189	106	136	
《计算机应用教程》	149	60	200	50	102	86	
《Aoto CAD实用教程》	104	146	93	36	90	60	
《Excel实例应用》	141	95	193	36	90	60	
《Photoshop教程》	88	70	12	21	146	73	

图 7-1 “销售分析”工作表

操作步骤如下。

（1）选定 H4 单元格，打开“插入”选项卡，单击“迷你图”组中的“折线图”按钮，如图 7-2 所示。

图 7-2 “折线图”按钮

（2）弹出“创建迷你图”对话框，将光标定位在“数据范围”文本框中，然后利用鼠标选定工作表中的 B4:G4 单元格区域，如图 7-3 所示，单击“确定”按钮。

	A	B	C	D	E	F	G	H
1	2015年上半年 图书销售分析							
2	单位：本							
3	图书名称	1月	2月	3月	4月	5月	6月	销售趋势
4	《大学计算机基础》	320	210	420	215	360	500	
5	《Office2010应用案例》	180	160	120	220	134	155	
6	《网页制作教程》	90	56				120	
7	《网页设计与制作》	116	110				136	
8	《计算机应用教程》	149	60				86	
9	《AotoCAD实用教程》	104	146				60	
10	《Excel实例应用》	141	95				60	
11	《Photoshop教程》	88	70				73	

图 7-3　“创建迷你图”对话框

（3）拖动 H4 单元格的填充柄至 H11 单元格释放，创建如图 7-4 所示的折线型迷你图。

	A	B	C	D	E	F	G	H
1	2015年上半年 图书销售分析							
2	单位：本							
3	图书名称	1月	2月	3月	4月	5月	6月	销售趋势
4	《大学计算机基础》	320	210	420	215	360	500	
5	《Office2010应用案例》	180	160	120	220	134	155	
6	《网页制作教程》	90	56	88	109	100	120	
7	《网页设计与制作》	116	110	143	189	106	136	
8	《计算机应用教程》	149	60	200	50	102	86	
9	《AotoCAD实用教程》	104	146	93	36	90	60	
10	《Excel实例应用》	141	95	193	36	90	60	
11	《Photoshop教程》	88	70	12	21	146	73	

图 7-4　创建的折线型迷你图

（4）选定 H4:H11 单元格区域，在“迷你图工具—设计”选项卡“显示”组中，勾选“高点”复选框和“低点”复选框，即为各折线型迷你图标记销量的最高点和最低点。

2．更改迷你图类型

迷你图只有 3 种类型，它的更改方法与图表类型的更改方法相似。选定要更改类型的迷你图所在的单元格，打开“迷你图工具—设计”选项卡，单击“类型”组中的“柱形图”按钮或“盈亏”按钮，即可更改为相应的迷你图类型。

3．清除迷你图

选定迷你图所在的单元格，打开“迷你图工具—设计”选项卡，单击“分组”组中的“清除”下拉按钮，在下拉列表中选择“清除所选的迷你图”选项，即可清除迷你图。

7.2　图表

7.2.1　创建图表

微课视频

创建图表有两种方法：第 1 种方法是选定要创建图表的数据区域，按

“F11”键，创建默认的柱形图表；第 2 种方法是使用“插入”选项卡“图表”组，创建个性化的图表，通常用户使用第 2 种方法创建图表。

【例 7-1】将“成绩”工作表中的“姓名”和“计算机”两列数据创建三维簇状柱形图，操作步骤如下。

（1）按住“Ctrl”键，选定要创建图表的数据区 A2:A12 和 E2:E12。

（2）打开“插入”选项卡，单击“图表”组中的“柱形图”下拉按钮，在下拉列表中选择“三维簇状柱形图”，即可在工作表中插入三维簇状柱形图，如图 7-5 所示。

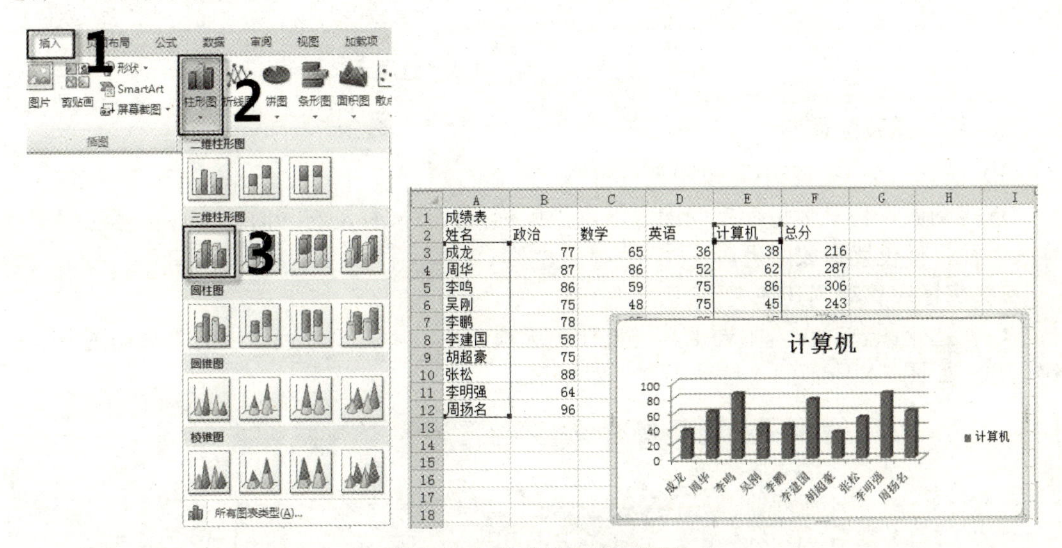

图 7-5　创建三维簇状柱形图

另外，单击“插入”选项卡“图表”组右下角的对话框启动按钮，弹出如图 7-6 所示的“插入图表”对话框，从中选择所需的图表类型，单击“确定”按钮，即可创建相应的图表。如果单击“设置为默认图表”按钮，则可以将选定的图表设置为默认图表。

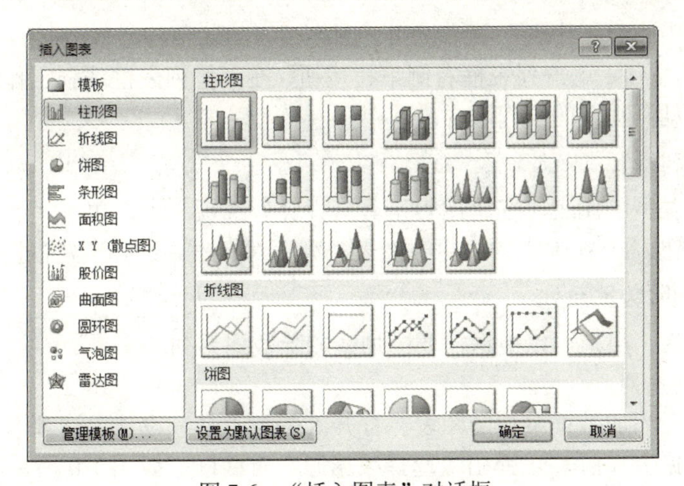

图 7-6　“插入图表”对话框

7.2.2　编辑图表

微课视频

在创建图表后，Excel 2010 自动打开“图表工具—设计”选项卡、“图表工具—布局”选项卡和“图表工具—格式”选项卡，如图 7-7 所示。用户利用“图表工具”的 3 个选项卡可以对以图表进行相应的编辑操作，如改变图表位置、图表类型、图表样式、添加或删除图表数据等。

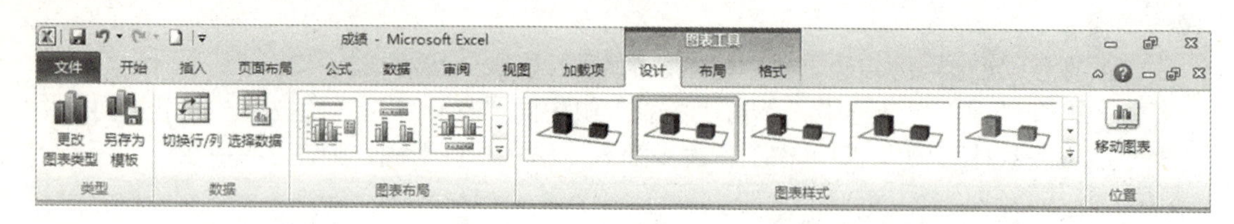

图 7-7　“图表工具”的 3 个选项卡

1．更改图表位置

1）在同一个工作表中更改图表位置

选定图表，将鼠标指针指向图表区，当鼠标指针变成移动符号时，按住鼠标左键进行拖动，在目标位置释放即可。

2）将图表移动到其他工作表

（1）选定图表，在“图表工具—设计”选项卡中，单击“位置”组的“移动图表”按钮，弹出如图 7-8 所示的“移动图表”对话框。

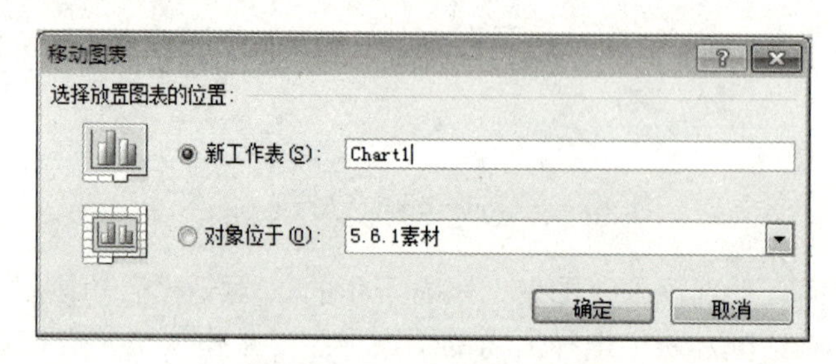

图 7-8　“移动图表”对话框

（2）如果选中“新工作表”单选按钮，则将图表移动到新工作表 Chart1 中；如果选中“对象位于”单选按钮，单击列表框右侧下拉按钮，在下拉列表框选择工作簿中的其他工作表，则将图表移动到选定的工作表中。

2．更改图表类型

选定要更改类型的图表，在“图表工具—设计”选项卡中，单击“类型”组中的“更改图表类型”按钮，在弹出的“更改图表类型”对话框中选择所需的图表类型即可。

3．添加或删除数据系列

在创建图表后，用户可以根据需要添加或删除数据系列。

1）添加数据系列

（1）选定需要添加数据系列的图表，打开“图表工具—设计”选项卡，单击“数据”组中的“选择数据”按钮，弹出“选择数据源”对话框，如图 7-9 所示。

（2）在工作表中选定需要添加的数据区域，如添加“英语”数据系列，按住“Ctrl”键并选定 D2:D12 单元格区域，单击“确定”按钮，添加了“英语”数据系列。

2）删除数据系列

删除数据系列有以下两种方法。

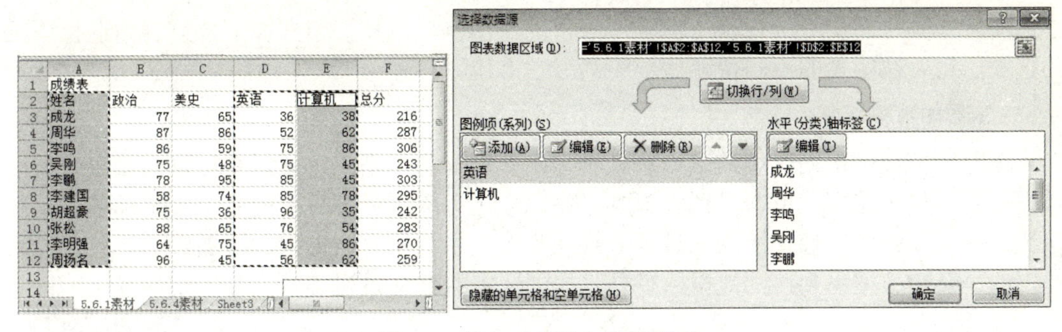

图 7-9　添加“英语”数据系列

- 选定图表中需要删除的数据系列，按“Delete”键即可。
- 在“图例项（系列）”选区中，选定要删除的数据系列，如“英语”，再分别单击“删除”按钮和“确定”按钮即可，如图 7-10 所示

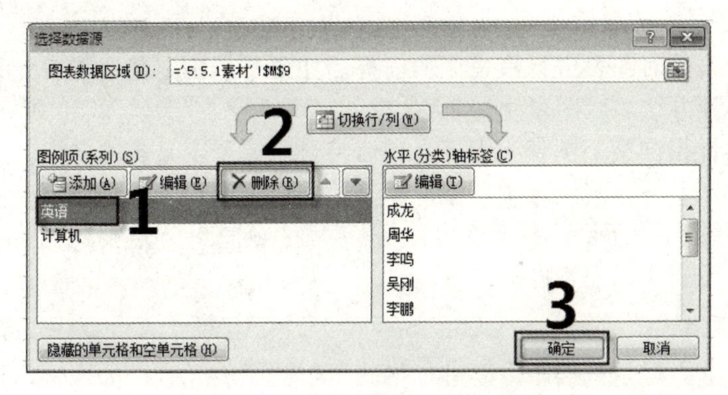

图 7-10　删除“英语”数据系列

4．更改图表布局

图表布局是指图表中的标题、图例、坐标轴等元素的排列方式。Excel 2010 对每一种图表类型都提供了多种布局方式。当创建图表后，用户可以利用系统内置的布局方式，快速地设置图表布局，也可以手动更改图表布局。

1）系统内置布局方式

选定图表，在“图表工具—设计”选项卡中，单击“图表布局”组中的“其他”下拉按钮▾，从下拉列表中选择所需的布局方式即可。

2）手动更改图表布局

- 更改图表标题。

如果不强调标题位置，则可以直接选定图表标题文字，输入新标题即可。

如果强调标题位置，则要先选定图表，打开“图表工具—布局”选项卡，单击“标签”组中的“图表标题”下拉按钮，在下拉列表中选择所需选项，输入标题文字即可。

- 更改坐标轴标题。

更改坐标轴标题主要是更改横坐标轴标题和纵坐标轴标题。选定图表，单击“图表工具—布局”选项卡“标签”组中的“坐标轴标题”下拉按钮，在下拉列表中选择所需选项。

- 更改图例。

在默认情况下，图例位于图表的右侧，用户根据需要可以改变其位置。选定图表，单

击“图表工具—布局”选项卡“标签”组中的“图例”下拉按钮，在下拉列表中选择不同的选项，可以在图表的不同位置显示图例。

4．添加数据标签

在默认情况下，图表中的数据系列不显示数据标签，用户根据需要可以向图表中添加数据标签。选定图表，单击“图表工具—布局”选项卡“标签”组中的“数据标签”下拉按钮，在下拉列表中选择所需的显示方式，为图表中的所有数据系列添加数据标签。如果选定的是某个数据系列，则数据标签只添加到选定的数据系列。

7.2.3　格式化图表

微课视频

格式化图表主要是对图表元素的字体、填充颜色、边框样式、阴影等外观进行格式设置，以增强图表的美化效果。

1．图表元素名称的显示

认识图表元素是对图表进行格式化的前提，如果不能确定某个图表元素的名称，则用户可以按下面两种方法显示图表元素名称。

- 将鼠标指针指向某个图表元素上，稍后将显示该图表元素的名称。
- 在“图表工具—格式”选项卡中，单击“当前所选内容”组中的“图表元素”下拉按钮，如图 7-11 所示，打开“图表元素”下拉列表，当选择此列表中的某个图表元素时，在图表中该元素即被选定。

2．设置图表格式

最简单的设置方法是直接双击要进行格式设置的图表元素，如图例、标题、绘图区、图表区等，弹出“设置图表区格式”对话框，用户根据需要进行相应的格式设置。

用户利用功能区也可以设置图表格式。单击“图表工具—格式”选项卡“当前所选内容”组中的“图表元素”下拉按钮，在下拉列表中选择要设置格式的图表元素，如“图表区”选项，单击“设置所选内容格式”按钮，在弹出的“设置图表区格式”对话框的左侧选择设置格式的选项，在右侧展开的内容中进行相应的设置即可，如图 7-12 所示。

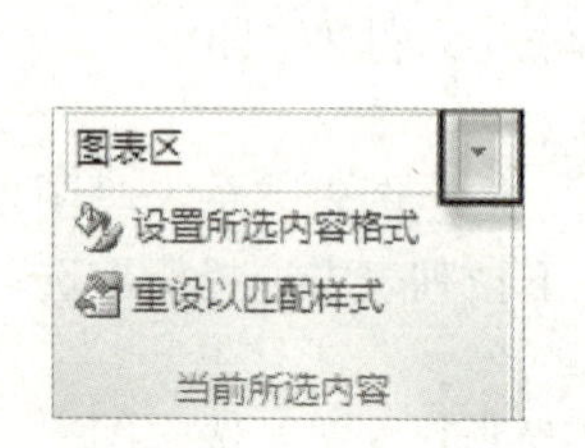

图 7-11　“图表元素”下拉按钮

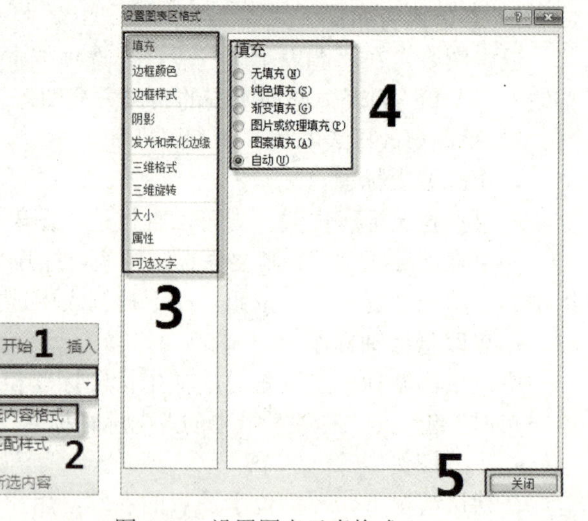

图 7-12　设置图表元素格式

7.2.4　实例练习

1．创建图表

打开“工资表”工作簿，用户根据 Sheet1 工作表中的“姓名”“基本工资”“应发工资”3 列数据创建一个簇状柱形图表。

2．编辑图表

（1）将图表的高度设置为“6 厘米”，宽度设置为“17 厘米”，并移动到 A13:H24 单元格区域。

（2）将图表类型更改为“带数据标记的堆积折线图”，为图表添加主要纵网格线。

（3）将图表中的“应发工资”系列删除，并在“基本工资”系列下方显示数据标记。

（4）为图表添加“标准误差误差线”。

3．格式化图表

（1）将图表区背景色设置为“浅绿”，边框阴影设置为“内部右下角”“深红”。

（2）绘图区填充“对角砖形”图案，前景色设置为“橙色”，背景色设置为“白色，背景 1”。

（3）将图表标题“基本工资”的字体设置为“华文隶书”“加粗”，字号设置为“20”。

（4）将图例移动到图表的右上角，填充为“黄色”。

操作步骤如下。

1．创建图表

打开“工资表”工作簿，在 Sheet1 工作表中按住 Ctrl 键分别选定 B2:B12、C2:C12 和 F2:F12 单元格区域。在“插入”选项卡“图表”组中，单击“柱形图”下拉按钮，在下拉列表中选择“簇状柱形图”，此时簇状柱形图自动插入到工作表中。

2．编辑图表

（1）选定图表，打开“图表工具—设计”选项卡，将“大小”组中的“形状高度”文本框和“形状宽度”文本框中的数值分别设置为“6 厘米”和“17 厘米”。选定图表，当鼠标变成移动符号时，按住鼠标左键将其拖动到 A13:H24 单元格区域中，释放鼠标左键。

（2）选定图表，打开“图表工具—设计”选项卡，单击“类型”组中的“更改图表类型”按钮，在弹出的“更改图表类型”对话框中选择“带数据标记的堆积折线图”。打开“图表工具—布局”选项卡，单击“坐标轴”组中的“网格线”下拉按钮，在下拉列表中选择“主要纵网格线”|“主要网格线”选项，如图 7-13 所示。

（3）选定图表中的“应发工资”系列，按“Delete”键删除该系列。选定图表，打开“图表工具—布局”选项卡，单击“标签”组中的“数据标签”下拉按钮，在下拉列表中选择“下方”选项，如图 7-14 所示。

（4）打开“图表工具—布局”选项卡，单击“分析”组中的“误差线”下拉按钮，在下拉列表中选择“标准误差误差线”选项。

3．格式化图表

（1）双击图表区，弹出“设置图表区格式”对话框，打开“填充”选项卡，选中“纯色填充”单选按钮，单击“填充颜色”选区中的“颜色”下拉按钮，在下拉列表中选择“浅绿”。边框阴影设置方法与颜色填充方法类似，如图 7-15 所示。

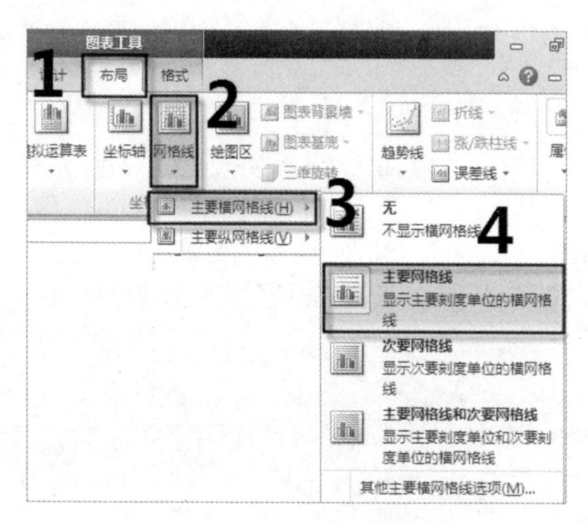

图 7-13　选择“主要网格线”选项

图 7-14　选择“下方”选项

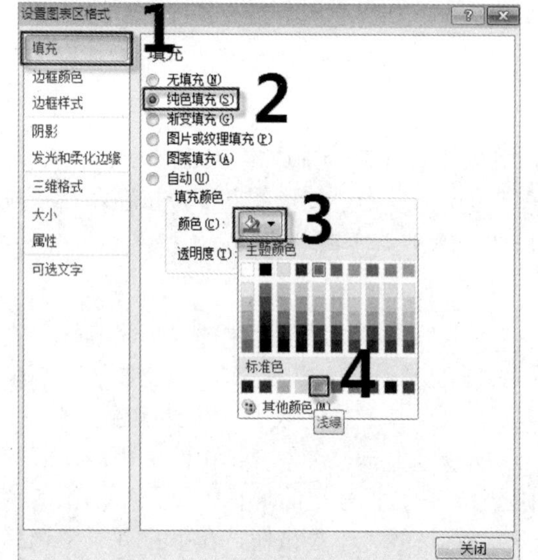

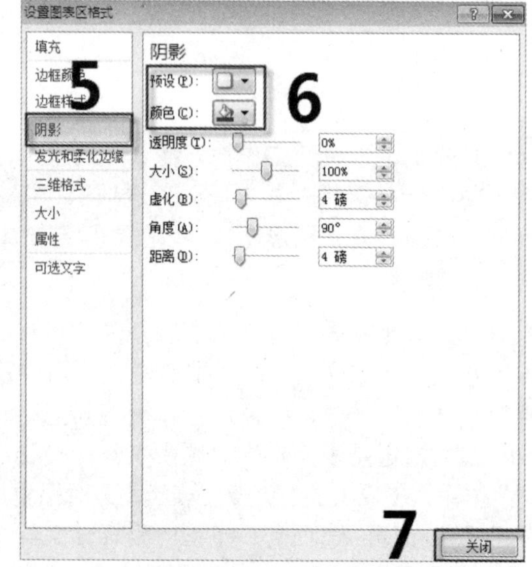

图 7-15　设置图表区的背景色和边框阴影

（2）双击绘图区，弹出“设置绘图区格式”对话框，在此对话框中进行如图 7-16 所示的设置，即可为绘图区填充图案背景。

（3）选定图表标题“基本工资”，打开“开始”选项卡，在“字体”组中设置字体为“华文隶书”“加粗”，字号设置为“20”。

（4）双击图例，弹出“设置图例项格式”对话框，打开“图例选项”选项卡，在“图例位置”选区选中“右上”单选按钮；打开“填充”选项卡，选中“纯色填充”单选按钮，单击“填充颜色”选区中的“颜色”下拉按钮，在下拉列表中选择“黄色”，单击“关闭”按钮。

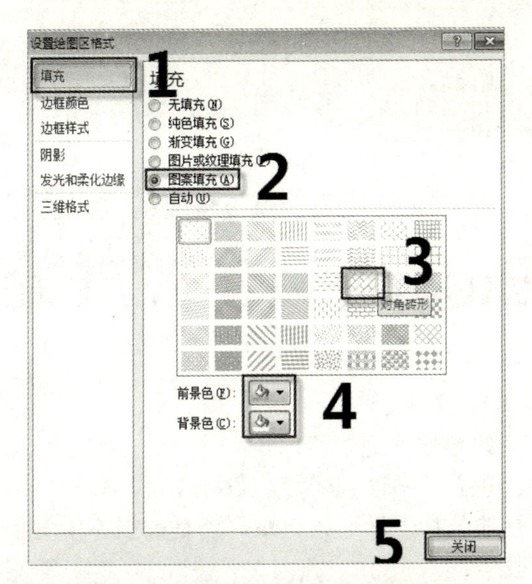

图 7-16　设置绘图区填充图案背景

完成上述设置后，工资表和图表的最终效果如图 7-17 所示。

工资表							
序号	姓名	基本工资	住房补贴	奖金	应发工资	扣税	实发工资
1	陈晓燕	780	200	600	1,580		
2	周德全	720	180	700	1,600		
3	齐昭	560	150	700	1,410		
4	高敏灵	660	170	800	1,630		
5	李海涛	780	200	900	1,880		
6	林海	560	150	900	1,610		
7	王丽华	650	160	900	1,710		
8	卢瑶	840	250	700	1,790		
9	张健琦	580	160	900	1,640		
10	曹晨光	750	190	700	1,640		

（a）工资表效果图

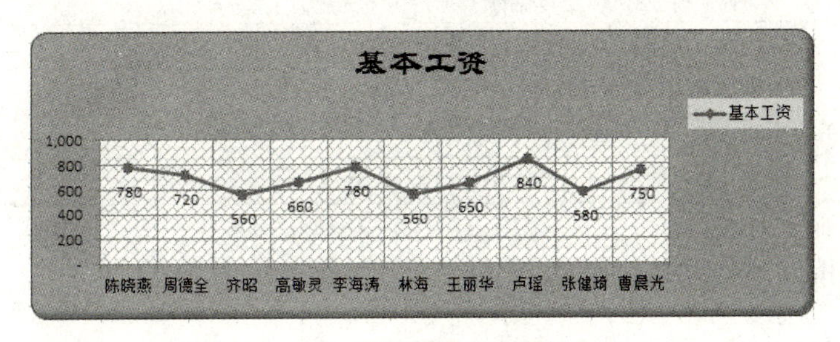

（b）工资表的图表效果图

图 7-17　工资表和图表效果图

第 8 章

Excel 2010 数据处理与分析

Excel 2010 具有强大的数据管理功能，数据管理实际上是对数据库（数据清单）进行排序、筛选、分类汇总、建立数据透视表等。数据库是行数据与列数据的集合，其中行是数据库中的记录，每一行的数据表示一条记录；列是数据库中的字段，一列为一个字段，列标题是数据库中的字段名。

8.1 数据排序

排序是将工作表中的一列或多列数据按照递增或递减的顺序，将无序数据变成有序数据。排序的字段名通常被称为关键字，Excel 2010 允许同时对最多 64 列关键字进行排序，排序有升序和降序两种方式。表 8-1 列出了各类数据升序排序规则。

表 8-1 各类数据升序排序规则

数据类型	排序规则
数字	按照从小到大的顺序进行排序
日期	按照从较早的日期到较晚的日期的顺序进行排序
文本	按照字符对应的 ASCII 码从小到大进行排序
逻辑	在逻辑值中，FALSE 在 TRUE 前
混合数据	数字>日期>文本>逻辑
空白单元格	无论是按照升序还是按照降序排序，空白单元格总是放在最后

8.1.1 单列数据排序

微课视频

如果用户只对工作表中的某一列数据进行排序，则有以下两种方法。

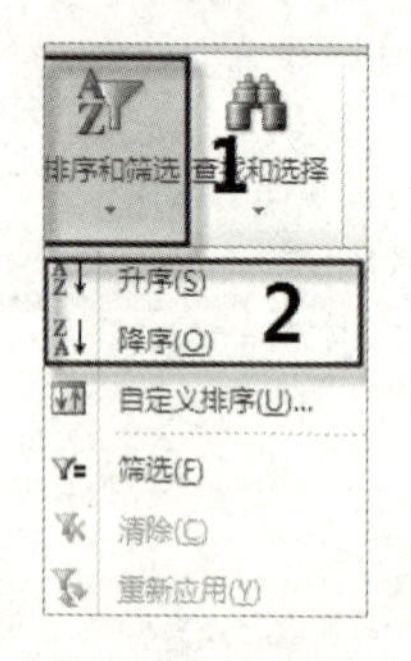

图 8-1 “排序和筛选”下拉列表

- 选定该列数据中的任意一个单元格，单击“数据”选项卡“排序和筛选”组中的 A↓Z 或 Z↓A 按钮，该列数据自动完成升序或降序排序。
- 选定该列数据中的任意一个单元格，单击“开始”选项卡“编辑”组中的“排序和筛选”按钮，打开如图 8-1 所示的下拉列表，从中选择“升序”选项或“降序”选项，自动完成升序或降序排序。

8.1.2　多列数据同时排序

微课视频

对多列数据进行排序是指同时设置多个排序条件，当排序数值相同时，参考下一个排序条件进行排序。与 Word 表格排序类似，Excel 也可以对多列数据按“主要关键字”“次要关键字”同时进行排序。

【例 8-1】对如图 8-2 所示的数据列表按“基本工资”进行升序排序，当“基本工资”有相同数值时，按“岗位津贴”进行升序排序，如果前两项数值都相同，则再按“实发工资”进行升序排序。

工资表（5月份）

编号	姓名	基本工资	岗位津贴	工龄津贴	奖励工资	应发工资	应扣工资	实发工资
001	张东	540.00	210.00	68.00	244.00	1062.00	25.00	1037.00
002	王杭	480.00	200.00	64.00	300.00	1044.00	12.00	1032.00
003	李扬	500.00	230.00	52.00	310.00	1092.00	0.00	1092.00
004	钱明	520.00	200.00	42.00	250.00	1012.00	0.00	1012.00
005	程强	515.00	215.00	20.00	280.00	1030.00	15.00	1015.00
006	叶明明	540.00	240.00	16.00	280.00	1076.00	18.00	1058.00
007	周学军	550.00	220.00	42.00	180.00	992.00	20.00	972.00
008	赵军祥	520.00	250.00	40.00	248.00	1058.00	0.00	1058.00
009	黄永	540.00	210.00	34.00	380.00	1164.00	10.00	1154.00
010	梁水冉	500.00	210.00	12.00	220.00	942.00	18.00	924.00

图 8-2　“工资表”排序前效果图

操作步骤如下。

（1）选定数据区域中的任意一个单元格。

（2）打开“数据”选项卡，单击“排序和筛选”组中“排序”按钮，弹出“排序”对话框。

（3）在“主要关键字”下拉列表中选择“基本工资”，在“次序”下拉列表中选择“升序”，单击“添加条件”按钮，添加新的排序条件。

（4）在“次要关键字”下拉列表中选择“岗位津贴”，在“次序”下拉列表中选择“升序”。

（5）同理，再次单击“添加条件”按钮，在“次要关键字”下拉列表中选择“实发工资”，在“次序”下拉列表中选择“升序”，如图 8-3 所示。

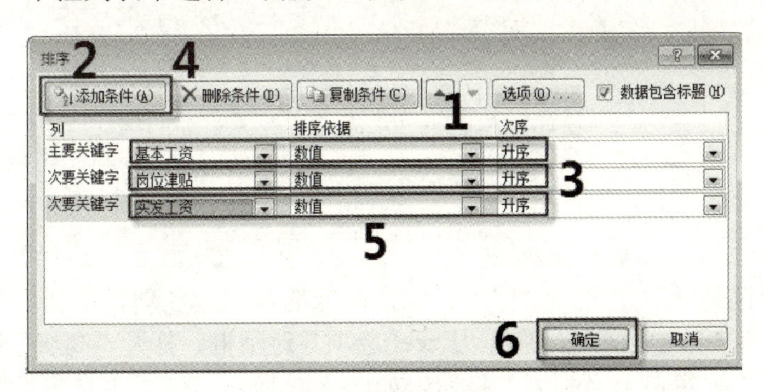

图 8-3　“排序”对话框

（6）单击“确定”按钮，“工资表”排序后的效果如图 8-4 所示。

从如图 8-4 所示的排序后的结果可以看出，当对多列数据进行排序时，先按照主要关键字进行升序排序；当主要关键字中有相同的数据时，对相同的数据按照第一次要关键字进行排序；当前两者的数据都相同时，再按照第二次要关键字进行排序，以此类推。

	A	B	C	D	E	F	G	H	I
1	工资表（5月份）								
2	编号	姓名	基本工资	岗位津贴	工龄津贴	奖励工资	应发工资	应扣工资	实发工资
3	002	王杭	480.00	200.00	64.00	300.00	1044.00	12.00	1032.00
4	010	梁水冉	500.00	210.00	12.00	220.00	942.00	18.00	924.00
5	003	李扬	500.00	230.00	52.00	310.00	1092.00	0.00	1092.00
6	005	程强	515.00	215.00	20.00	280.00	1030.00	15.00	1015.00
7	004	钱明	520.00	200.00	42.00	250.00	1012.00	0.00	1012.00
8	008	赵军祥	520.00	250.00	40.00	248.00	1058.00	0.00	1058.00
9	001	张东	540.00	210.00	68.00	244.00	1062.00	25.00	1037.00
10	009	黄水	540.00	210.00	34.00	380.00	1164.00	10.00	1154.00
11	006	叶明明	540.00	240.00	16.00	280.00	1076.00	18.00	1058.00
12	007	周学军	550.00	220.00	42.00	180.00	992.00	20.00	972.00

图 8-4 “工资表”排序后效果图

3．撤销排序

用户可以将排序后的数据恢复到排序前的顺序，操作步骤如下。

（1）在排序前，首先插入一个空列，输入该列的字段名“编号”，然后在每行输入 1、2、3、…。

（2）在排序后，如果要撤销排序，则对“编号”字段进行升序排序即可。

8.1.3 自定义序列排序

微课视频

在默认情况下，Excel 对数值型数据（数字或日期）的大小、文本型数据的笔画大小和字母顺序进行排序，如果超出这些排序的范围（如某个公司设置了若干个职位，包括经理、职员、主任、科长等，要按照职位的高低顺序进行排序），那么 Excel 无法完成排序，需要使用自定义序列进行排序。首先按照职位高低定义为一个序列，然后按照定义的序列进行排序。

在如图 8-5 所示的工作表中，按照职位高低的顺序进行排序，操作步骤如下。

	A	B	C	D	E
1	姓名	出生日期	性别	职位	专业
2	王惟	1980/2/19	女	职员	会计
3	张东宇	1976/3/14	男	经理	管理学
4	韩蕊	1983/5/23	女	主任	计算机
5	关悦	1988/6/22	女	职员	汉语言文学
6	刘超	1980/9/10	男	科长	经济学
7	姜琪	1977/2/15	女	职员	计算机
8	高昕	1990/8/26	男	职员	法律

图 8-5 员工基本信息表

（1）按照职位高低自定义一个序列。职位高低的顺序为经理、主任、科长、职员。选择“文件”选项卡中的“选项”，弹出“Excel 选项”对话框，打开“高级”选项卡，在“常规”选区中单击“编辑自定义列表”按钮，如图 8-6 所示。弹出“自定义序列”对话框，如图 8-7 所示，在“输入序列”列表框中依次输入“经理”、“主任”、“科长”和“职员”，各字段按“Enter”键分隔，输入结束后，单击“添加”按钮，将序列添加到“自定义序列”列表框中，单击“确定”按钮，返回“Excel 选项”对话框，单击“确定”按钮，退出“Excel 选项”对话框。

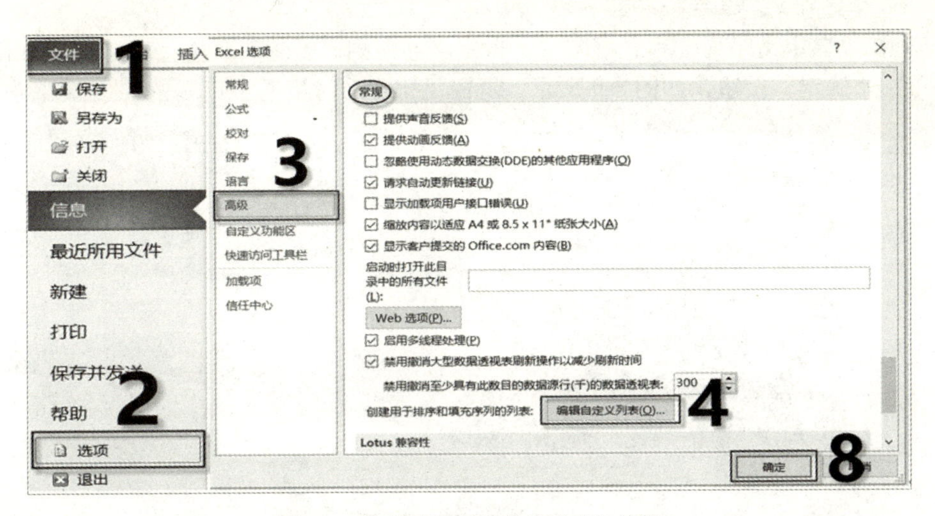

图 8-6　单击“编辑自定义列表”按钮

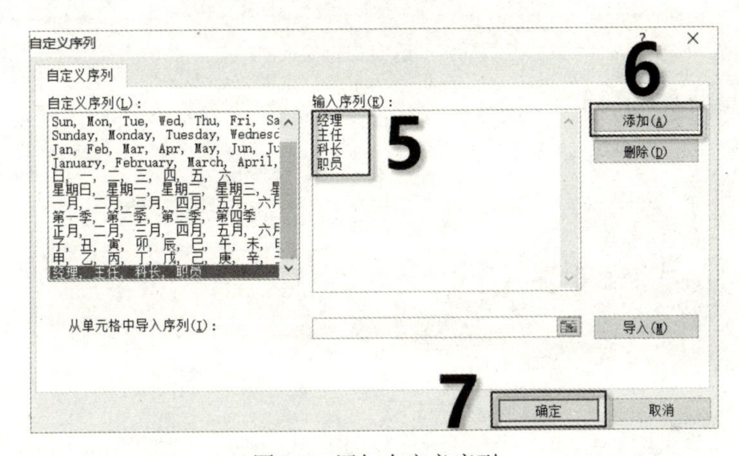

图 8-7　添加自定义序列

（2）选定如图 8-5 所示工作表中的任意一个单元格，如 D1 单元格。

（3）打开“数据”选项卡，单击“排序和筛选”组中的“排序”按钮，弹出“排序”对话框。

（4）如图 8-8 所示，在“主要关键字”下拉列表中选择“职位”，在“排序依据”下拉列表中选择默认值“数值”，在“次序”下拉列表中选择“自定义序列”，弹出“自定义序列”对话框。

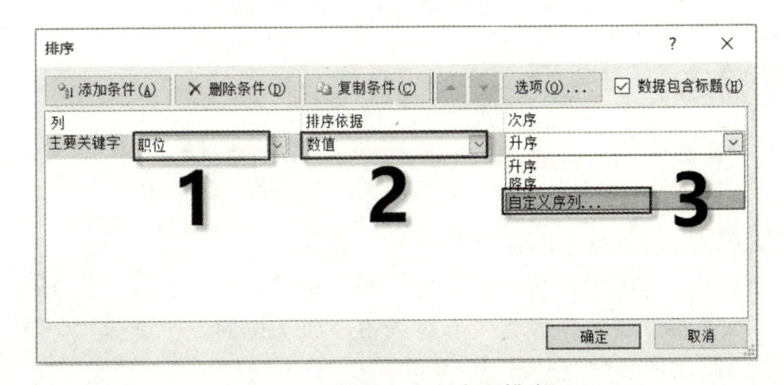

图 8-8　设置自定义序列排序

（5）在“自定义序列”列表框中选定自定义的序列“经理”、“主任”、“科长”和“职员”，单击“确定”按钮，如图 8-9 所示，返回“排序”对话框。

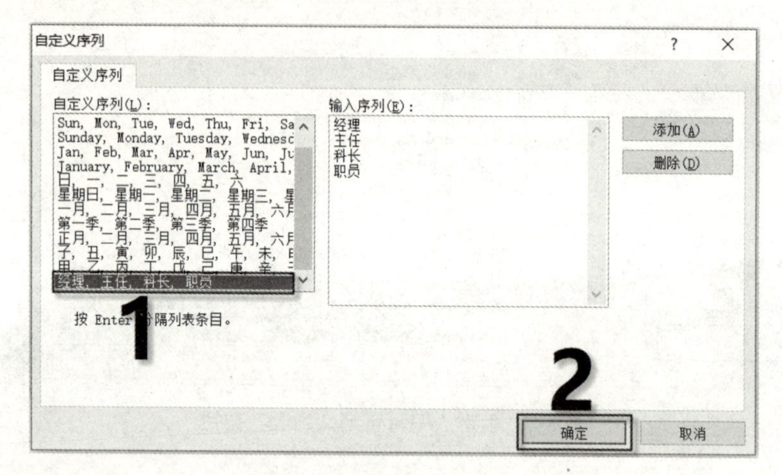

图 8-9　选定自定义序列

（6）单击“确定”按钮，关闭“排序”对话框，完成自定义序列排序，工作表中的数据按照职位高低进行排列，如图 8-10 所示。

	A	B	C	D	E
1	姓名	出生日期	性别	职位	专业
2	张东宇	1976/3/14	男	经理	管理学
3	韩蕊	1983/5/23	女	主任	计算机
4	刘超	1980/9/10	男	科长	经济学
5	王惟	1980/2/19	女	职员	会计
6	关悦	1988/6/22	女	职员	汉语言文学
7	姜琪	1977/2/15	女	职员	计算机
8	高昕	1990/8/26	男	职员	法律

Sheet1　Sheet2　Sheet3

图 8-10　按照职位高低进行排序后的效果图

8.2　数据筛选

数据筛选是从数据清单中查找和分析符合特定条件的数据记录。数据清单经过筛选后，只显示符合条件的记录（行），而将不符合条件的记录（行）暂时隐藏起来。取消筛选后，隐藏的数据又被显示出来。筛选分为“自动筛选”和“高级筛选”两种方式。

8.2.1　自动筛选

微课视频

自动筛选是最简单的筛选方式，可以快速地显示出满足条件的记录，操作步骤如下。

（1）选定要筛选数据清单中的任意一个单元格。

（2）单击“数据”选项卡“排序和筛选”组中的“筛选”按钮，或者单击“开始”选项卡“编辑”组中的“排序和筛选”下拉按钮，在下拉列表中选择“筛选”选项，此时在每个字段名的右侧出现一个下拉按钮，如图 8-11 所示。

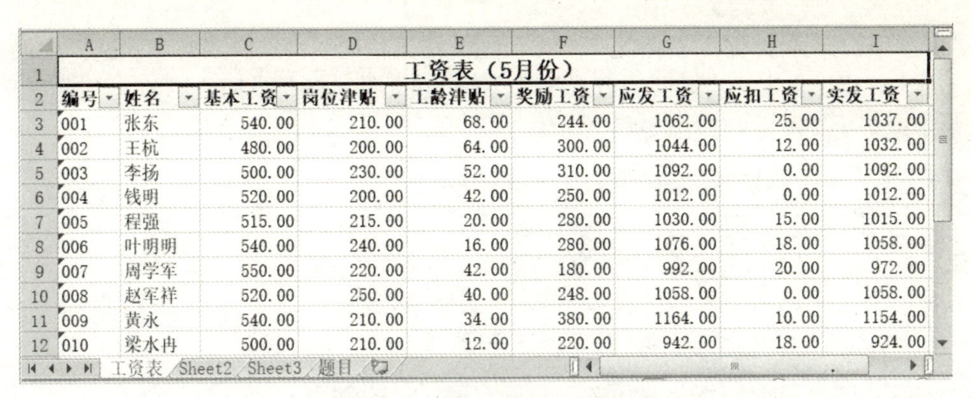

	A	B	C	D	E	F	G	H	I
1	工资表（5月份）								
2	编号	姓名	基本工资	岗位津贴	工龄津贴	奖励工资	应发工资	应扣工资	实发工资
3	001	张东	540.00	210.00	68.00	244.00	1062.00	25.00	1037.00
4	002	王杭	480.00	200.00	64.00	300.00	1044.00	12.00	1032.00
5	003	李扬	500.00	230.00	52.00	310.00	1092.00	0.00	1092.00
6	004	钱明	520.00	200.00	42.00	250.00	1012.00	0.00	1012.00
7	005	程强	515.00	215.00	20.00	280.00	1030.00	15.00	1015.00
8	006	叶明明	540.00	240.00	16.00	280.00	1076.00	18.00	1058.00
9	007	周学军	550.00	220.00	42.00	180.00	992.00	20.00	972.00
10	008	赵军祥	520.00	250.00	40.00	248.00	1058.00	0.00	1058.00
11	009	黄永	540.00	210.00	34.00	380.00	1164.00	10.00	1154.00
12	010	梁水冉	500.00	210.00	12.00	220.00	942.00	18.00	924.00

工资表 / Sheet2 / Sheet3 / 题目

图 8-11　“自动筛选”下拉按钮

（3）单击任意一个下拉按钮▾，打开其下拉列表，数据类型不同，下拉列表的内容也不同，如图 8-12 所示，其中部分选项的含义如下。

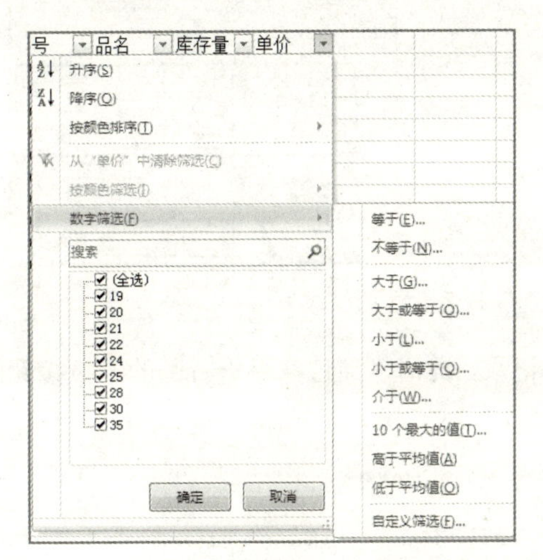

（a）“数字筛选”子选项

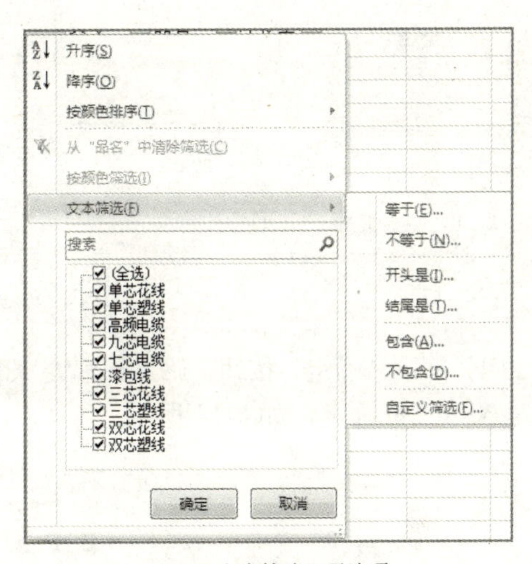

（b）“文本筛选”子选项

图 8-12　“筛选”下拉列表

- 按颜色排序：根据所选列的现有格式，筛选出可选项。
- 数字（或文本）筛选：筛选的条件不是一个固定的值而是一个范围。选择该选项弹出其子选项，选择某一个子选项弹出“自定义自动筛选方式”对话框，在该对话框中可以设置筛选条件。
- 数据值列表：筛选出数据清单中含有某一精确值的记录。

（4）在上述下拉列表中设定筛选条件。筛选结束后，只显示符合条件的记录，同时，被筛选列的字段名右侧的下拉按钮▾变为▾，表示此列已被筛选。当光标指向该符号时，即时显示应用于该列的筛选条件。

【例 8-2】在如图 8-11 所示的“工资表”中，筛选出“岗位津贴”在 220～240 元之间的记录。

（1）选定数据清单中的任意一个单元格。

（2）单击“数据”选项卡“排序和筛选”组中的“筛选”按钮，此时在每一个列标题的右侧都出现一个下拉按钮▾。

（3）单击“岗位津贴”右侧的下拉按钮▾，在下拉列表中选择“数字筛选”中的“介于”选项，弹出“自定义自动筛选方式”对话框，填入筛选条件，岗位津贴大于或等于 220 元且小于或等于 240 元，如图 8-13 所示。

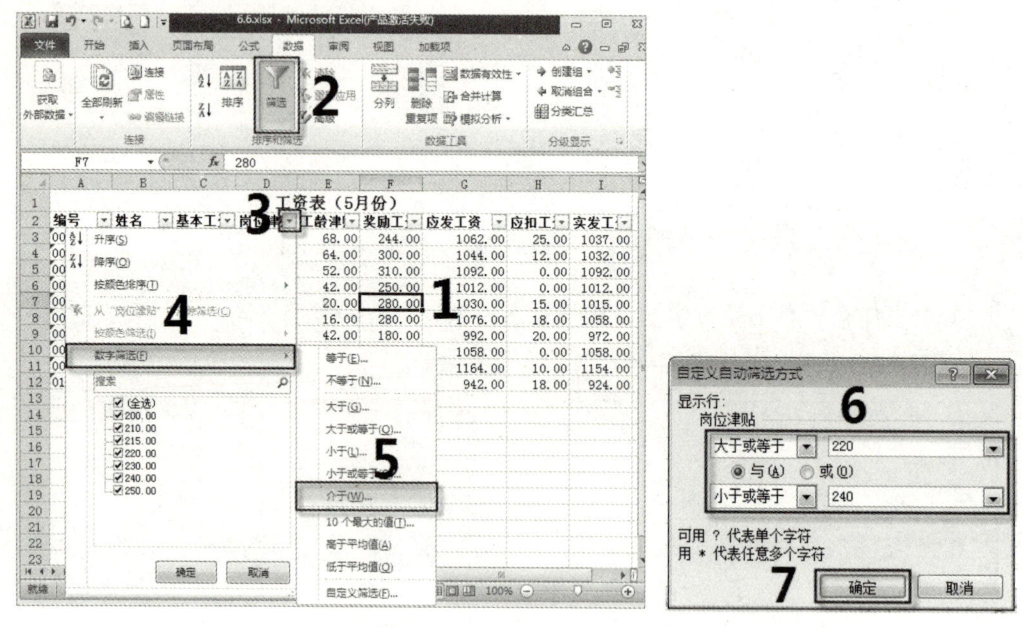

图 8-13　“自动筛选”条件设置

（4）单击“确定”按钮，筛选出满足条件的记录，此时“岗位津贴”右侧的下拉按钮▾变为筛选按钮，完成筛选，如 8-14 所示。

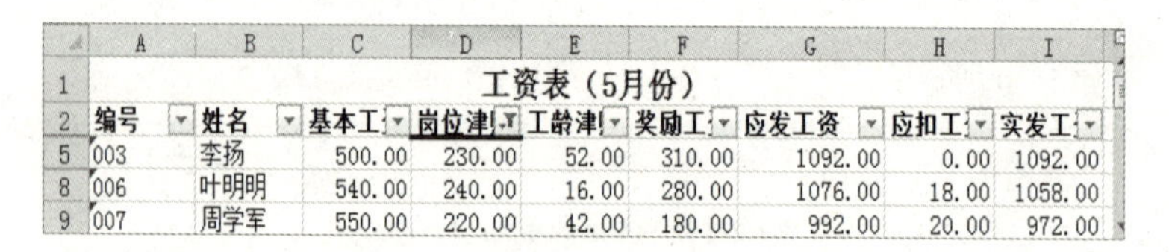

	A	B	C	D	E	F	G	H	I
1	工资表（5月份）								
2	编号	姓名	基本工	岗位津	工龄津	奖励工	应发工资	应扣工	实发工
5	003	李扬	500.00	230.00	52.00	310.00	1092.00	0.00	1092.00
8	006	叶明明	540.00	240.00	16.00	280.00	1076.00	18.00	1058.00
9	007	周学军	550.00	220.00	42.00	180.00	992.00	20.00	972.00

图 8-14　筛选出满足条件的记录

（5）如果取消筛选，单击“数据”选项卡“排序和筛选”组中的“筛选”按钮。

8.2.2　多列筛选

微课视频

自动筛选每次只能对一列数据进行筛选，如果要利用自动筛选对多列数据进行筛选，则每个追加的筛选都基于之前的筛选结果，从而逐次减少了所显示的记录。

【例 8-3】利用多列筛选，在如图 8-15 所示的“销售清单”工作表中，筛选出 2018 年 5 月在手机类商品中华为品牌的销售记录。

本实例需要对“销售日期”“商品类别”“品牌”进行 3 次筛选，操作步骤如下。

（1）打开“销售清单”工作表，选定数据清单中的任意一个单元格，如 B5 单元格。

（2）单击“数据”选项卡“排序和筛选”组中的“筛选”按钮，此时在每一个列标题的右侧都出现一个下拉按钮▾。

	A	B	C	D	E	F	G
3	PH-HW-001	手机	华为	3	2800	8400	2018/5/2
4	PC-SX-001	电脑	三星	1	6299	6299	2018/5/2
5	PH-SX-003	手机	三星	2	4500	9000	2018/5/11
6	PH-HW-002	手机	华为	2	3499	6998	2018/5/11
7	PC-HW-001	电脑	华为	1	6990	6990	2018/5/12
8	PH-HW-003	手机	华为	3	2799	8397	2018/5/13
9	PH-MI-001	手机	小米	1	1499	1499	2018/5/13
10	PH-HW-004	手机	华为	1	5990	5990	2018/5/13
11	PC-MI-001	电脑	小米	1	4999	4999	2018/5/14
12	PH-MI-002	手机	小米	1	2499	2499	2018/5/18
13	PC-HW-002	电脑	华为	1	5699	5699	2018/5/21
14	PC-MI-002	电脑	小米	1	4399	4399	2018/5/23
15	PC-SX-002	电脑	三星	1	7299	7299	2018/5/31
16	PH-SX-002	手机	三星	1	4599	4599	2018/6/1
17	PH-HW-005	手机	华为	2	4499	8998	2018/6/3
18	PC-HW-003	电脑	华为	1	6990	6990	2018/6/5

销售清单　Sheet2　Sheet3

图 8-15　“销售清单”工作表

（3）单击“销售日期”右侧的下拉按钮，在打开的下拉列表中，按照图 8-16 勾选“五月”复选框，单击“确定”按钮。

（4）单击“商品类别”右侧的下拉按钮，在打开的下拉列表中，按照图 8-17 勾选“手机”复选框，单击“确定”按钮。

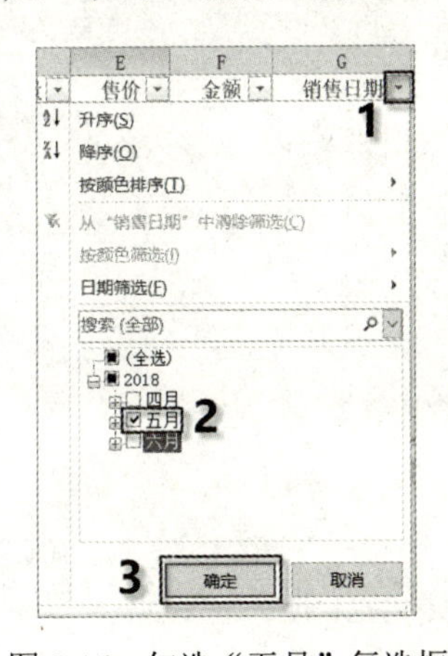

图 8-16　勾选“五月”复选框

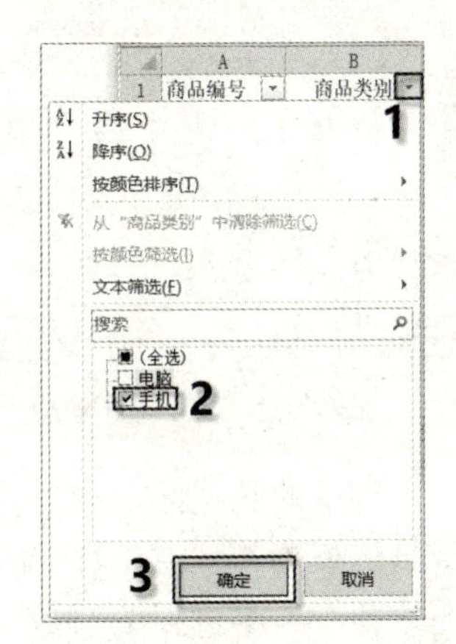

图 8-17　勾选“手机”复选框

（5）单击“品牌”右侧的下拉按钮，在打开的下拉列表中，按照图 8-18 勾选“华为”复选框，单击“确定”按钮。

（6）完成上述 3 次筛选后，得到了最终筛选的结果，如图 8-19 所示。

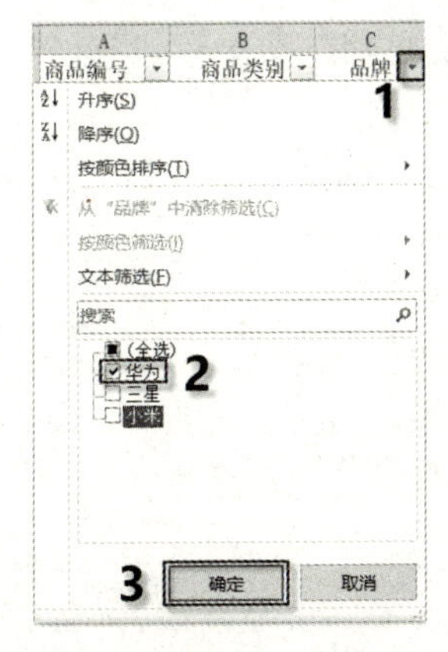

图 8-18　勾选“华为”复选框

	A	B	C	D	E	F	G
1	商品编号	商品类	品牌	数量	售价	金额	销售日
3	PH-HW-001	手机	华为	3	2800	8400	2018/5/2
6	PH-HW-002	手机	华为	2	3499	6998	2018/5/11
8	PH-HW-003	手机	华为	3	2799	8397	2018/5/13
10	PH-HW-004	手机	华为	1	5990	5990	2018/5/13

销售清单　Sheet2　Sheet3

图 8-19　筛选出 2018 年 5 月在手机类商品中华为品牌的销售记录

8.2.3 高级筛选

微课视频

高级筛选是指筛选出满足多个字段条件的记录，既可以实现字段条件之间“或”关系的筛选，也可以实现字段条件之间“与”关系的筛选，这是一种比较复杂的筛选方式。通常分为 3 个步骤：第一，建立条件区域；第二，确定筛选的数据区域和条件区域；第三，设置存储筛选结果的区域。

【例 8-4】在如图 8-20 所示的“工资表”中，筛选出“实发工资”大于 1050 元且“基本工资”大于或等于 500 元的记录，操作步骤如下。

（1）建立条件区域。

条件区域一般建立在数据清单的前后，但与数据清单最少要留出一个空行。在数据清单的任意空白处选择一个位置，输入筛选条件的字段名（必须与数据清单字段名一致），在条件字段名下面的行中输入筛选条件，如图 8-20 所示。

工资表（5月份）

编号	姓名	基本工资	岗位津贴	工龄津贴	奖励工资	应发工资	应扣工资	实发工资
001	张东	540.00	210.00	68.00	244.00	1062.00	25.00	1037.00
002	王杭	480.00	200.00	64.00	300.00	1044.00	12.00	1032.00
003	李扬	500.00	230.00	52.00	310.00	1092.00	0.00	1092.00
004	钱明	520.00	200.00	42.00	250.00	1012.00	0.00	1012.00
005	程强	515.00	215.00	20.00	280.00	1030.00	15.00	1015.00
006	叶明明	540.00	240.00	16.00	280.00	1076.00	18.00	1058.00
007	周学军	550.00	220.00	42.00	180.00	992.00	20.00	972.00
008	赵军祥	520.00	250.00	40.00	248.00	1058.00	0.00	1058.00
009	黄永	540.00	210.00	34.00	380.00	1164.00	10.00	1154.00
010	梁水冉	500.00	210.00	12.00	220.00	942.00	18.00	924.00

实发工资	基本工资
>1050	>=500

条件区域

图 8-20 建立“高级筛选”的条件区域

（2）确定筛选的数据区域和条件区域。

选定数据区域中的任意一个单元格，打开“数据”选项卡，单击“排序和筛选”组中的“高级”按钮 高级，弹出“高级筛选”对话框，如图 8-21 所示。在此对话框中将光标依次定位在“列表区域”文本框、“条件区域”文本框中，分别选定数据清单中的 A2:I12 和 K3:L4 这两个单元区域。

（3）设置存储筛选结果的区域。

在“高级筛选”对话框中的“方式”选区中选择筛选结果的保存位置，默认是“在原有区域显示筛选结果”。如果选择“将筛选结果复制到其他位置”，则将光标定位在“复制到”文本框中，选定数据清单中存储筛选结果的单元格。本实例将筛选结果存储到以$A$14 单元格开始的区域中。

（4）单击“确定”按钮，筛选结果如图 8-22 所示。

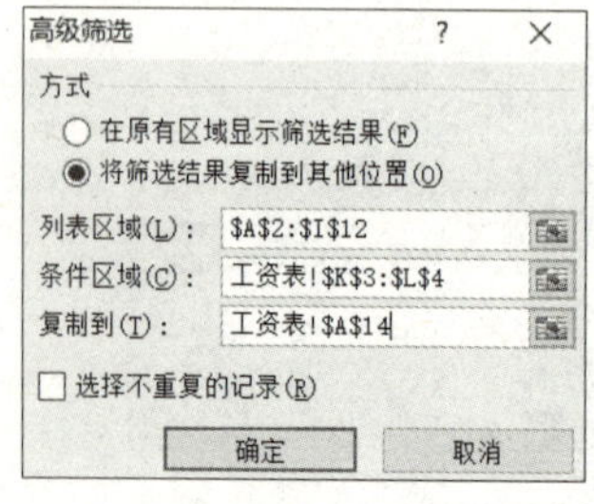

图 8-21 “高级筛选”对话框

编号	姓名	基本工资	岗位津贴	工龄津贴	奖励工资	应发工资	应扣工资	实发工资
003	李扬	500.00	230.00	52.00	310.00	1092.00	0.00	1092.00
006	叶明明	540.00	240.00	16.00	280.00	1076.00	18.00	1058.00
008	赵军祥	520.00	250.00	40.00	248.00	1058.00	0.00	1058.00
009	黄永	540.00	210.00	34.00	380.00	1164.00	10.00	1154.00

图 8-22 高级筛选后的数据

从上面可以看出，高级筛选和自动筛选的区别在于：前者需要建立筛选的条件区域，后者是对单一字段建立筛选条件，不需要建立筛选的条件区域。

提示：

如果筛选的多个条件值在同一行上，则表示条件之间是“与”的关系，筛选结果是几个条件同时成立时符合条件的记录；如果筛选的多个条件值在不同的行上，则表示条件之间是“或”的关系，筛选时只要某个记录满足其中任何一个条件，就会出现在筛选结果中，如图 8-23 所示。

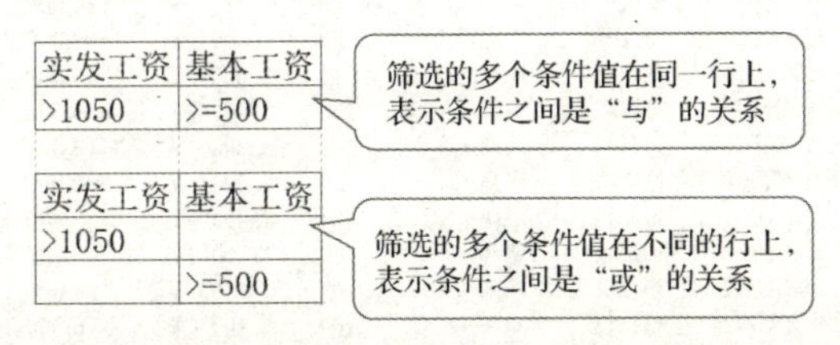

实发工资	基本工资
>1050	>=500

实发工资	基本工资
>1050	
	>=500

图 8-23　建立“逻辑与”和“逻辑或”的条件区域

8.3　数据分类汇总

8.3.1　创建分类汇总

微课视频

分类汇总是指将数据清单首先按某个字段进行分类（排序），把字段值相同的记录归为一类，然后再对分类后的数据按类别进行求和、平均值、计数等汇总运算。所以分类汇总分为两个步骤：第一，对指定字段进行分类；第二，按分类结果进行汇总，并且把汇总的结果以“分类汇总”和“总计”的形式显示出来。用户使用分类汇总功能，可以快速而有效地分析数据。

【例 8-5】在如图 8-24 所示的数据清单中，按“产品名称”对每一种产品的“销售量”和“销售额”进行分类汇总。

	A	B	C	D	E	F
1	产品编码	产品名称	地区	销售量	产品单价	销售额
2	ZX003	Modem	南部	350	440	¥ 154,000
3	ZX001	打印机	南部	210	2, 600	¥ 546,000
4	ZX002	扫描仪	南部	180	1, 700	¥ 306,000
5	ZX004	显示器	南部	450	1, 750	¥ 787,500
6	ZX003	Modem	西部	110	390	¥ 42,900
7	ZX001	打印机	西部	150	2, 200	¥ 330,000
8	ZX002	扫描仪	西部	100	980	¥ 98,000
9	ZX004	显示器	西部	280	1, 500	¥ 420,000
10	ZX003	Modem	北部	390	430	¥ 167,700
11	ZX001	打印机	北部	180	2, 300	¥ 414,000
12	ZX002	扫描仪	北部	160	1, 100	¥ 176,000
13	ZX004	显示器	北部	320	1, 650	¥ 528,000
14	ZX003	Modem	东部	300	480	¥ 144,000
15	ZX001	打印机	东部	200	2, 500	¥ 500,000
16	ZX002	扫描仪	东部	130	1, 600	¥ 208,000
17	ZX004	显示器	东部	500	1, 800	¥ 900,000
18	ZX003	Modem	中南	380	500	¥ 190,000
19	ZX001	打印机	中南	190	2, 400	¥ 456,000
20	ZX002	扫描仪	中南	140	1, 200	¥ 168,000

图 8-24　分类汇总前的数据

操作步骤如下。

（1）选定“产品名称”数据列中的任意一个单元格，打开“数据”选项卡，单击“排序和筛选”组中的“升序”按钮 或“降序”按钮 ，先按“产品名称”进行排序。本实例以升序方式进行排序，结果如图 8-25 所示。

	A	B	C	D	E	F
1	产品编码	产品名称	地区	销售量	产品单价	销售额
2	ZX003	Modem	南部	350	440	¥ 154,000
3	ZX003	Modem	西部	110	390	¥ 42,900
4	ZX003	Modem	北部	390	430	¥ 167,700
5	ZX003	Modem	东部	300	480	¥ 144,000
6	ZX003	Modem	中南	380	500	¥ 190,000
7	ZX001	打印机	南部	210	2,600	¥ 546,000
8	ZX001	打印机	西部	150	2,200	¥ 330,000
9	ZX001	打印机	北部	180	2,300	¥ 414,000
10	ZX001	打印机	东部	200	2,500	¥ 500,000
11	ZX001	打印机	中南	190	2,400	¥ 456,000
12	ZX002	扫描仪	南部	180	1,700	¥ 306,000
13	ZX002	扫描仪	西部	100	980	¥ 98,000
14	ZX002	扫描仪	北部	160	1,100	¥ 176,000
15	ZX002	扫描仪	东部	130	1,600	¥ 208,000
16	ZX002	扫描仪	中南	140	1,200	¥ 168,000
17	ZX004	显示器	南部	450	1,750	¥ 787,500
18	ZX004	显示器	西部	280	1,500	¥ 420,000
19	ZX004	显示器	北部	320	1,650	¥ 528,000
20	ZX004	显示器	东部	500	1,800	¥ 900,000

图 8-25　按“产品名称”进行排序后的结果

（2）选定数据清单中的任意一个单元格，打开“数据”选项卡，单击“分级显示”组中的“分类汇总”按钮 ，弹出“分类汇总”对话框。

（3）在此对话框中的“分类字段”下拉列表中选择分类的字段名“产品名称”；在“汇总方式”下拉列表中选择汇总的方式“求和”；在“选定汇总项”列表框中勾选“销售量”复选框和“销售额”复选框；勾选“替换当前分类汇总”复选框和“汇总结果显示在数据下方”复选框，如图 8-26 所示。

（4）单击“确定”按钮，分类汇总后的结果如图 8-27 所示。

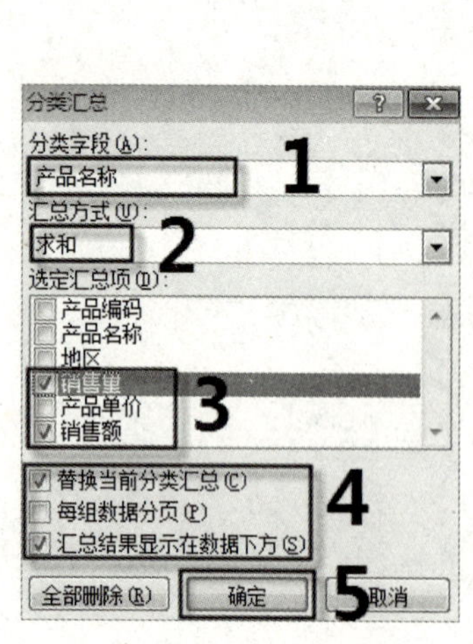

图 8-26　“分类汇总”对话框

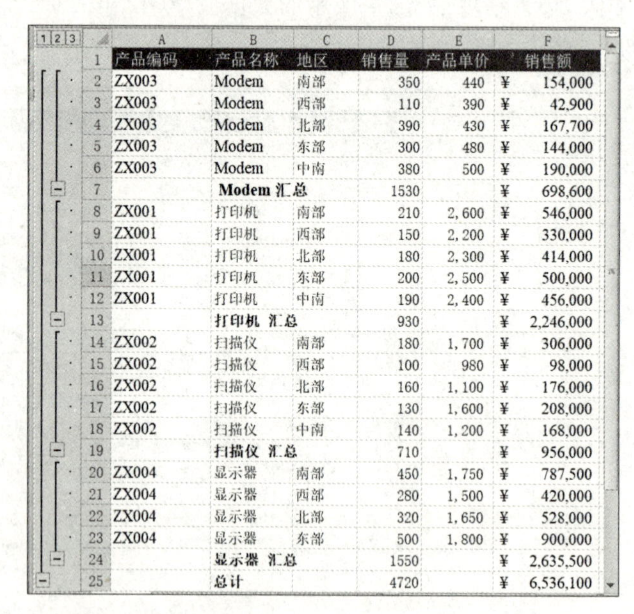

	A	B	C	D	E	F
1	产品编码	产品名称	地区	销售量	产品单价	销售额
2	ZX003	Modem	南部	350	440	¥ 154,000
3	ZX003	Modem	西部	110	390	¥ 42,900
4	ZX003	Modem	北部	390	430	¥ 167,700
5	ZX003	Modem	东部	300	480	¥ 144,000
6	ZX003	Modem	中南	380	500	¥ 190,000
7		**Modem 汇总**		1530		¥ 698,600
8	ZX001	打印机	南部	210	2,600	¥ 546,000
9	ZX001	打印机	西部	150	2,200	¥ 330,000
10	ZX001	打印机	北部	180	2,300	¥ 414,000
11	ZX001	打印机	东部	200	2,500	¥ 500,000
12	ZX001	打印机	中南	190	2,400	¥ 456,000
13		**打印机 汇总**		930		¥ 2,246,000
14	ZX002	扫描仪	南部	180	1,700	¥ 306,000
15	ZX002	扫描仪	西部	100	980	¥ 98,000
16	ZX002	扫描仪	北部	160	1,100	¥ 176,000
17	ZX002	扫描仪	东部	130	1,600	¥ 208,000
18	ZX002	扫描仪	中南	140	1,200	¥ 168,000
19		**扫描仪 汇总**		710		¥ 956,000
20	ZX004	显示器	南部	450	1,750	¥ 787,500
21	ZX004	显示器	西部	280	1,500	¥ 420,000
22	ZX004	显示器	北部	320	1,650	¥ 528,000
23	ZX004	显示器	东部	500	1,800	¥ 900,000
24		**显示器 汇总**		1550		¥ 2,635,500
25		**总计**		4720		¥ 6,536,100

图 8-27　分类汇总后的数据

8.3.2 分级显示

分级显示可以快速地显示摘要行、摘要列或每组明细数据。创建分级显示有以下两种方法。

1. 通过分类汇总创建分级显示

用户进行分类汇总后，系统自动创建行的分级显示。在如图 8-27 所示的分类汇总结果中，左侧是分级显示符号，各符号含义如下。

- 1 2 3按钮：分级显示按钮。显示 1 级、2 级、3 级汇总结果，单击某一级编号按钮，隐藏下一级的明细数据，如单击编号“2”按钮，隐藏第 3 级明细数据，只显示 1 级、2 级明细数据，如图 8-28 所示。单击编号“3”按钮，显示所有明细数据。

	A	B	C	D	E	F
1	产品编码	产品名称	地区	销售量	产品单价	销售额
7		Modem 汇总		1530		¥ 698,600
13		打印机 汇总		930		¥ 2,246,000
19		扫描仪 汇总		710		¥ 956,000
24		显示器 汇总		1550		¥ 2,635,500
25		总计		4720		¥ 6,536,100
26						

图 8-28 分级显示

- ⊟按钮：隐藏明细数据。单击⊟按钮，折叠一组单元格，隐藏该组明细数据，此时⊟变成⊞，如图 8-29 所示。

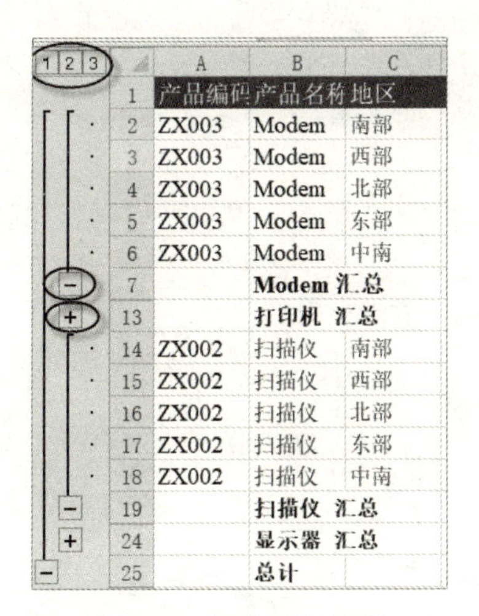

	A	B	C
1	产品编码	产品名称	地区
2	ZX003	Modem	南部
3	ZX003	Modem	西部
4	ZX003	Modem	北部
5	ZX003	Modem	东部
6	ZX003	Modem	中南
7		Modem 汇总	
13		打印机 汇总	
14	ZX002	扫描仪	南部
15	ZX002	扫描仪	西部
16	ZX002	扫描仪	北部
17	ZX002	扫描仪	东部
18	ZX002	扫描仪	中南
19		扫描仪 汇总	
24		显示器 汇总	
25		总计	

图 8-29 隐藏明细数据

- ⊞按钮：显示隐藏的明细数据。单击⊞按钮，展开一组折叠的单元格，显示该组明细数据。

2. 通过 Excel 的分级显示功能创建分级显示

分类汇总创建的是行的分级显示，如果同时创建行和列的分级显示，用户可以利用 Excel 的分级显示功能实现。在一个工作表中最多可以创建 8 级显示。

例如，在如图 8-30 所示的工作表中，按“产品名称”对各个地区 1 月—3 月的销售量进行分类汇总，并对其创建分级显示，结果如图 8-31 所示，操作步骤如下。

	A	B	C	D	E	F	G
1	产品编码	产品名称	地区	1月	2月	3月	产品单价
2	ZX003	Modem	南部	80	120	150	440
3	ZX003	Modem	西部	50	30	30	390
4	ZX003	Modem	北部	160	140	90	430
5	ZX003	Modem	东部	120	90	90	480
6	ZX003	Modem	中南	150	160	70	500
7	ZX001	打印机	南部	110	130	70	2600
8	ZX001	打印机	西部	60	40	50	2200
9	ZX001	打印机	北部	40	50	90	2300
10	ZX001	打印机	东部	90	70	40	2500
11	ZX001	打印机	中南	80	60	50	2400
12	ZX002	扫描仪	南部	60	40	80	1700
13	ZX002	扫描仪	西部	30	40	30	980
14	ZX002	扫描仪	北部	60	50	50	1100
15	ZX002	扫描仪	东部	50	35	45	1600
16	ZX002	扫描仪	中南	60	40	40	1200
17	ZX004	显示器	南部	120	130	200	1750
18	ZX004	显示器	西部	110	90	80	1500
19	ZX004	显示器	北部	100	100	120	1650
20	ZX004	显示器	东部	200	150	150	1800

销售表 Sheet2 Sheet3

图 8-30 建立分级显示前的数据

	A	B	C	D	E	F	G	H	I
1	产品编码	产品名称	地区	1月	2月	3月	第一季度销售量	产品单价	总销售额
2	ZX003	Modem	南部	80	120	150	350	440	154000
3	ZX003	Modem	西部	50	30	30	110	390	42900
4	ZX003	Modem	北部	160	140	90	390	430	167700
5	ZX003	Modem	东部	120	90	90	300	480	144000
6	ZX003	Modem	中南	150	160	70	380	500	190000
7		Modem 汇总		560	540	430			
8	ZX001	打印机	南部	110	130	70	310	2600	806000
9	ZX001	打印机	西部	60	40	50	150	2200	330000
10	ZX001	打印机	北部	40	50	90	180	2300	414000
11	ZX001	打印机	东部	90	70	40	200	2500	500000
12	ZX001	打印机	中南	80	60	50	190	2400	456000
13		打印机 汇总		380	350	300			
14	ZX002	扫描仪	南部	60	40	80	180	1700	306000
15	ZX002	扫描仪	西部	30	40	30	100	980	98000
16	ZX002	扫描仪	北部	60	50	50	160	1100	176000
17	ZX002	扫描仪	东部	50	35	45	130	1600	208000
18	ZX002	扫描仪	中南	60	40	40	140	1200	168000
19		扫描仪 汇总		260	205	245			
20	ZX004	显示器	南部	120	130	200	450	1750	787500
21	ZX004	显示器	西部	110	90	80	280	1500	420000
22	ZX004	显示器	北部	100	100	120	320	1650	528000
23	ZX004	显示器	东部	200	150	150	500	1800	900000
24		显示器 汇总		530	470	550			
25		总计		1730	1565	1525			

销售表 Sheet2 Sheet3

图 8-31 同时创建了行和列的分级显示效果

（1）插入汇总行和汇总列。

如果按行分级显示数据，则需要在每组明细行的下方或上方插入带公式的汇总行；如果按列分级显示数据，则需要在每组明细列的左侧或右侧插入带公式的汇总列。

在本实例中，首先在每个类别的下方插入汇总行，用于统计各类别各月的总销售量。然后在 F 列和 G 列后插入汇总列，分别用于统计各地区第一季度销售量和总销售额。最后在数据区域的最下方添加一行，用于统计所有明细数据的总计，如图 8-32 所示。

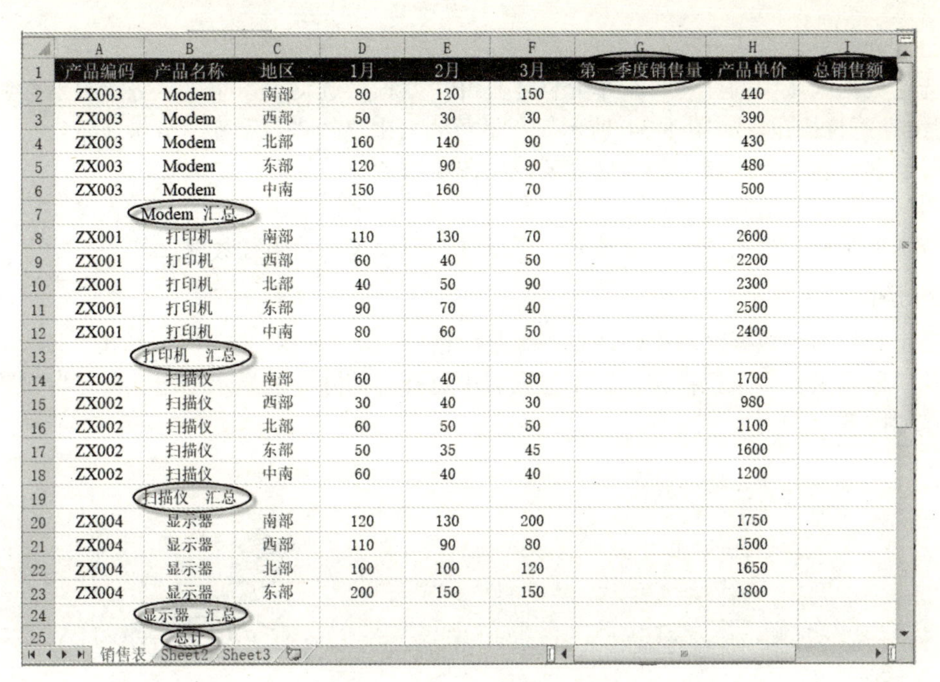

产品编码	产品名称	地区	1月	2月	3月	第一季度销售量	产品单价	总销售额
ZX003	Modem	南部	80	120	150		440	
ZX003	Modem	西部	50	30	30		390	
ZX003	Modem	北部	160	140	90		430	
ZX003	Modem	东部	120	90	90		480	
ZX003	Modem	中南	150	160	70		500	
	Modem 汇总							
ZX001	打印机	南部	110	130	70		2600	
ZX001	打印机	西部	60	40	50		2200	
ZX001	打印机	北部	40	50	90		2300	
ZX001	打印机	东部	90	70	40		2500	
ZX001	打印机	中南	80	60	50		2400	
	打印机 汇总							
ZX002	扫描仪	南部	60	40	80		1700	
ZX002	扫描仪	西部	30	40	30		980	
ZX002	扫描仪	北部	60	50	50		1100	
ZX002	扫描仪	东部	50	35	45		1600	
ZX002	扫描仪	中南	60	40	40		1200	
	扫描仪 汇总							
ZX004	显示器	南部	120	130	200		1750	
ZX004	显示器	西部	110	90	80		1500	
ZX004	显示器	北部	100	100	120		1650	
ZX004	显示器	东部	200	150	150		1800	
	显示器 汇总							
	总计							

图 8-32　插入汇总行和汇总列

（2）计算汇总数据。

计算汇总行数据：利用求和公式在汇总行上计算各产品各月的总销售量，在最后一行用求和公式计算所有产品各月的总销售量。

计算汇总列数据：利用求和公式在汇总列上计算各地区第一季度销售量，利用求积公式计算各地区第一季度总销售额（总销售额=第一季度销售量×产品单价）。

计算结果如图 8-33 所示。

产品编码	产品名称	地区	1月	2月	3月	第一季度销售量	产品单价	总销售额
ZX003	Modem	南部	80	120	150	350	440	154000
ZX003	Modem	西部	50	30	30	110	390	42900
ZX003	Modem	北部	160	140	90	390	430	167700
ZX003	Modem	东部	120	90	90	300	480	144000
ZX003	Modem	中南	150	160	70	380	500	190000
	Modem 汇总		560	540	430			
ZX001	打印机	南部	110	130	70	310	2600	806000
ZX001	打印机	西部	60	40	50	150	2200	330000
ZX001	打印机	北部	40	50	90	180	2300	414000
ZX001	打印机	东部	90	70	40	200	2500	500000
ZX001	打印机	中南	80	60	50	190	2400	456000
	打印机 汇总		380	350	300			
ZX002	扫描仪	南部	60	40	80	180	1700	306000
ZX002	扫描仪	西部	30	40	30	100	980	98000
ZX002	扫描仪	北部	60	50	50	160	1100	176000
ZX002	扫描仪	东部	50	35	45	130	1600	208000
ZX002	扫描仪	中南	60	40	40	140	1200	168000
	扫描仪 汇总		260	205	245			
ZX004	显示器	南部	120	130	200	450	1750	787500
ZX004	显示器	西部	110	90	80	280	1500	420000
ZX004	显示器	北部	100	100	120	320	1650	528000
ZX004	显示器	东部	200	150	150	500	1800	900000
	显示器 汇总		530	470	550			
	总计		1730	1565	1525			

图 8-33　计算汇总行和汇总列数据

（3）创建分级显示。

选定数据区域中的任意一个单元格，打开“数据”选项卡，单击“分级显示”组中的“创建组”下拉按钮，如图 8-34 所示，在下拉列表中选择“自动建立分级显示”选项，可以同时创建行和列分级显示的数据列表，如图 8-31 所示。

（4）分级显示数据。

分别单击行、列的分级显示符号，可以查看不同级别的明细数据。

3. 删除分级显示

选定分级显示数据区域中的任意一个单元格，打开“数据”选项卡，单击“分级显示”组中的“取消组合”下拉按钮，在下拉列表中选择“清除分级显示”选项，可以删除分级显示，如图 8-35 所示。

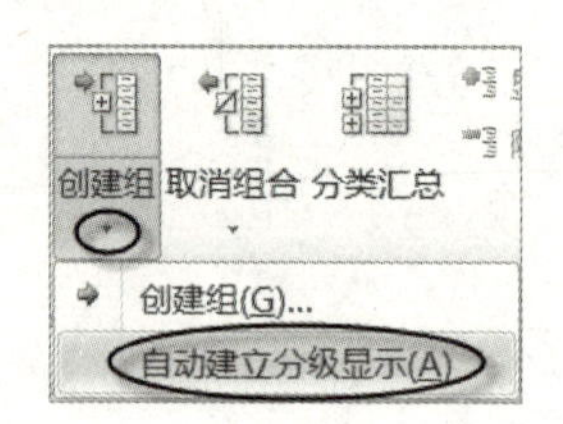

图 8-34 “创建组”下拉列表

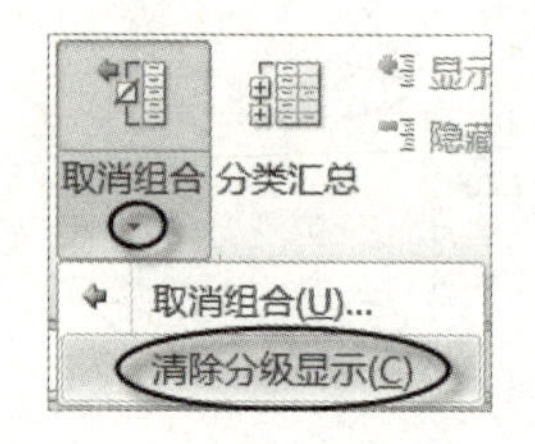

图 8-35 “取消组合”下拉列表

8.3.3 删除分类汇总

微课视频

如果用户要删除分类汇总，则先选定已经进行分类汇总数据区域中的任意一个单元格，打开“数据”选项卡，单击“分级显示”组中的“分类汇总”按钮，在弹出的“分类汇总”对话框中单击“全部删除”按钮即可。

8.4 数据透视表和数据透视图

数据透视表是一种交互式的表格，可以动态地改变版面布局，以便用户按照不同的方式分析数据，数据透视表也可以重新安排行号、列标和页字段。当每一次改变版面布局时，数据透视表会立即按照新的布局重新组织和计算数据。用户利用数据透视表，可以更加方便地排列和汇总复杂数据，并进一步查看详细信息。下面通过实例介绍如何创建数据透视表。

8.4.1 创建数据透视表

微课视频

【例 8-6】对如图 8-36 所示的“图书销售表”中的数据创建数据透视表，设置“日期”字段为列标签，“书店名称”字段为行标签，“销量（本）”字段为求和汇总项。并在数据透视表中显示 2015 年各书店第一季度的各月销量情况。将创建完成的数据透视表存储在新工作表中，并将工作表重命名为“透视表”，操作步骤如下。

（1）选定“图书销售表”A2:E24 区域中的任意一个单元格。

（2）打开“插入”选项卡，单击“表格”组中的“数据透视表”按钮，弹出“创建数据透视表”对话框。

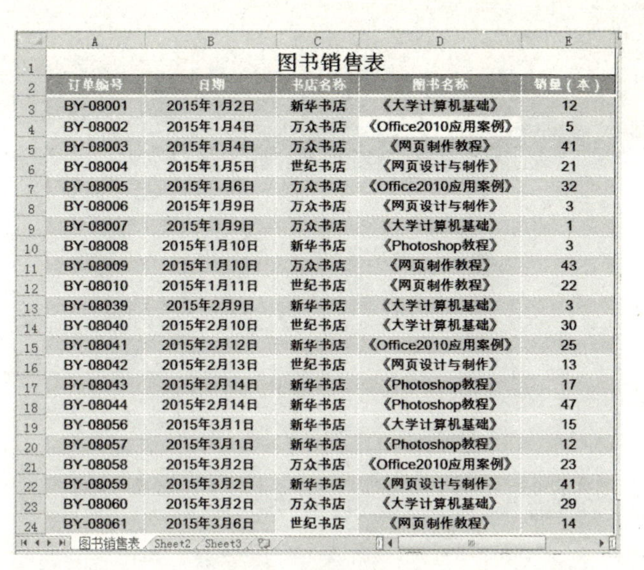

订单编号	日期	书店名称	图书名称	销量（本）
BY-08001	2015年1月2日	新华书店	《大学计算机基础》	12
BY-08002	2015年1月4日	万众书店	《Office2010应用案例》	5
BY-08003	2015年1月4日	万众书店	《网页制作教程》	41
BY-08004	2015年1月5日	世纪书店	《网页设计与制作》	21
BY-08005	2015年1月6日	万众书店	《Office2010应用案例》	32
BY-08006	2015年1月9日	万众书店	《网页设计与制作》	3
BY-08007	2015年1月9日	万众书店	《大学计算机基础》	1
BY-08008	2015年1月10日	新华书店	《Photoshop教程》	3
BY-08009	2015年1月10日	万众书店	《网页制作教程》	43
BY-08010	2015年1月11日	世纪书店	《网页制作教程》	22
BY-08039	2015年2月9日	新华书店	《大学计算机基础》	3
BY-08040	2015年2月10日	世纪书店	《大学计算机基础》	30
BY-08041	2015年2月12日	新华书店	《Office2010应用案例》	25
BY-08042	2015年2月13日	世纪书店	《网页设计与制作》	13
BY-08043	2015年2月14日	新华书店	《Photoshop教程》	17
BY-08044	2015年2月14日	新华书店	《Photoshop教程》	47
BY-08056	2015年3月1日	新华书店	《大学计算机基础》	15
BY-08057	2015年3月1日	新华书店	《Photoshop教程》	12
BY-08058	2015年3月2日	万众书店	《Office2010应用案例》	23
BY-08059	2015年3月2日	新华书店	《网页设计与制作》	41
BY-08060	2015年3月2日	万众书店	《大学计算机基础》	29
BY-08061	2015年3月6日	世纪书店	《网页制作教程》	14

图 8-36　图书销售表

（3）在“请选择要分析的数据”选区选中“选择一个表或区域”单选按钮，在“表/区域”文本框中自动输入要分析的数据区域（如果系统给出的数据区域选择不正确，则用户可以使用鼠标重新选择数据区域）。如果选中“使用外部数据源”单选按钮，则需要单击“选择连接”按钮，可以将外部的数据库、文件等作为创建透视表的源数据。在“选择放置数据透视表的位置”选区选中“新工作表”单选按钮，如图 8-37 所示。单击“确定”按钮，进入如图 8-38 所示的数据透视表设计环境。

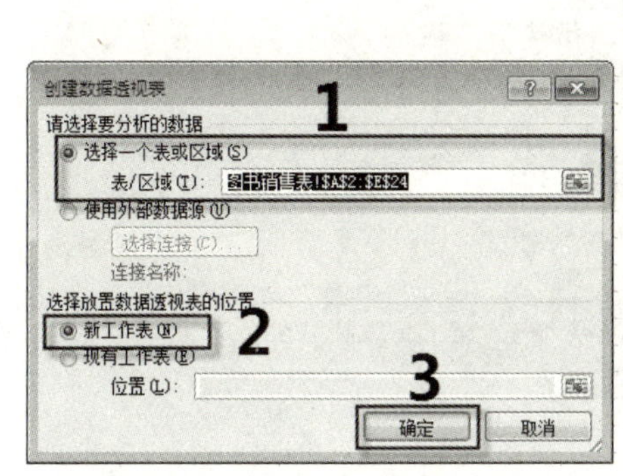

图 8-37　“创建数据透视表”对话框

图 8-38　数据透视表设计环境

（4）在“数据透视表字段列表”窗格中，拖动“日期”复选框到“列标签”列表框中，拖动“书店名称”复选框到“行标签”列表框中，拖动“销量（本）”复选框到“Σ数值”列表框中，如图 8-39 所示。

（5）设置各书店第一季度的各月销量。选定一个日期（如 2015 年 1 月 2 日），在“数据透视表工具—选项”选项卡“分组”组中，单击“将字段分组”按钮，弹出“分组”对话框，在“自动”选区中设置“起始于”和“终止于”的时间，在“步长”列表框中选定“月”和“年”，如图 8-40 所示。单击“确定”按钮，创建如图 8-41 所示的数据透视表。

（6）在“Sheet4”标签名上右击，在弹出的快捷菜单中选择“重命名”命令，输入“透视表”，如图 8-42 所示，将“Sheet4”更名为“透视表”。

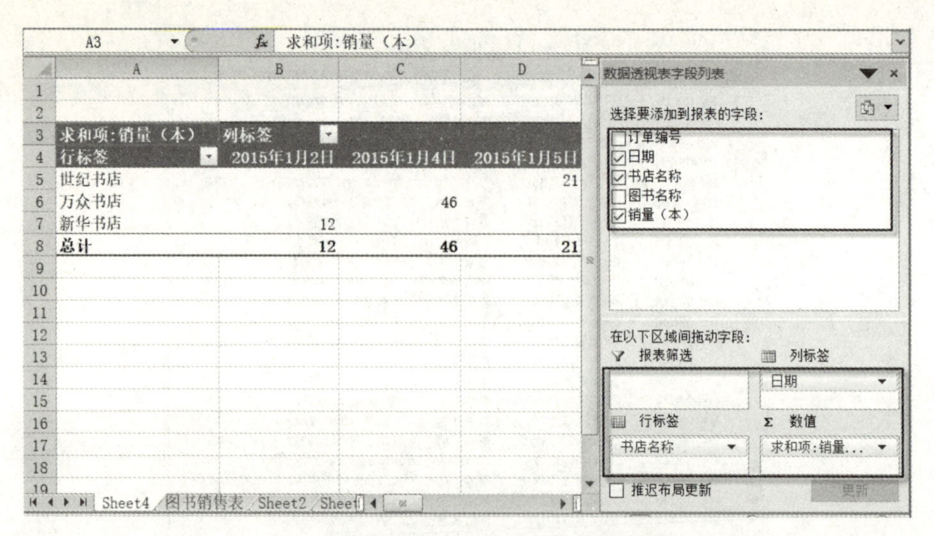

求和项:销量（本）	列标签		
行标签	2015年1月2日	2015年1月4日	2015年1月5日
世纪书店			21
万众书店		46	
新华书店	12		
总计	12	46	21

图 8-39 “数据透视表字段列表”窗格

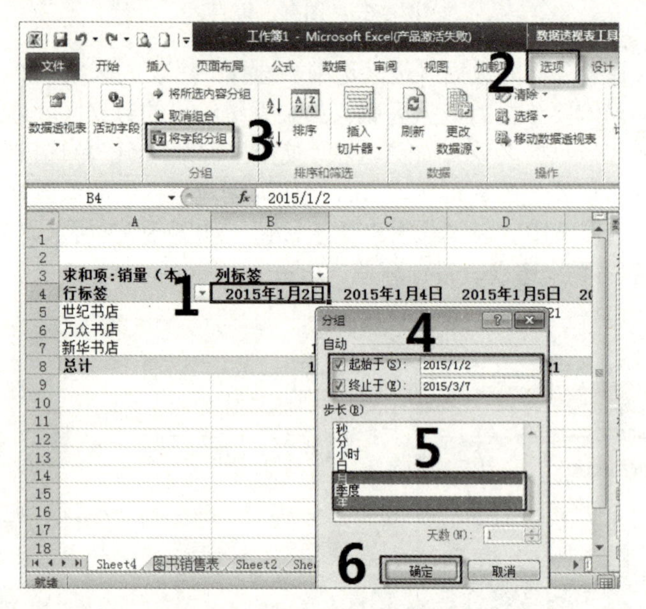

图 8-40 设置“分组”对话框

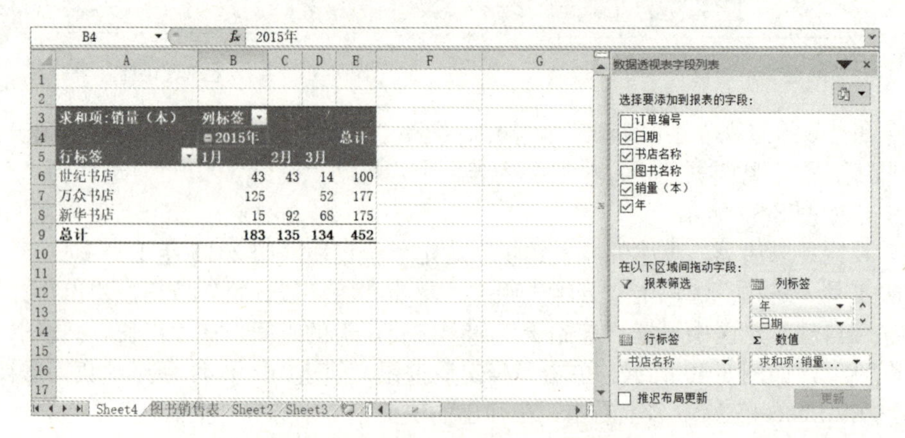

求和项:销量（本）	列标签			
	⊟2015年			总计
行标签	1月	2月	3月	
世纪书店	43	43	14	100
万众书店	125		52	177
新华书店	15	92	68	175
总计	183	135	134	452

图 8-41 创建“图书销售表”的数据透视表

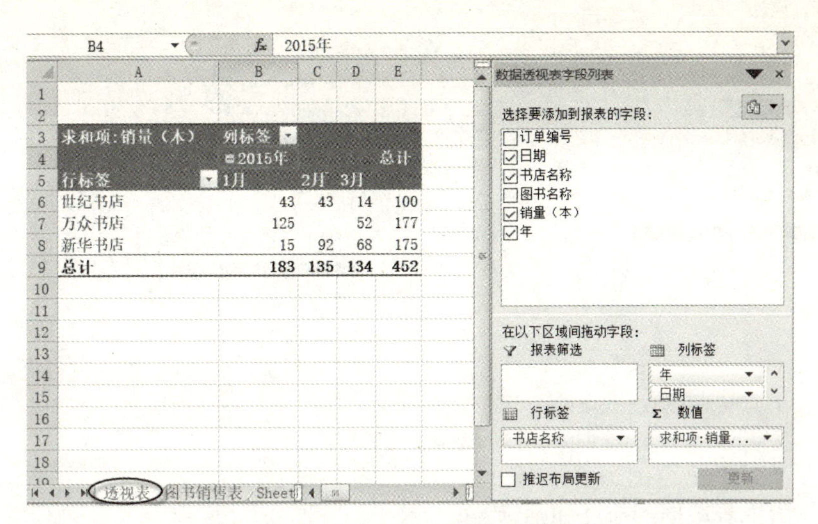

图 8-42　将“Sheet4”更名为“透视表”

如果要删除某个数据透视字段，则在“数据透视字段列表”窗格中，单击相应的复选框，取消其前面的“√”即可。

8.4.2　编辑数据透视表

微课视频

创建数据透视表后，在功能区自动出现“数据透视表工具—选项”和“数据透视表工具—设计”两个选项卡，如图 8-43 所示。用户利用“数据透视表工具—选项”选项卡可以对数据透视表进行多项编辑操作。

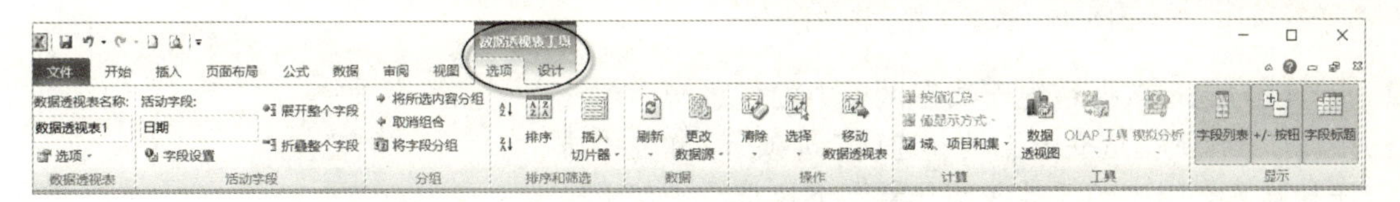

图 8-43　“数据透视表工具—选项”和“数据透视表工具—设计”两个选项卡

1. 设置活动字段

（1）更改当前字段名称。打开“数据透视表工具—选项”选项卡，在“活动字段”组中的“活动字段”文本框中输入新的字段名，可以更改当前字段的名称，如图 8-44 所示。

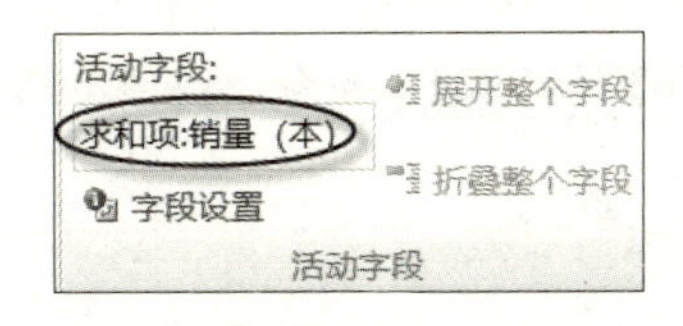

图 8-44　更改当前字段的名称

（2）字段设置。单击如图 8-44 所示中的“字段设置”按钮，弹出“值字段设置”对话框，该对话框包括“值汇总方式”和“值显示方式”两个选项卡，如图 8-45 所示，该对话框可以对值汇总方式、值显示方式等进行设置。

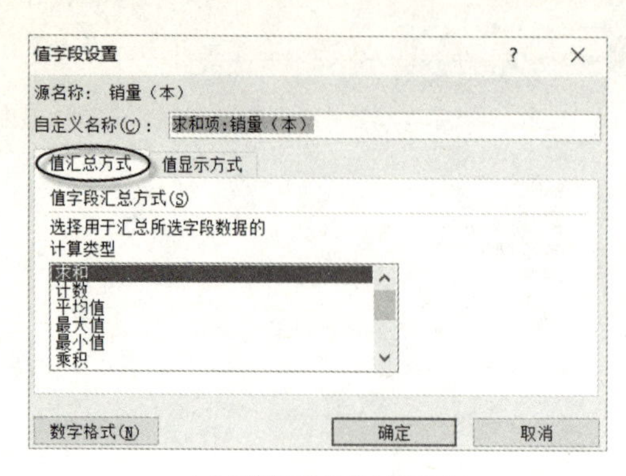

(a)“值汇总方式”选项卡

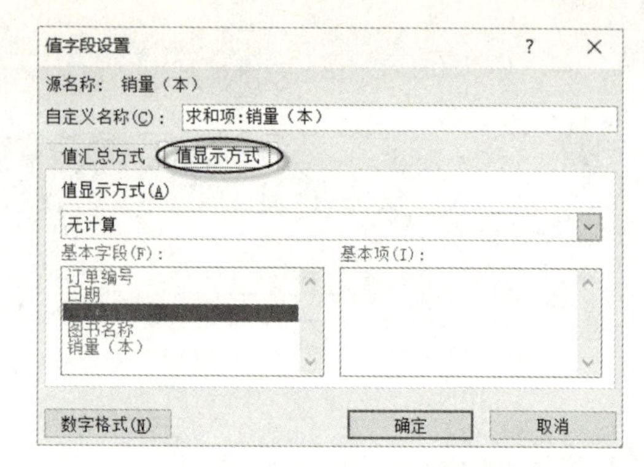

(b)“值显示方式”选项卡

图 8-45 “值字段设置”对话框

2. 数据透视表数据的排序和筛选

打开“数据透视表工具—选项”选项卡，在“排序和筛选”组中，分别单击A↓Z按钮、Z↓A按钮、AZ ZA按钮，可以对数据透视表中的数据进行排序。单击“插入切片器”下拉按钮，可以对数据透视表中的数据进行交互式筛选。

利用切片器对如图 8-46 所示的数据透视表中的数据进行筛选，以便直观地显示各书店在不同日期的销售统计情况，操作步骤如下。

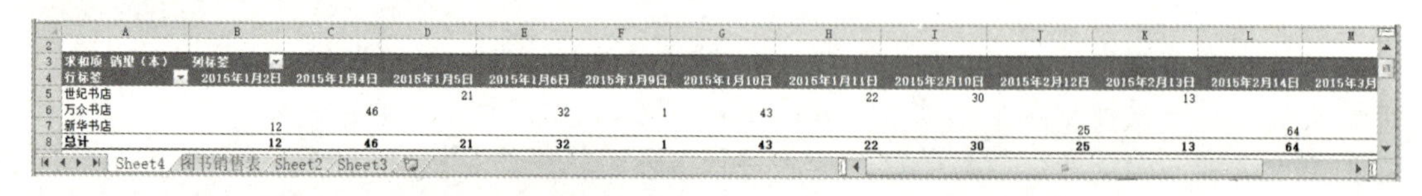

求和项:销量（本）	列标签											
行标签	2015年1月2日	2015年1月4日	2015年1月5日	2015年1月6日	2015年1月9日	2015年1月10日	2015年1月11日	2015年2月10日	2015年2月12日	2015年2月13日	2015年2月14日	2015年3月
世纪书店			21				22	30		13		
万众书店		46		32	1	43						
新华书店	12								25		64	
总计	12	46	21	32	1	43	22	30	25	13	64	

图 8-46 数据透视表源数据

(1) 选定数据透视表数据区域中的任意一个单元格，打开“数据透视表工具—选项”选项卡，单击“排序和筛选”组中的“插入切片器”下拉按钮，在下拉列表中选择“插入切片器”选项，弹出“插入切片器”对话框，分别勾选“日期”复选框、“书店名称”复选框、“销量（本）”复选框，如图 8-47 所示，单击“确定”按钮，生成 3 个筛选器，完成切片器的插入，如图 8-48 所示。

图 8-47 “插入切片器”对话框

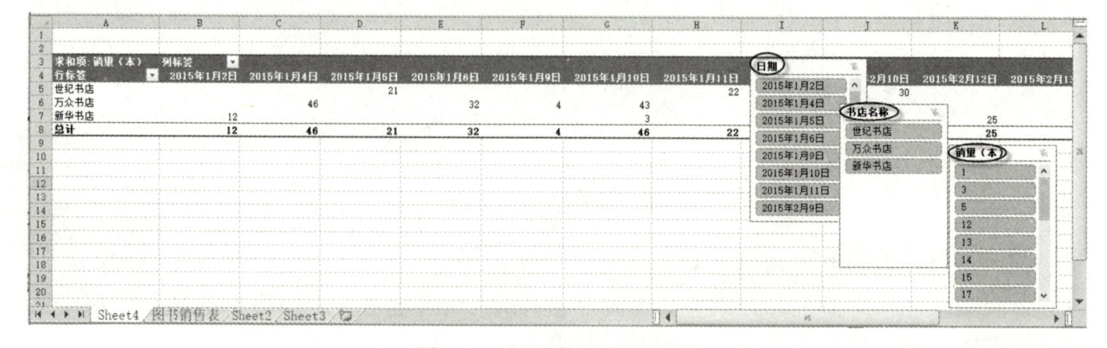

图 8-48 插入的 3 个切片器

（2）单击各切片器中的相应数据，会立刻显示筛选结果。如单击“日期”列表框中的数据“2015 年 1 月 6 日”，在数据透视表中立刻筛选出该日期书店的销售统计结果，如图 8-49 所示。

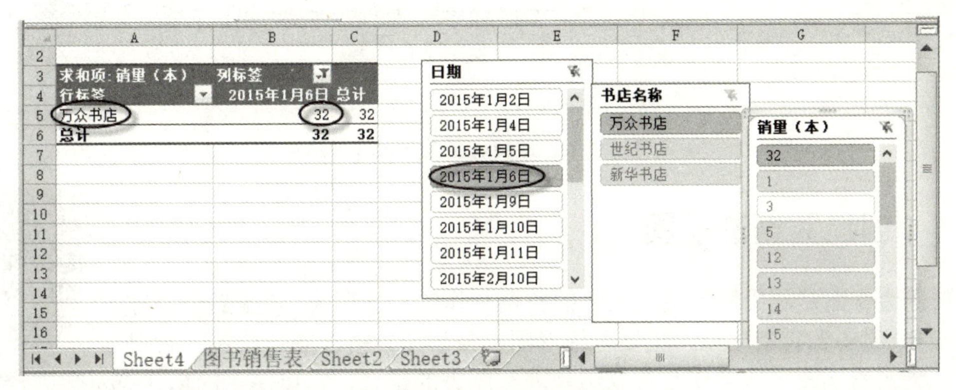

图 8-49　切片器筛选结果

另外，单击数据透视表中的行标签或列标签右侧的下拉按钮，也可以对数据透视表中的指定字段进行排序或筛选。

3．更改数据源

如果数据透视表的源数据发生了变化，增加或减少了数据，则用户可以通过更改源数据的方式使数据透视表的数据随之增加或减少，操作步骤如下。

（1）选定数据透视表数据区域中的任意一个单元格，打开“数据透视表工具—选项”选项卡，单击“数据”组中的“更改源数据”下拉按钮，在下拉列表中选择“更改数据源”选项，弹出“更改数据透视表数据源”对话框，如图 8-50 所示。

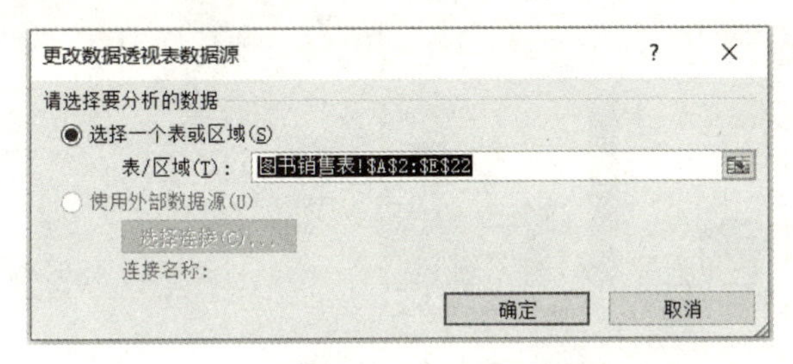

图 8-50　“更改数据透视表数据源”对话框

（2）重新选择创建数据透视表的数据源区域，单击“确定”按钮。

4．刷新数据透视表

创建数据透视表后，如果更改了数据源中的数据，数据透视表中的数据也要进行更改。操作步骤为：打开“数据透视表工具—选项”选项卡，单击“数据”组中的“刷新”按钮，数据透视表中的数据随数据源中数据的更改而更改。

8.4.3　格式化数据透视表

微课视频

数据透视表是一个表格，用户可以按照表格的方式对数据透视表进行格式化设置，也可以通过打开“数据透视表工具—设计”选项卡，如图 8-51

所示，利用该选项卡对数据透视表进行格式化的设置。

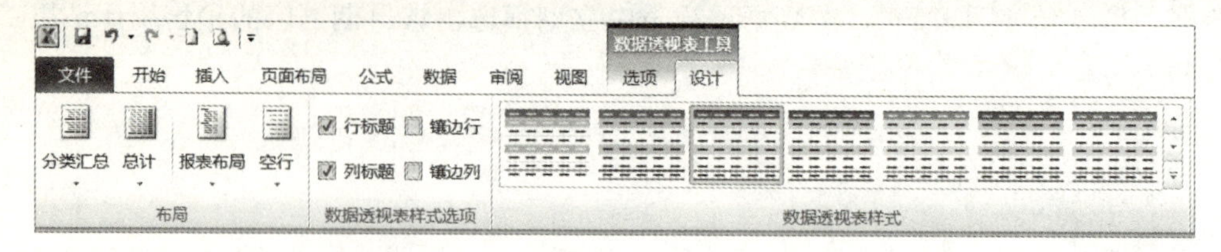

图 8-51　“数据透视表工具—设计”选项卡

8.4.4　创建数据透视图

微课视频

数据透视图是利用数据透视表中的数据制作的动态图表，其图表类型与Excel 的一般图表类型相似，主要有柱形图、条形图、折线图、饼图、面积图等。数据透视图可以看作是数据透视表和图表的结合，它以图形的形式表示数据透视表中的数据。创建数据透视图有以下两种方法。

1．利用数据透视表创建数据透视图

（1）选定数据透视表数据区域中的任意单元格，在“插入”选项卡“图表”组中，选择图表的类型和样式，如选择“柱形图”中的“簇状柱形图”，创建如图 8-52 所示的数据透视图。

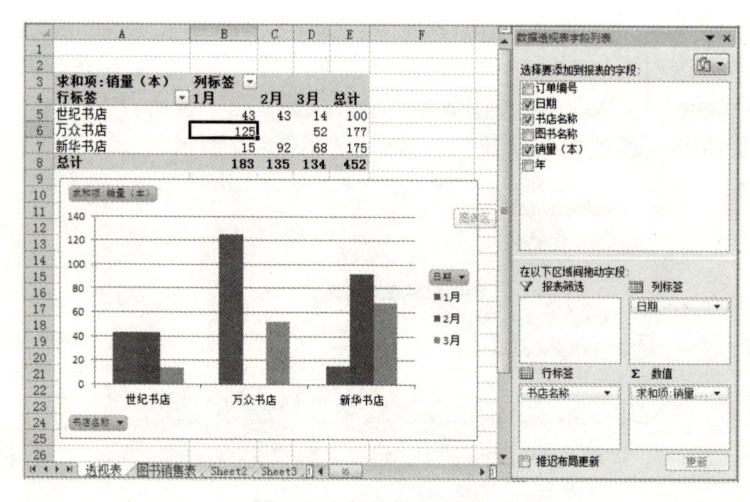

图 8-52　创建数据透视图

（2）在“数据透视表字段列表”窗格中，单击某一字段的复选框，可以取消或显示在数据透视图中的字段，此时数据透视表和数据透视图将同时变化。

2．利用源数据创建数据透视图

（1）打开“插入”选项卡，单击“表格”组中的“数据透视表”下拉按钮，在下拉列表中选择“数据透视图”选项，弹出“创建数据透视表及数据透视图”对话框，在该对话框中选择要分析的数据区域（源数据区域）和数据透视图的存储位置，单击“确定”按钮。

（2）进入数据透视图设置环境，如图 8-53 所示。此时数据透视图是空的，如果要生

成数据透视图，则在“数据透视表字段列表”窗格中的“选择要添加到报表的字段”列表框中，将所需的字段拖动到对应的“列标签”“行标签”“Σ数值”等列表框即可。如将“日期”复选框拖动到“列标签”列表框中，将“书店名称”复选框拖动到“行标签”列表框中，将“销量（本)”复选框拖动到“Σ数值”列表框中，创建如图 8-52 所示的透视图。

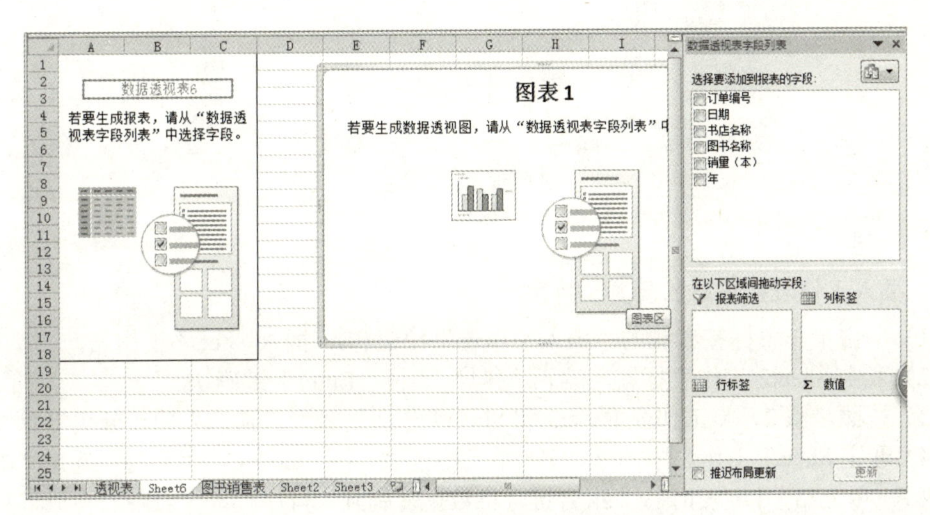

图 8-53　空的数据透视表和数据透视图

8.4.5　删除数据透视表或数据透视图

微课视频

删除数据透视表或数据透视图主要有以下两种方法。

1．删除数据透视表

（1）选定数据透视表数据区域中的任意一个单元格。

（2）打开“数据透视表工具—选项”选项卡，单击“操作”组中的“选择”下拉按钮，在下拉列表中选择“整个数据透视表”选项。

（3）按“Delete”键即可。

2．删除数据透视图

选定数据透视图中的任意位置，按“Delete”键即可。删除数据透视图并不会删除与其相关联的数据透视表。

8.4.6　实例练习

（1）在如图 8-54 所示的工作簿中插入一个新的工作表 Sheet4，将 Sheet1 中的数据分别复制到 Sheet2、Sheet3、Sheet4 中，并将 Sheet2、Sheet3、Sheet4 分别重命名为“排序”、“筛选”和“分类汇总”。

（2）对“排序”工作表中的数据按“微机接口”进行降序排序，当“微机接口”字段相同时按“姓名”与“笔划”为关键字进行升序排序。

（3）在“筛选”工作表中，筛选出“电子技术”不及格的男性记录。

（4）在“分类汇总”工作表中，按专业汇总出“微机接口”和“电子技术”的最高分。

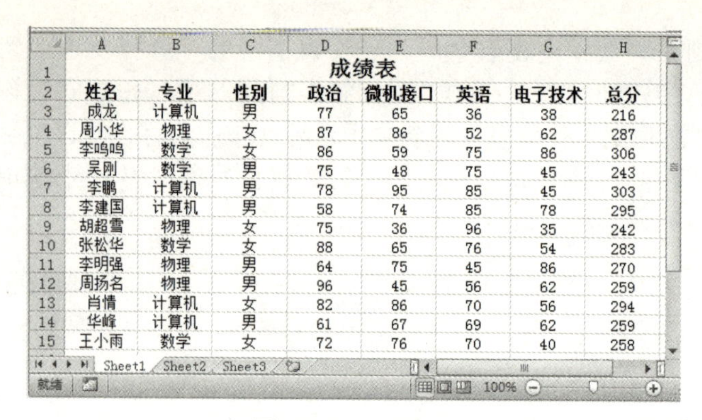

	A	B	C	D	E	F	G	H
1	成绩表							
2	姓名	专业	性别	政治	微机接口	英语	电子技术	总分
3	成龙	计算机	男	77	65	36	38	216
4	周小华	物理	女	87	86	52	62	287
5	李鸣鸣	数学	女	86	59	75	86	306
6	吴刚	数学	男	75	48	75	45	243
7	李鹏	计算机	男	78	95	85	45	303
8	李建国	计算机	男	58	74	85	78	295
9	胡超雪	物理	女	75	36	96	35	242
10	张松华	数学	女	88	65	76	54	283
11	李明强	物理	男	64	75	45	86	270
12	周扬名	物理	男	96	45	56	62	259
13	肖情	计算机	女	82	86	70	56	294
14	华峰	计算机	男	61	67	69	62	259
15	王小雨	数学	女	72	76	70	40	258

图 8-54　原始数据

操作步骤如下。

1．插入工作表并重命名及复制数据

（1）单击工作表标签右侧的“插入工作表”按钮，插入 Sheet4 工作表。

（2）双击 Sheet2 工作表标签，输入“排序”，按“Enter”键确认。

（3）按照步骤 2，将工作表 Sheet3 和 Sheet4 分别更名为“筛选”和“分类汇总”。

（4）选定 Sheet1 工作表中的 A1:H15 单元格区域，按“Ctrl+C”组合键，选定“排序”工作表 A1 单元格，按“Ctrl+V”组合键，将数据复制到“排序”工作表中。同理将数据分别复制到“筛选”工作表和“分类汇总”工作表中。

2．数据排序

（1）打开“排序”工作表，选定数据清单中的任意一个单元格，单击“数据”选项卡“排序和筛选”组中的“排序”按钮，弹出“排序”对话框。

（2）在此对话框的“主要关键字”下拉列表中选择“微机接口”，在“次序”下拉列表中选择“降序”。

（3）单击“添加条件”按钮，在“次要关键字”下拉列表中选择“姓名”。单击“选项”按钮，在弹出的“排序选项”对话框中选中“笔画排序②”单选按钮，单击“确定”按钮，返回“排序”对话框，在“次序”下拉列表中选择“升序”，单击“确定”按钮，如图 8-55 所示。

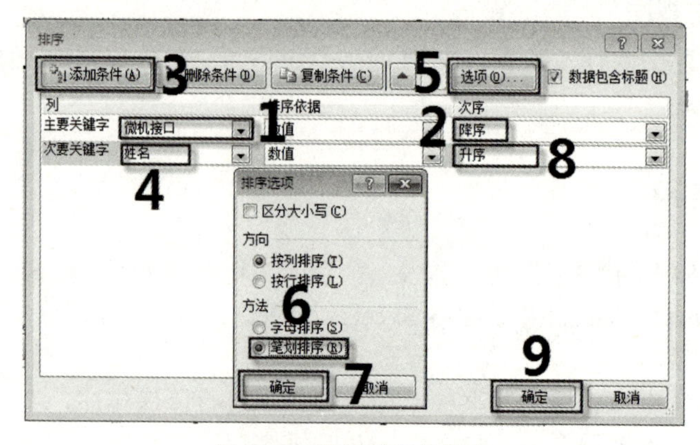

图 8-55　设置排序关键字

② 软件图中“笔划排序”的正确写法应为“笔画排序”。

3．筛选

（1）打开“筛选”工作表，选定数据清单中的任意一个单元格。

（2）打开“数据”选项卡，单击“排序和筛选”组中的“筛选”按钮，每列字段名的右侧出现一个下拉按钮。单击“电子技术”单元格右侧的下拉按钮▼，在下拉列表中选择“数字筛选”｜“小于”选项，在弹出的“自定义自动筛选方式”对话框中进行如图 8-56 所示的设置，单击“确定”按钮。

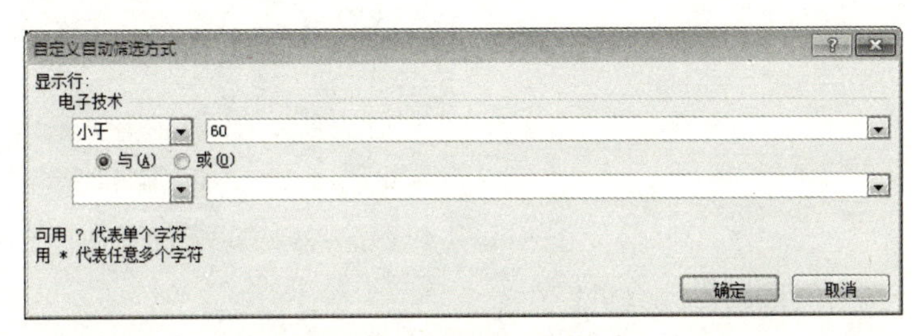

图 8-56　设置筛选条件 1

（3）单击“姓名”单元格右侧的下拉按钮▼，在下拉列表中选择“文本筛选”｜“等于”选项，在弹出的“自定义自动筛选方式”对话框中进行如图 8-57 所示的设置，单击“确定”按钮。

图 8-57　设置筛选条件 2

4．分类汇总

（1）打开“分类汇总”工作表，选定“专业”列中的任意一个单元格。

（2）单击“数据”选项卡“排序和筛选”组中“升序”按钮，按“专业”进行升序排序。

（3）单击“数据”选项卡“分级显示”组中的“分类汇总”按钮，弹出“分类汇总”对话框，进行如图 8-58 所示的设置，单击“确定”按钮。

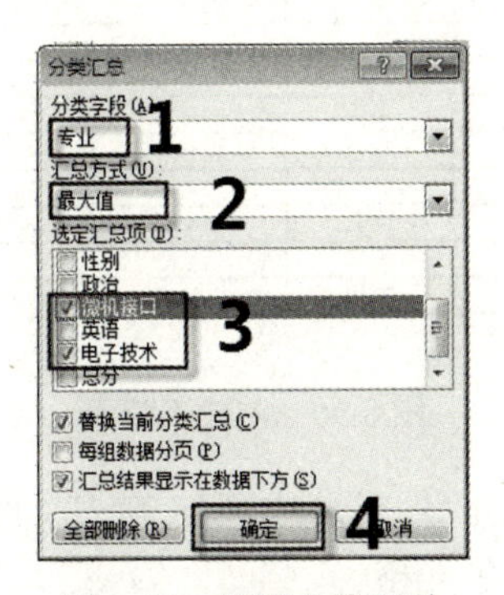

图 8-58　设置分类汇总

5. 保存

最终效果如图 8-59（a）、图 8-59（b）、图 8-59（c）所示，保存并退出 Excel 窗口。

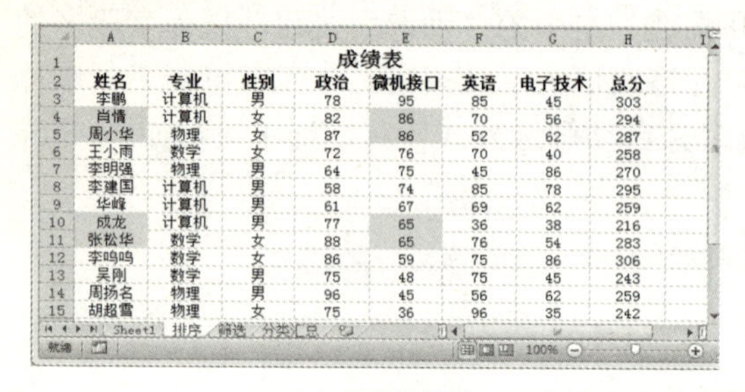

成绩表							
姓名	专业	性别	政治	微机接口	英语	电子技术	总分
李鹏	计算机	男	78	95	85	45	303
肖情	计算机	女	82	86	70	56	294
周小华	物理	女	87	86	52	62	287
王小雨	数学	女	72	76	70	40	258
李明强	物理	男	64	75	45	86	270
李建国	计算机	男	58	74	85	78	295
华峰	计算机	男	61	67	69	62	259
成龙	计算机	男	77	65	36	38	216
张松华	数学	女	88	65	76	54	283
李鸣鸣	数学	女	86	59	75	86	306
吴刚	数学	男	75	48	75	45	243
周扬名	物理	男	96	45	56	62	259
胡超雪	物理	女	75	36	96	35	242

（a）排序效果图

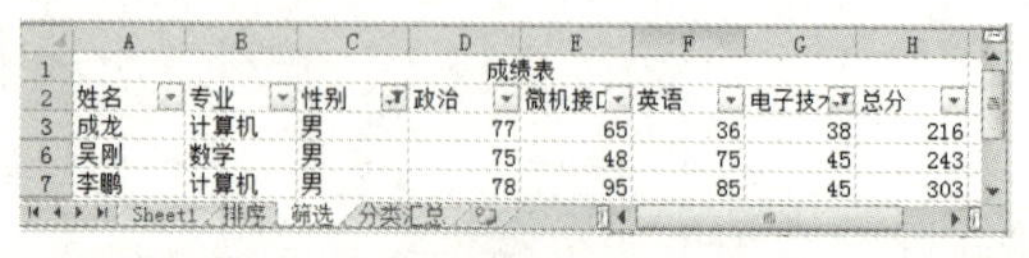

成绩表							
姓名	专业	性别	政治	微机接口	英语	电子技术	总分
成龙	计算机	男	77	65	36	38	216
吴刚	数学	男	75	48	75	45	243
李鹏	计算机	男	78	95	85	45	303

（b）筛选效果图

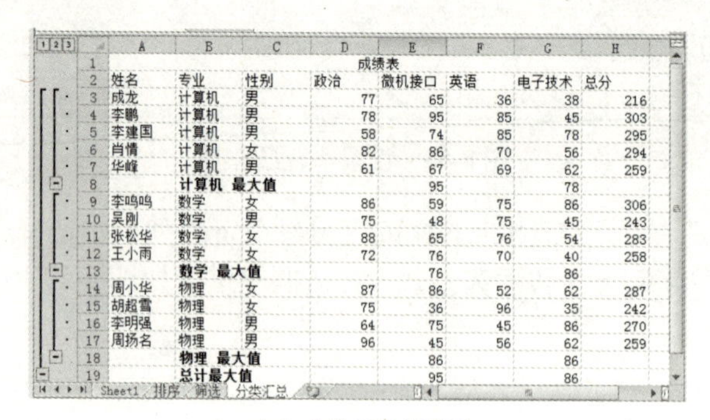

成绩表							
姓名	专业	性别	政治	微机接口	英语	电子技术	总分
成龙	计算机	男	77	65	36	38	216
李鹏	计算机	男	78	95	85	45	303
李建国	计算机	男	58	74	85	78	295
肖情	计算机	女	82	86	70	56	294
华峰	计算机	男	61	67	69	62	259
	计算机 最大值			95		78	
李鸣鸣	数学	女	86	59	75	86	306
吴刚	数学	男	75	48	75	45	243
张松华	数学	女	88	65	76	54	283
王小雨	数学	女	72	76	70	40	258
	数学 最大值			76		86	
周小华	物理	女	87	86	52	62	287
胡超雪	物理	女	75	36	96	35	242
李明强	物理	男	64	75	45	86	270
周扬名	物理	男	96	45	56	62	259
	物理 最大值			86		86	
	总计最大值			95		86	

（c）分类汇总效果图

图 8-59　最终效果图

习题三

1. 公式和函数练习

（1）创建如图 8-60 所示的工作表，并将工作表重命名为“期末成绩”。

学生成绩单					
学号	班级	姓名	平时成绩	期末成绩	期末总成绩
170305		富豪	18	83	
170203		宫丽	18	75	
170104		郭晓紫	15	56	
170301		何笑	18	75	
170306		黄蕾	18	94	
170206		李川	18	94	
170302		李君	18	84	
170204		李男	14	78	
170201		李刚	17	70	
170304		林泽	18	90	
170103		刘文文	14	84	
170105		罗霞	19	51	
170202		孟宇	11	86	
170205		牛婷	3	20	

图 8-60　创建工作表

（2）使用公式计算每个学生的“期末总成绩”（期末总成绩=平时成绩+期末成绩×0.8），保留整数，将结果保存在对应的单元格。

（3）使用函数计算出“期末总成绩”的平均值，将结果保存在任意单元格。

（4）学号第 3 位和第 4 位表示学生所在的班级，如“170105”表示 17 级 1 班 5 号。通过 CONCATENATE 函数和 MID 函数提取每个学生所在的班级，并按下列对应关系填写在“班级”列中。

“学号”的第 3 位和第 4 位	对应班级
01	1 班
02	2 班
03	3 班

2．图表练习

（1）对如图 8-60 所示中的“姓名”和“期末总成绩”两列数据创建图表（折线图），位于 Sheet2 工作表之后，并将该图表保存在一个名为“图表分析”的新工作表中。

（2）将图表保存在 A1:K18 单元格区域中。

（3）将如图 8-60 所示的“平时成绩”列的数据添加到图表中。

3．数据管理练习

（1）将“期末成绩”工作表中的数据复制到 Sheet2 工作表中，并将工作表重命名为“数据管理”。

（2）对该工作表中的数据进行排序，按主要关键字“平时成绩”进行升序排列；按次要关键字“期末成绩”进行降序排列。

（3）筛选出“平时成绩>=15”且“期末总成绩>=85”的记录，将其保存在其他单元格区域中。

（4）插入新工作表，将其重命名为“分类汇总”。将“数据管理”工作表中的数据复制到“分类汇总”工作表中，按“班级”进行分类，计算出每个班级“期末总成绩”的平均值，并将每组结果进行分页显示。

本实例最终效果如图 8-61 至图 8-64 所示。

C18

	A	B	C	D	E	F
1	学生成绩单					
2	学号	班级	姓名	平时成绩	期末成绩	期末总成绩
3	170305	3班	富豪	18	83	84
4	170203	2班	宫丽	18	75	78
5	170104	1班	郭晓紫	15	56	60
6	170301	3班	何笑	18	75	78
7	170306	3班	黄蕾	18	94	93
8	170206	2班	李川	18	94	93
9	170302	3班	李君	18	84	85
10	170204	2班	李男	14	78	76
11	170201	2班	李刚	17	70	73
12	170304	3班	林泽	18	90	90
13	170103	1班	刘文文	14	84	81
14	170105	1班	罗霞	19	51	60
15	170202	2班	孟宇	11	86	80
16	170205	2班	牛婷	3	20	19

期末成绩　Sheet2　Sheet3

图 8-61　“公式和函数练习”最终效果图

提示：

公式“=MID(A3,4,1)”表示对 A3 单元格中的字符串，从第 4 个字符开始数，截取 1 个字符，这个字符就是 3。

CONCATENATE 是合并函数，即将字符串连接起来。

公式“=CONCATENATE(MID(A3,4,1),"班")”表示将两个字符串 MID(A3,4,1)和“班”连接起来。

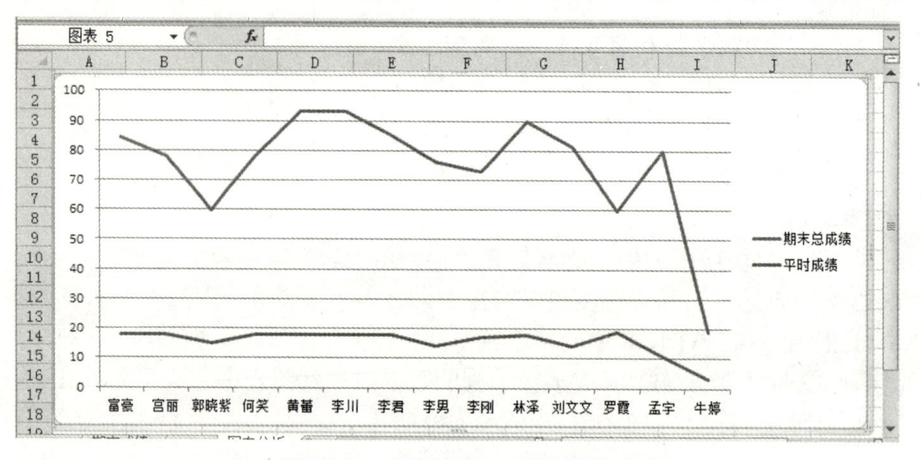

图 8-62 “图表练习”最终效果图

H25

学生成绩单					
学号	班级	姓名	平时成绩	期末成绩	期末总成绩
170205	2班	牛婷	3	20	19
170202	2班	孟宇	11	86	80
170103	1班	刘文文	14	84	81
170204	2班	李男	14	78	76
170104	1班	郭晓紫	15	56	60
170201	2班	李刚	17	70	73
170306	3班	黄蕾	18	94	93
170206	2班	李川	18	94	93
170304	3班	林泽	18	90	90
170302	3班	李君	18	84	85
170305	3班	富豪	18	83	84
170203	2班	宫丽	18	75	78
170301	3班	何笑	18	75	78
170105	1班	罗霞	19	51	60

平时成绩	期末总成绩
>=15	>=85

学号	班级	姓名	平时成绩	期末成绩	期末总成绩
170306	3班	黄蕾	18	94	93
170206	2班	李川	18	94	93
170304	3班	林泽	18	90	90
170302	3班	李君	18	84	85

期末成绩 数据管理 图表分析

图 8-63 数据管理练习最终效果图 1

G26

学生成绩单					
学号	班级	姓名	平时成绩	期末成绩	期末总成绩
	1班 平均值				67
	2班 平均值				70
	3班 平均值				86
	总计平均值				75

期末成绩 数据管理 分类汇总 图表分析

图 8-64 数据管理练习最终效果图 2

第4篇

利用PowerPoint 2010制作演示文稿

演示文稿（PowerPoint）是 Office 办公软件系列的重要组件。用户利用 PowerPoint 能够制作出生动活泼、图文并茂的集文字、图形、图像、声音、视频、动画于一体的多媒体演示文稿。目前，PowerPoint 已经成为世界上使用较为广泛的演示文稿软件。第 4 篇主要包含以下基本知识。

- 创建和编辑演示文稿。
- 幻灯片的基本操作。
- 在幻灯片中添加内容。
- 修饰演示文稿。
- 设置演示文稿的播放效果。
- 演示文稿的打印和发布。

第 9 章

创建和编辑演示文稿

PowerPoint 2010 是基于 Windows 的一款优秀的演示文稿制作软件，它是 Office 2010 的一个重要组件。用户利用 PowerPoint 2010 新增和改进的工具，可以用更多的方法创建动态演示文稿并与观众共享，使创建的演示文稿更具感染力。本章将以 PowerPoint 2010 为对象，介绍其基本知识及主要操作。

9.1 创建演示文稿的方法

9.1.1 新建空白演示文稿

微课视频

空白演示文稿是一种简单形式的演示文稿，其在幻灯片中不包含任何背景和内容，用户可以自由地添加对象、应用主题、配色方案及动画方案。创建空白演示文稿有以下 3 种方法。

- 启动 PowerPoint 2010 后，自动创建一个空白演示文稿，默认名称为“演示文稿 1”。
- 在 PowerPoint 2010 窗口中，按“Ctrl+N”组合键，即可创建一个空白演示文稿。
- 在 PowerPoint 2010 窗口中，打开“文件”选项卡，在下拉列表中选择“新建”选项，在“可用的模板和主题”列表框中选择“空白演示文稿”，单击“创建”按钮，即可创建一个空白演示文稿，如图 9-1 所示。

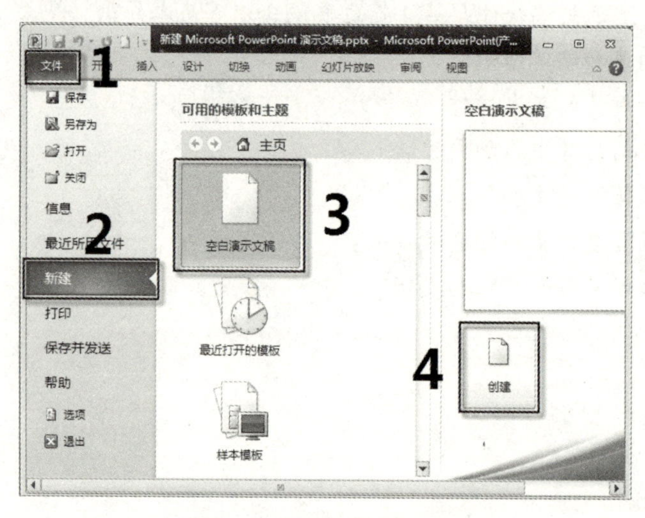

图 9-1 创建空白演示文稿

9.1.2　利用模板创建演示文稿

模板是 PowerPoint 2010 预先定义好内容和格式的一种演示文稿，它决定了演示文稿的基本结构和设置，PowerPoint 2010 提供了许多精美的模板可供用户选用。

1）利用“样本模板”创建演示文稿

（1）打开“文件”选项卡，在下拉列表中选择“新建”选项。

（2）选择“可用的模板和主题”列表框中的“样本模板”。

（3）从中选择所需要的模板，如“培训”，单击“创建”按钮，如图 9-2 所示，创建了基于“培训”模板的演示文稿。

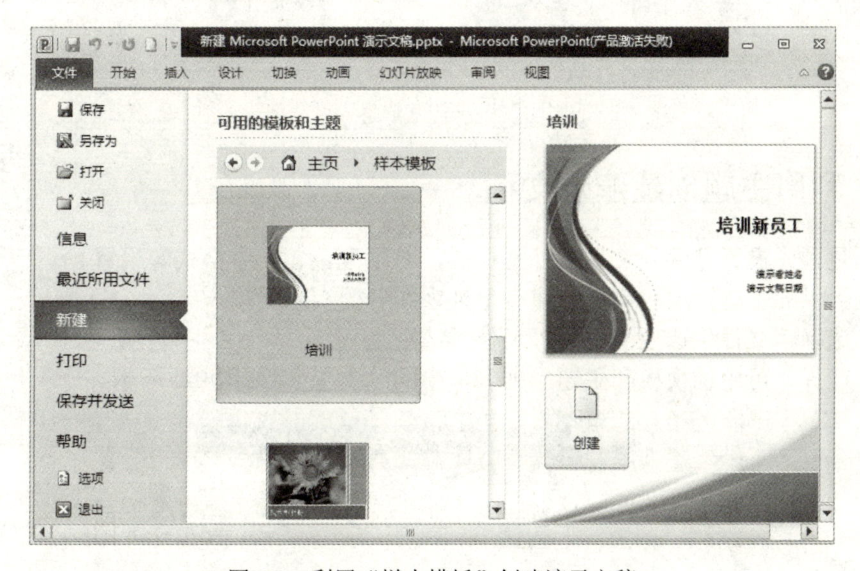

图 9-2　利用“样本模板”创建演示文稿

2）利用“我的模板”创建演示文稿

用户可以将一些已经编辑好的、常用的演示文稿另存为模板，当使用时，直接从“我的模板”列表框中找到自己创建的模板，单击“确定”按钮，就以自己创建的模板为基础创建新的演示文稿。

将演示文稿保存为模板的方法：选择“文件”选项卡中的“另存为”选项，在弹出的“另存为”对话框的“保存类型”中选择“PowerPoint 模板”，在“文件名”文本框中输入演示文稿的文件名，单击“保存”按钮，新创建的模板将出现在“我的模板”库中。

3）利用网络模板创建演示文稿

用户除利用内置的模板、自定义模板创建演示文稿外，也可以通过网络下载模板来创建演示文稿。

【例 9-1】利用网络模板，创建一个名为“公司背景演讲”的演示文稿，操作步骤如下。

（1）选择“文件”选项卡中的“新建”选项。

（2）在“Office.com 模板”文本框中输入“公司背景演讲”，然后单击文本框右侧的“搜索”按钮➔，此时系统按照文本框中的关键字自动在“Office.com 模板”中搜索。

（3）搜索结果显示在“Office.com 模板”列表框中，如图 9-3 所示，单击“下载”按钮，创建基于“公司背景演讲”模板的演示文稿。

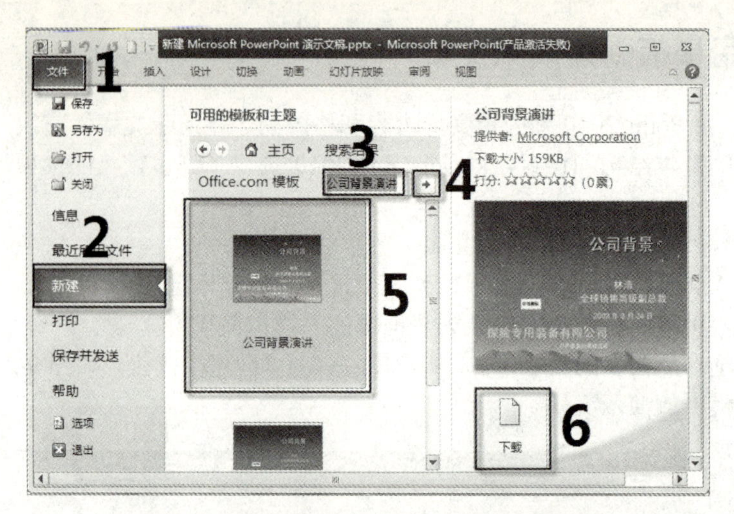

图 9-3　使用“Office.com 模板”创建演示文稿

9.1.3　利用主题创建演示文稿

微课视频

主题是预先设置好演示文稿的外观样式，包括配色、文字格式等设置。利用系统提供的主题，用户可以创建一个外观统一的演示文稿。

（1）选择“文件”选项卡中的“新建”选项。

（2）选择“可用的模板和主题”列表框中的“主题”，如图 9-4 所示。

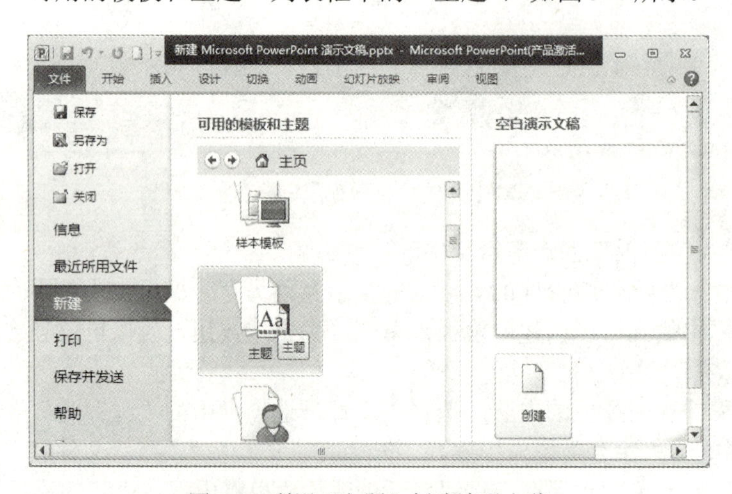

图 9-4　利用“主题”创建演示文稿

（3）在“主题”列表框中，选择所需要的某一主题，如“暗香扑面”，单击“创建”按钮，创建了基于“暗香扑面”主题的演示文稿。

9.1.4　PowerPoint 2010 的视图分类

微课视频

视图是演示文稿的显示方式。PowerPoint 2010 提供了 5 种不同的视图，分别为普通视图、幻灯片浏览视图、阅读视图、幻灯片放映视图和备注页视图。视图切换可以通过单击“视图”选项卡“演示文稿视图”组中的相应视图按钮，或者单击 PowerPoint 2010 窗口右下角的视图按钮来实现。

1．普通视图

普通视图是用户经常使用的一种视图。当启动 PowerPoint 2010 时，系统默认的视图是普通视图，在此视图中，用户可以输入、编辑、修饰演示文稿的内容，它是制作演示文稿的主要视图方式。

2．幻灯片浏览视图

单击 PowerPoint 2010 窗口右下角的按钮，切换至幻灯片浏览视图。该视图是指将演示文稿中的所有幻灯片以缩略图的形式同时显示在屏幕上，如图 9-5 所示。该视图主要查看幻灯片的内容及调整幻灯片的排列方式。

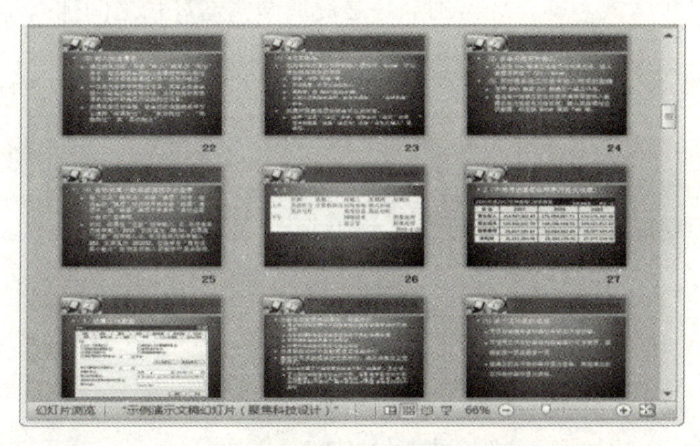

图 9-5　幻灯片浏览视图

3．阅读视图

单击 PowerPoint 2010 窗口右下角的按钮，切换至阅读视图，该视图将演示文稿作为适应窗口大小的幻灯片放映查看。如果用户要更改演示文稿，则可以随时从阅读视图切换至其他视图方式。

4．幻灯片放映视图

单击 PowerPoint 2010 窗口右下角的按钮或按“F5”键，切换至幻灯片放映视图，该视图以全屏方式动态地显示演示文稿中的每一张幻灯片。在此视图中，用户可以查看图形、音频、视频、动画、切换、超链接等真实效果。按“Enter”键或单击鼠标切换到下一张幻灯片，按“Esc”键或使用快捷菜单中的“结束放映”命令，退出全屏放映状态。

5．备注页视图

单击“视图”选项卡“演示文稿视图”组中的“备注页”按钮，切换至备注页视图，该视图只显示一张幻灯片及其备注页，在备注窗格中，用户可以输入或编辑备注页的内容。

9.2　幻灯片的基本操作

9.2.1　插入和删除幻灯片

微课视频

幻灯片的插入和删除操作通常在普通视图的“幻灯片”窗格和“幻灯片

浏览视图”中进行，用户根据操作的简易性，选择适合的视图方式。

1．插入幻灯片

在演示文稿中插入幻灯片，首先确定插入幻灯片的位置，一般是在幻灯片之间的空白区域或在当前幻灯片之后；其次选择版式，操作步骤如下。

（1）在普通视图的“幻灯片”窗格或“幻灯片浏览视图”中，单击某张幻灯片的缩略图或在两张幻灯片之间的空白处单击，确定插入幻灯片的位置。

（2）单击“开始”选项卡“幻灯片”组中的“新建幻灯片”按钮，或者按“Ctrl+M”组合键，在当前幻灯片之后或两张幻灯片之间插入一张与原版式相同的幻灯片。

如果要插入不同版式的幻灯片，则单击“新建幻灯片”下拉按钮，在如图 9-6 所示的下拉列表中选择一种版式，即在选定幻灯片之后或两张幻灯片之间插入幻灯片。

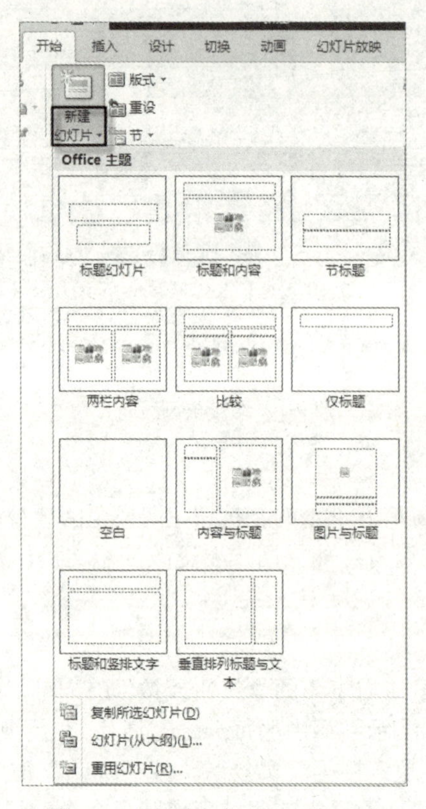

图 9-6 “新建幻灯片”下拉列表

2．删除幻灯片

在普通视图的“幻灯片”窗格或“幻灯片浏览视图”中，选定要删除的一张或多张幻灯片的缩略图，按“Delete”键或“BackSpace”键即可，或者，右击要删除的一张或多张幻灯片缩略图，在弹出的快捷菜单中选择“删除幻灯片”命令即可。如果要撤销删除操作，则按“Ctrl+Z”组合键。

9.2.2 复制或移动幻灯片

微课视频

在普通视图的“幻灯片”窗格或“幻灯片浏览视图”中，选定要复制或移动的一张或多张幻灯片的缩略图，执行“复制”或“剪切”操作，在目标位置再执行“粘贴”操作即可。

快速移动幻灯片是通过拖动鼠标实现的：选定要移动幻灯片的缩略图，按住鼠标左键拖动，此时，有一条长横线或竖线出现，在目标位置释放鼠标左键，将幻灯片移动到新位置。

9.2.3　重用幻灯片

微课视频

在当前演示文稿中插入其他演示文稿的部分或全部幻灯片，用户可以通过“重用幻灯片”选项实现，操作步骤如下。

（1）在普通视图的“幻灯片”窗格或“幻灯片浏览视图”中，单击插入点的位置。

（2）打开“开始”选项卡，单击“幻灯片”组中的“新建幻灯片”下拉按钮，在下拉列表中选择“重用幻灯片”选项，打开“重用幻灯片”窗格，在此窗格中单击“打开 PowerPoint 文件”超链接，如图 9-7（a）所示。

（3）在弹出的“浏览”对话框中，找到需要插入的演示文稿，单击“打开”按钮，该演示文稿的幻灯片以缩略图的形式显示在“重用幻灯片”窗格中。

（4）右击要插入的幻灯片，在弹出的快捷菜单中选择“插入幻灯片”命令或“插入所有幻灯片”命令即可，如图 9-7（b）所示。

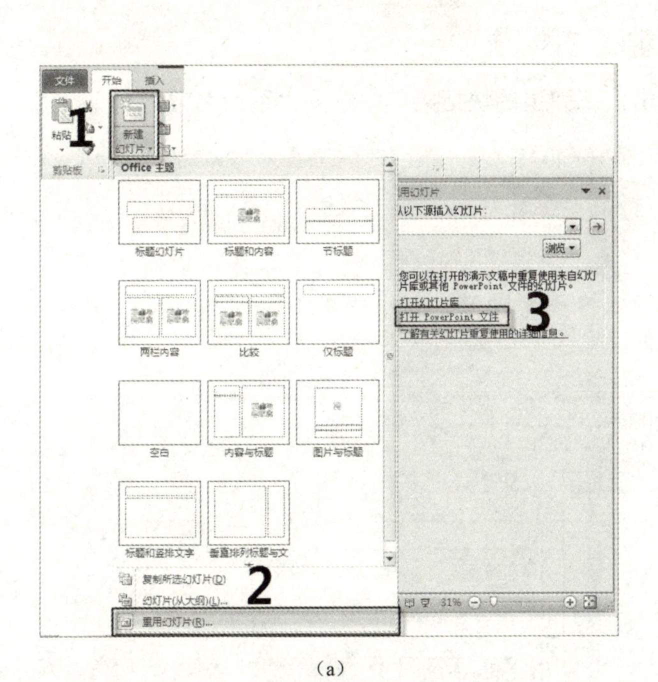

（a）

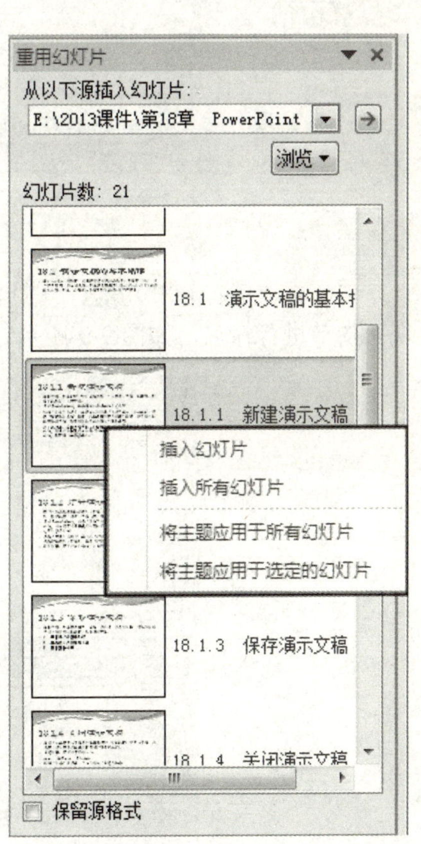

（b）

图 9-7　“重用幻灯片”窗格

9.2.4 幻灯片节的设置

幻灯片的分节功能是根据幻灯片的内容按照类别分组进行管理的，以便用户对不同类型的幻灯片进行组织和管理，快速地在不同内容的幻灯片之间进行切换。分节后的幻灯片既可以在普通视图中查看，也可以在幻灯片浏览视图中查看。

1. 新增节

（1）在普通视图“幻灯片”窗格中，右击新增节位置，通常是在两张幻灯片之间。

（2）在弹出的快捷菜单中选择“新增节”命令，在指定位置插入一个名称为“无标题节”的节，如图 9-8 所示。

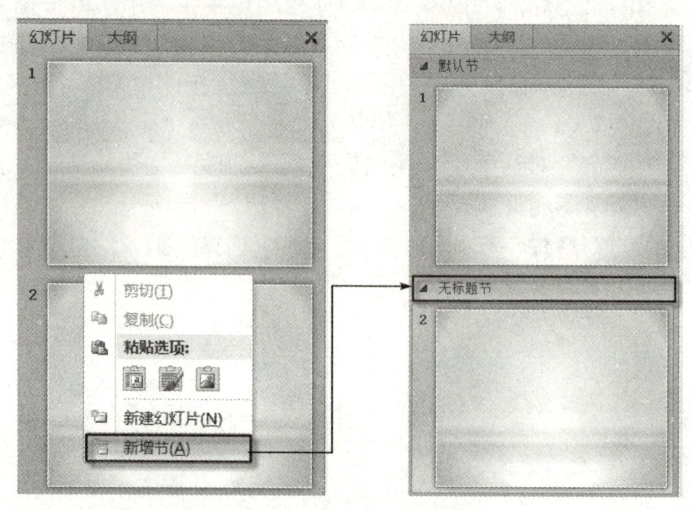

图 9-8　新增一个节

（3）在“无标题节”幻灯片中右击，在弹出的快捷菜单中选择“重命名节”命令，对现有的节进行命名，如图 9-9 所示。

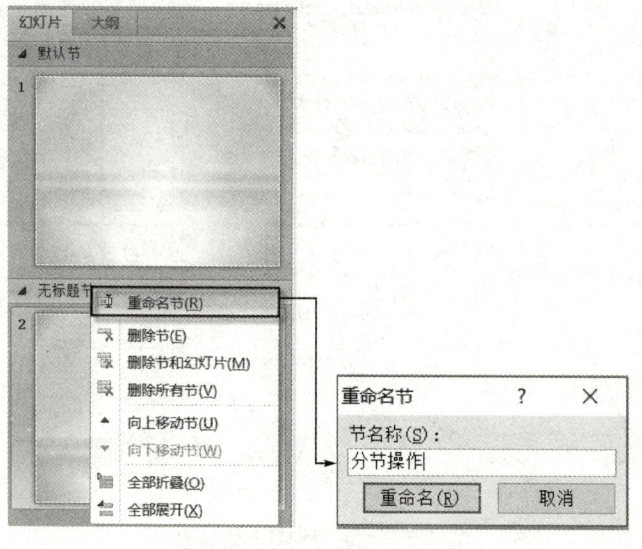

图 9-9　节的重命名

2. 节的基本操作

折叠节/展开节：单击节名称左侧的◢按钮和▶按钮，可以折叠节或展开节中所包含的幻灯片。

选定节：单击选定节的名称，则选定该节中所有幻灯片。

删除节：在要删除的节名称上右击，在弹出的快捷菜单中选择“删除节”命令。

9.2.5　幻灯片编号的添加

微课视频

演示文稿通常由多张幻灯片组成，为了有效管理幻灯片，使幻灯片有序排列，用户可以在普通视图中为幻灯片添加编号，操作步骤如下。

（1）在普通视图的“幻灯片”窗格中，选定某张幻灯片的缩略图。

（2）打开“插入”选项卡，单击“文本”组中的“幻灯片编号”按钮，弹出“页眉和页脚”对话框。

（3）在“页眉和页脚”对话框中，打开“幻灯片”选项卡，勾选“幻灯片编号”复选框。如果想要在标题幻灯片中不显示编号，则需要勾选“标题幻灯片中不显示”复选框。

（4）如果单击“应用”按钮，则只为当前选定的幻灯片添加编号；如果单击“全部应用”按钮，则为所有幻灯片添加编号，如图 9-10 所示。

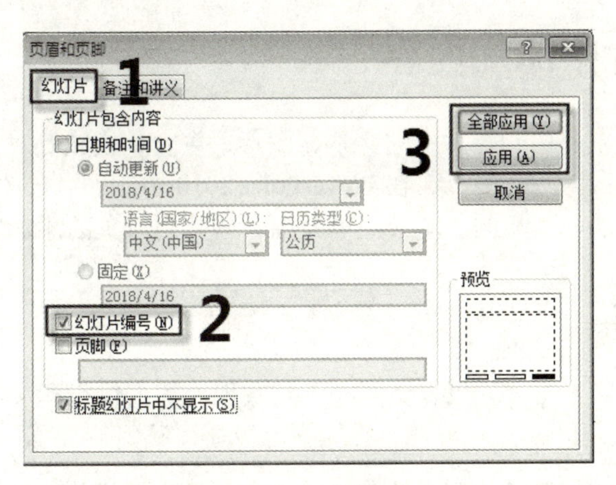

图 9-10　添加幻灯片编号的操作

9.2.6　幻灯片日期和时间的添加

微课视频

在普通视图下，为幻灯片添加日期和时间的操作步骤如下。

（1）在普通视图的“幻灯片”窗格中，选定某张幻灯片的缩略图。

（2）打开“插入”选项卡，单击“文本”组中的“日期和时间”按钮，弹出“页眉和页脚”对话框。

（3）在“页眉和页脚”对话框中，打开“幻灯片”选项卡，勾选“日期和时间”复选框。选中“自动更新”单选按钮或“固定”单选按钮。

- 如果选中“自动更新”单选按钮，则每次打开演示文稿，日期和时间自动更新为当前日期和时间。
- 如果选中“固定”单选按钮，在其下方的文本框中输入日期和时间，则每次打开演示文稿，该日期和时间固定不变。

（4）如果想要在标题幻灯片中不显示日期和时间，则需要勾选“标题幻灯片中不显示”复选框。

（5）如果单击“应用”按钮，则只为当前选定的幻灯片添加日期和时间；如果单击“全部应用”按钮，则为所有幻灯片添加日期和时间，如图 9-11 所示。

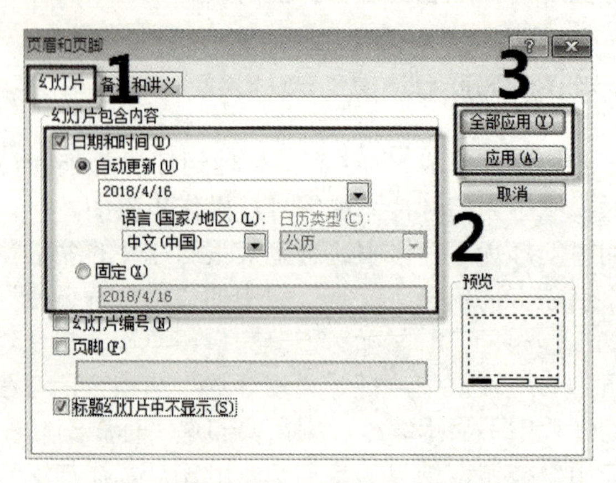

图 9-11　添加幻灯片日期和时间的操作

9.3　在幻灯片中添加内容

演示文稿的内容主要由幻灯片中的文本、图形、声音、视频等对象组成，为此在插入幻灯片后，需要在幻灯片中添加对象。在 PowerPoint 2010 中添加对象的方法与在 Word 2010 中添加对象的操作方法基本相同，本节简单介绍一些常用对象的添加方法。

9.3.1　添加文本

微课视频

在幻灯片中添加文本主要通过以下两种方式实现，即占位符和文本框。

1．占位符

在普通视图中，占位符是指由虚线构成的长方形。在幻灯片版式中，用户选择含有文本占位符的版式，然后单击幻灯片中的占位符，便可以输入文本，如图 9-12 所示。上面的占位符用于输入标题，下面的占位符既可输入文本，也可单击 6 个插入按钮，在占位符中插入相应的表格、图表、SmartArt 图形、图片、剪贴画和多媒体等不同类型的对象。

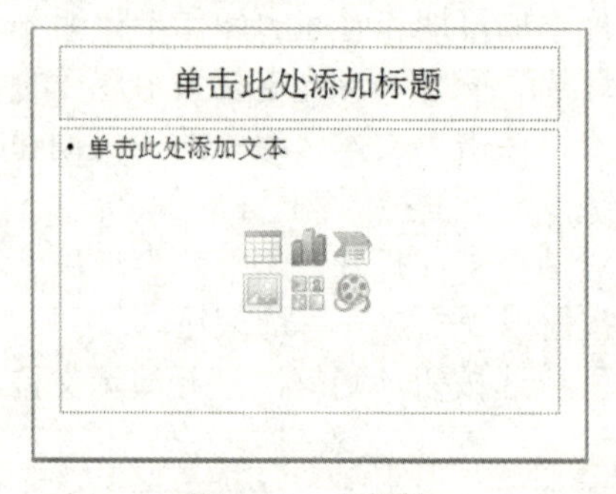

图 9-12　占位符

用户可以对占位符进行调整大小、移动位置、设置边框和填充颜色、添加阴影和三维效果等操作，操作方法与图形的操作方法相同，在此不再赘述。

2. 文本框

如果用户想要在占位符之外添加文本，则可以利用“文本框”下拉按钮实现，其操作步骤为：打开“插入”选项卡，单击“文本”组中的“文本框”下拉按钮，在下列表中选择“横排文本框”选项或“竖排文本框”选项，在幻灯片的任意位置拖动鼠标，创建文本框，并输入文本即可。

微课视频

9.3.2 添加艺术字

1. 插入艺术字

打开“插入”选项卡，单击“文本”组中的“艺术字”下拉按钮，在下拉列表中选择所需的样式，即可在幻灯片中插入艺术字。

2. 编辑艺术字

在插入艺术字后，系统自动打开“绘图工具—格式”选项卡，如图 9-13 所示。在此选项卡中，用户可以对艺术字进行一系列编辑，如设置艺术字的样式、形状样式、大小、排列等，以达到满意效果。有关艺术字的编辑在 Word 2010 中已经详细介绍，在此不再赘述。

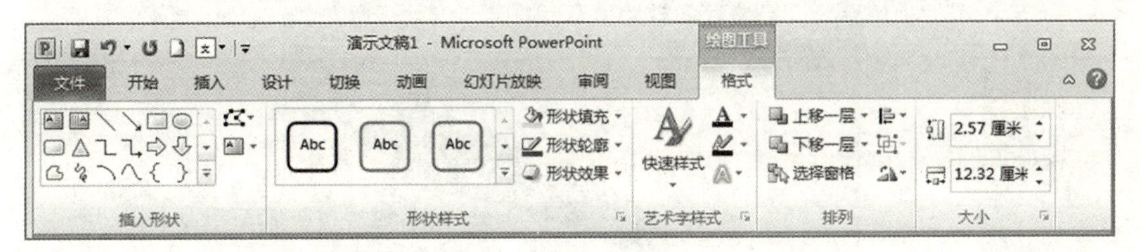

图 9-13 “绘图工具—格式”选项卡

9.3.3 添加图形对象

微课视频

在幻灯片中插入图形对象主要是指插入剪贴画、形状、SmartArt 图形和图片等，其插入方法有两种：第一种是利用图形占位符，第二种是利用“插入”选项卡中的相应按钮。

1. 利用图形占位符

在“版式”下拉列表框中，选择一种带有图形占位符的版式并单击，即应用到当前幻灯片中，如图 9-14 所示为“标题和内容”版式中的图形占位符，单击其中的任意一个按钮，即可在占位符中插入相应的对象。如单击“插入剪贴画”按钮，打开“剪贴画”窗格，从中搜索某一类型的剪贴画，在搜索列表框中选择需要插入的剪贴画，即可将该剪贴画插入当前幻灯片的占位符中。

2. 利用“插入”选项卡

用户利用“插入”选项卡中的“图片”按钮、“剪贴画”按钮、“形状”按钮、“SmartArt”按钮等均可在幻灯片中插入相应的图形对象，如图 9-15 示。

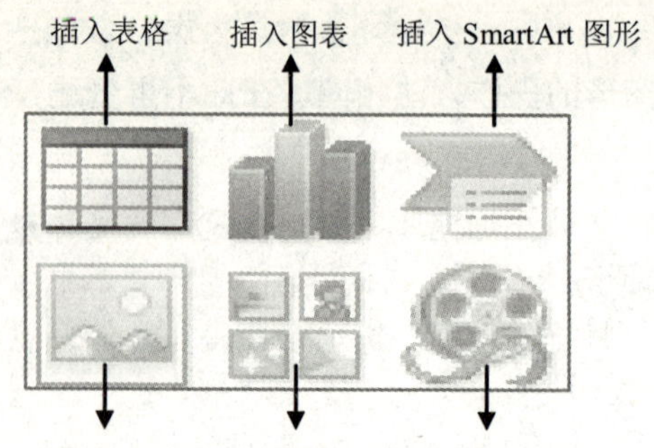

图 9-14 “标题和内容”版式中的图形占位符

图 9-15 “插入”选项卡

【例 9-2】创建如图 9-16 所示的“课程改革”演示文稿。

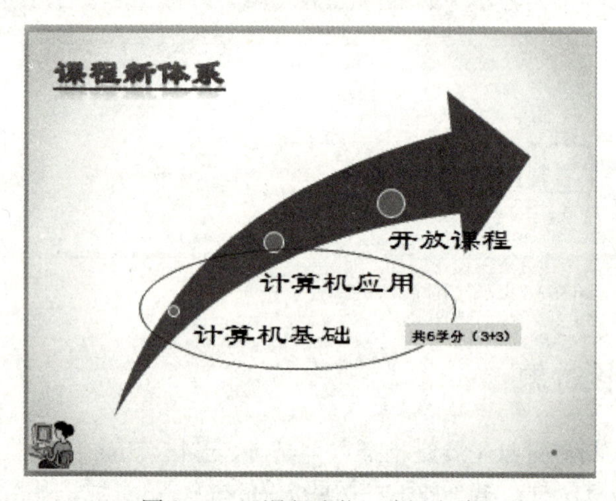

图 9-16 “课程改革”演示文稿

在本实例中，包含了幻灯片的多种对象，如文字、图片、形状、SmartArt 图形等，操作步骤如下。

（1）启动 PowerPoint 2010，创建演示文稿。打开“开始”选项卡，单击“幻灯片”组中的“新建幻灯片”下拉按钮，在下拉列表中选择“空白”版式，如图 9-17 所示，插入一张空白幻灯片。

（2）打开“设计”选项卡，单击“主题”组中的“其他”下拉按钮，在下拉列表的“内置”选区中选择“主管人员”主题，为当前幻灯片添加主题。

（3）打开“插入”选项卡，单击“文本”组中的“艺术字”下拉按钮，在下拉列表中选择第 4 行第 5 列的样式，输入“课程新体系”，设置字体为“隶书”、“加粗”和“下画线”，字号为“44”。

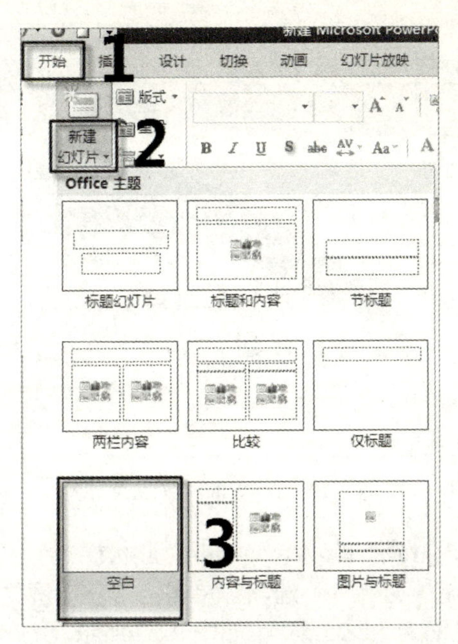

图 9-17　选择“空白”版式插入幻灯片

（4）打开“插入”选项卡，单击“插图”组中的“SmartArt”按钮，弹出“选择 SmartArt 图形”对话框。在此对话框中打开“流程”选项卡，在右侧的列表框中选择“向上箭头”，单击“确定”按钮，如图 9-18 所示，将 SmartArt 图形插入到当前幻灯片中，利用鼠标拖动图形四周的控制点，可以调节其大小和位置。

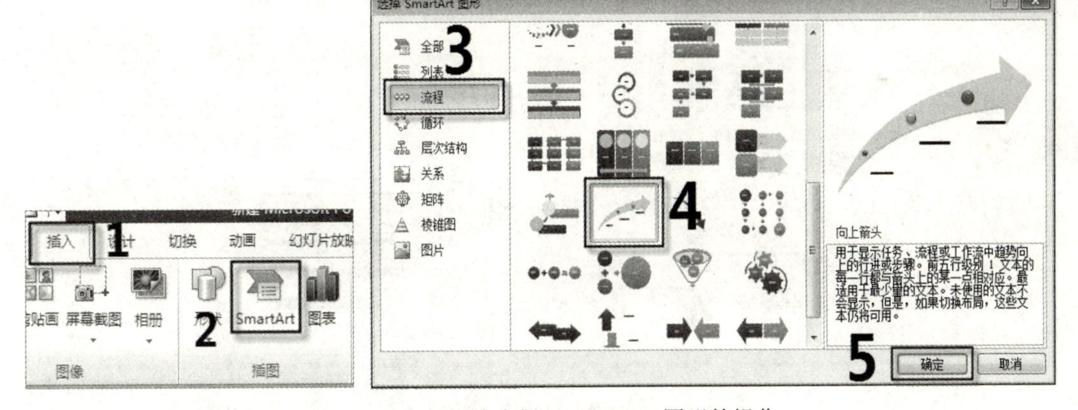

图 9-18　在幻灯片中插入 SmartArt 图形的操作

（5）选定 SmartArt 图形，打开“SmartArt 工具—格式”选项卡，单击“形状样式”组中的“形状填充”下拉按钮，在下拉列表中选择“蓝色”。

（6）单击 SmartArt 图形中的[文本]字样，依次输入如图 9-19 所示的文本。

（7）分别选定 SmartArt 图形中的 3 个文本框，设置字体为“隶书”，字号为“40”，字体颜色为“黑色，文字 1”。

（8）打开“插入”选项卡，单击“插图”组中的“形状”下拉按钮，在下拉列表的“基本图形”选区中选择“椭圆”。将鼠标移动到幻灯片中，拖动鼠标绘制如图 9-16 所示的椭圆。

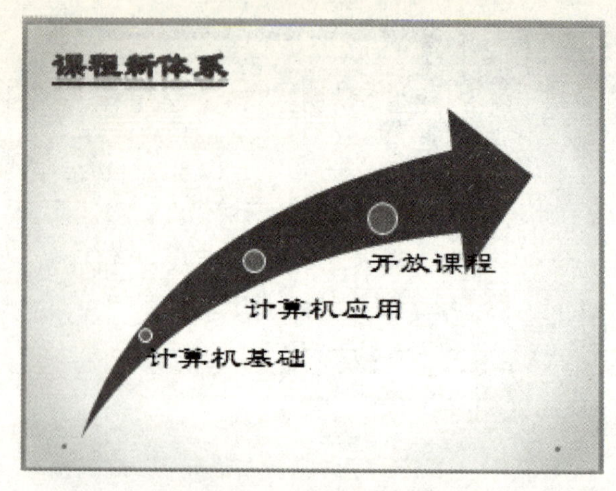

图 9-19　在[文本]中输入文本

（9）打开“绘图工具—格式”选项卡，单击“形状样式”组中的“形状填充”下拉按钮，在下拉列表中选择“无填充颜色”选项；单击“形状轮廓”下拉按钮，在下拉列表中选择“深红”，设置线条粗细为“2.25 磅”，如图 9-20 所示。

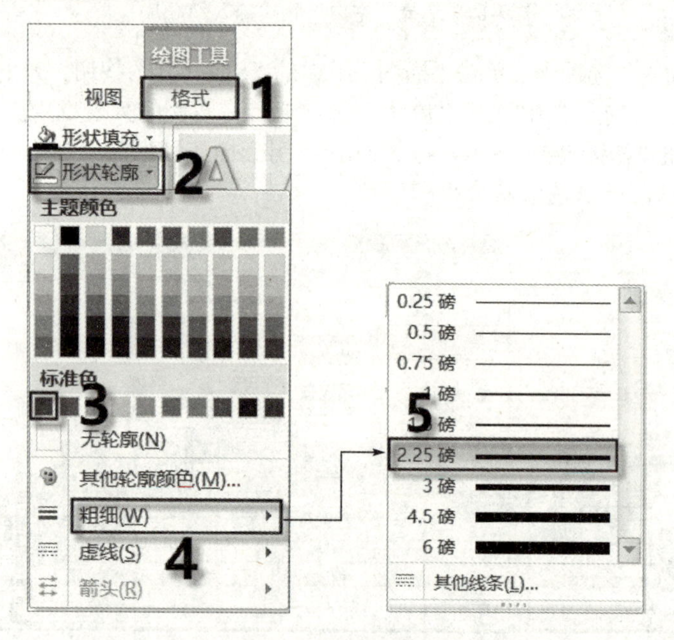

图 9-20　设置形状轮廓

（10）打开“插入”选项卡，单击“文本”组中的“文本框”下拉按钮，在下拉列表中选择“横排文本框”选项，将鼠标移动到幻灯片中，拖动鼠标绘制如图 9-16 所示的矩形，输入文本并将文本背景色填充为“黄色”。

（11）打开“插入”选项卡，单击“图像”组中的“剪贴画”按钮，在“剪贴画”窗格的“搜索文字”文本框中输入“计算机”，选择如图 9-16 所示的剪贴画插入到幻灯片中。将鼠标移动到剪贴画的控制点上，按住左键鼠标将剪贴画调整为适当大小，并将剪贴画移动到幻灯片的左下角。

（12）选择“文件”选项卡中的“保存”选项，将演示文稿以“课程改革”文件名进行保存。

提示：

幻灯片中的文本框、表格、图形等对象同样可以进行编辑、格式化，其操作方法与 Word 中的操作方法类似，在此不再赘述。

9.3.4　添加音频和视频

微课视频

如果想要使幻灯片在播放时，能够同时播放解说词、背景音乐及相关的视频，则需要在幻灯片中插入音频或视频，以增强演示文稿的感染力。

1. 插入音频

（1）在“普通视图”或“幻灯片浏览视图”中，选定要添加音频的幻灯片。

（2）打开“插入”选项卡，单击“媒体”组中的“音频”下拉按钮，在拉列表中选择“文件中的音频”选项、“剪贴画音频”选项或“录制音频”选项，如图 9-21 所示。这里选择“文件中的音频”选项，弹出“插入音频”对话框，从中选择要插入的音频文件，单击“插入”按钮，此时在幻灯片中出现小喇叭按钮和声音工具栏，如图 9-22 所示，表明已插入音频文件。

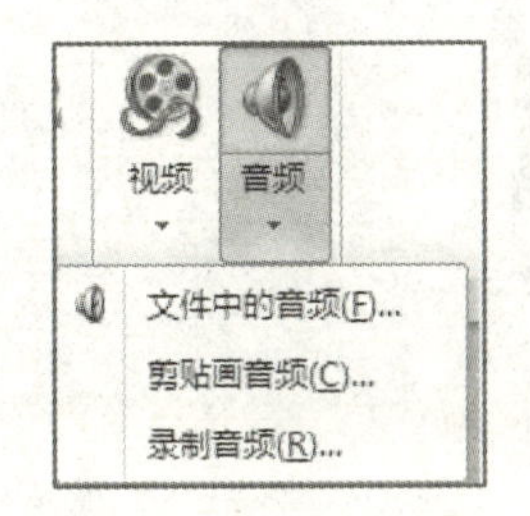

图 9-21　“音频”下拉列表

图 9-22　小喇叭按钮和声音工具栏

（3）如果想要删除插入的音频，只需要在幻灯片中选定按钮，按“Delete”键或“Backspace”键，可将其删除。

用户为了获取所需要的音频文件，有时需要对音频文件进行剪裁。选定按钮，打开“音频工具—播放”选项卡，单击“编辑”组中的“剪裁音频”按钮，弹出如图 9-23 所示的“剪裁音频”对话框，拖动绿色滑块或红色滑块可以剪裁音频文件的开头或结尾。

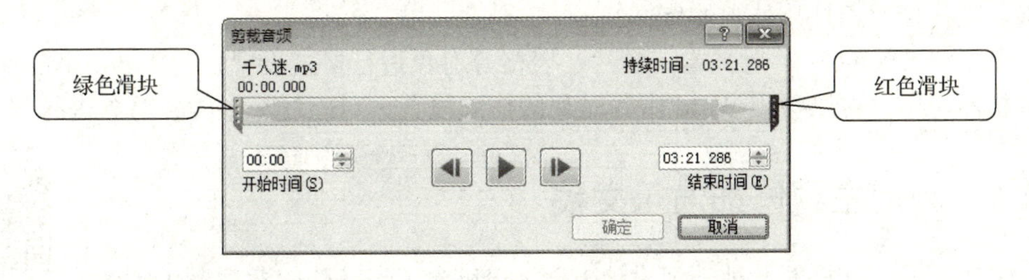

图 9-23　“剪裁音频”对话框

2. 插入视频

PowerPoint 2010 支持 AVI 格式、WMV 格式、MPEG 格式、ASF 格式的视频文件，插入视频的方法和插入音频的方法相同，用户可以参照插入音频的方法插入视频。在幻灯片中插入音频和视频的标记有所不同。在幻灯片中插入音频的标记是按钮，而插入视频的标记是插入视频的缩略图，如图 9-24 所示。

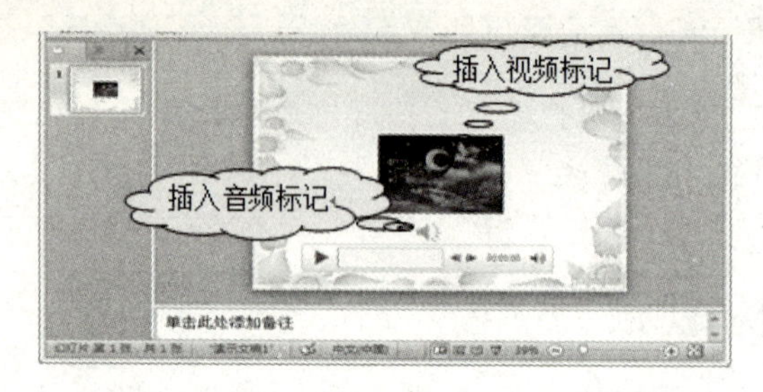

图 9-24　插入音频标记和插入视频标记

插入视频后，在幻灯片中将出现一张默认的视频缩略图。为了增加吸引力，用户可以将默认的视频缩略图更改为视频中最精彩的一幕，其操作步骤是：选定视频的某一幕，打开“视频工具—格式”选项卡，单击“调整”组中“标牌框架”下拉按钮 标牌框架，在下拉列表中选择“当前框架”选项，此时在视频播放工具栏中出现“标牌框架已设定”字样，如图 9-25 所示，即可将“当前框架”设置为插入视频缩略图。

图 9-25　视频播放工具栏

9.4　修饰演示文稿

修饰演示文稿主要是为了使创建的演示文稿更加美观，既包括对幻灯片中各种对象的修饰，也包括对幻灯片外观的修饰。

在 PowerPoint 中，对文本、图片、表格等对象进行格式设置，与 Word 中的操作方法基本相同，用户可以参照 Word 中各对象的格式设置，对幻灯片中的各对象进行修饰。

9.4.1　利用主题修饰演示文稿

微课视频

主题是演示文稿的一种外观设计方案，它包含了幻灯片的背景颜色、背景图案等格式，用户应用主题可以快速地创建或改变演示文稿的外观。PowerPoint 2010 提供了多种主题样式，可以适应不同任务的需要。利用主题修饰演示文稿的操作步骤如下。

（1）选定要使用主题的一张或多张幻灯片。

（2）单击“设计”选项卡“主题”组中的“其他”下拉按钮，在下拉列表中选择所需的主题样式，即将该主题应用到整个演示文稿的所有幻灯片中。

（3）如果希望主题只应用于当前幻灯片，则在“主题”下拉列表框中右击某一主题样式，在弹出的快捷菜单中选择“应用于选定幻灯片”命令即可，如图 9-26 所示。按照此方法用户可以在一个演示文稿中应用多种主题，如图 9-27 所示，应用了 3 种主题效果图。当用户添加幻灯片时，所添加的幻灯片会自动应用与其相邻的前一张幻灯片的主题。

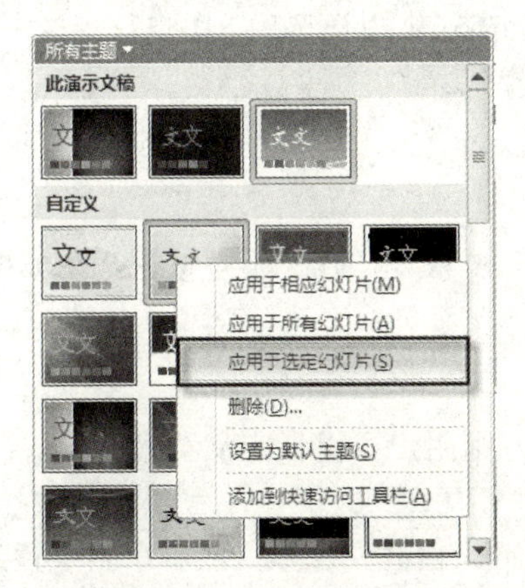

图 9-26　选择“应用于选定幻灯片”命令

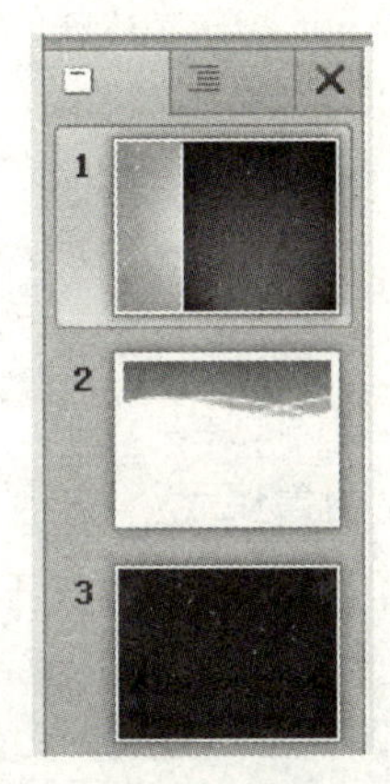

图 9-27　应用 3 种主题效果图

9.4.2　利用配色方案修饰演示文稿

微课视频

1. 使用主题颜色

打开“设计”选项卡，单击“主题”组中的“颜色”下拉按钮 颜色，打开如图 9-28 所示的下拉列表，从中选择一种主题颜色，即可将该主题颜色应用到演示文稿中。

2. 新建主题颜色

如果配色方案不能满足用户的需求，则在如图 9-28 所示的“颜色”下拉列表中选择“新建主题颜色”选项，弹出“新建主题颜色”对话框，如图 9-29 所示。在此对话框中，用户可以设置背景、文字、超链接等项目的颜色；在“名称”文本框中输入新建主题颜色的名称，单击“保存”按钮，保存新建的主题颜色。

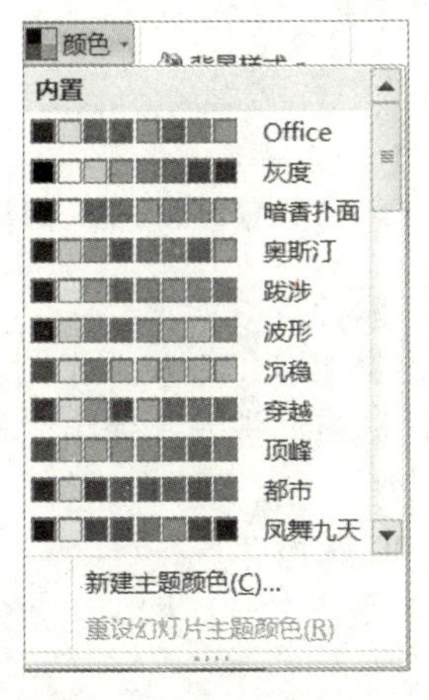

图 9-28　“颜色”下拉列表

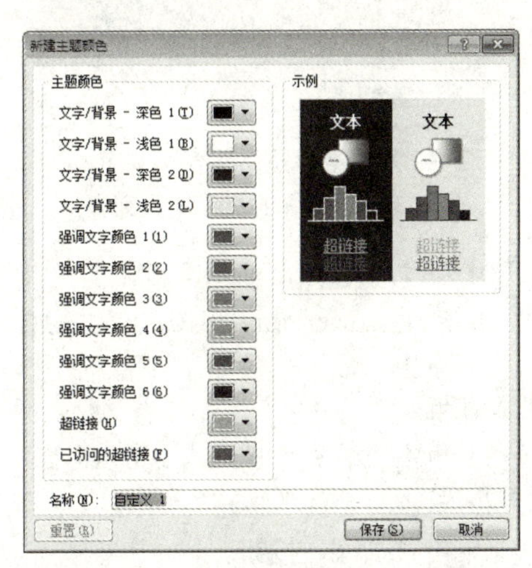

图 9-29　“新建主题颜色”对话框

如果要恢复应用主题颜色前的状态，在如图 9-28 所示的“颜色”下拉列表中选择“重设幻灯片主题颜色”选项即可。

9.4.3 利用背景修饰演示文稿

微课视频

在 PowerPoint 2010 中，每个主题都有 12 种背景样式供用户选用。用户不仅可以使用内置的背景样式，也可以自定义背景样式。

1. 使用内置的背景样式

（1）选定要设置背景的幻灯片。

（2）打开“设计”选项卡，单击“背景”组中的“背景样式”下拉按钮，在如图 9-30 所示的下拉列表中选择一种背景样式即可。

2. 自定义背景样式

如果系统内置的背景样式不能满足用户的需求，则用户可以自定义背景的样式。

（1）选定要设置背景的幻灯片。

（2）在如图 9-30 所示的下拉列表中选择“设置背景格式”选项，或者单击“背景”组右下角的对话框启动按钮，弹出“设置背景格式”对话框，如图 9-31 所示。在该对话框的“填充”选区通过选中不同的单选按钮，如“纯色填充”“渐变填充”“图片或纹理填充”“图案填充”，并进行相应的设置，即可为幻灯片设置不同的背景效果。

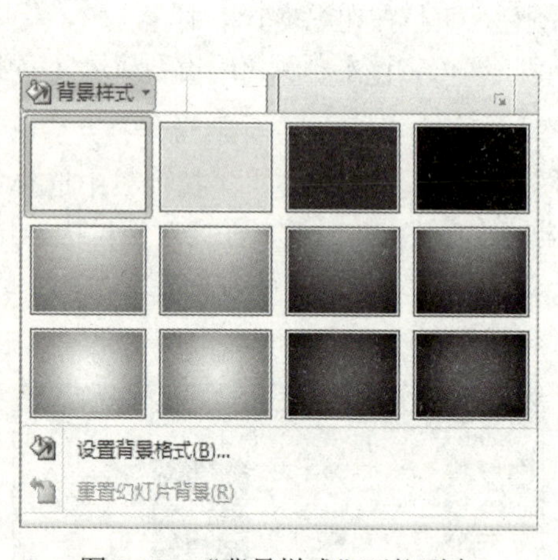

图 9-30 “背景样式”下拉列表

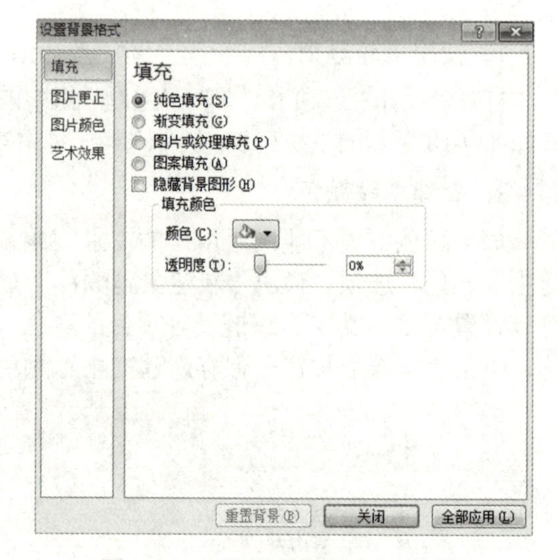

图 9-31 “设置背景格式”对话框

【例 9-3】新建一个演示文稿，并为其插入图片背景，操作步骤如下。

（1）启动 PowerPoint 2010，在“幻灯片”窗格中选定第 1 张幻灯片缩略图。

（2）单击“设计”选项卡“背景”组右下角的对话框启动按钮，弹出“设置背景格式”对话框。

（3）单击“填充”选项卡，选中“图片或纹理填充”单选按钮。

（4）单击“文件”按钮，如图 9-32 所示，弹出“插入图片”对话框，选定所需的背景图片，单击“插入”按钮。

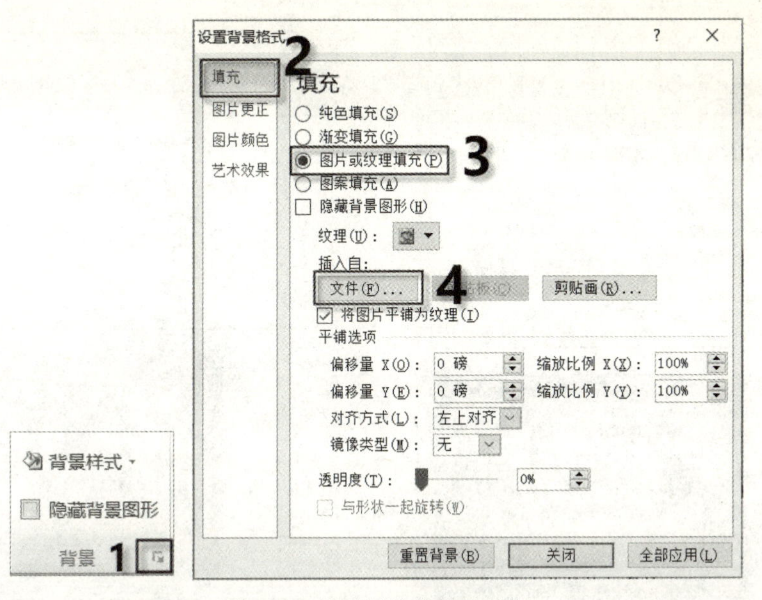

图 9-32 设置图片背景的操作

（5）返回“设置背景格式”对话框，拖动“透明度”滑块，改变图片颜色的深浅度。

（6）如果单击“关闭”按钮，则图片作为背景插入到当前幻灯片中；如果单击“全部应用”按钮，则图片将作为背景应用于演示文稿的所有幻灯片中。

9.4.4 利用母版修饰演示文稿

微课视频

母版主要是用来定义演示文稿中所有幻灯片的格式的，包括幻灯片背景样式、主题颜色、字体、效果、占位符位置及大小等。母版决定了幻灯片的外观，通常在编辑演示文稿前，先设计好幻灯片母版，之后添加的所有幻灯片都会应用该母版的格式，从而快速地实现全局设置，提高工作效率。

PowerPoint 2010 提供了 3 种类型的母版：幻灯片母版、讲义母版及备注母版，分别用于控制幻灯片、讲义、备注的外观整体格式，使创建的演示文稿有统一的外观。由于讲义母版和备注母版的操作方法比较简单，且不常用，所以本节主要介绍幻灯片母版的使用方法。

打开“视图”选项卡，单击“母版视图”组中的“幻灯片母版”按钮，进入幻灯片母版的编辑状态，如图 9-33 所示，左上角有数字标识的幻灯片就是母版，下面是与母版相关的幻灯片版式。一个演示文稿可以包括多个幻灯片母版，新插入的幻灯片母版，系统会根据母版的个数自动以数字进行命名，如 2、3、4 等，如图 9-34 所示。

在幻灯片母版中，用户可以设置幻灯片方向及主题、字体、颜色、效果、背景样式等格式。每个区域中的文字只起到了提示作用并不真正显示。不必在各区域中输入具体文字，只需设置其格式即可。如设置标题格式，选定“单击此处编辑母版标题样式”占位符，在“开始”选项卡“字体”组中设置标题格式为“隶书”“红色”，字号设置为“28”，关闭幻灯片母版后，幻灯片中的标题自动应用该格式。即使在母版中输入了文字也不会出现在幻灯片中，只有图形、图片、日期/时间、页脚等对象才会出现在幻灯片中。

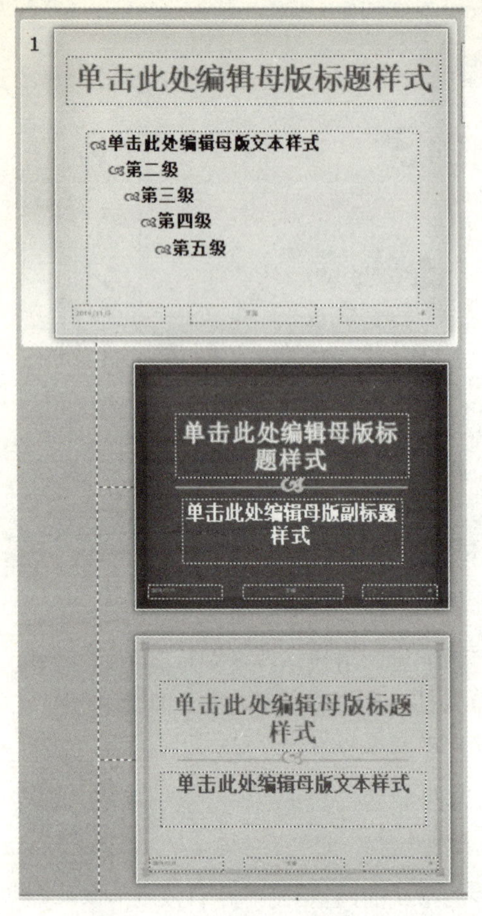

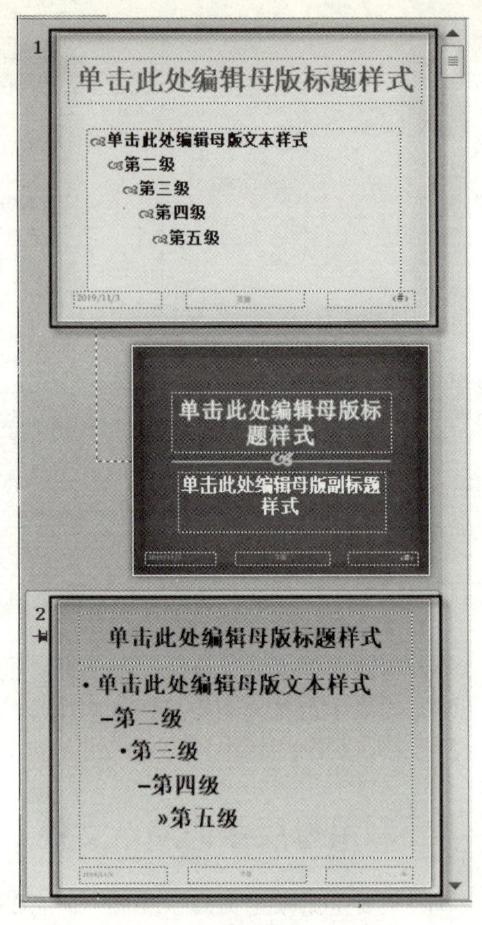

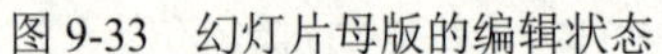

图 9-33　幻灯片母版的编辑状态　　　　图 9-34　插入幻灯片母版

在幻灯片母版视图中，用户可以修改每一张幻灯片中都要出现的字体格式、项目符号、背景及图片等，修改方法与修改一般幻灯片的方法相同，只是母版幻灯片的修改会影响所有幻灯片。若只想改变正文区域某一层次的文本格式，则需要在母版的正文区域先选定该层次，再进行格式设置。例如，只想改变正文区域第三层次的文本格式，则需要在母版的正文区域先选定“第三级”，再进行格式设置。

若想要为幻灯片编号，则单击“插入”选项卡“文本”组中的“幻灯片编号”按钮，在弹出的对话框中勾选“幻灯片编号”复选框，单击“全部应用”按钮，关闭母版视图后所有的幻灯片自动进行了编号。

在母版格式设置结束后，需要将母版保存为“PowerPoint 模版（*.potx）”，当用户在新建演示文稿时就可以使用该模板。

虽然在幻灯片母版中所进行的修改将自动套用到同一演示文稿的所有幻灯片中，但是也可以创建与母版不同的幻灯片，使之不受母版的影响。

若想要使某张幻灯片标题或文本与母版不同，则先选定要更改的幻灯片，再根据需要更改该幻灯片的标题或文本格式，其改变不会影响其他幻灯片或母版。

若想要使某张幻灯片的背景与母版背景不同，则先选定该幻灯片，再单击“设计”选项卡“背景”组中的“背景样式”下拉按钮，在下拉列表中为其选择背景样式，在所选背景样式中右击，并选择“应用于所选幻灯片”，此幻灯片具有与母版不同的背景。

9.5　设置演示文稿的播放效果

演示文稿在制作完成后，为了增强演示文稿播放效果的生动性和趣味性，用户需要设置幻灯片对象的动画效果、幻灯片切换效果及超链接等。

9.5.1　幻灯片对象的动画效果

微课视频

用户为幻灯片中的文本、图片、表格等对象添加动画效果，可以使这些对象按照一定的顺序和规则动态进行播放，既突出重点，又使播放过程生动形象。

1. 设置幻灯片对象的动画效果

PowerPoint 2010 提供了 4 种类型的动画效果：“进入”、“退出”、“强调”和“动作路径”，用户可以根据需要为幻灯片中的文本、图形、图片等对象设置不同的动画效果。

选定要设置动画的对象，打开“动画”选项卡，单击“动画”组中的“其他”下拉按钮，或者单击“高级动画”组中的“添加动画”下拉按钮，在如图 9-35 所示的下拉列表中选择一种动画效果，即可为选定对象添加动画效果。

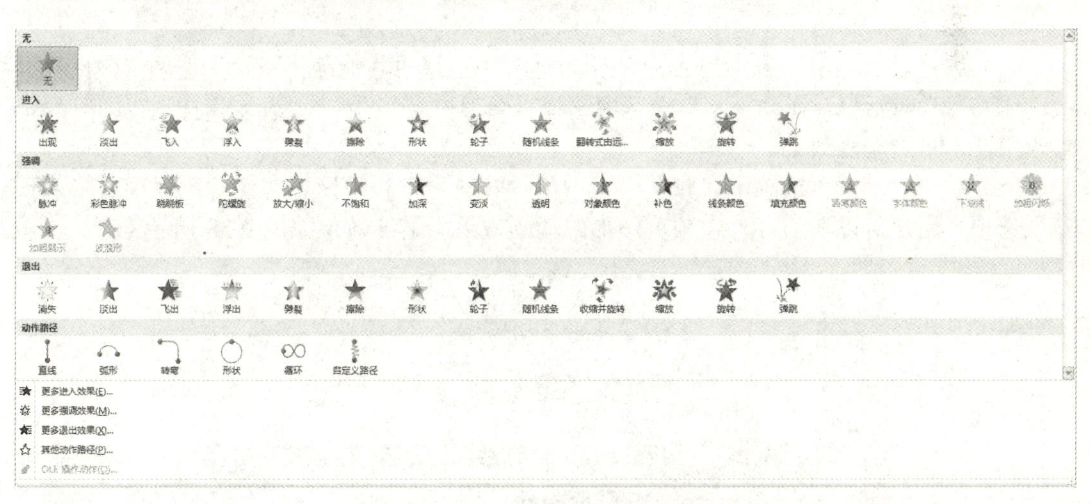

图 9-35　“动画效果”下拉列表

在“动画效果”下拉列表中除包含“进入”、“退出”、“强调”和“动作路径”4 类内置的动画外，还包含了 5 个选项。选择某一个选项可以弹出相应的对话框，在“对话框”中包含了更多类型的动画效果以供用户选择。当选择“更多进入效果”选项时，弹出如图 9-36 所示的“更改进入效果”对话框，用户在其中可以选择更多的进入动画效果。

【例 9-4】为“课程改革”演示文稿中的对象添加动画效果，操作步骤如下。

（1）打开“课程改革”演示文稿。

（2）在第 2 张幻灯片中选定 SmartArt 图形，打开 “动画”选项卡，单击“动画”组中的“其他”下拉按钮，打开如图 9-35 所示的下拉列表，选择“进入”中的“擦除”动画效果，即可为选定对象添加该动画效果。

（3）选定椭圆，在如图 9-35 所示的下拉列表中选择“更多强调效果”选项，在弹出的“更改强调效果”对话框中选择“温和型”选区中的“跷跷板”，如图 9-37 所示，单击“确定”按钮，即可为椭圆应用跷跷板动画效果。

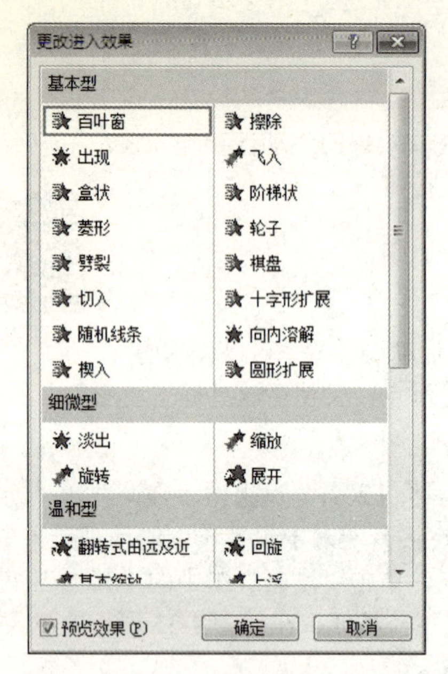

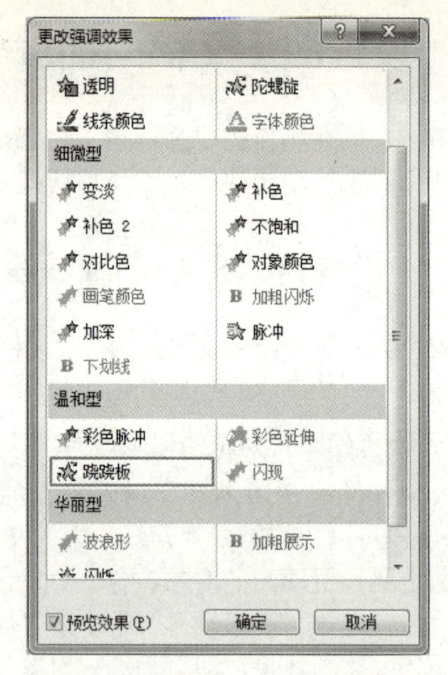

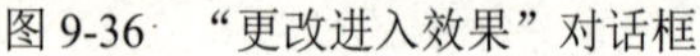

图 9-36 “更改进入效果”对话框　　　　图 9-37 设置强调动画效果的操作

（4）选定矩形，在如图 9-35 所示的下拉列表中选择“其他动作路径”选项，弹出“更改动作路径”对话框，在“基本”选区中选择“圆形扩展”，单击“确定”按钮，即可为矩形应用圆形扩展动画效果。

（5）单击“动画”选项卡“预览”组中的“预览”下拉按钮，在下拉列表中选择“预览”选项，用户可以在幻灯片中预览添加的动画效果，最终效果如图 9-38 所示。

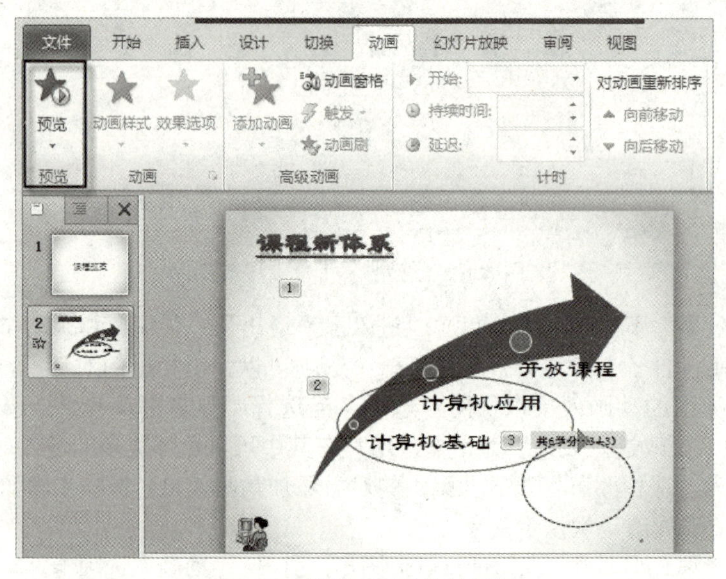

图 9-38 设置动画最终效果图

2．复制动画效果

单击“动画”选项卡“高级动画”组中的“动画刷”按钮 动画刷，用户可以快速地将动画效果从一个对象复制到另一个对象中，使用方法与 Word 中的格式刷相同。

3. 编辑动画效果

在普通视图中，幻灯片中的对象添加动画效果后，在每个对象的左侧和动画窗格中会出现相应的动画序号，以表示动画设置和播放的顺序，如图 9-39 所示。

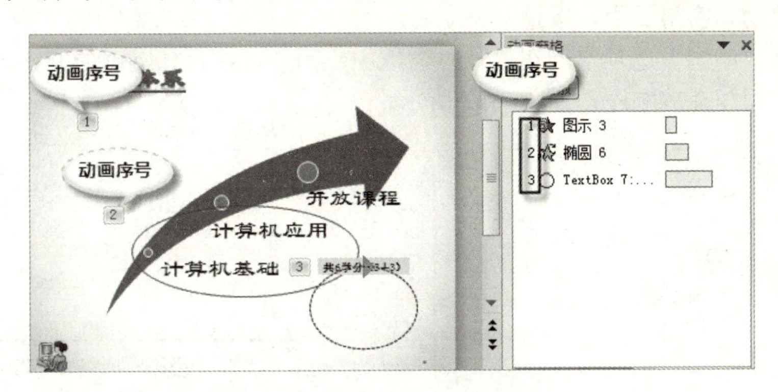

图 9-39 幻灯片中对象的动画序号

1）设置动画效果选项

利用功能区设置动画效果选项的操作步骤如下。

（1）单击“动画”选项卡“高级动画”组中的“动画窗格”按钮，在 PowerPoint 窗口的右侧打开“动画窗格”，此窗格列出了已经添加的动画效果。

（2）选定某一个动画效果，打开“动画”选项卡，单击“动画”组中“效果选项”下拉按钮，在下拉列表中可以对选定的动画效果进行进一步的效果设置。

在“效果选项”下拉列表中的效果选项与选定的对象及添加的动画类型有关，对象类型或动画类型不同其效果选项下拉列表中的内容不同，如图 9-40 所示。有的动画类型没有效果选项。

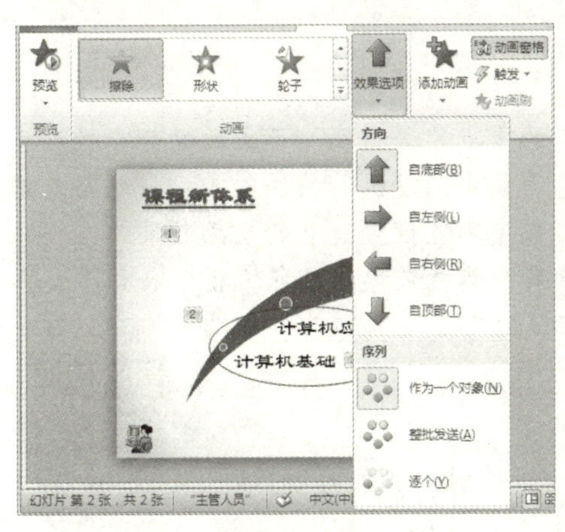

（a）为图形添加“擦除”进入动画的效果选项

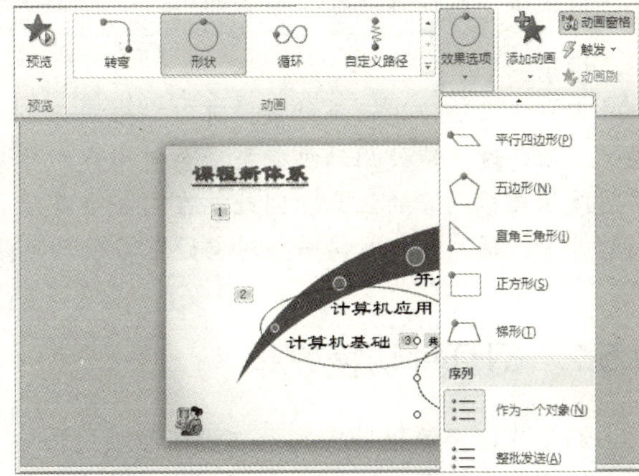

（b）为图形添加“形状”动作动画的效果选项

图 9-40 不同动画的效果选项

利用对话框设置动画效果选项的操作步骤如下。

（1）在“动画窗格”中，在某一动画效果上右击，在弹出快捷菜单中选择“效果选项”命令，进入选定动画效果设置对话框，对于不同动画效果，在此对话框中选项卡的名称和内容不尽相同，但基本都包含“效果”和“计时”两个选项卡。

（2）“效果”选项卡用于对动画出现的方向及声音进行设置，如图 9-41 所示。“计时”选项卡用于设置动画开始、延迟、速度等内容。

2）为动画设置计时

（1）在“动画窗格”中，选定某一动画。

（2）打开“动画”选项卡，在“计时”组中，用户可以设置动画的开始方式、持续的时间、延迟时间和播放顺序，如图 9-42 所示。

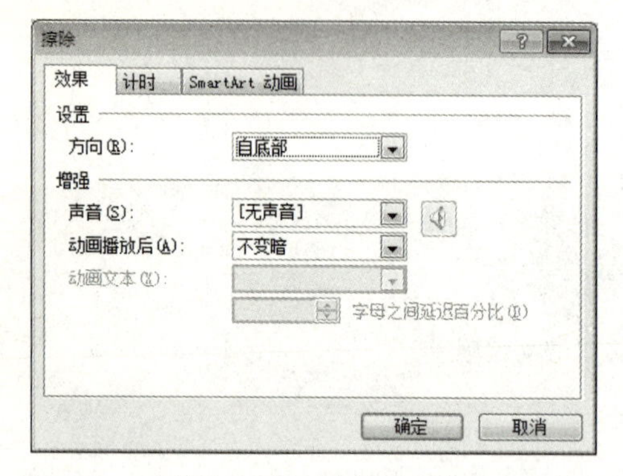

图 9-41　“擦除”对话框中的“效果”选项卡

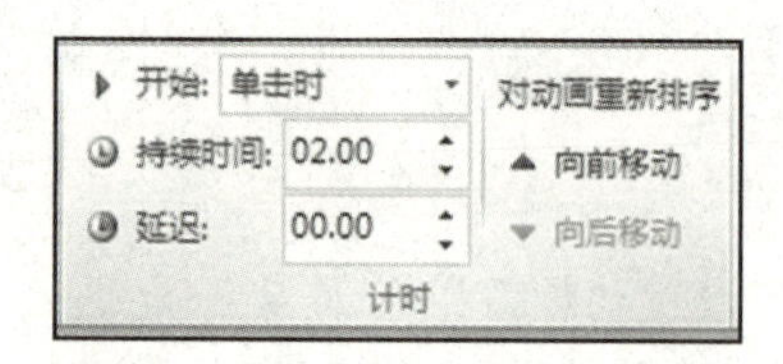

图 9-42　“计时”组中的设置选项

4．更改幻灯片中动画对象的出现顺序

当为一张幻灯片的多个对象设置了动画效果后，各个对象播放时出现的顺序与设置顺序相同，用户根据需要可以更改幻灯片中动画对象的出现顺序，操作步骤如下。

（1）在“普通视图”的“动画窗格”中，选定要更改顺序的某一个动画。

（2）单击“动画窗格”中的按钮和按钮，可以调整选定动画效果的出现顺序。

如果想要删除某一个对象的动画效果，在“动画窗格”中，右击该动画效果，在弹出的快捷菜单中选择“删除”命令即可。

提示：

用户适当地使用动画效果，可以突出演示文稿的重点，并提高演示文稿的趣味性和感染性。但是过多地使用动画效果，会使用户的注意力集中到动画特技的欣赏中，从而忽略了对演示文稿内容的注意。因此，在同一个演示文稿中不宜设置过多的动画效果。在一张幻灯片中，用户可以对同一个对象设置多项动画效果，其效果按照设置的顺序依次播放。

9.5.2　幻灯片切换效果

微课视频

幻灯片切换效果是指演示文稿在放映过程中幻灯片进入和离开屏幕时所产生的动画效果。PowerPoint 2010 内置了三大类型共 34 种幻灯片切换效果，可以为部分幻灯片或所有幻灯片设置切换效果，操作步骤如下。

（1）在“普通视图”中，选定需要设置切换效果的一张幻灯片或多张幻灯片。

（2）打开“切换”选项卡，单击“切换到此幻灯片”组中的“其他”下拉按钮，在下拉列表中选择一种切换效果，该效果被应用到所选定的幻灯片中。

（3）通过“效果选项”和“计时”组中的选项可以对幻灯片切换效果进行编辑，如图 9-43 所示，可以设置幻灯片切换的方式、声音和速度等。

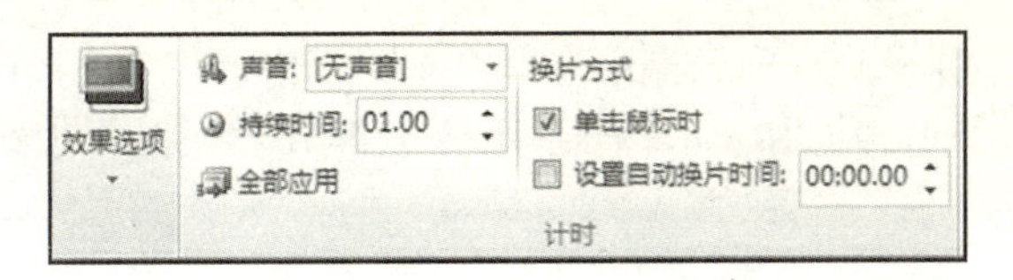

图 9-43　“效果选项”和“计时”组中的选项

- 在“声音”下拉列表中可以设置切换时是否伴随着声音；在“持续时间”文本框中可以设置幻灯片切换的时间。
- 在“换片方式”选区中，可以设置幻灯片切换的方式，包括“单击鼠标时”和“设置自动换片时间”两种方式。如果勾选了“设置自动换片时间”复选框，单击其后的按钮，可以设定一个时间，如 00:03.00 表示每隔 3 秒自动进行切换。如果“单击鼠标时”和“设置自动换片时间”两复选框都被勾选，则表示只要一种切换方式发生就换页。

（4）如果将上述设置应用到所有的幻灯片，则单击“全部应用”按钮，否则只应用到当前选定的幻灯片。

（5）如果取消切换效果，则单击“切换到此幻灯片”组中的“其他”下拉按钮，在下拉列表中选择“无”选项。

9.5.3　超链接

微课视频

PowerPoint 中的超链接与网页中的超链接类似，超链接可以链接到同一演示文稿的某张幻灯片，或者链接到其他 Word 文档、电子邮件地址、网页等。当幻灯片在播放时，单击某个超链接，即可跳转到指定的目标位置。用户利用超链接，不仅可以快速地跳转到指定的位置，还可以改变幻灯片放映的顺序，增强幻灯片放映时的灵活性。

设置超链接的对象可以是文本、图片、形状、表格或图片等。如果文本位于某个图形中，则用户还可以为文本和图形分别设置超链接。

【例 9-5】如图 9-44 所示，将演示文稿第 1 张幻灯片中的文本“任务管理”超链接到第 4 张幻灯片，并在第 4 张幻灯片中设置一个返回第 1 张幻灯片的动作按钮。

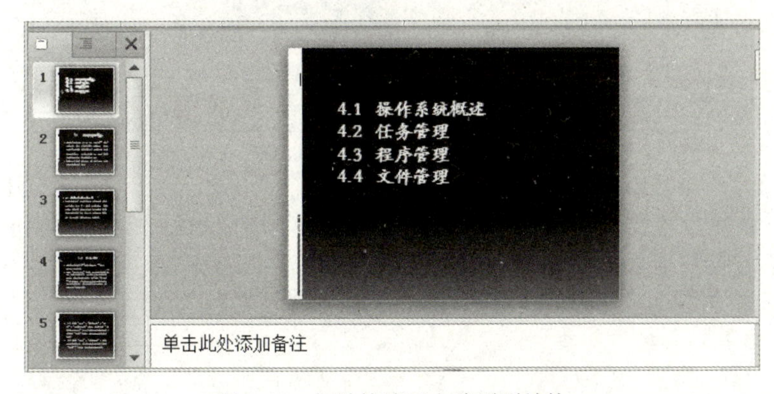

图 9-44　超链接演示文稿原型结构

（1）在第 1 张幻灯片中，选定要设置超链接的文本“任务管理”。

（2）打开“插入”选项卡，单击“链接”组中的“超链接”按钮，弹出“插入超链接”对话框。

（3）在此对话框“链接到”列表框中选择“本文档中的位置”，在“请选择文档中的位置”列表框中选择目标幻灯片“4. 4.2 任务管理”，单击“确定”按钮，如图 9-45 所示。

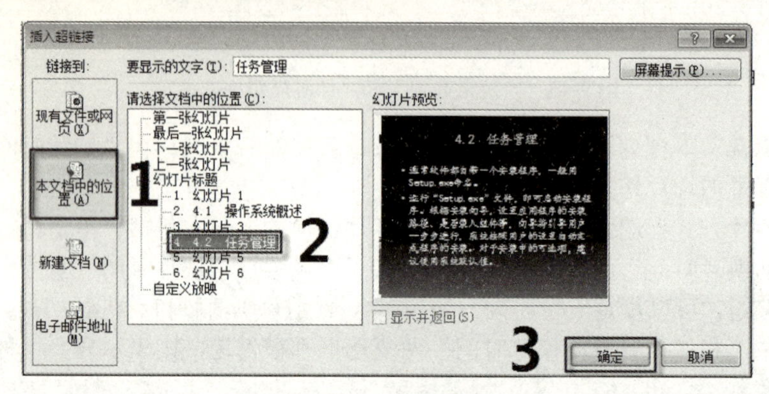

图 9-45　设置超链接

（4）设置返回的动作按钮。将第 4 张幻灯片“4.2 任务管理”作为当前幻灯片，单击“插入”选项卡“插图”组中的“形状”下拉按钮，在下拉列表的“动作按钮”选区中选择一个按钮图形，在当前幻灯片的右下角按住鼠标左键拖动，绘制一个适当大小的按钮图形，释放鼠标。

（5）在图形上右击，在弹出的快捷菜单中选择“超链接到”命令，弹出如图 9-45 所示的“插入超链接”对话框，在此对话框“链接到”列表框中选择“本文档中的位置”，在“请选择文档中的位置”列表框中选择目标幻灯片“1. 幻灯片 1”，单击“确定”按钮，如图 9-46 所示。当幻灯片在放映时，单击动作按钮，将自动跳转到第 1 张幻灯片。

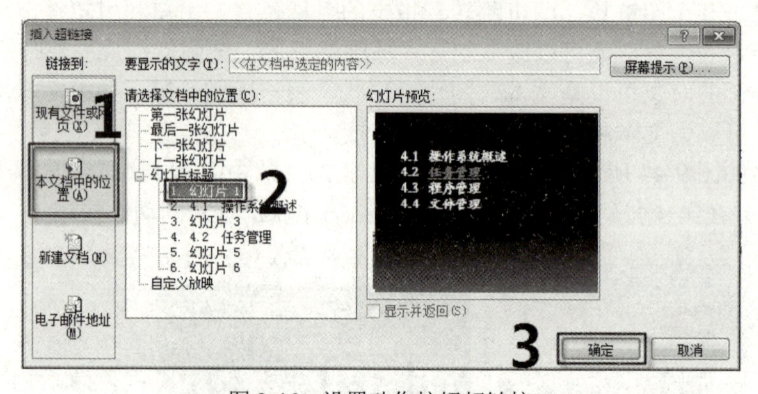

图 9-46　设置动作按钮超链接

如果想要删除已经设置的超链接，则右击要删除超链接的对象，在弹出的快捷菜单中选择“取消超链接”命令。

如果想要将超链接及其对象一起删除，则选定超链接及对象后按“Delete”键或“Backspace”键。

9.5.4　放映方式的设置

微课视频

用户完成了对演示文稿的编辑、动画设置后，为了查看真实的效果，需要对其进行放映。按照用户的需求，可以设置不同的放映方式。

1．启动幻灯片放映

启动幻灯片放映有多种方式，常用的方式有以下 3 种。

1）从 PowerPoint 中启动幻灯片放映

（1）单击演示文稿窗口右下角的 按钮，或者按“Shift+F5”组合键，从当前幻灯片开始放映。

（2）打开“幻灯片放映”选项卡，单击“开始放映幻灯片”组中的“从当前幻灯片开始”按钮，从当前幻灯片开始放映；如果单击“从头开始”按钮，或者按“F5”键，则从第 1 张幻灯片开始放映。

2）将演示文稿保存为自动放映的类型

如果想要使演示文稿在打开时自动放映，则需要将演示文稿保存为“PowerPoint 放映”的类型，操作步骤如下。

（1）打开想要自动放映的演示文稿。

（2）选择“文件”选项卡中的“另存为”选项，在弹出的“另存为”对话框的“保存类型”下拉列表中选择“PowerPoint 放映”；在“文件名”文本框中输入保存的文件名称。

（3）单击“保存”按钮，无论从 PowerPoint 中，还是“我的电脑”等位置打开该演示文稿都会自动放映。

3）自定义放映

如果想要使同一份演示文稿随着应用对象的不同，播放的内容也有所不同时，则用户可以利用 PowerPoint 提供的自定义放映功能，将同一演示文稿的内容，进行不同组合，以满足不同演示要求。

自定义放映实际是放映演示文稿中的子演示文稿，创建自定义放映的操作步骤如下。

（1）打开“幻灯片放映”选项卡，单击“开始放映幻灯片”组中的“自定义幻灯片放映”下拉按钮，在下拉列表中选择“自定义放映”选项，弹出如图 9-47 所示的“自定义放映”对话框。

（2）单击“新建”按钮，弹出如图 9-48 所示的“定义自定义放映”对话框，在“幻灯片放映名称”文本框中输入自定义放映的名称（如输入“学生”）；“在演示文稿中的幻灯片”列表框中选择想要自定义放映的幻灯片，单击“添加”按钮，将其添加到“在自定义放映中的幻灯片”列表框中。按照此方法，将想要自定义放映的幻灯片同时选定，再添加即可。

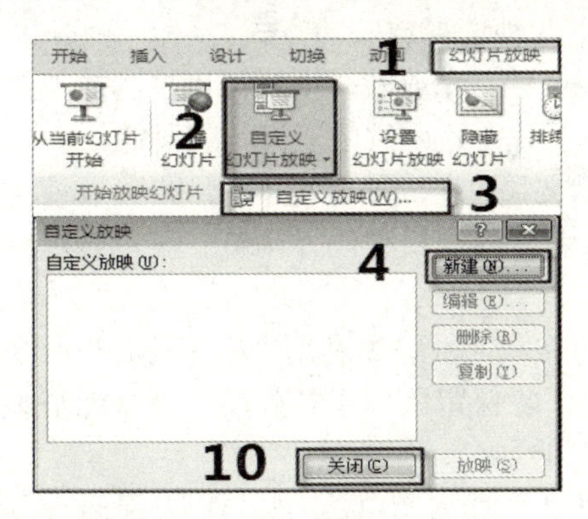

图 9-47　“自定义放映”对话框

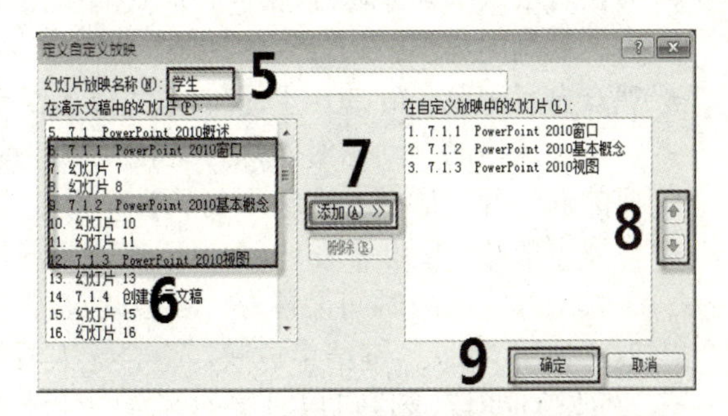

图 9-48　“定义自定义放映”对话框

（3）单击“在自定义放映中的幻灯片”右侧的 按钮和 按钮，改变自定义放映中的幻灯片播放顺序。

（4）设置完毕后，单击“确定”按钮，返回“自定义放映”对话框，新创建的自定义放映名称自动显示在“自定义放映”列表框中。

（5）如果想要创建多个“自定义放映”，则重复步骤 2～4。所有的“自定义放映”创建完成后，单击“自定义放映”对话框中的“关闭”按钮。

（6）当放映幻灯片时，在幻灯片上右击，在弹出的快捷菜单的“自定义放映”子菜单中选择需要放映的名称，演示文稿将按自定义的名称进行放映。

在幻灯片放映过程中，用户可以通过多种操作控制幻灯片的进程。

- 单击当前幻灯片或从快捷菜单中选择“下一张”命令，或者按“Space”键、“Enter”键、“PageDown”键，切换到下一张幻灯片。
- 按“Backspace”键、“PageUp”键，或者从快捷菜单中选择“上一张”命令，切换到上一张幻灯片。
- 输入幻灯片编号并按“Enter”键，或者从快捷菜单的“定位至幻灯片”子菜单中选择相应的幻灯片，切换到指定的幻灯片。
- 从快捷菜单中选择“结束放映”命令，或者按“Esc”键，退出幻灯片放映。

2. 设置幻灯片放映方式

单击“幻灯片放映”选项卡“设置”组中的“设置幻灯片放映”按钮，弹出“设置放映方式”对话框，如图 9-49 所示。

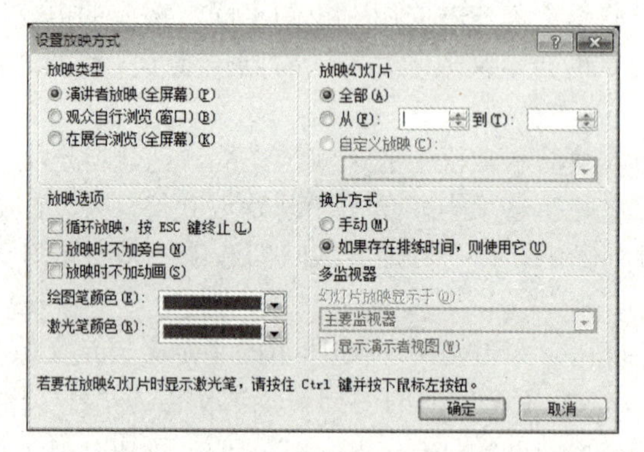

图 9-49　“设置放映方式”对话框

（1）在此对话框中，“放映类型”选区共有以下 3 种选择放映的方式。

- 演讲者放映（全屏幕）：以全屏形式显示演示文稿，在放映时用户可以控制放映的进程、动画的出现、幻灯片的切换，也可以录下旁白、用绘图笔进行勾画等。
- 观众自行浏览（窗口）：以窗口形式显示演示文稿，在放映过程中，用户可以使用滚动条、鼠标的滚动轮对幻灯片进行换页，或者使用窗口中的“浏览”菜单显示所需要的幻灯片，适合人数较少的场合。
- 在展台放映（全屏幕）：以全屏形式显示演示文稿，一般先利用“排练计时”命令将每张幻灯片放映时间设置好，在放映过程中，除保留鼠标指针外，其余功能基本失效，使用“Esc”键结束放映，适合无人看管的展台、摊位等。

（2）“放映选项”选区可以设置幻灯片在放映时是否添加旁白、动画，以及是否设置循环放映等。

（3）“放映幻灯片”选区可以设置幻灯片放映的范围，系统默认的是放映演示文稿中的全部幻灯片，也可以放映部分幻灯片，或者调用一个已经设置好的自定义放映。

（4）“换片方式”选区可以设置人工换片或按照已经设置好的排练时间进行换片。

（5）“多监视器”选区可以支持演示文稿在多个显示器上显示，便于从不同的角度浏览演示文稿。

3．设置幻灯片放映时间

当幻灯片放映时，如果不想要人工放映，则用户可以利用“排练计时”按钮设置每张幻灯片的放映时间实现幻灯片的自动放映。“排练计时”是指通过实际放映幻灯片，自动记录幻灯片之间切换的时间间隔，以便在放映时能够以最佳的时间间隔自动放映，操作步骤如下。

（1）在普通视图中，选定要设置计时的幻灯片。

（2）打开“幻灯片放映”选项卡，单击“设置”组中的“排练计时”按钮，计时开始，屏幕的左上角会出现“录制”工具栏，如图 9-50 所示。

（3）在演示过程中自动计时，“幻灯片放映时间”选区显示当前幻灯片的放映时间，一项演示完毕后，单击“下一项”按钮，开始放映下一张幻灯片并重新进行计时。如果需要暂停，则单击“暂停录制”按钮。如果对当前幻灯片放映的计时不满意，则单击“重复”按钮，重新计时，或者直接在“幻灯片放映时间”文本框中输入该幻灯片的放映时间值。如果要终止排练计时，则在幻灯片中右击，在弹出的快捷菜单中选择“结束放映”命令即可。

（4）重复步骤 3，直到最后一张幻灯片，在“总时间”选区显示当前整个幻灯片的放映时间，并弹出如图 9-51 所示的排练计时结束提示对话框。单击“是”按钮，接受本次幻灯片的放映时间，单击“否”按钮，取消本次排练计时。

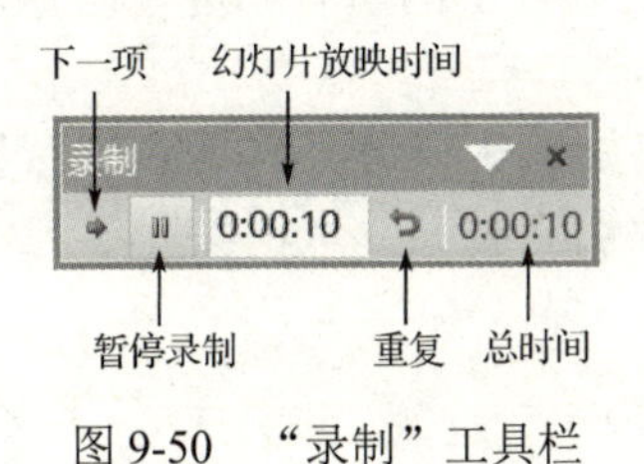

图 9-50　“录制”工具栏

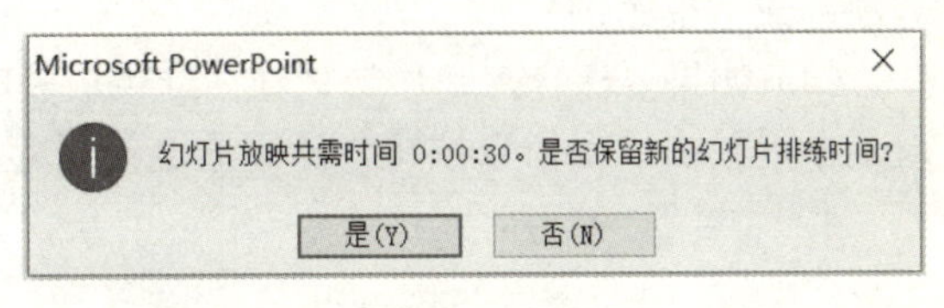

图 9-51　排练计时结束提示对话框

另外，用户也可以手动设置排练时间，操作步骤如下。

（1）打开“切换”选项卡，勾选“计时”组“换片方式”选区中的“设置自动换片时间”复选框，在其后的文本框中设置自动换片时间。

（2）单击“全部应用”按钮，如图 9-52 所示，设置的时间将应用到所有的幻灯片。如果想要每张幻灯片的放映时间不完全相同，则用户可以逐张设置自动换片时间。设置完成后，在“幻灯片浏览”视图中，每张幻灯片缩略图的下面都会出现设置的放映时间。

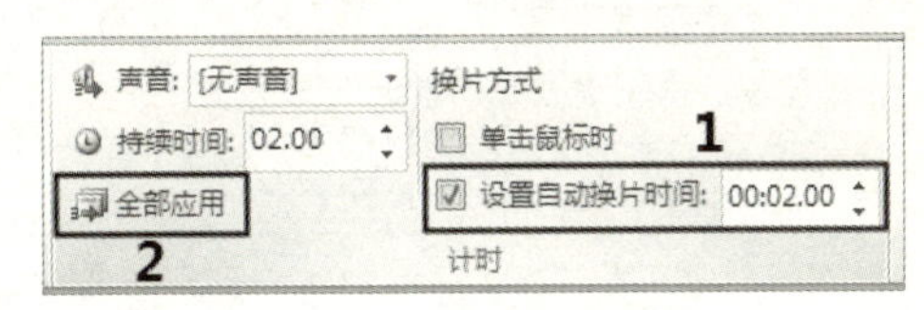

图 9-52　手动设置排练时间

4．录制旁白

“录制旁白”是为演示文稿增加解说词，使幻灯片放映时带有语音配音效果，“录制旁白”的操作步骤如下。

（1）打开要录制旁白的演示文稿。

（2）打开“幻灯片放映”选项卡，单击“设置”组中的“录制幻灯片演示”下拉按钮，在下拉列表中选择“从头开始录制”选项或“从当前幻灯片开始录制”选项。如果选择“从头开始录制”选项，则弹出“录制幻灯片演示”对话框，如图 9-53 所示。

（3）单击“开始录制”按钮，进入幻灯片放映状态，同时开始录制旁白，单击屏幕左上角“录制”工具栏中的“下一项”按钮，如图 9-54 所示，切换到下一张幻灯片进行录制。

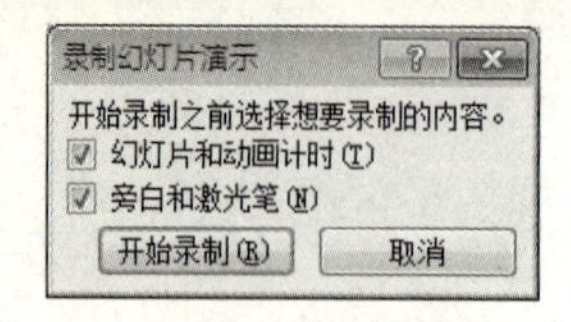

图 9-53 “录制幻灯片演示”对话框

图 9-54 “录制”工具栏

（4）录制完毕后，在当前幻灯片上右击，在弹出的快捷菜单中选择“结束放映”命令，此时演示文稿自动切换到幻灯片浏览视图，录制旁白的每一张幻灯片缩略图的下面都出现了各自录制的时间，并且在每一张幻灯片的右下角都会显示一个声音按钮。如果要删除某张幻灯片的旁白，则选定其中的声音按钮，按“Delete”键删除即可。

5. 放映时的涂写

在幻灯片放映时，如果用户要强调某些内容，或者临时需要向幻灯片中添加说明，则可以利用 PowerPoint 2010 所提供的绘图笔功能，在屏幕上直接进行涂写，操作步骤如下。

（1）在放映的幻灯片上右击，在弹出的快捷菜单的“指针选项”子菜单中选择相应的选项，如图 9-55 所示。

（2）按住鼠标左键在屏幕上拖动，即可进行涂写。

（3）利用快捷菜单中的“橡皮擦”命令和“擦除幻灯片上的所有墨迹”命令，擦除部分墨迹或全部墨迹。

（4）如果要保存涂写墨迹，则在结束放映时会弹出如图 9-56 所示的是否保留墨迹提示对话框，单击“保留”按钮，涂写墨迹被保存，单击“否”按钮，取消涂写墨迹。

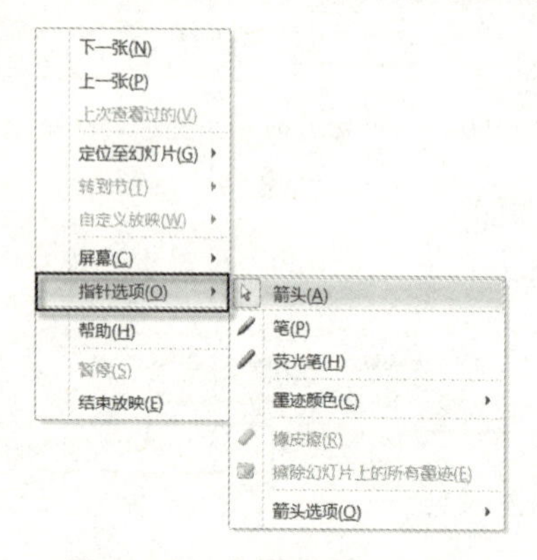

图 9-55 “指针选项”子菜单

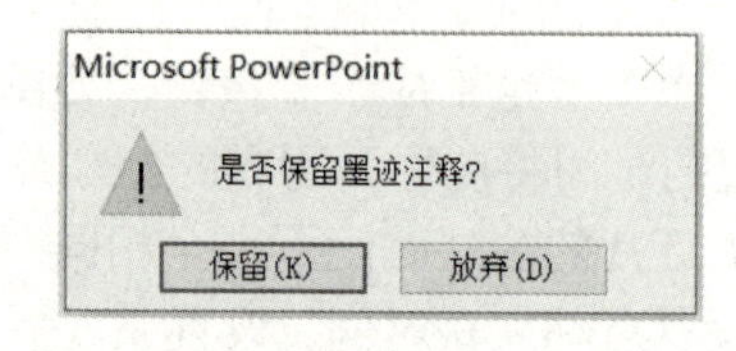

图 9-56 是否保留墨迹提示对话框

绘图笔的颜色可以更改，具更改方法有以下两种。

- 在幻灯片放映过程中更改。在幻灯片上右击，在弹出的快捷菜单中选择“指针选项”|“墨迹颜色”命令，再选择所需的颜色即可。
- 在幻灯片放映前更改。打开“幻灯片放映”选项卡，单击“设置”组中的“设置幻灯片放映”按钮，在弹出的“设置放映方式”对话框中，单击“绘图笔颜色”框右侧的下拉按钮，在下拉列表中选择所需的颜色。

隐藏绘图笔或指针的方法：在放映的幻灯片中右击，在弹出的快捷菜单中选择“指针选项”|“箭头选项”|“永远隐藏”命令，即可在幻灯片放映过程中隐藏绘图笔或指针。

第 10 章

演示文稿的打印和发布

10.1 演示文稿的打印

10.1.1 打印幻灯片

微课视频

在 PowerPoint 2010 中，为了便于交流与宣传，用户可以将制作完成的幻灯片打印输出。在打印前，先设置幻灯片的页面，使其符合实际需要，然后再将其打印输出。

1. 设置幻灯片页面

打开“设计”选项卡，单击“页面设置”组中的“页面设置”按钮，弹出“页面设置”对话框，如图 10-1 所示。在此对话框中根据需要设置幻灯片的大小、编号及打印方向。

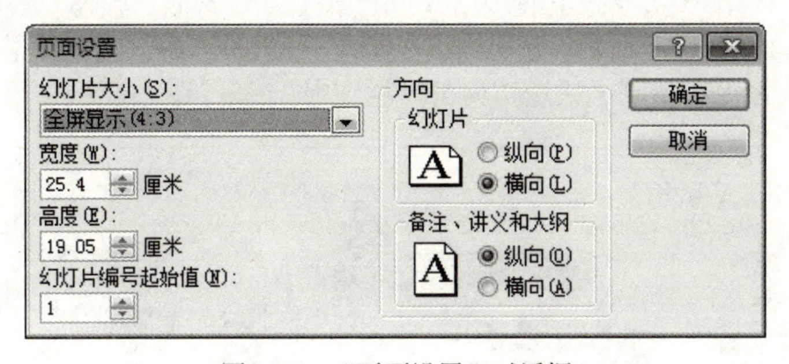

图 10-1 “页面设置”对话框

2. 设置打印幻灯片

（1）选择“文件”选项卡中的“打印”选项，如图 10-2 所示。

（2）在中间的“打印”窗格中设置打印的份数、打印机的类型、打印的范围等。

（3）在右侧窗格预览打印效果，单击预览页中的“下一页”按钮▶，可以预览每一页的打印效果。

（4）拖动右下角“显示比例”滑块，可以放大或缩小幻灯片的预览效果。

（5）在选择打印内容时，通常选择“讲义”方式，一页最多可以打印 9 张幻灯片。设置完毕后，单击“打印”按钮，打印幻灯片。

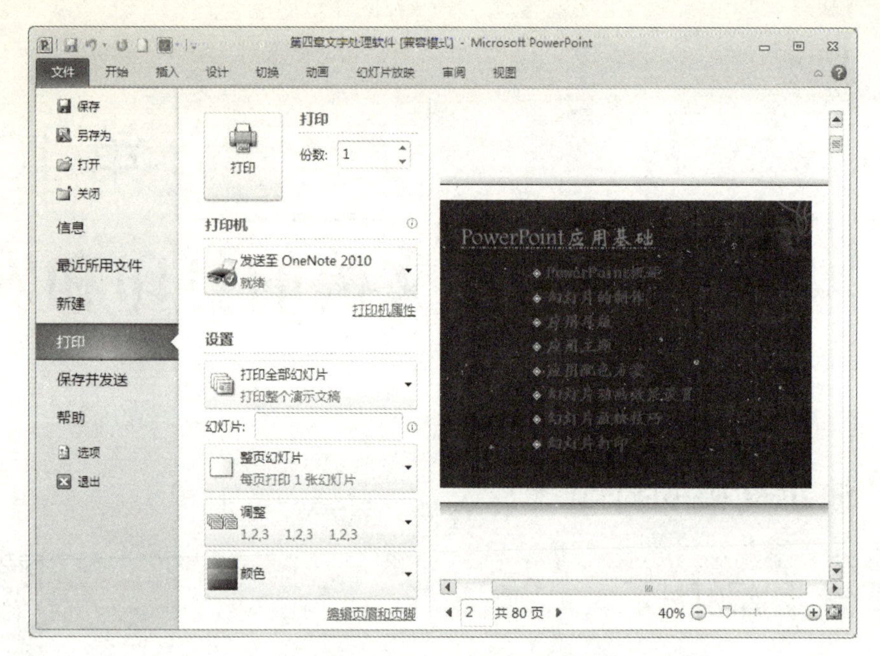

图 10-2　选择“打印”选项

10.1.2　将演示文稿发送至 Word 进行打印

微课视频

（1）打开需要发送至 Word 的演示文稿。

（2）在演示文稿窗口中，选择“文件”选项卡中的“选项”，弹出“PowerPoint 选项”对话框，打开“快速访问工具栏”选项卡，在“从下列位置选择命令”下拉列表框中选择“不在功能区中的命令”，并在其下方列表框中选择“使用 Microsoft Word 创建讲义”命令，如图 10-3 所示，分别单击“添加”按钮和“确定”按钮，将“使用 Microsoft Word 创建讲义”命令添加到“快速访问工具栏”中。

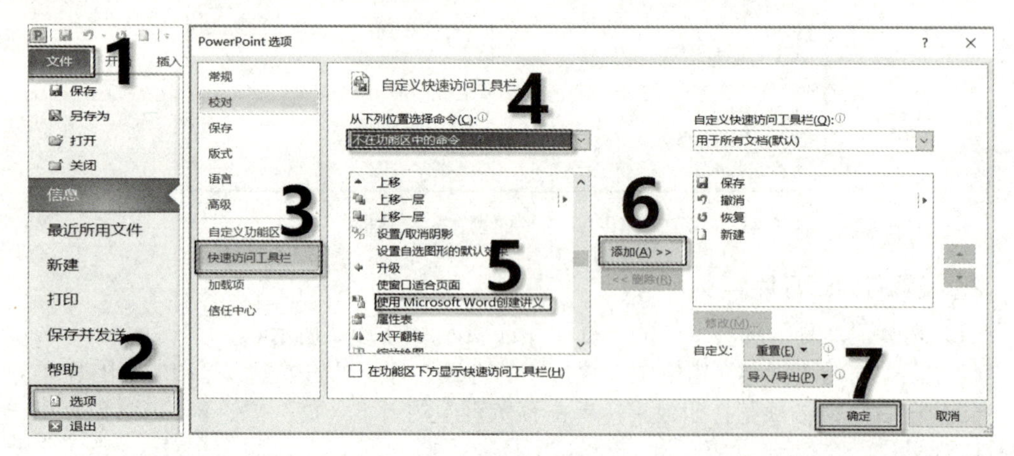

图 10-3　将“使用 Microsoft Word 创建讲义”命令添加在“快速访问工具栏”中

（3）单击“快速访问工具栏”中的“使用 Microsoft Word 创建讲义”按钮，弹出“发送到 Microsoft Word”对话框，如图 10-4 所示，在该对话框中选择一种使用的版式，单击“确定”按钮，幻灯片将按照选择的版式从演示文稿中发送至 Word 文档中。

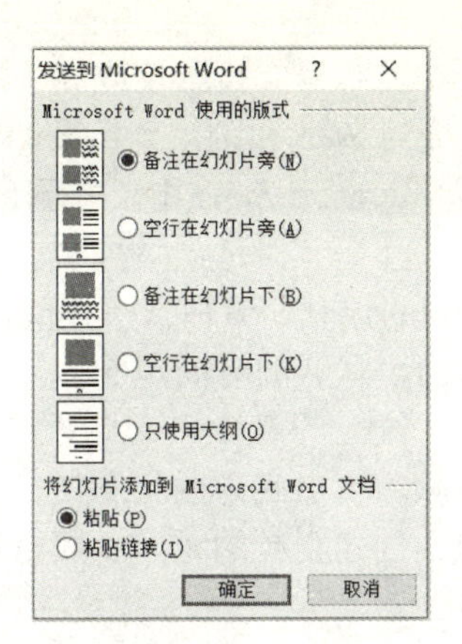

图 10-4　“发送到 Microsoft Word”对话框

（4）在 Word 2010 窗口中，选择“文件”选项卡中的“打印”选项，进行设置后打印输出。

10.2　演示文稿的发布

10.2.1　发布为视频文件

微课视频

在 PowerPoint 2010 中，用户可以将演示文稿转换为视频文件进行播放，演示文稿中的动画、多媒体、旁白等内容能够随视频文件一起播放，这样，在没有安装 PowerPoint 2010 的计算机中通过视频播放器，用户也可以观看演示文稿的内容。将演示文稿发布为视频文件的操作步骤如下。

（1）打开要发布为视频文件的演示文稿。

（2）为了增加视频文件的播放效果，可以先录制语音旁白和鼠标运动轨迹，并进行计时。

（3）选择“文件”选项卡中的“保存并发送”选项，在“文件类型”选区中选择“创建视频”，如图 10-5 所示。

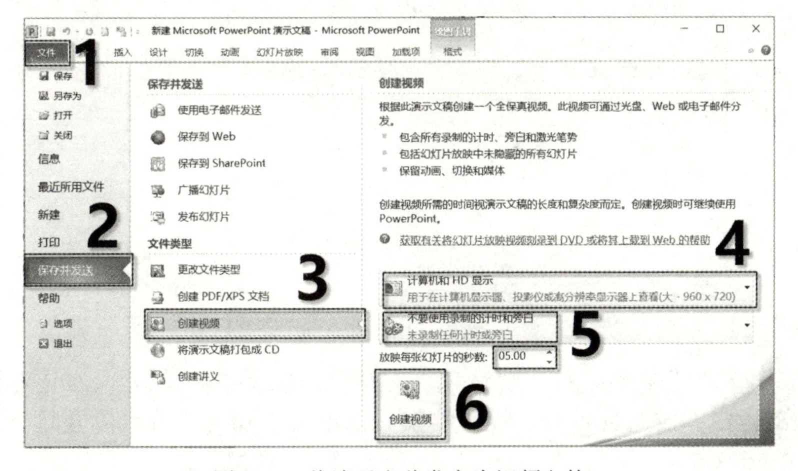

图 10-5　将演示文稿发布为视频文件

（4）在“计算机和 HD 显示”下拉列表中有 3 种显示方式，用户可以根据需要选择所需的显示方式。

- 计算机和 HD 显示：用于在显示器、投影仪或高分辨率显示器中查看。
- Internet 和 DVD：用于上传到 Web 和刻录到标准 DVD 中。
- 便携式设备：用于刻录到 Microsoft Zune 中，由于 Microsoft Zune 视频质量较差，可能难以阅读字号小的文字。

（5）如果选择“不要使用录制的计时和旁白”，则可以在“放映每张幻灯片的秒数”文本框中设置每张幻灯片放映的时间，默认的时间是 5 秒。

（6）单击“创建视频”按钮，弹出“另存为”对话框，选择保存的位置，输入文件名，单击“保存”按钮，开始创建视频。窗口底部的状态栏显示创建的进度条，用户通过观看进度条查看创建视频的完成情况。创建视频的时间长短由演示文稿的大小来决定，一般需要几分钟甚至更长时间。

（7）如果要播放创建的视频，则双击该视频文件即可。

10.2.2 发布为 PDF 文件

微课视频

PDF 是当前流行的一种文件格式，将演示文稿发布为 PDF 文件，能够保留源文件的字体、格式和图像等，使演示文稿的播放不再局限于应用程序的限制。将演示文稿发布为 PDF 文件的操作步骤如下。

（1）打开要发布为 PDF 文件的演示文稿，选择“文件”选项卡中的“另存为”选项，弹出“另存为”对话框，在“保存类型”下拉列表中选择“PDF”选项，如图 10-6 所示。

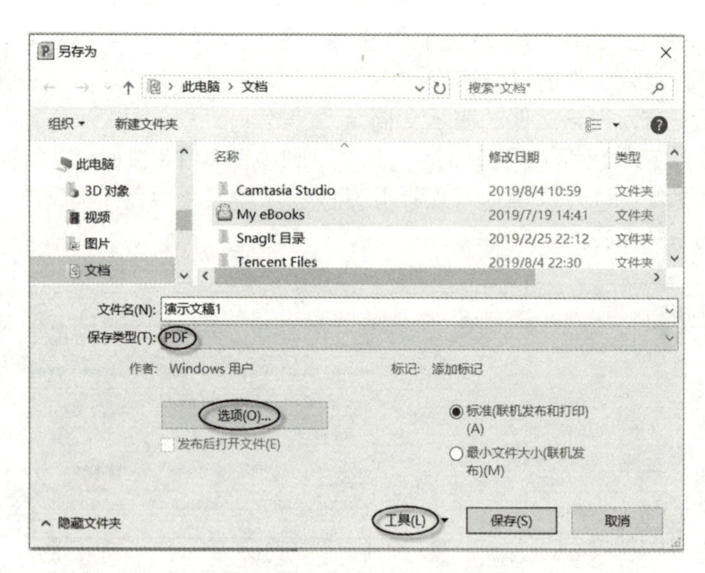

图 10-6　在“保存类型”下拉列表中选择“PDF”选项

（2）单击“选项”按钮，弹出“选项”对话框，如图 10-7 所示，在该对话框中设置幻灯片放映的范围、发布选项等，设置结束后，单击“确定”按钮，返回“另存为”对话框。

（3）在“另存为”对话框中单击“工具”下拉按钮，在下拉列表中选择“常规选项”，弹出“常规选项”对话框，在该对话框中设置 PDF 文件的打开或修改权限密码，单击“确定”按钮，返回“另存为”对话框。

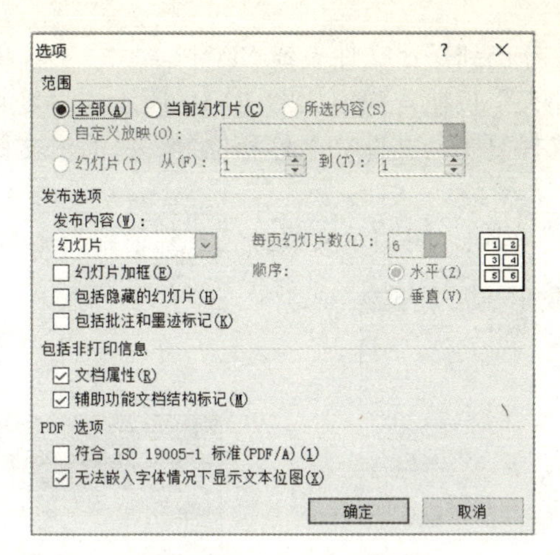

图 10-7　“选项”对话框

（4）在该对话框中选择文件的保存位置，输入文件名，单击“保存”按钮，完成将演示文稿转换为 PDF 文件的操作。

10.2.3　打包为 CD 数据包

微课视频

PowerPoint 2010 提供了 CD 打包功能，用户可以在有刻录光驱的计算机中将制作好的演示文稿及其链接的多媒体文件打包成 CD，从而将演示文稿在其他计算机中放映，实现演示文稿的发布，操作步骤如下。

（1）打开要打包的演示文稿，选择“文件”选项卡中的“保存并发送”选项，如图 10-8 所示。

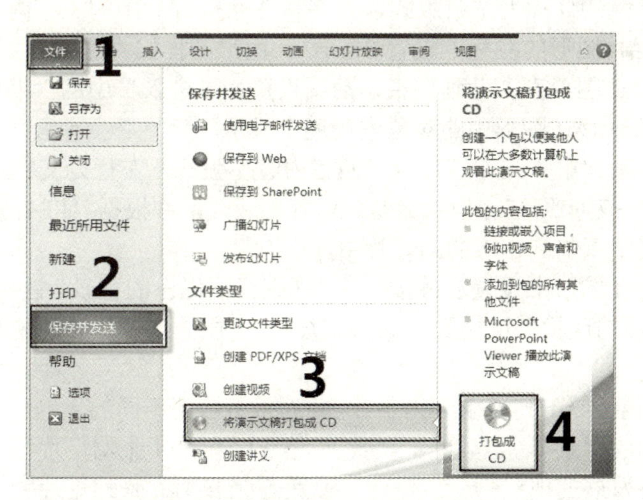

图 10-8　选择“保存并发送”选项

（2）在“文件类型”选区中选择“将演示文稿打包成 CD”，单击“打包成 CD”按钮，弹出“打包成 CD”对话框，如图 10-9 所示。

（3）在“将 CD 命名为”文本框中输入打包后演示文稿的名称。在默认情况下，PowerPoint 2010 只将当前演示文稿打包到 CD，单击“添加”按钮，可以将多个演示文稿同时打包到一张 CD 中。

（4）确定打包目标，打包到指定文件夹或 CD 中。

- 单击“复制到文件夹”按钮，弹出如图 10-10 所示的“复制到文件夹”对话框，在此对话框中可以选择复制到文件夹名称和位置，将演示文稿复制到指定名称和位置的新文件夹中。
- 单击“复制到 CD”按钮，将演示文稿打包并刻录到光驱的 CD 中。

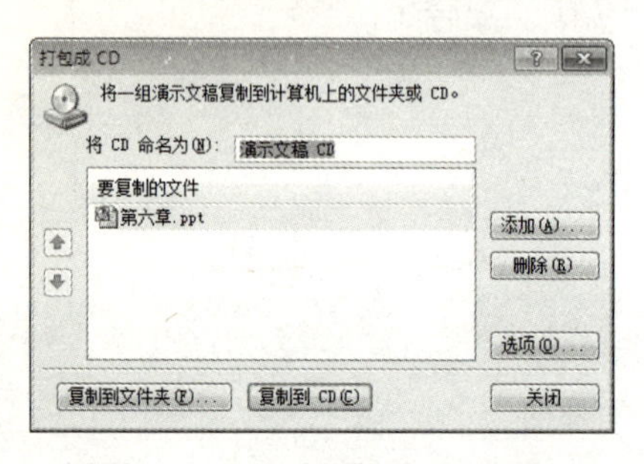

图 10-9 “打包成 CD”对话框

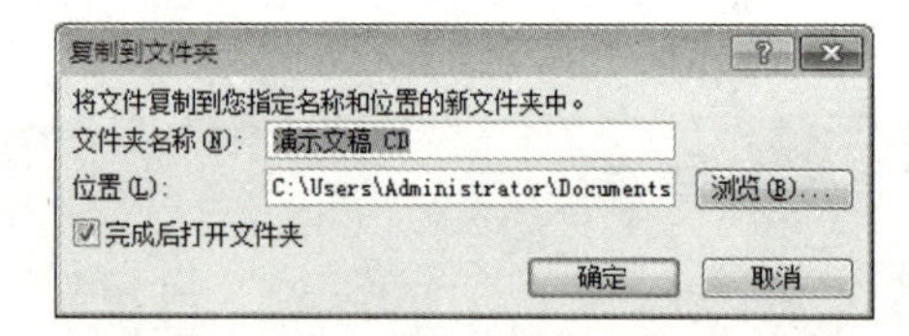

图 10-10 “复制到文件夹”对话框

（5）打包结束后，自动打开保存的文件夹，显示打包后的所有文件。

习题四

打开“PPT 素材.docx”文件，之后所有的操作均在“PowerPoint.pptx”文件中进行，每张幻灯片的内容与“PPT 素材.docx”文件中的序号内容相对应。

（1）设置第 1 页幻灯片为标题幻灯片，标题为“中国低碳经济的现状和未来”，副标题包含制作单位“计算机教研室”和制作日期（格式：××××年××月××日）等内容。

（2）设置第 2 张幻灯片为空白版式，并将第 2 张幻灯片中的文字内容转换为 SmartArt 图形，更改 SmartArt 图形的颜色，设置 SmartArt 图形的样式为“强烈效果”。

（3）为 SmartArt 图形设置动画效果，动画设置为“进入”中的“缩放”效果，并要求在幻灯片放映时 SmartArt 图形中的对象进行逐个显示。

（4）设置第 3 张和第 4 张幻灯片为“两栏内容”版式，左栏为文字，右栏为图片。

（5）设置第 5～7 张幻灯片为“标题和内容”版式，并根据“PPT 素材.docx”文件中的内容将其所有文字复制到相应的幻灯片中。

（6）在 SmartArt 图形中设置超链接，使“低碳经济提出的背景”链接到第 3 张幻灯片，“中国低碳经济发展的现状”链接到 5 第张幻灯片，“中国低碳经济的未来”链接到第 7 张幻灯片。

（7）将演示文稿按照下列要求分为 3 节，并为每节应用不同的主题和幻灯片切换方式。

低碳经济提出的背景　　第 3 张和第 4 张幻灯片

中国低碳经济发展的现状　　第 5 张和第 6 张幻灯片

中国低碳经济的未来　　第 7 张幻灯片

（8）将声音文件“on　the　radio”作为该演示文稿的背景音乐，并要求在幻灯片放映时开始播放，直至演示结束后停止声音文件的播放。

（9）设置幻灯片为循环放映方式，每隔 5 秒后自动切换至下一张幻灯片。

（10）将演示文稿中的所有文字设置为适当的格式，并调整行距，使其美观，制作完成的演示文稿以“中国低碳经济的现状和未来.pptx”作为文件名进行保存。

附录A

全国计算机等级考试二级 MS Office试题

一、文字处理

北京计算机大学组织专家对《学生成绩管理系统》的需求方案进行评审，为了使参会人员对会议流程和内容有一个清晰的了解，需要会议会务组提前制作一份有关评审会的秩序手册。请根据考生文件夹下的“需求评审会.docx”素材文档和相关素材，完成编排任务，具体要求如下。

（1）将“需求评审会.docx”素材文档另存为“评审会会议秩序册.docx”文档，并保存在考生文件夹下，以下所有操作均基于“评审会会议秩序册.docx”文档中进行。

（2）设置页面的纸张大小为16开，上下页边距均为2.8厘米、左右页边距均为3厘米，并指定文档的每页为36行。

（3）“评审会会议秩序册”由封面、目录、正文三大块内容组成。其中，正文又分为4个部分，每部分的标题均已经以中文大写数字一、二、三、四进行编排。要求将封面、目录，以及正文中包含的4个部分分别独立设置为Word文档的一节。页码编排要求为：封面无页码；目录采用罗马数字编排；正文从第一部分内容开始连续编码，起始页码为1（采用“- 1 -”的格式），页码设置在页脚右侧位置。

（4）参照素材图片“封面.jpg”中的样例，将封面中的文字“北京计算机大学《学生成绩管理系统》需求评审会”设置为二号、华文中宋；将文字“会议秩序册”放置在一个文本框中，设置为竖排文字、华文中宋、小一；将其余文字设置为四号、仿宋，并调整到页面合适的位置。

（5）将正文中的第1个标题“一、报到、会务组”设置为一级标题，单倍行距、悬挂缩进2字符、段前段后为自动，并以自动编号格式“一、二、…”替代原来的手动编号。其他3个标题“二、会议须知”、“三、会议安排”和“四、专家及会议代表名单”格式，均参照第1个标题进行设置。

（6）将第一部分（“一、报到、会务组”）和第二部分（“二、会议须知”）中的正文内容设置为宋体、五号，行距为固定值16磅，左右各缩进2字符，首行缩进2字符，对齐方式设置为左对齐。

（7）参照素材图片“表1.jpg”中的样例完成会议安排表的制作，并插入到第三部分相应的位置中，格式要求：合并单元格、序号自动排序并居中、表格标题行的字体设置为黑体。表格中的内容可以从“秩序册文本素材.docx”文档中获取。

（8）参照素材图片“表 2.jpg”中的样例完成专家及会议代表名单的制作，并插入到第四部分相应的位置中。格式要求：合并单元格、序号自动排序并居中、适当调整行高（样例中彩色填充行的行高要求大于 1 厘米）、为单元格填充颜色、所有列的内容设置为水平居中、表格标题行的字体设置为黑体。表格中的内容可从“秩序册文本素材.docx”文档中获取。

（9）根据素材中的要求自动生成文档的目录，插入到目录页中的相应位置，并将目录的内容设置为四号字。

二、电子表格

小李是北京某政法学院教务处的工作人员，法律系提交了 2012 级 4 个法律专业教学班的期末成绩单，为了更好地掌握各个教学班学习的整体情况，教务处领导要求小李制作成绩分析表。请根据考生文件夹下的“素材.xlsx”文档，帮助小李完成 2012 级法律专业学生期末成绩分析表的制作，具体要求如下。

（1）将“素材.xlsx”文档另存为“年级期末成绩分析.xlsx”文档，并保存在考生文件夹下，以下所有操作均基于“年级期末成绩分析.xlsx”文档中进行。

（2）在“2012 级法律”工作表的最右侧依次插入“总分”、“平均分”和“年级排名”列；将工作表的第 1 行根据表格实际情况合并居中为一个单元格，并设置合适的字体、字号，使其成为该工作表的标题。对班级成绩单元格区域套用带标题行的“表样式中等深浅 15”的表格格式。设置所有列的对齐方式为居中，其中排名为整数，其他成绩的数值保留 1 位小数。

（3）在“2012 级法律”工作表中，利用公式分别计算“总分”、“平均分”和“年级排名”列的值。对学生成绩不及格（小于 60）的单元格套用格式突出显示为“黄色（标准色）填充色红色（标准色）文本”。

（4）在“2012 级法律”工作表中，根据学生的学号，利用公式将其班级的名称填入“班级”列中，规则为：学号的第三位表示专业代码、第四位表示班级序号，即 01 表示“法律一班”，02 表示“法律二班”，03 表示“法律三班”，04 表示“法律四班”。

（5）根据“2012 级法律”工作表，创建一个数据透视表，保存在表名为“班级平均分”的新工作表中，将工作表标签颜色设置为红色。要求数据透视表按照英语、体育、计算机、近代史、法制史、刑法、民法、法律英语、立法法的顺序统计各班各科成绩的平均分，其中行标签为班级。为数据透视表格内容套用带标题行的“数据透视表样式中等深浅 15”的表格格式，将所有列的对齐方式设置为居中，成绩的数值保留 1 位小数。

（6）在“班级平均分”工作表中，针对各课程的班级平均分创建二维的簇状柱形图，其中水平簇标签为班级，图例项为课程名称，并将图表放置在表格下方的 A10:H30 单元格区域中。

三、演示文稿

为了进一步提升北京旅游行业整体队伍的素质，打造高水平的旅游景区建设与管理队伍，北京旅游局将为工作人员进行一次业务培训，主要围绕“北京主要景点”进行介绍，包括文字、图片、音频等内容。请根据考生文件夹下的“北京主要景点介绍-文字.docx”素材文档，帮助主管人员完成制作任务，具体要求如下。

（1）新建一个演示文稿，并以“北京主要旅游景点介绍.pptx”为文件名保存到考生文件夹下。

（2）第1张标题幻灯片中的标题设置为“北京主要旅游景点介绍”，副标题设置为“历史与现代的完美融合”。

（3）在第1张幻灯片中插入歌曲“北京欢迎你.mp3”，设置为自动播放，并设置声音按钮在放映时隐藏。

（4）第2张幻灯片的版式设置为“标题和内容”，标题设置为“北京主要景点”，在文本区域中以项目符号列表方式依次添加的内容为天安门、故宫博物院、八达岭长城、颐和园、鸟巢。

（5）自第3张幻灯片开始按照天安门、故宫博物院、八达岭长城、颐和园、鸟巢的顺序依次介绍北京各主要景点，相应的文字素材“北京主要景点介绍-文字.docx”及图片文件均存储在考生文件夹下，要求每个景点介绍占用一张幻灯片。

（6）最后一张幻灯片的版式设置为“空白”，并插入艺术字“谢谢”。

（7）将第2张幻灯片列表中的内容分别超链接到后面对应的幻灯片，并添加返回第2张幻灯片的动作按钮。

（8）为演示文稿选择一种设计主题，要求字体和整体布局合理、色调统一，为每张幻灯片设置不同的幻灯片切换效果，以及文字和图片的动画效果。

（9）除标题幻灯片外，其他幻灯片的页脚均包含幻灯片编号、日期和时间。

（10）设置演示文稿放映方式为“循环放映，按ESC键终止”，换片方式为“手动”。

附录B

全国计算机等级考试二级 MS Office 试题答案

一、文字处理“解题步骤”

（1）

步骤 1：打开考生文件夹下的“需求评审会.docx”素材文档。

步骤 2：选择“文件”选项卡中的“另存为”选项，弹出“另存为”对话框，在该对话框中将“文件名”设置为“评审会会议秩序册.docx”，将其保存在考生文件夹下。

（2）

步骤 1：单击“页面布局”选项卡“页面设置”组右下角的对话框启动按钮，弹出“页面设置”对话框，在“页边距”选项卡中，将上下页边距均设置为“2.8 厘米”，左右页边距均设置为“3 厘米”。

步骤 2：切换至“纸张”选项卡，在“纸张大小”下拉列表框中选择“16 开”。

步骤 3：切换至“文档网格”选项卡，选中“网格”选区中的“只指定行网格”单选按钮，将“行数”选区中的“每页”文本框中输入“36”，单击“确定”按钮。

（3）

步骤 1：将光标定位到“目录”的左侧，单击“页面布局”选项卡“页面设置”组中的“分隔符”下拉按钮，在下拉列表中选择“分节符”选区中的“下一页”选项。

步骤 2：按照同样的方法，将正文的 4 个部分进行分节。

步骤 3：将光标定位到第 1 页，单击“插入”选项卡“页眉和页脚”组中的“页脚”下拉按钮，在下拉列表中选择“编辑页脚”选项。打开“页眉页脚工具—设计”选项卡，将光标定位到页脚处，单击“页眉和页脚”组中的“页码”下拉按钮，在下拉列表中选择“删除页码”选项。

步骤 4：单击“下一节”按钮，取消选中“链接到前一条页眉”按钮。单击“页码”下拉按钮，在下拉列表中选择“当前位置”|“普通数字”选项；再单击“页码”下拉按钮，在下拉列表中选择“设置页码格式”选项，弹出“页码格式”对话框，在“编号格式”下拉列表框中选择“I, II, III, ...”，并设置起始页码为“1”。打开“开始”选项卡，单击“段落”组中的“文本右对齐”按钮。

步骤 5：打开“页眉页脚工具—设计”选项卡，单击“导航”组中的“下一节”按钮，按照同样的方法设置正文页码。

步骤 6：设置完成后，单击“关闭页眉和页脚”按钮。

（4）

步骤 1：选定文档第 1 行文字，单击“开始”选项卡，在“字体”组中的“字体”下拉列表框中选择“华文中宋”，在“字号”下拉列表框中选择“二号”，单击“段落”组右下角的对话框启动按钮，弹出“段落”对话框，在“缩进和间距”选项卡中，设置“对齐方式”为“居中”，段前间距为“4 行”，单击“确定”按钮。

步骤 2：按照同样的方法设置第 3 段文字的段前间距为“12”行。

步骤 3：将光标定位在第 2 段文字末尾，单击“插入”选项卡“文本”组中的“文本框”下拉按钮，在下拉列表中选择“绘制竖排文本框”选项，在光标定位处拖动鼠标绘制一个适当大小的竖排文本框，在竖排文本框中输入“会议秩序册”，并设置字体为华文中宋、小一。右击文本框，在弹出的快捷菜单中选择“设置形状格式”命令，弹出“设置形状格式”对话框，在“线条颜色”选项卡中选中“无线条”单选按钮，单击“关闭”按钮关闭对话框。

步骤 4：选定第 1 页的剩余 3 段文字，设置字体为仿宋、四号、居中。

（5）

步骤 1：选定正文中的标题“一、报到、会务组”，打开“开始”选项卡，单击“样式”组中的“其他”下拉按钮，在下拉列表中选择“标题 1”选项，再右击“标题 1”选项，在子菜单中选择“修改”命令，在弹出的“修改样式”对话框中，单击“格式”下拉按钮，在下拉列表中选择“段落”选项。弹出“段落”对话框，打开“缩进和间距”选项卡，在“特殊格式”下拉列表中选择“悬挂缩进”，“磅值”设置为“2 字符”。将段前间距和段后间距均设置为“自动”，“行距”设置为“单倍行距”，单击“确定”按钮，返回“修改样式”对话框，单击“确定”按钮完成修改。

步骤 2：将光标定位到“报到”文字之前，打开“开始”选项卡，单击“段落”组中的“编号”下拉按钮，在下拉列表中选择题目要求的编号。

步骤 3：将其他 3 个标题的编号删除，选定“一、报到、会务组”文字，双击“开始”选项卡“剪贴板”组中的“格式刷”按钮，利用格式刷功能设置其他 3 个标题的格式，设置完成后单击取消“格式刷”按钮。

（6）

步骤 1：选定第一部分的正文内容，按照（4）中的步骤 1 的方法设置字体为宋体、五号，行距为固定值 16 磅，左侧缩进 2 字符，右侧缩进 2 字符，首行缩进 2 字符，对齐方式设置为左对齐。

步骤 2：按照同样的方法设置第二部分的正文内容，或者使用格式刷进行设置。

（7）

步骤 1：选定第三部分标黄的文字，将文字删除。单击“插入”选项卡“表格”组中的“表格”下拉按钮，在下拉列表中选择“插入表格”选项。弹出的“插入表格”对话框，将“行数”设置为“9”，“列数”设置为“4”，其他保持默认设置，单击“确定”按钮。

步骤 2：按照“表 1.jpg”合并单元格，合并方法为：选定需要合并的单元格，单击“表格工具—布局”选项卡“合并”组中的“合并单元格”按钮。

步骤 3：按照“表 1.jpg”填写表格内容。选定需要填写序号的单元格，单击“开始”选项卡“段落”组中的“编号”下拉按钮，在下拉列表中选择与“表 1.jpg”相同的编号类型。再选定“序号”列，单击“表格工具—布局”选项卡“对齐方式”组中的“水平居中”

按钮。

步骤 4：按照题面要求适当调整单元格的对齐方式，以及行高和列宽。

步骤 5：选定表格的第 1 行，设置字体为“黑体”。单击“开始”选项卡“段落”组中的“边框”下拉按钮，在下拉列表中选择“边框和底纹”选项。弹出“边框和底纹”对话框，切换到“底纹”选项卡，单击“填充颜色”下拉按钮，在下拉列表中选择“白色，背景 1，深度 15%”，单击“确定”按钮。

（8）

步骤 1：选定第四部分中标黄的文字，将文字删除，单击“插入”选项卡“表格”组中的“表格”下拉按钮，在下拉列表中选择“插入表格”选项。弹出“插入表格”对话框，在该对话框中将“列数”“行数”分别设置为“5”“20”，单击“确定”按钮插入表格。

步骤 2：按照“表 2.jpg”合并单元格，并输入相应的内容，设置字号自动排序。

步骤 3：选定表格的第 2 行和第 11 行，按照“表 2.jpg”设置底纹填充颜色。

步骤 4：选定整个表格，单击“表格工具—布局”选项卡“对齐方式”组中的“水平居中”按钮。

步骤 5：选定表格的第 1 行，设置字体为“黑体”。

步骤 6：按照题面要求适当调整行高和列宽。

（9）

步骤 1：将目录页中的黄色部分删除，单击“引用”选项卡“目录”组中的“目录”下拉按钮，在下拉列表中选择“插入目录”选项，单击“确定”按钮，手动调整目录格式。

步骤 2：选中目录内容，单击“开始”选项卡“字体”组中的“字号”下拉按钮，在下拉列表框中选择“四号”选项。

步骤 3：单击“保存”按钮，保存文档。

二、电子表格“解题步骤”

（1）

步骤：打开考生文件夹下的“素材.xlsx”文件，选择“文件”选项卡中的“另存为”选项，弹出“另存为”对话框，在该对话框中将文件名设置为“年级期末成绩分析.xlsx”，单击“保存”按钮。

（2）

步骤 1：在 M2、N2 和 O2 单元格中分别输入“总分”、“平均分”和“年级排名”。

步骤 2：选定 A1:O1 单元格区域，单击“开始”选项卡“对齐方式”组中的“合并后居中”按钮，即可将工作表的第 1 行合并居中为一个单元格。

步骤 3：选定合并后的单元格，单击“开始”选项卡“字体”组中的“字体”下拉按钮，在下拉列表框中选择“黑体”选项，单击“字号”下拉按钮，在下拉列表中选择“24”选项。

步骤 4：选定 A2:O102 单元格区域，单击“开始”选项卡“样式”组中的“套用表格样式”下拉按钮，在下拉列表中选择“表样式中等深浅 15”选项。在弹出的“套用表格”对话框中保持默认设置，单击“确定”按钮即可为选定的 A2:O102 单元格区域套用表格样式。确定 A2:O102 单元格区域处于选定状态，在“开始”选项卡的“对齐方式”组中，分别单击“垂直居中”按钮和“居中”按钮，将对齐方式设置为居中。

步骤 5：在选定的 D3:N102 单元格区域中右击，在弹出的快捷菜单中选择“设置单元格格式”命令，弹出“设置单元格格式”对话框，切换到“数字”选项卡，在“分类”列表框中选择“数值”选项，将“小数位数”设置为“1”，单击“确定”按钮。

步骤 6：选定 O3:O102 单元格区域，按照上述同样的方法，将“小数位数”设置为“0”。

（3）

步骤 1：选定 M3 单元格，在公式编辑栏中输入公式“=SUM(D3:L3)”，然后按“Enter”键，完成求和。将光标移动至 M3 单元格的右下角，当光标变成十字形状时，按住鼠标左键，将其拖动至 M102 单元格进行自动填充。

步骤 2：选定 N3 单元格，在公式编辑栏中输入公式“=AVERAGE(D3:L3)”，按“Enter”键，完成平均值的计算。然后利用自动填充功能，对 N4:N102 单元格区域进行填充计算。

步骤 3：选定 O3 单元格，在公式编辑栏中输入公式“=RANK(M3,M$3:M$102,0)”，按 Enter”键，完成年级排名的计算。然后利用自动填充功能，对 O4:O102 单元格区域进行填充计算。

步骤 4：选定 D3:L102 单元格区域，单击“开始”选项卡“样式”组中的“条件格式”下拉按钮，在下拉列表中选择“突出显示单元格规则” | “小于”选项。弹出“小于”对话框，在该对话框中的文本框中输入“60”，单击“设置为”右侧的下拉按钮，在弹出的下拉列表中选择“自定义格式”选项。弹出“设置单元格格式”对话框，切换到“字体”选项卡，将“颜色”设置为“标准色”中的红色；切换到“填充”选项卡，将“背景色”设置为“标准色”中的黄色。单击“确定”按钮，返回“小于”对话框，再次单击“确定”按钮。

（4）

步骤：选定 A3 单元格，在公式编辑栏中输入公式“="法律"&TEXT(MID(B3,3,2),"[DBNum1]")&"班"”，按“Enter”键完成操作。然后利用自动填充功能，对 A4:A102 单元格区域进行填充计算。

（5）

步骤 1：选定 A2:O102 单元格区域，单击“插入”选项卡“表格”组中的“数据透视表”按钮，弹出“创建数据透视表”对话框，选中“新工作表”单选按钮，单击“确定”按钮即可新建一个工作表。

步骤 2：双击新建工作表的标签，使其处于可编辑状态，将其重命名为“班级平均分”，在标签上右击，选择“工作表标签颜色”选项，在弹出的子菜单中选择“标准色”中的红色。

步骤 3：在“数据透视表字段列表”中将“班级”拖动到“行标签”中，将“英语”拖动到“Σ数值”中。

步骤 4：在“Σ数值”字段中选择“值字段设置”选项，在弹出的“值字段设置”对话框中将“计算类型”设置为“平均值”。使用同样的方法将“体育”、“计算机”、“近代史”、“法制史”、“刑法”、“民法”、“法律英语”和“立法法”拖动到“Σ数值”中，并更改计算类型。

步骤 5：选定 A3:J8 单元格区域，打开“数据透视表工具—设计”选项卡，单击“数据透视表样式”组中的“其他”下拉按钮，在下拉列表中选择“数据透视表样式中等深浅 15”选项。

步骤 6：在选定的 A3:J8 单元格区域中右击，在弹出的快捷菜单中选择“设置单元格格式”命令，弹出“设置单元格格式”对话框，切换到“数字”选项卡，在“分类”列表框中选择“数值”选项，将“小数位数”设置为“1”；切换到“对齐”选项卡，将“水平对齐”“垂直对齐”均设置为“居中”，单击“确定”按钮。

（6）

步骤 1：选定 A3:J8 单元格区域，单击“插入”选项卡“图表”组中的“柱形图”下拉按钮，在下拉列表中选择“二维柱形图”中的“簇状柱形图”选项，即可插入二维簇状柱形图，适当调整二维簇状柱形图的位置和大小，使其放置在 A10:H30 单元格区域中。

步骤 2：保存并关闭文件。

三、演示文稿“解题步骤”

（1）

步骤：在考生文件夹下，新建一个演示文稿，并命名为“北京主要旅游景点介绍.pptx”。

（2）

步骤 1：打开演示文稿，单击“开始”选项卡“幻灯片”组中的“新建幻灯片”下拉按钮，在下拉列表中选择“标题幻灯片”选项。

步骤 2：在“单击此处添加标题”文本框中输入“北京主要旅游景点介绍”，在“单击此处添加副标题”文本框输入“历史与现代的完美融合”。

（3）

步骤 1：单击“插入”选项卡“媒体”组中的“音频”下拉按钮，在下拉列表中选择“文件中的音频”选项。弹出“插入音频”对话框，选择考生文件夹下的“北京欢迎你.mp3”，单击“插入”按钮。

步骤 2：打开“音频工具—播放”选项卡，单击“音频选项”组中的“开始”下拉按钮，在下拉列表中选择“自动”选项，并勾选“放映时隐藏”复选框。

（4）

步骤 1：新建一张版式为“标题和内容”的幻灯片。

步骤 2：在“单击此处添加标题”文本框中输入“北京主要景点”，在“单击此处添加文本”文本框中输入题面要求的文本，选定这些文本，单击“开始”选项卡“段落”组中的“项目符号”下拉按钮，在下拉列表中选择任意项目符号。

（5）

步骤 1：新建一张幻灯片，可以选择“两栏内容”版式。

步骤 2：输入标题为“天安门”，将“北京主要景点介绍-文字.docx”素材文档中的第 1 段文本复制粘贴到幻灯片的左侧文本框中。

步骤 3：单击右侧文本框中的“插入来自文件的图片”按钮，弹出“插入图片”对话框，选择考生文件下的“天安门.jpg”，单击“插入”按钮。

步骤 4：使用同样的方法，按照题面要求新建其他幻灯片，并为其添加文本及插入图片。

（6）

步骤 1：在所有幻灯片底部新建一个版式为“空白”的幻灯片。

步骤 2：单击“插入”选项卡“文本”组中的“艺术字”下拉按钮，在下拉列表中选择一种艺术字样式，在“艺术字”文本框中输入“谢谢”。

（7）

步骤 1：选定第 2 张幻灯片，选定“天安门”文本，单击“插入”选项卡“链接”组中的“超链接”按钮。弹出“插入超链接”对话框，在该对话框中将“链接到”设置为“本文档中的位置”，在“请选择文档中的位置”列表框中选择“幻灯片 3”，单击“确定”按钮。

步骤 2：选定第 3 张幻灯片，单击“插入”选项卡“插图”组中的“形状”下拉按钮，在下拉列表中选择“动作按钮”中的“动作按钮：后退或前一项”选项。

步骤 3：在第 3 张幻灯片的空白位置绘制动作按钮，绘制完成后弹出“动作设置”对话框，在该对话框中单击“超链接到”下拉按钮，在下拉列表中选择“幻灯片”选项。弹出“超链接到幻灯片”对话框，在该对话框中选择“2. 北京主要景点”，单击“确定”按钮，返回“动作设置”对话框。

步骤 4：单击“确定”按钮，关闭“动作设置”对话框，可以适当调整动作按钮的大小和位置。

步骤 5：使用同样的方法，将第 2 张幻灯片列表中的其他文本分别超链接到对应的幻灯片中，并添加动作按钮。

（8）

步骤 1：单击“设计”选项卡“主题”组中的“其他”下拉按钮，在下拉列表中选择一种合适的主题。

步骤 2：选定第 1 张幻灯片，单击“切换”选项卡“切换到此幻灯片”组中的“其他”下拉按钮，在下拉列表中选择一种合适的切换效果。

步骤 3：使用同样的方法，为其他幻灯片设置不同的切换效果。

步骤 4：选定第 1 张幻灯片中的标题文本框，单击“动画”选项卡“动画”组中的“其他”下拉按钮，在下拉列表中选择一种动画效果。

步骤 5：使用同样的方法为其他幻灯片中的文本和图片设置不同的动画效果。

（9）

步骤：选定第 1 张幻灯片至最后一张幻灯片。单击“插入”选项卡“文本”组中的“页眉和页脚”按钮，在弹出的“页眉和页脚”对话框中勾选“日期和时间”复选框、“幻灯片编号”复选框和“标题幻灯片中不显示”复选框，单击“全部应用”按钮。

（10）

步骤 1：单击“幻灯片放映”选项卡“设置”组中的“设置幻灯片放映”按钮，弹出“设置放映方式”对话框，在“放映类型”选区中选中“观众自行浏览（窗口）”单选按钮，在“放映选项”选区中勾选“循环放映，按 ESC 键终止”复选框，在“换片方式”选区中选中“手动”单选按钮，单击“确定”按钮。

步骤 2：保存并关闭文件。

参考文献

［1］唐永华，刘鹏. 大学计算机基础. 北京：清华大学出版社，2016.

［2］吉燕. 全国计算机等级考试二级教程—MS Office 高级应用. 北京：高等教育出版社，2017.

［3］张丽玮，周晓磊. Office 2010 高级应用教程. 北京：清华大学出版社，2017.

［4］贺丽娟，丛威. Office 2010 办公应用典型实例. 北京：清华大学出版社，2015.